朝倉数学大系 12

砂田利一・堀田良之・増田久弥 [編集]

線型代数群の基礎

堀田良之 [著]

朝倉書店

〈朝倉数学大系〉
編集委員

砂田利一
明治大学教授
東北大学名誉教授

堀田良之
東北大学名誉教授

増田久弥
東京大学名誉教授
東北大学名誉教授

2022年理学書新刊一覧

2022年1月以降に刊行の理学書新刊を分野別に収録しました。弊社の全出版物を掲載した出版図書目録もございます。
また,よりくわしい内容紹介や最新情報はホームページ https://www.asakura.co.jp/ をご覧下さい。

朝倉書店

●科学一般

日本高圧力学会監修
高圧力の科学・技術事典
10297-0　　A5判 480頁 定価(本体10000円＋税)

分野の垣根を越えてさまざまな分野の研究者たちが各項目2-6頁の読み切り形式でわかりやすく解説。〔内容〕装置・技術(圧力技術など)／地球惑星深部科学／衝撃圧縮学／個体物理／材料科学・化学／流体科学／生物関連科学

学芸大 加賀美雅弘著
国境で読み解くヨーロッパ
境界の地理紀行
16364-3　　A5判 176頁 定価(本体3000円＋税)

ヨーロッパの国境から歴史，民族問題，観光，多様性，鉄道などのテーマを掘り下げその地誌を紐解く。〔内容〕ドイツ・フランス国境／旧東西ドイツ／鉄のカーテン／ティロル言語境界／ブラティスラヴァ／アウシュヴィッツ／バルカン半島。

気象大 加藤輝之著
気象学ライブラリー3
集中豪雨と線状降水帯
16943-0　　A5判 168頁 定価(本体3200円＋税)

地球温暖化による気候変動にともない頻発する集中豪雨のメカニズムを大気の運動や線状降水帯などの側面から克明に解説〔目次〕気温と温位／不安定と積乱雲／集中豪雨と線状降水帯／大雨の発生要因／梅雨期の集中豪雨。

東工大 丸山茂徳・理研 戎崎俊一・慶大 金井昭夫・遺伝研 黒川 顕著
冥王代生命学
17175-4　　A5判 504頁 定価(本体9000円＋税)

最も古い地質年代「冥王代」の地球環境の研究に基づき，生命起源の新説を提示。〔内容〕研究史／生命とはなにか／太陽系惑星形成論／地球の誕生／冥王代地球表層環境／生命誕生場の条件／生命誕生場の復元：自然原子炉間欠泉モデル／他

島野智之・長谷川元洋・萩原康夫編
土の中の生き物たちのはなし
17179-2　　A5判 180頁 定価(本体3000円＋税)

ミミズやヤスデ，ダニなど，実は生態系を下支えし，人間の役にも立っている多彩な土壌動物たちを紹介。〔内容〕土壌動物とは／土壌動物ときのこ／土の中の化学戦争／学校教育への応用／他

福田健二監修　久保山 京子著
教養のための植物学
17180-8　　A5判 176頁 定価(本体3500円＋税)

植物の起源から形態・生態，そして環境との関わりをストーリーとしてオールカラー図版で解説〔内容〕植物の起源／分類と系統／陸上植物／種子植物の花から種子へ／繁殖様式／身近な植物の繁殖戦略／生物との関わり／環境／人の暮らし。

日本陸水学会東海支部会編
身近な水の環境科学 第2版
18062-6　　A5判 168頁 定価(本体2600円＋税)

身近な水である河川や海洋などの流域環境に人間の環境がどう影響しているかという視点で問題を提起し，その対策までを学生に伝える。章末問題も入れながら，多角的に考えられる入門書を目指す。

日本視覚学会編
図説視覚の事典
10294-9　　B5判 368頁 定価(本体12000円＋税)

視覚研究の基本と応用を1冊で網羅。約80のキーワードについて解説，各項目とも専門的知識不要で理解できる「基礎」，最新の知見を得られる「応用」の2パートで構成。豊富なカラー図版が特徴。

九大 村木里志・九大 長谷川 博・広大 小川景子編
人間の許容・適応限界事典
10296-3　　B5判 820頁 定価(本体25000円＋税)

人間の能力の限界を解説した研究者必携の書を全面刷新。各項目とも専門外でも読みやすいように基礎事項から解説。〔内容〕生理／感覚／心理／知能・情報処理／運動／生物／物理・化学／生活／健康／テクノロジー／栄養。

千葉大 斎藤恭一著
身のまわりの水のはなし
14110-8　A5判 160頁 定価(本体2700円+税)

意外と知らない身のまわりの水のことをSDGsと関連づけて学ぶ。キーワード解説も充実〔内容〕ミネラルウォーター／水道水／下水／超純水／都市鉱山水／鉱山廃水／お茶／海水／放射能汚染水／古代海水／温泉水／イオン・吸着・膜分離。

● 数　学

早大 新井仁之著
現代基礎数学 11
フーリエ解析とウェーブレット
11761-5　A5判 264頁 定価(本体4000円+税)

フーリエ解析とウェーブレットの基礎を，画像処理への応用を交えて丁寧に解説する。〔内容〕フーリエ級数／フーリエ変換／窓フーリエ変換とその反転公式／連続ウェーブレット変換とその反転公式／ウェーブレットの画像処理への応用例／他。

立教大学 横山和弘著
現代基礎数学 17
多項式と計算機代数
11767-7　A5判 256頁 定価(本体4000円+税)

大学初年度の知識のみを仮定し，多項式に焦点を当てて計算機代数の面白さを丁寧に解説する。〔内容〕代数と計算量の基礎／一変数多項式とGCD／多項式の因数分解／2変数多項式の終結式と擬剰余／多変数多項式とグレブナー基底／他。

前京大上　正明・前学習院大 松本幸夫著
朝倉数学大系 18
4 次 元 多 様 体 I
11838-4　A5判 400頁 定価(本体6700円+税)

4次元多様体の理論の全体像を解説。第Ⅰ巻はDonaldson理論とSeiberg-Witten理論を扱う〔内容〕序章／4次元多様体の基礎理論／4次元位相多様体の理論／ゲージ理論からSeiberg-Witten理論へ／Seiberg-Witten 理論の発展とその応用

前京大上　正明・前学習院大 松本幸夫著
朝倉数学大系 19
4 次 元 多 様 体 II
11839-1　A5判 320頁 定価(本体6000円+税)

4次元多様体の理論の全体像を解説する。第Ⅱ巻はHeegaard Floer ホモロジーの理論を中心に扱う。〔内容〕Heegaard Floer ホモロジー／Seiberg-Witten Floer ホモロジーとHeegaard Floer ホモロジー／4 次元多様体の幾何構造／他。

徳山　豪・小林直樹総編集
理 論 計 算 機 科 学 事 典
12263-3　A5判 816頁 定価(本体18000円+税)

理論計算機科学の全体像を解説する日本初の事典。〔内容〕計算とアルゴリズム／計算モデルと計算量／応用分野における計算理論／形式言語とオートマトン／計算モデル／プログラム意味論／システム検証理論。

● 統　計

早大 豊田秀樹著
統　計　学　入　門　I
生成量による実感に即したデータ分析
12266-4　A5判 224頁 定価(本体2800円+税)

研究結果の再現性を保証し，真に科学の発展に役立つ統計分析とは。ベイズ理論に基づくユニークなアプローチで構成される新しい統計学の基礎教程。〔内容〕データの要約／ベイズの定理／推定量／1変数／2群／1要因／2要因／分割表／他。

早大 豊田秀樹著
統　計　学　入　門　II
尤度によるデータ生成過程の表現
12272-5　A5判 224頁 定価(本体3000円+税)

第Ⅰ巻で学んだ生成量に基づく柔軟なデータ解析手法をさまざまな統計モデルに適用する実践編。〔内容〕単回帰モデル／重回帰モデル／ロジスティック回帰／ポアソンモデル／共分散分析・傾向スコア／階層線形モデル／項目反応理論／他。

情報・コンピュータ

入江　薫・菅澤翔之助・橋本真太郎訳
標準ベイズ統計学
12267-1　A5判　304頁　定価(本体4300円＋税)

"Peter D. Hoff, A First Course in Bayesian Statistical Methodsの日本語訳。ベイズ統計の基礎と計算手法を学ぶ。Rのサンプルコードも入手可能。〔内容〕導入と例／信念、確率、交換可能性／二項モデルとポアソンモデル／他。"

京大 田中司朗著
医学のための因果推論 I
一般化線型モデル
12270-1　A5判　192頁　定価(本体3200円＋税)

因果推論の主要な手法のうち、一般化線型モデルの理論と統計手法を学び、豊富な事例を通して医学研究への応用までを解説する。〔内容〕一般化線型モデル／共変量の選択／大標本のための統計的推測の手法／小標本のための統計的推測の手法。

京大 田中司朗著
医学のための因果推論 II
Rubin因果モデル
12271-8　A5判　224頁　定価(本体3500円＋税)

1巻目の一般化線型モデルに続き、Rubin因果モデルの理論と統計手法を学び、豊富な事例で医学研究への応用までを解説。〔内容〕推定目標／ランダム化／プロペンシティスコア／操作変数法／周辺構造モデルとIPW推定量／媒介分析。

●情報・コンピュータ

S.Kaiser・C. Granade著　黒川利明訳
PythonとQ#で学ぶ量子コンピューティング
12268-8　A5判　344頁　定価(本体4500円＋税)

量子コンピューティングとは何か、実際にコードを書きながら身に着ける。〔内容〕基礎(Qubit、乱数、秘密鍵、非局在ゲーム、データ移動)／アルゴリズム(オッズ、センシング)／応用(化学計算、データベース探索、算術演算)。

海洋大 久保幹雄著
Pythonによる実務で役立つ最適化問題100+ (1)
グラフ理論と組合せ最適化への招待
12273-2　A5判　224頁　定価(本体3000円＋税)

Jupyter上で100強の最適化手法を実践。例題をとくことで、知識を使える技術へ。基礎的な問題からはじめ、ネットワーク、組合せ最適化など実用上重要なさまざまな手法を広くとりあげる。関連する解説動画も公開中。

海洋大 久保幹雄著
Pythonによる実務で役立つ最適化問題100+ (2)
割当・施設配置・在庫最適化・巡回セールスマン
12274-9　A5判　192頁　定価(本体3000円＋税)

Jupyter上で100強の最適化手法を実践。例題をとくことで、知識を使える技術へ。基礎的な問題からはじめ、ネットワーク、組合せ最適化など実用上重要なさまざまな手法を広くとりあげる。関連する解説動画も公開中。

海洋大 久保幹雄著
Pythonによる実務で役立つ最適化問題100+ (3)
配送計画・パッキング・スケジューリング
12275-6　A5判　200頁　定価(本体3000円＋税)

Jupyter上で100強の最適化手法を実践。例題をとくことで、知識を使える技術へ。基礎的な問題からはじめ、ネットワーク、組合せ最適化など実用上重要なさまざまな手法を広くとりあげる。関連する解説動画も公開中。

新谷元嗣・前橋昂平著
実践 Pythonライブラリー
Pythonによるマクロ経済予測入門
12901-4　A5判　224頁　定価(本体3500円＋税)

マクロ経済活動における時系列データを解析するための理論を理解し、Pythonで実践。〔内容〕ARモデルによる予測／マクロ経済データの変換／予測変数と予測モデルの選択／動学因子モデルによる予測／機械学習による予測。

関学大 岡田克彦編
Pythonによるビジネスデータサイエンス 4
ファイナンスデータ分析
12914-4　A5判　196頁　定価(本体3000円＋税)

ファイナンス理論の基礎を押さえつつ金融データ解析を学ぶ〔内容〕株式市場と対峙するにあたって／チュートリアル：株価を分析してみよう／ファイナンスのパラダイム／ファンダメンタル分析／ポートフォリオの評価と資産価格評価モデル／他

Denis Rothman著　黒川利明訳
Transformerによる自然言語処理
12265-7　　A5判 308頁 定価（本体4200円＋税）

機械翻訳、音声テキスト変換といった技術の基となる自然言語処理。その最有力手法である深層学習モデルTransformerの利用について基礎から応用までを詳述。〔内容〕アーキテクチャの紹介／事前訓練／機械翻訳／ニュースの分析。

和泉　潔・坂地泰紀・松島裕康著
FinTechライブラリー
Pythonによる金融テキストマイニング
27588-9　　A5判 184頁 定価（本体3000円＋税）

自然言語処理、機械学習による金融市場分析をはじめるために。〔内容〕概要／環境構築／ツール／多変量解析（日銀レポート、市場予測）／深層学習（価格予測）／ブートストラップ法（業績要因抽出）／因果関係（決算短信）／課題と将来。

●物理学

D.ヴァンダービルト著　倉本義夫訳
ベリー位相とトポロジー
現代の固体電子論
13141-3　　A5判 404頁 定価（本体6800円＋税）

現代の物性物理において重要なベリーの位相とトポロジーの手法を丁寧に解説。〔内容〕電荷・電流の不変性と量子化／電子構造論のまとめ／ベリー位相と曲率／電気分極／トポロジカル絶縁体と半金属／軌道磁化とアクシオン磁電結合／他。

前東大 山田作衛著
素粒子物理学講義
13142-0　　A5判 368頁 定価（本体6000円＋税）

素粒子物理学の入門書。初めて学ぶ人にも分かりやすいよう、基本からニュートリノ振動やヒッグス粒子までを網羅。〔内容〕究極の階層—素粒子／素粒子とその反応の分類／相対論的場の理論の基礎／電磁相互作用／加速器と測定器の基礎／他。

学習院大 井田大輔著
現代相対性理論入門
13143-7　　A5判 240頁 定価（本体3600円＋税）

多様体論など数学的な基礎を押さえて、一般相対論ならではの話題をとりあげる。局所的な理解にとどまらない、宇宙のトポロジー、特異点定理など時空の大域的構造の理解のために。平易な表現でエッセンスを伝える。

北大 新井朝雄著
現代物理数学ハンドブック　新装版
13145-1　　A5判 734頁 定価（本体17000円＋税）

《本書は『現代物理数学ハンドブック』（2005年刊）を底本として刊行したものです》辞書的に引いて役立つだけでなく、読み通しても面白いハンドブック。全21章が有機的連関を保ち、数理物理学の具体例を豊富に取り上げたモダンな書物。

中野寛之・佐合紀親著
シリーズ〈理論物理の探究〉1
重力波・摂動論
13531-2　　A5判 272頁 定価（本体3900円＋税）

アインシュタイン方程式を解析的に解く。ていねいな論理展開、式変形を追うことで確実に理解。付録も充実。〔内容〕序論／重力波／Schwarzschildブラックホール摂動／Kerrブラックホール摂動／。

東大 山内　薫編著
強光子場分子科学
14108-5　　A5判 472頁 定価（本体8500円＋税）

〔内容〕原子・分子とレーザーの相互作用／原子のイオン化／分子のイオン化と解離／分子のアラインメント／分子制御／原子のイオン化と再衝突およびアト秒パルス発生／電子散乱と電子回折／高次高調波と自由電子レーザーによる展開

●化学工学・工業工学

慶大 藤本啓二・山形大 川口正剛・茨城大 小泉　智・
慶大 福井有香・他2名編
高分子基礎ガイド
25044-2　　A5判 164頁 定価(本体2700円＋税)

高分子化学を初めて学ぶ学生向けのテキスト。高分子の初歩から物性,合成へと解説を進めていく。各項目をページ単位で独立させ,学習・教育上の利用しやすさを図っている。〔内容〕高分子の重要性／高分子の種類。

千葉大 斎藤恭一著
社会人のための化学工学入門
大学化学から会社化学へ
25046-6　　A5判 184頁 定価(本体2700円＋税)

大学で学んでこなかった実務者のために、会社化学＝化学工学＝物質移動・化学反応を定量的に扱う考え方を解説。豊富な具体な例題や穴埋め問題で手を動かしながら学べる。最低限押さえるべき数学的基礎もわかりやすく紹介。

明治大 金子弘昌著
化学・化学工学のための実践データサイエンス
Pythonによるデータ解析・機械学習
25047-3　　A5判 192頁 定価(本体3000円＋税)

ケモインフォマティクス、マテリアルズインフォマティクス、プロセスインフォマティクスなどと呼ばれる化学・化学工学系のデータ処理で実際に使える統計解析・機械学習手法を解説。Pythonによるサンプルコードで実践。

高分子学会編集
高分子材料の事典
25272-9　　A5判 648頁 定価(本体16000円＋税)

「材料としての高分子」にフォーカスし、約300のトピックを見開き形式で解説。〔内容〕材料(ポリプロピレン他)／応用(燃料電池、バイオマスプラスチック他)／成形加工／分析・試験法／計算科学／基礎(重合法他)。

大矢　勝編集代表
洗浄の事典
25273-6　　A5判 564頁 定価(本体14000円＋税)

洗浄は日常生活のみならず産業分野でも欠かせない重要な技術である。本書では洗浄の原理から実務上の要点まで約250のトピックを見開き形式で解説。洗浄に携わる研究者・実務家にとって有用な中項目事典。

●工学一般

作花済夫・由水常雄・伊藤節郎・
幸塚広光・他4名編
ガラスの百科事典　新装版
20173-4　　A5判 696頁 定価(本体19000円＋税)

《本書は『ガラスの百科事典』(2007年刊)を底本として刊行したものです》ガラスの全てを網羅し、学生・研究者・技術者・ガラスアーチストさらに一般読者にも興味深く読めるよう約200項目を読み切り形式で平易解説。

前立命館大 杉本末雄・東大 柴崎亮介編
GPSハンドブック　新装版
20174-1　　B5判 514頁 定価(本体17000円＋税)

《本書は『GPSハンドブック』(2010年刊)を底本として刊行したものです》GPSやGNSSに代表される測位システムの基礎原理から技術全体を体系的に概観できる日本初の書。

前工学院大 椎塚久雄編
感性工学ハンドブック　新装版
感性をきわめる七つ道具
20175-8　　A5判 624頁 定価(本体16000円＋税)

《本書は『感性工学ハンドブック』(2013年刊)を底本として刊行したものです》感性を「はぐくむ」「ふれる」「たもつ」「つたえる」「はかる」「つくる」「いかす」の7つの視点から捉え解説した。

前東工大 藤井信生・元理科大 関根慶太郎・
東工大 高木茂孝・理科大 兵庫　明編
電子回路ハンドブック 新装版
22166-4　　B5判 464頁 定価(本体16000円+税)

《本書は『電子回路ハンドブック』(2006年刊)を底本として刊行したものです》電子回路に関して、基礎から応用までを本格的かつ体系的に解説したわが国唯一の総合ハンドブック。

P.S.アジソン著　新　誠一・中野和司監訳
図説 ウェーブレット変換ハンドブック 新装版
22167-1　　A5判 406頁 定価(本体12000円+税)

《本書は『ウェーブレット変換ハンドブック』(2005年刊)を底本として刊行したものです》ウェーブレット変換の基礎理論から、科学・工学・医学への応用につき、250枚に及ぶ図・写真を多用しながら詳細に解説した実践的な書。

野波健蔵・水野　毅編集代表　足立修一・
池田雅夫・他4名編
制御の事典 新装版
23153-3　　B5判 590頁 定価(本体19000円+税)

《本書は『制御の事典』(2015年刊)を底本として刊行したものです》制御の基礎理論と現場で制御技術を応用している実際例を豊富に紹介した実践的な事典。企業の技術者が、高度な制御理論を実システムに適用できるように編集、解説。

豊田中研 西垣英一著
自動車工学シリーズ2
車体構造工学
23585-2　　A5判 260頁 定価(本体5000円+税)

安全性、環境負荷、コストなどに配慮して自動車の車体構造設計を行うための基礎理論と応用を解説。〔内容〕車体構造の役割／車体構造設計の流れ／概略寸法決め／骨格レイアウト決め／骨格構造解析／モジュール化による車体の一括企画。

岩田徳利・梅津康義・蔦森秀夫著
自動車工学シリーズ3
プレス成形CAE
23586-9　　A5判 260頁 定価(本体5000円+税)

自動車設計のためのプレス成形CAEの基礎知識と応用技術を解説。〔内容〕生産技術におけるプレス成形CAEとは／プレス成形CAEシステム／プレス成形解析のための塑性力学の基礎／プレス成形CAEのFEM要素とモデリング技術／他。

●土木・建築工学

熊本大 皆川朋子編
社会基盤と生態系保全の基礎と手法
26175-2　　B5判 196頁 定価(本体3700円+税)

土木の視点からとらえた生態学の教科書。生態系の保全と人間社会の活動がどのように関わるのか、豊富な事例をもとに解説する。〔内容〕国土開発の歴史／ハビタット／法制度／里地里山／河川／海岸堤防／BARCIデザイン／他

宮澤伸吾・岩月栄治・氏家　勲・
大下英吉・他2名編
基礎から学ぶ鉄筋コンクリート工学 第2版
26177-6　　A5判 192頁 定価(本体3000円+税)

鉄筋コンクリート構造物の設計に必要な基礎的能力の習得を目指す。2017年制定コンクリート標準示方書準拠。〔内容〕鉄筋コンクリートの設計法／材料特性／曲げを受ける部材／せん断力を受ける部材／軸力と曲げを受ける部材／構造細目。

竹宮健司編著　石井　敏・石橋達勇・
伊藤俊介・安武敦子著
建築計画
住まいから広がる〈生活〉の場
26649-8　　B5判 176頁 定価(本体3200円+税)

暮らしや社会保障制度との関わりが深いビルディングタイプとして住宅、福祉施設、高齢者施設、医療施設、教育施設を対象とした新しい建築計画の書。それぞれの歴史的経緯を辿り、関連する制度、具体的事例を示しながら今後の課題を説明。

森　傑編著　岩佐明彦・野村理恵・
小松　尚・他2名編
建築計画のリベラルアーツ
社会を読み解く12章
26650-4　　B5判 160頁 定価(本体3400円+税)

建築計画学の知識を実社会で活かす際に必要となる教養的視野を広げるための教科書。新国立競技場の計画・設計の問題をはじめとして、建築関係者・市民両者にとって重要な12のテーマを解説し、現代的な論点を投げかける。

天文学・地学

日本建築学会編
都市・建築デザインのための人間環境学
26651-1　B5判 128頁 定価（本体2500円＋税）

建築・都市の環境デザインにおいて重要な人間心理・行動の基礎知識を，事例とともにコンパクトに解説する。〔内容〕人間環境学の環境デザインにおける意義／環境知覚の基礎／環境認知と人間行動／環境評価／安全・安心・健康の人間環境学。

水文・水資源学会編
水文・水資源ハンドブック 第二版
26174-5　B5判 640頁 定価（本体25000円＋税）

多様な要素が関与する水文・水資源問題を総合的に俯瞰したハンドブックの待望の改訂版。旧版の「水文編」「水資源編」を統合し，より分野融合的な理解を目指した。水の問題を考える上で手元に置きたい1冊。

●天文学・地学

日本大 山川修治・日本大 江口　卓・都立大 高橋日出男・True/Data 常盤勝美・他4名編
図説 世界の気候事典
16132-8　B5判 448頁 定価（本体14000円＋税）

新気候値（1991～2020年）による世界各地の気象・気候情報を天気図類等を用いてビジュアルに解説。〔内容〕グローバル編，地域編，産業・文化・エネルギー編，第四紀編，付録。

前九大 真木太一編
図説 日本の風
―人々の暮らしと関わる50の風―
16133-5　B5判 192頁 定価（本体4500円＋税）

地域の人々の生活に深く根付いた各地で吹く特徴的な「日本の風」の，発生原因やメカニズム，地形や気候，人々の生活や産業にもたらす影響について，写真や図版を多用し，オールカラーでビジュアルに解説。

加藤碵一・脇田浩二・斎藤　眞・高木哲一・他2名編
日本列島地質総覧
地史・地質環境・資源・災害
16277-6　B5判 460頁 定価（本体18000円＋税）

日本列島の地史・地質環境・災害・資源を総覧。日本の地質を深く知るための最新の知見を解説。〔内容〕日本列島とは？／地帯構造区分／人・社会と関わる地質環境・災害・資源／新生代テクトニクスと地史／基盤テクトニクスと地史／他

前山形大 八木浩司・前防災科研 井口　隆著
図説 空から見る日本の地すべり・山体崩壊
16278-3　B5判 168頁 定価（本体4000円＋税）

日本各地・世界の地すべり地形・山体崩壊を，1980年代から撮影された貴重な空撮写真と図表でビジュアルに解説。斜面災害を知り，備えるための入門書としても最適。〔内容〕総説／様々な要因による地すべり／山体崩壊・流山／山体変形／他。

日本堆積学会監修　伊藤　慎総編集
フィールドマニュアル
図説 堆積構造の世界
16279-0　B5判 224頁 定価（本体4300円＋税）

露頭でよく見られる堆積構造について，フィールドの写真や図をふんだんに用い解説。手元に置いても，野外に持ち出しても活用できる一冊。〔内容〕堆積構造の基礎／砕屑性堆積物／生物（化学）源堆積物／火山砕屑物／生痕化石／堆積相解析

朝倉書店　〒162-8707　東京都新宿区新小川町6番29号
電話(03)3260-1976/FAX(03)3268-1376（編集）
(03)3260-7631/　(03)3260-0180（営業）

まえがき

　代数多様体が群構造をもち，かつ群演算に関して，乗法および逆元をとる写像が代数多様体の射（morphism）になっているものを代数群という．位相空間が群をなし群演算が連続であるものを位相群といい，微分可能多様体においては群演算が微分可能写像になるものを Lie 群という例に倣った名称である．

　典型的な例として，一般線型群 GL_n やその閉部分群である特殊線型群 SL_n，直交群 O_n，回転群 SO_n，斜交群 Sp_{2n} などがある．これらは古典群とよばれていて，とくに代数群として意識されなくとも多方面に登場してきた．

　いま少し立ち入って説明するために，簡単な代数多様体の例を挙げる．代数的閉体 k 上の n 次元アフィン空間 $\mathbb{A}^n = k^n = \{x = (x_1, \ldots, x_n) \mid x_i \in k\}$ 上の多項式関数の環 $k[X] = k[X_1, \ldots, X_n]$ の部分集合 $S \subset k[X]$ に対して，S に属する多項式の共通零点 $V(S) := \{x \in \mathbb{A}^n \mid f(x) = 0 \ (f \in S)\}$ を代数的集合とよぶと，代数的集合のなす $\mathbb{A}^n$ の部分集合族 $\{V(S) \mid S \subset k[X]\}$ はアフィン空間 $\mathbb{A}^n$ の閉集合族の公理をみたす．この位相を Zariski 位相といい，1 つの閉集合（代数的集合）$V \subset \mathbb{A}^n$ に定義される相対位相も V の Zariski 位相という．

　位相空間 V 上の k 値正則関数 $V \to k$ を，$\mathbb{A}^n$ 上の多項式関数を V に制限して得られるものと定義すると，多項式環 $k[X]$ から V 上の正則関数のなす環 $k[V]$ への k 代数としての全準同型 $k[X] \to k[V]$ $(f \mapsto f|V)$ を得る．$I(V) := \{f \in k[X] \mid f|V = 0\}$ は $k[X]$ のイデアルをなし，環同型 $k[X]/I(V) \xrightarrow{\sim} k[V]$ を得る．

　代数的集合 V に正則関数環 $k[V]$ を備えたものをアフィン（代数的）多様体という．微分可能多様体の歴史がそうであったように，アフィン多様体もアフィン空間 $\mathbb{A}^n$ への埋め込みから自立して次のように定義できる．冪零元をもたぬ（被約という）有限生成 k 代数 $k[V]$ に対して，$\mathrm{Hom}_{k 代数}(k[V], k)$ を $k[V]$ か

ら k への k 代数準同型がなす集合,$\operatorname{Specm} k[V]$ を $k[V]$ の極大イデアルがなす集合とすると,$V = \operatorname{Hom}_{k\text{代数}}(k[V], k) \simeq \operatorname{Specm} k[V]$ と復元できる(ちなみに同型 $\simeq$ は Hilbert の零点定理による(付録 A.1.6)).

2 つのアフィン多様体の間の "射" $\phi : V \to W$ とは,W 上の任意の正則関数 $f \in k[W]$ に対して ϕ による引き戻し $f \circ \phi$ が V 上の正則関数($k[V]$ の元)になるとき,と定義される.

代数群がアフィン多様体であるとき,アフィン代数群という.一般線型群 $GL_n(k) = \{x \in M_n(k) \mid \det x \neq 0\}$ は n 次行列のなすアフィン空間 $M_n(k) \simeq \mathbb{A}^{n^2}$ の開集合であるが,これはまた同型 $GL_n(k) \simeq \{(x, t) \in M_n(k) \times k \mid t \det x - 1 = 0\}$ によって $n^2 + 1$ 次元アフィン空間 $M_n(k) \times k$ の閉集合とも思え,正則関数環を $k[GL_n(k)] \simeq k[M_n(k)]_{\det} = k[X_{ij}, \det(X_{ij})^{-1} \mid 1 \leq i, j \leq n]$ とするアフィン代数群である.実際,群の乗法 $GL_n(k) \times GL_n(k) \to GL_n(k)$ は行列の乗法であり,直積 $M_n(k)^2$ 上の多項式関数で与えられ,$k[GL_n(k)]$ は $\det$ の冪を分母にもつ有理式で,$k[GL_n(k)^2] = k[GL_n(k)] \otimes_k k[GL_n(k)]$ であるから,アフィン多様体の射を定義する.逆像については,余因子による公式からやはり多様体の射を定義している.従って,また $GL_n(k)$ の閉部分群はアフィン代数群である.

逆に,アフィン代数群はある n に対して $GL_n(k)$ の閉部分群に同型である(1.4 節).こういう理由で,アフィン代数群のことを線型代数群とよぶことも多い.

本書では,題名どおり専ら線型代数群を扱う.

一般の代数多様体は,アフィン多様体の貼り合わせによって定義されるが,貼り合わせ変換を定義するには些か微妙な点があり,"環付き空間で局所的にアフィン多様体である" と定義するのが普通である.射影空間がアフィンでない基本的な例で,その局所閉な部分多様体に同型な多様体を準射影的といい,閉部分多様体に同型なものを射影多様体という.射影多様体を一般化した概念に "完備" という性質があり,これは基礎体 k が複素数体 $\mathbb{C}$ の場合,$\mathbb{C}$ のユークリッド距離位相が導く $\mathbb{C}$ 上の代数多様体がなす Hausdorff 位相空間についてはコンパクトであるという性質に対応する(射影多様体は完備である).

完備な連結代数群は Abel 多様体とよばれ,線型代数群とは対照的な存在であ

る．一般の代数群は，最大の正規な線型代数群を含み，それによる剰余群が Abel 多様体になるということが証明されている（Chevally-Rosenlicht）．理論的な扱いは双方別々に行われるのが普通である．Abel 多様体については Mumford の教科書 [Mu2] などを参照されたい．

ここで，本書の内容を述べておこう．

第 1 章では，アフィン代数群の基本的な性質を準備する．いくつかの例と共に，連結成分，群生成，群作用と軌道などについて，とくにその位相的性質や次元についてまとめておく．最後に，アフィン代数群は線型代数群であることを証明する．

以降，代数的閉体上の線型代数群のことを略して単に代数群という．

第 2 章は，（線型）代数群に特有の性質 Jordan 分解について述べる．この性質は，以後本書にとって本質的な働きをする．

半単純元のみからなる連結代数群は体の乗法群の直積に同型でトーラスとよばれる．トーラスと指標の対応に関する双対性など初等的事実を確かめる．

対照的に，冪零元のみからなる群（冪単群）について，「可換な 1 次元連結冪単群は体の加法群に同型である」という定理がある．正標数の場合，この定理の証明は初等的なものを含めていくつかあるが，いずれも独自の長い議論を要し，本書では証明中の議論を後に用いることはないので省いた．本書で紹介する基礎的な結果に必要な事実で証明を略したのはこの定理のみである．

第 3 章では，代数群の Lie 環について後に必要なことをまとめておく．代数群は広い意味で特殊な Lie 群であり，従って "Lie 理論" が存在すべきである．後で述べるように，その発生当時から L. Maurer などによって "代数的" Lie 環の研究がなされており，正標数の場合 Lie 環がすべてを統制できないからといって無視すべきではなかろう．とくにルート系の議論には欠かせない．

本文では，通常のように不変ベクトル場として代数群の Lie 環を定義し，Lie 群論で成り立つ事柄と対比しながら，正標数の場合に注意すべき点などを述べた．3.3 節は正標数特有の制限 Lie 環について触れた．これは，第 8 章 8.6 節の最後の話題につながる．

第 4 章は，代数群とその閉部分群に対する商空間の構成に関する議論である．

一般に代数群が代数多様体に働いているとき，その商を考えることは不変式論の古来からの問題であり，その構成には諸々の微妙な問題が絡んでいることが知られている．

　ここで扱う部分群による剰余については，理想的な形が結果的には得られるが，代数幾何の基礎的な議論が必要である．とくに，Zariskiの主定理（ZTM）を用いる（唯一の）箇所であることに注意されたい．

　しかし，この章の結果も初読の際は，商の存在部分と普遍性など，その基本的性質を認めておけば，後の議論には差し支えはないであろう．

　第5章は，いわゆるBorel部分群（極大連結可解部分群）と極大トーラスについての基本的な事柄の証明で，後の議論にとって本質的である．これらの部分群の役割は後章の簡約群の構造の解明に決定的である．

　極大トーラス（およびCartan部分群）の共役性の証明は些か厄介で，可解群であるBorel部分群の極大トーラスのそれに押し込められる．対照的に，Borel部分群の共役性の証明は，完備多様体への作用に関する固定点定理によって簡明である．

　第6章では，ルート系とWeyl群，およびそれを拡げたルート・データについて論ずる．一般の代数群について導入したので，通常の複素半単純Lie環論における同様の概念の扱いより複雑で微妙な議論を要する．主にSpringer[Sp1]の扱いに従った．

　ルート・データは，GrothendieckのセミナーSGA3で導入されたもので，簡約代数群の構造を決定づけるものであり，いわゆる双対群の情報も同時に含んでいるので，各種の表現論のベースになっている．

　第7章では本書の目的である簡約群についての基本事項を述べる．続いて，応用上重要なBruhat分解とそれに付随するSchubert多様体について触れる．

　ルート・データが簡約群を決定するという分類定理は，述べるだけに留め証明は省いた．

　第8章では，簡約群の各種の表現論に現れるSpringerファイバーとよばれる旗多様体の閉部分多様体とそれが与えるWeyl群の表現（Springer表現）について紹介する．

　この章は，本書が題名を「線型代数群の基礎」と銘打ちながら，専ら代数的

閉体上のそれしか扱わなかったことに対するエクスキューズであり，いわば余録である．すなわち，代数的閉体上の幾何学的対象のみを論じて興味ある話題が著者にとってこれしか思い浮かばなかったわけである．従って，ページ数の制約もあり，多くの議論は証明を省いた．とりわけ最後の8.6節では，導来圏に関する概念など定義すら明確に与えることができなかった箇所もある．著者が本書を執筆しようとした密かな動機は，この最終節の話題に少しでも触れたかったことにあるということでお許し願いたい．

　付録の章A，Bについて述べる．

　教科書としては，Borel[Bo1]，Springer[Sp1]，Humphreys[Hu1]のように最初に必要な代数多様体の基礎知識をまとめておくのが本筋かと思う．しかし，学生諸氏との交流で得た著者のこれまでの経験では，ときとして代数群の議論に入る前につまずいてしまうことも多く，代数幾何の初等の知識にいくらか馴染んだ後，群に取り組んだ方がよいと考えた．これはまた，Lie群を学ぶ際に微分可能多様体の初歩を踏んだ後行うことと同様であろう．

　そこで，本書では心理的な効果も考えて，必要な代数幾何の知識を，証明はないとしても，多少の説明付きで並べて付録Aとして後においた．読者の知識に応じて随時参照されたい．

　本文では必要ないにも関わらず，スキーム論の中で（古典的）代数多様体を取り上げたのは過剰な扱いであったかもしれないが，いずれ小さい定義体や環上での代数群（群スキーム）を考える際の便宜のみならず，現在の諸々の論文に取り組む際にもその方が円滑に行くと思ったからである．

　さらにいうまでもないことだが，代数群をLie群の如く扱おうとすると，代数多様体も微分可能多様体の如く扱える方が心地よいし，とくにエタール射や滑らかな射の概念を心得ておく方が明快であろう．

　付録Bは，本文の該当箇所に挿入してもよかったかもしれないが，おそらく多くの読者はすでに何処かでLie環やルート系に出会った経験があるかとも思い，また代数群特有の議論を行う中で無用な思考の中断を避けるためにも，ここにまとめておいた．読者がこの方面にもし未経験でも独立に読むのは容易かと思う．

　本書では，すでに述べたように専ら代数的閉体上の線型代数群の基礎理論を

簡約群の構造の解明を目標に紹介した．

すでに Lie 理論の概要を学んだ読者のために，理解の助けになるかと思い，各所で正標数の場合に起こる注意すべき現象を比較のためコメントした．本来の議論には差し支えないので，不要と思われるときは省略してもよい．

さて，ここで代数群の歴史について簡単に触れておこう．もともと Sophus Lie による連続変換群の動機の一つは，微分方程式に対して Galois 理論の"ようなもの"を打ち立てることにあったといわれている．局所的 Lie 群である群芽の乗法を定義する座標関数から Lie 環を構成し，それを徹底的に研究するという方法が今日 Lie 理論とよばれている思想である．その発生当初から，群芽を与える定義関数が代数的な場合，とくに有理関数の場合を研究するというのは，自然な成りゆきであったと思われる．

実際，すでに 1880 年代 E. Picard は有理関数係数の線型微分方程式の Galois 理論に取り組むにあたって，その "Galois 群" が線型代数群になることを見いだし，"代数群" と名付けた．この話題は後に Picard-Vessiot 理論とよばれるものに発展したことはよく知られているが，また線型代数群固有の問題としてその (単) 有理性 (unirationality) についての発端になる (Chevalley, Kolchin 他)．

続いて Maurer によってさらに徹底した研究が行われた．現在の言葉でいう線型代数群の Lie 環の Jordan 分解が発見され活用されている．この仕事は，代数群の Lie 環を特徴付ける Chevalley の replica のアイデアにつながっている．

これら Lie 理論としての代数群とは別に，古来 19 世紀後半からの線型群の不変式論の歴史があり，上記 Lie, Maurer 以外に，G. Fano, E. Study などの名前があがる．とくに，不変式環の有限性については，曲折した歴史がありこれは線型群の表現の完全可約性という問題を通じて表現論へと発展して行った．現在の言葉でいうところの簡約群の場合には肯定的に解決されている．複素数体の場合は，H. Weyl によるユニタリ・トリックが有名である．正標数の場合は 1960 年代 Mumford 予想とよばれる形で定式化され，これも 1970 年代 Haboush によって解決した．

本書で取り扱った任意標数の線型代数群の基礎理論の形成への貢献者としては，最終的に A. Borel, C. Chevalley, E.R. Kolchin が挙げられる．Borel[Bo1]

によって Jordan 分解と Borel 部分群の重要性が認識され，Chevalley セミナー [C4] に結実した．[Bo1] は先行する Kolchin の標数任意の代数群の研究が強い動機になったという．

簡約群については，W. Killing, E. Cartan, Weyl らによる半単純 Lie 群，その Lie 環の研究の中で発生したルート系，Weyl 群などの重要性はいうまでもない．

さらに，Chevalley は初め標数 0 の代数群の研究を専らとしていたが，有名な "東北ペーパー" [C2] において複素半単純 Lie 環の中に整係数部分環を見いだし，任意標数の半単純代数群 "Chevalley 群" を構成した．これは，[C4] に先立つ結果であったが，本書で述べたルート・データによる簡約群の分類を見通す強い動機になったと思われる．

以上の歴史的考察については，幸いにしてその本流の現場を経験した Borel 自身による詳しい論説集 [Bo3] があるので，興味ある読者は是非繙いてみられたい．

最後に，落合啓之，加藤信一，下元数馬，庄司俊明，西山享の諸氏は，多忙なところ拙稿に目を通して誤植のみならず，間違いの指摘，各種の改良のご意見を下さり，お陰でいくらかでも読みやすくなったかと思う．とくに，落合氏はいくつかの証明の改良を示唆して下さった．下元氏はここには引用していないが，さらに現代化された文献などを教えて下さった．庄司氏からは第 8 章について，専門的な貴重な意見を頂いた．また，2014 年 6 月に行われた谷崎俊之氏の東大集中講義は，8.6 節第四話の整理におおいに役立った．初刷の刊行後，有木進氏に定理 2.1.5 の証明中の不備を指摘頂いたので訂正しておいた．

ここに心からの感謝の意を表する．

2015 年 晩夏

堀田良之

記号と記法

断りなく用いる諸々の通常の記号：

- $A \subset B$ は「A は B の部分集合」という意味，従って $A = B$ の場合も含む．「A は B の真部分集合」のときは，$A \subsetneq B$ と書く．
- $\#A$ は A の濃度．
- $A := B$ は「A を B によって定義する」という意味．
- $A \setminus B := \{a \in A \mid a \notin B\}$，すなわち，差集合を表す．
- $A \twoheadrightarrow B$, $A \hookrightarrow B$ はそれぞれ写像（または射）$A \to B$ が全射，または単射であることを意味する．
- 集合 A, B について，$A \sqcup B$ は集合の直和を表す，すなわち，$A \cap B = \emptyset$ なる和集合 $A \cup B$．
- $\mathbb{Z} \subset \mathbb{Q} \subset \mathbb{R} \subset \mathbb{C}$ は，有理整数環 $\subset$ 有理数体 $\subset$ 実数体 $\subset$ 複素数体，を表す．
- $\mathbb{N}_{>0} = \mathbb{Z}_{>0} \subset \mathbb{N} = \mathbb{Z}_{\geq 0}$ は正整数および自然数（0 も含める）のなす加法かつ乗法モノイド．
- 環 A に対して，$A^{\times} := \{a \in A \mid ab = ba = 1 \text{ となる } b \in A \text{ がある}\}$，すなわち A の単元群（A の可逆元（単元）がなす部分集合；乗法群をなす）．$M_n(A)$ は A に係数をもつ n 次正方行列のなす環，$GL_n(A) = M_n(A)^{\times}$ は A に係数をもつ一般線型群，A が体のときは n 次正則行列のなす群．

  なお，n 次単位行列を $1_n \, (\in M_n(A))$，または誤解の恐れがなければ単に 1 と記すこともある．同様に，零行列を $O_n, O, 0$ などと記す．
- $\operatorname{char} A$ は環 A の標数，従って整域ならば 0 か素数．
- 群 G について，$H \triangleleft G$ は H が G の正規部分群であることを表す．G の部分集合 $S = \{s_i \mid i \in I\}$ に対して，$\langle S \rangle = \langle s_i \mid i \in I \rangle$ は S が生成する G の部分群を表す．
- □ は「証明の終」または「証明の略」を意味する．

目　　次

1. **例と基礎事項** ……………………………………………………………… 1
   1.1 群多様体いろいろ …………………………………………………… 1
   1.2 基 本 事 項 …………………………………………………………… 9
   1.3 作用, G 多様体, 軌道 ………………………………………………… 15
   1.4 アフィン代数群は線型群である …………………………………… 19

2. **Jordan 分解** ………………………………………………………………… 22
   2.1 線型代数群の Jordan 分解 …………………………………………… 22
   2.2 冪単元, あるいは半単純元のみからなる群 ……………………… 28
   2.3 対角化可能な群 ……………………………………………………… 31
   2.4 可換冪単群 …………………………………………………………… 36

3. **代数群の Lie 環** …………………………………………………………… 41
   3.1 定義と基本事項 ……………………………………………………… 41
   3.2 例（とくに GL_n）および双対数による実現 ……………………… 45
   3.3 正標数の場合の現象, 制限 Lie 環 …………………………………… 56
   3.4 Lie 群論の回顧, とくに指数写像について ………………………… 63

4. **商** ……………………………………………………………………………… 71
   4.1 準備（射の分離性）…………………………………………………… 71
   4.2 商 の 構 成 …………………………………………………………… 75
   4.3 Lie 環についてのいろいろな注意 …………………………………… 82

5. Borel 理論 ·· 87
  5.1 放物型部分群と Borel 部分群 ································· 87
  5.2 極大トーラス（連結可解群の場合）······················· 93
  5.3 極大トーラス（一般の場合），Borel 部分群の正規化群定理······· 98

6. ルートと Weyl 群とルート・データ ······························ 106
  6.1 ルートと Weyl 群 ··· 106
  6.2 半単純階数が 1 の群 ·· 112
  6.3 ルート系とルート・データ ································· 119
  6.4 古 典 群 ·· 128
  6.5 冪 単 根 基 ·· 138

7. 簡 約 群 ·· 141
  7.1 簡約群の構造 ·· 141
  7.2 Borel 部分群の表示 ·· 149
  7.3 Bruhat 分解とその応用 ·· 153
  7.4 分 類 定 理 ·· 163

8. 不変写像と Springer ファイバー ····································· 169
  8.1 線型代数続論 ·· 169
    8.1.1 不変写像と軌道 ·· 169
    8.1.2 不変写像のファイバーの特異点解消 ·············· 175
    8.1.3 Springer ファイバー ···································· 177
  8.2 不変写像と軌道（簡約群の場合）······················· 181
  8.3 軌道と正則元 ·· 186
  8.4 正則軌道の閉包の特異点解消 ······························· 190
  8.5 軌道と Springer ファイバーの次元 ······················ 194
  8.6 Weyl 群の Springer 表現 ······································· 197

付録 219

A. スキームと代数多様体 220
  A.1 スキーム 220
    A.1.1 環のスペクトル 220
    A.1.2 （局所）環付空間 223
    A.1.3 スキームの積 226
    A.1.4 部分スキーム，分離性，他 228
    A.1.5 射影スキーム，固有射 232
    A.1.6 スキームにおける"点" 234
    A.1.7 群スキーム 235
  A.2 代数多様体 238
    A.2.1 体上有限型（代数型）のスキーム 238
    A.2.2 代数多様体（素朴な取り扱い） 240
    A.2.3 接線と導分，接錐 243
    A.2.4 次元と特異性 246
    A.2.5 微　分 249
  A.3 射の局所的性質，平坦性，滑らかさなど 254
    A.3.1 平　坦　性 254
    A.3.2 ファイバーの次元，構成的集合，一般平坦性 257
    A.3.3 エタール射と滑らかな射 262
  A.4 Zariski の主定理を巡って 267
    A.4.1 正規多様体 267
    A.4.2 Zariski の主定理 269
    A.4.3 上から目線の ZMT 272

B. 抽象的ルート系 277
  B.1 ルート系 277
  B.2 正系とルートの基，Weyl の部屋 281

- B.3 基によるルートの性質 ························· 283
- B.4 Weyl群と単純鏡映，部屋 ···················· 285
- B.5 最短表示とルート ··························· 287
- B.6 組紐関係式とCoxeter系 ···················· 290
- B.7 Tits系 ····································· 292
- B.8 ルート系の分類 ····························· 294

文献案内・参考文献 ·· 297
索　　引 ··· 305

第1章 例と基礎事項

1.1 群多様体いろいろ

　読者は「多様体」とよばれるものについて何らかのイメージをもっているものとしよう．実数体 $\mathbb{R}$ 上に構成した，ユークリッド空間をモデルにとった，位相多様体，微分可能多様体，（実または複素）解析的多様体，さらに p 進体 $\mathbb{Q}_p$ 上にも非アルキメデス的多様体などもつくられている．

　これらとは別の経路で，任意の体上に代数多様体，もっと一般に，任意の可換環上にスキームなど，多様体という概念の延長上にある対象が考えられている（付録 A など参照）．

　次に，全く別の分野と思うかもしれないが，初等代数学で教わる「群」という概念がある．

　この2つの概念を融合した「群多様体」というものを考えてみよう．

　このためには，個々単体の多様体だけを取り出すのではなく，それぞれの族（数学では「圏」という）の中で関係付けた「射」（morphism；さしあたって特定の写像）を同時に備えておく．位相多様体のときは連続写像，微分可能多様体のときは（無限回）微分可能（C^∞）写像，解析的多様体のときは（それぞれ実または複素）解析的写像である．代数多様体の場合は，代数幾何学で定義される正則（有理ともいう）写像（スキームならば単に「射」という）のことである．

　群（の圏）においては準同型写像が射である．

　そこで，集合 G が群多様体であるとは，第1に G は（通常の意味で）群であって，第2に上に述べたようないずれかの多様体の構造も備えていることに

なる．さらに，この2つの構造は互いに無関係であっては意味のあるものにならないだろうから，それぞれの構造が互いに融合（マッチ）していることを要請する．例えば，微分可能多様体ならば，群の2つの基本演算

$$m : G \times G \longrightarrow G \qquad (m(x,y) = xy \text{ 乗法})$$
$$i : G \longrightarrow G \qquad (i(x) = x^{-1} \text{ 逆元})$$

が共に微分可能写像であることを要請するのである（ここで $G \times G$ は積多様体と考える）．

この場合，この群多様体は "Lie 群" という特別の敬称でよばれている．ちなみに，このとき多様体は実解析的になり，m, i は共に実解析的になることが証明される．従って，Lie 群の定義を始めから実解析的多様体としても同じである（例えば，Chevalley[C1], Bourbaki[Bou1], Serre[Se2], 松島 [松島 2], 佐武 [佐 2], 岩堀 [岩 1], 村上 [村], 杉浦 [杉], 伊勢 [伊] など）．

易しい例をいくつか挙げよう．

例1． 実数体 $\mathbb{R}$ は加法について群をなし，1次元実多様体（C^∞ でも解析的でも）として，Lie 群になる（$\mathbb{R} \times \mathbb{R} \ni (x,y) \mapsto x+y \in \mathbb{R}$, $\mathbb{R} \ni x \mapsto -x \in \mathbb{R}$ は明らかに解析的写像）．n 次元ユークリッド空間 $\mathbb{R}^n$，または複素数体 $\mathbb{C}$ や $\mathbb{C}^n$ も複素多様体と考えると同様に可換 Lie 群である．

例2． $\mathbb{R}$ の部分集合（開部分多様体）$\mathbb{R}^\times := \mathbb{R} \setminus \{0\}$ は乗法 $m(x,y) = xy$, $i(x) = x^{-1}$ に関してやはり可換 Lie 群となり，$\mathbb{C}^\times := \mathbb{C} \setminus \{0\}$ も複素1次元（実2次元）の Lie 群となる．

例3． $\mathbb{R}$ と $\mathbb{R}^\times$（$\mathbb{C}$ と $\mathbb{C}^\times$）の関係を高次元化すると次のようになろう．n 次実正方行列全体のなす環を $M_n(\mathbb{R})$ と書くと，これは加法については n^2 次元の Lie 群である．乗法についての可逆元（単元ともいう）のなす群を $GL_n(\mathbb{R})(= M_n(\mathbb{R})^\times)$ と書くと，これは n 次正則行列全体であり，今度は（$n \geq 2$ ならば）非可換 Lie 群になる．行列の乗法は成分の2次式で書け，逆元は有理式で与えられることに注意すればよい（$x^{-1} = (\det x)^{-1} \tilde{x}$, ただし $\tilde{x}$ は行列 x の余因子行列, $x \in GL_n(\mathbb{R}) \Leftrightarrow \det x \neq 0$）．$\mathbb{R}$ を $\mathbb{C}$ に置き換えれば同様に複素解析的 Lie 群を得る．

この例のような行列のなす群,すなわち一般線型群 $GL_n(\mathbb{R}) \subset GL_n(\mathbb{C})$ の部分群としていろいろな分野に応用される多くの重要な Lie 群が得られ,とくに古典群とよばれる系列が基本的である.

さらにこれらの例では,群演算 m, i が「解析的」というより,もっと簡単な有理式(代数式)として表されており,$M_n(\mathbb{R}) \supset GL_n(\mathbb{R})$, $M_n(\mathbb{C}) \supset GL_n(\mathbb{C})$ は最も簡単な $\mathbb{R}$ 上,あるいは $\mathbb{C}$ 上の「代数」多様体(アフィン空間とその開部分多様体)にもなっている.

このような例は Lie 群の中では特殊であると思われるかもしれないが,豊富な族をなし,さらに重要なことは,$\mathbb{R}$, $\mathbb{C}$ とは限らず,一般の体上で考えられるという利点があり,さらに膨大な例を与えてくれる.それを(線型)**代数群**((linear) algebraic group)とよぶ.すなわち,群多様体の多様体のカテゴリーを代数多様体にとるときこの名前でよばれる.

付録 A で説明してあるように,代数多様体の定義は初歩から始めるといろいろ微妙な点があり,とくに体 F が代数的閉体でないとき「F 上定義された多様体」という言葉を使うときは注意を要する.

本書では,主要な対象としては線型代数群(または,アフィン代数群といっても同じ)を扱うが,理論の展開にはアフィン多様体ではない一般の代数多様体の議論も必須である(Borel 理論,旗多様体など).しかし,まず導入としてはアフィン多様体から始めよう.

F を任意の体とし,$k = \overline{F}$ をその代数的閉包とする.$k^n = \{t = (t_1, \ldots, t_n) \mid t_i \in k\}$ 上の多項式関数の環 $k[T] = k[T_1, \ldots, T_n]$ の中で,とくに F に係数をもつ部分環 $F[T] = F[T_1, \ldots, T_n]$ を指定したとき,k 上のアフィン空間 k^n は F 上定義されている (defined over F)(または F 構造をもつ)といい,$\mathbb{A}^n_F = \mathbb{A}^n_F(k)$ と書く.従って,$\mathbb{A}^n_F$ は集合 k^n とその上の関数環 $F[T]$ の組のことであるが,記号を濫用して $k^n (= \mathbb{A}^n_F(k))$ のことを表すこともある.

$F[T]$ の部分集合 $S \subset F[T]$ の共通零点

$$V(S) := \{t = (t_i) \in k^n \mid f(t) = 0 \ (f \in S)\}$$

は,アフィン空間 $\mathbb{A}^n_F = k^n$ の F 閉集合である.S が生成する $F[T] \subset k[T]$ のイデアル

$$I = (S) := \sum_{f \in S} F[T]f \subset F[T]$$

$$kI := \sum_{f \in S} k[T]f \subset k[T]$$

に対しても同じ集合を定義する.

$$V(S) = V(I) = V(kI)$$

以下これを単に V と書く.

我々はこのような k^n の F 閉集合をアフィン F 多様体とよびたいのであるが, 実際はさらに今少しの要請を行うのが普通である.

V 上の (正則) 関数環を $k[V]$ と書くと, $k[T]/I(V) \simeq k[V]$. ただし, V 上の正則関数とは, $V \subset k^n$ において, k^n 上の多項式関数 $k[T]$ の制限で書けるもの (ここで $I(V) := \{f \in k[T] \mid f|V = 0\}$). k が閉体であるから, Hilbert の零点定理によって, $I(V) = \sqrt{kI}$ (kI の根基) となることに注意しておこう (付録 A, 定理 A.2.2.1). このとき V の F 構造に付随する関数環 $F[V]$ は, $F[T]$ から得られるものと考えるのが自然であろう. すなわち

$$F[T]/(I(V) \cap F[T]) \simeq F[V] \subset k[V]$$

と $k[V]$ の部分 F 代数が定義されるわけである.

ところが $(I(V) \cap F[T])k[T] = I(V)$ となるとは限らず, この等号が成り立つことを要請したい. すなわち, $I(V)$ の生成系が $F[T]$ から選べることを要請したい.

実際, V 自身は k 代数 $k[V]$ から定まるわけだから, その道筋で定義し直すと次のようになる. まず有限生成 F 代数 A_F の閉体への係数拡大 $A := A_F \otimes_F k$ を考える. k 上のアフィン多様体は, 被約 な (すなわち 0 以外の冪零元をもたない) 有限生成 k 代数 A から

$$V = \mathrm{Hom}_{k\text{代数}}(A, k) \xrightarrow{\sim} \mathrm{Specm}\, A \quad (e_x \mapsto \mathrm{Ker}\, e_x)$$

$$k[V] = \{x \mapsto f(x) = e_x(f)\,(x = e_x \in V) \mid f \in A\} \simeq A$$

と定められる. ここで, 点 $x \in V$ と k 準同型 e_x を同一視し, A の極大イデアルの集合 $\mathrm{Specm}\, A$ と V の対応が弱 Hilbert 零点定理 (付録定理 A.1.6.1) から

導かれるのである．一般に F 代数 A_F が被約でも係数拡大 $A = A_F \otimes_F k$ は被約とは限らないから，さらに次の要請をおく．

要請：F 代数の係数拡大 $A = A_F \otimes_F k$ は被約である（A_F は幾何学的に被約である（geometrically reduced）という）．

このとき，有限生成 F 代数 A_F は F 多様体 V （または，V の F 構造）を定める，という．（因みに，F が完全体で，A_F が被約ならばこの要請はみたされる．）

反例．F の標数を $p > 0$, $a^{1/p} \notin F$ なる $a \in F$ に対し $A_F = F[T_1, T_2]/((T_1 T_2)^p - a)$ とすると，これは整域であるが，$A_F \otimes_F k \simeq k[T_1, T_2]/((T_1 T_2 - a^{1/p})^p)$ は被約ではない．

以下，「アフィン」を省略して単に **F 多様体**（または **F** 上定義された多様体）とよぶ（アフィンでないときの定義については付録 A 参照）．

V を F 多様体，$F[V] \subset k[V] \simeq F[V] \otimes_F k$ をその関数環とする．

$$V \simeq \mathrm{Hom}_{k\text{代数}}(k[V], k) \simeq \mathrm{Hom}_{F\text{代数}}(F[V], k)$$

であったが，任意の F 代数 R に対しても $V(R) := \mathrm{Hom}_{F\text{代数}}(F[V], R)$ が定まる．この集合を **R 有理点集合**（set of **R**-rational point）という（$V(F) \subset V(R)$）．とくに，$F[V] = F[T_1, \ldots, T_n]/(f_1, \ldots, f_r)$ のときは，$V(R) = \{(t_i) \in R^n \mid f_j(t_1, \ldots, t_n) = 0 \ (1 \leq j \leq n)\}$ となって，素朴な意味の R に値をもつ零点集合になっていることに注意しよう．

次に，2 つの F 多様体 V, U の間の（正則）写像が，F 構造から来ているとき，すなわち，ある F 代数の準同型 $\varphi^* : F[U] \to F[V]$ から定まる写像

$$\varphi : V \to U \quad (\varphi(x)(f) = f(\varphi(x)) = \varphi^*(f)(x) \ (x \in V, \forall f \in F[U])$$

を F 射という．（記号について，φ^* が φ より先に与えられるのは奇妙に感じるかもしれないが，古典的記号の習慣に従った．）

積 $V \times U$ の F 構造もテンソル積 $F[V \times U] = F[V] \otimes_F F[U] \subset k[V] \otimes_k k[U]$ から定める（幾何学的に被約な関数環のテンソル積は幾何学的に被約である（付録 A 参照））．

そこで次のように定義する．G が **F 代数群**（または **F 上定義された代数群**）であるとは，G は群であって，かつ F（代数）多様体の構造をもち，単位元が F 有理点（$e \in G(F)$）で，群演算

$$m : G \times G \longrightarrow G \qquad (m(x,y) = xy)$$
$$i : G \longrightarrow G \qquad (i(x) = x^{-1})$$

が F 多様体としての F 射になっているときである．

例．$F = \mathbb{R} \subset \mathbb{C} = k$ において，$A_{\mathbb{R}} = \mathbb{R}[T] \subset A_{\mathbb{R}} \otimes_{\mathbb{R}} \mathbb{C} = \mathbb{C}[T]$，$G = \mathbb{C}$ は $\mathbb{R}$ 代数群であって，$\mathbb{R}$ 有理点集合は $G(\mathbb{R}) = \mathbb{R}$ である（群としては加法群）．

一般の体 F でも同様に $A_F = F[T]$ とすると，F 上の加法群 $\mathbb{G}_a$（と書く）が定義される（$F[\mathbb{G}_a] = A_F$，$\mathbb{G}_a = \mathbb{G}_a(k) = k \supset F = \mathbb{G}_a(F)$．さらに，$F$ 代数 R に対して $\mathbb{G}_a(R) = R$）．

例．F 上の乗法群 $\mathbb{G}_m$ は F 代数 $F[\mathbb{G}_m] = F[T, T^{-1}] \simeq F[T, U]/(TU - 1)$ によって定義される．F 代数 R に対して，$\mathbb{G}_m(R) = \{a \in R \mid ab = 1 \text{ となる } b \in R \text{ あり}\} = R^{\times}$．

例．一般線型群 GL_n は

$$A_F = F[T_{ij}, \det(T_{ij})^{-1} \mid 1 \leq i, j \leq n]$$
$$\simeq F[T_{ij}, U \mid 1 \leq i, j \leq n]/(\det(T_{ij})U - 1)$$

によって定義される F 代数群である．従って F 代数 R に対して，

$$GL_n(R) = \{(t_{ij}) \in M_n(R) \mid \det(t_{ij}) \in R^{\times}\}$$

ちなみに，F は任意の可換環としてもよく，このとき，GL_n は "群スキーム" である．

（F が整域のとき，整域 $F[T_{ij}]$ の $\det(T_{ij})$ による分数化 A_F はまた整域であることに注意しておく．）

例．SL_n は $A_F = F[T_{ij}]/(\det(T_{ij}) - 1)$ によって定義される F 代数群である．（$\det(T_{ij}) - a$ ($a \in F$) は既約多項式であることに注意 [佐 1；線型代数学 p.82]．)

注意. 他の古典群 O_n, Sp_n などの場合，F 構造を与える環を定義するのは，いささか微妙であるが（"被約性" について），F が完全体（とくに標数 0）ならば問題ない.

例 Ex.1.1.1 ($\mathbb{R}$ 上の代数群の実点集合 $G(\mathbb{R})$ がコンパクト群になる例).

(1) $A_{\mathbb{R}} = \mathbb{R}[T_1, T_2]/(T_1^2 + T_2^2 - 1)$ が与える $\mathbb{R}$ 代数群を G とすると，$G(\mathbb{R}) = \{(t_1, t_2) \in \mathbb{R} \mid t_1^2 + t_2^2 = 1\}$. ところで，$A_{\mathbb{R}} \otimes_{\mathbb{R}} \mathbb{C} = \mathbb{C}[T_1, T_2]/(T_1^2 + T_2^2 - 1) \simeq \mathbb{C}[U_+, U_-]/(U_+ U_- - 1) \simeq \mathbb{C}[U_+, U_+^{-1}]$ ($U_\pm = T_1 \pm i T_2$). よって，$G(\mathbb{C}) \simeq \mathbb{C}^\times = \mathbb{G}_m(\mathbb{C})$.

因みに，$A_{\mathbb{R}}' = \mathbb{R}[T_1, T_2]/(T_1^2 + T_2^2 + 1)$ が与える $\mathbb{R}$ 多様体 G' については，$G'(\mathbb{R}) = \emptyset$, $G'(\mathbb{C}) \simeq \mathbb{C}^\times$ であるが，$e \notin G'(\mathbb{R})$ であるので，$\mathbb{C}$ 代数群であるが，$\mathbb{R}$ 代数群ではない.

(2) ($GL_1(\mathbb{C}) = \mathbb{C}^\times$ と見なしたときの n 次元への拡張) $T_{(1)} = T_{(1),ij}$, $T_{(2)} = T_{(2),ij}$ を 2 つの n^2 個の不定元とし，2 つの n 次正方行列と考える.

$$A_{\mathbb{R}} = \mathbb{R}[T_{(1)}, T_{(2)}]/(T_{(1)}{}^t T_{(1)} + T_{(2)}{}^t T_{(2)} - 1_n, T_{(1)}{}^t T_{(2)} - {}^t(T_{(1)}{}^t T_{(2)}))$$

が与える $\mathbb{R}$ 群を G とする．ここで，群構造は $(t_{(1)}, t_{(2)}), (t'_{(1)}, t'_{(2)}) \in G(F) = \text{Hom}_{\mathbb{R}\text{代数}}(A_{\mathbb{R}}, F) \subset M_n(F)^2$ （F は $\mathbb{R}$ 代数）に対し，乗法を $(t_{(1)}, t_{(2)})(t'_{(1)}, t'_{(2)}) = (t_{(1)} t'_{(1)} - t_{(2)} t'_{(2)}, t_{(2)} t'_{(1)} + t_{(1)} t'_{(2)})$ で定義する．このとき，

$G(\mathbb{R})$
$= \{(t_{(1)}, t_{(2)}) \in M_n(\mathbb{R})^2 \mid t_{(1)}{}^t t_{(1)} + t_{(2)}{}^t t_{(2)} = 1_n, t_{(1)}{}^t t_{(2)} = {}^t(t_{(1)}{}^t t_{(2)})\}$
$\simeq U(n) = \{u = (t_{(1)} + i t_{(2)}) \in M_n(\mathbb{C}) \mid u^t \bar{u} = 1_n\}$.

$G(\mathbb{C})$ は $\mathbb{C}[U_+, U_-]/(U_+{}^t U_- - 1_n)$, $(U_\pm = T_{(1)} \pm i T_{(2)})$ から定まる行列群で，結局

$$G(\mathbb{C}) = \{(u_+, u_- \in M_n(\mathbb{C})^2 \mid u_+{}^t u_- = 1_n\}$$
$$\xrightarrow{\sim} GL_n(\mathbb{C}) = \{u_+\} \ ((u_+, u_-) \mapsto u_+)$$

($u_+ = u_-^{-1}$ に注意). すなわち，ユニタリ群 $U(n)$ は代数群としての一般線型群 $GL_n(\mathbb{C})$ の $\mathbb{R}$ 有理点集合と見なせる.

例（GL_n の一般化）．R を F 上の（可換とは限らぬ）有限次代数で F は R の中心に入るとする（F 上の多元環ともいう）．このとき，単元（数）群 $R^\times = \{R \text{ の単元（可逆元）}\}$ は F 上代数群（の F 有理点のなす群；正式には，拡大体 K/F に対し $G(K) = (R \otimes_F K)^\times$）．

$\rho: R \to \operatorname{End}_F R$ を左正則表現とする（$\rho(x)y = xy$, ρ は単射準同型）．$\rho(R) \subset \operatorname{End}_F R$ は F 線型部分空間だから，$\rho(R) \simeq \mathbb{A}_F^n(F)$ ($n = \dim_F R$, $\operatorname{End}_F R \simeq M_n(F)$)．このとき，

$$\rho: R^\times \xrightarrow{\sim} \{\rho(x) \in GL_F(R) \simeq GL_n(F) \mid \det \rho(x) \neq 0\} = \rho(R) \cap GL_F(R)$$

ゆえ，$R^\times$ はアフィン空間の主開集合でアフィン多様体である（$\det \circ \rho$ は R 上の正則関数）．

例．$\mathbb{H} := \mathbb{R} + \mathbb{R}i + \mathbb{R}j + \mathbb{R}k$ ($i^2 = j^2 = k^2 = -1$, $ij = k = -ji$) を $\mathbb{R}$ 上の 4元数体とする．$\nu(x) := x\bar{x}$, $\overline{(a + bi + cj + dk)} := a - bi - cj - dk$ とおくとき，単元群は $\mathbb{H}^\times = \{x \mid \nu(x) \neq 0\}$．ここで，$G$ を $\mathbb{H}$ が定義する $\mathbb{R}$ 上の代数群（すなわち $\mathbb{H}^\times = G(\mathbb{R})$），$\mathbb{H}^1 = \{x \in \mathbb{H} \mid \nu(x) = 1\}$ が定義する $\mathbb{R}$ 上の部分代数群を G^1 とすると，$G^1(\mathbb{R}) \simeq SU(2) = \{g \in SL_2(\mathbb{C}) \mid g^t \bar{g} = 1\}$．さらに，$\mathbb{H} \otimes_\mathbb{R} \mathbb{C} \simeq M_2(\mathbb{C})$ で，従って，$G(\mathbb{C}) \supset G^1(\mathbb{C}) \simeq SL_2(\mathbb{C}) \subset GL_2(\mathbb{C}) \simeq G(\mathbb{C})$. ($\mathbb{H} \simeq \left\{ \begin{pmatrix} a & b \\ -\bar{b} & \bar{a} \end{pmatrix} \mid a, b \in \mathbb{C} \right\} \subset M_2(\mathbb{C})$ を用いて，$\mathbb{H} \otimes_\mathbb{R} \mathbb{C} \ni x \otimes c \mapsto cx \in M_2(\mathbb{C})$ が同型になることに注意．)

例（古典群）．J を非退化の対称行列，または交代行列とする（例えば，$J = 1_n$, または $J = \begin{pmatrix} 0 & 1_m \\ -1_m & 0 \end{pmatrix}$ ($n = 2m$)). $G_J = \{x \in GL_n(k) \mid {}^t x J x = J\}$ は $GL_n(k)$ の閉部分群で，素体 F 上定義されている．($G_{1_n} = O_n$ (char $F \neq 2$), J：交代のとき $G_J = Sp_n$ と書く．)

代数群がいろいろな分野に現れるとき，代数的閉体 k 上で考えるだけでは不十分で役に立たないことは，Lie 群（$\mathbb{R}$ 上）の場合や，数論的部分群のことを思い浮かべるだけでも納得できるだろう．

しかし，本書の一つの目標は，幾何的な考察（"代数的閉体上の対象" の別称）

を一通り紹介することであるので,特別の場合を除いて専ら閉体 k 上の代数多様体のみを扱うことにする.

1.2 基本事項

以下断らない限り k は代数的閉体で,代数多様体は(既約とも,アフィンとも限らぬ)k 上定義されているものとする.

代数多様体について次の事柄に注意しておこう(付録 A 参照).

(1) 位相の言葉は断らない限り Zariski 位相についてとする.従って多様体は準コンパクトである.

(2) 既約成分および連結成分は有限個である.既約ならば連結であるが,逆は必ずしも成り立たない.

(3) 非特異(滑らかな)点は稠密な開集合をなす(付録定理 A.2.5.5).特異点をもたないものを滑らかな(smooth)(または非特異(nonsingular))多様体という.

(4) 滑らかな多様体の場合,連結ならば既約である.従って連結成分と既約成分は一致する.

以下,単に**代数群**という場合,1.1 節で $F=k$ とし,アフィンとは限らぬ k 上の代数多様体である群 G で,演算 m, i が多様体の射であるときをいう.(尤も,本書ではアフィンの場合を主として扱うが.)

基本的な例は,前節で $F=k$ としたものがある.代数群 G の閉部分群 H は H 自身の多様体と群構造に関して代数群になる.

注意. 積多様体 $G \times G$ の Zariski 位相は積位相ではない.従って,代数群の位相を Zariski 位相で考えるときは,通常の意味での「位相群」にはならない(位相群は必然的に Hausdorff 位相になる).

例. $\mathbb{G}_a = k \hookrightarrow GL_2(k)$ $\left(x \mapsto \begin{pmatrix} 1 & x \\ 0 & 1 \end{pmatrix}\right)$ によって,加法群 $\mathbb{G}_a$ は一般線型群 $GL_2(k)$ の閉部分群と見なせる.

$\mathbb{G}_m = k^\times = GL_1(k) \hookrightarrow GL_2(k) \ (x \mapsto \begin{pmatrix} x & 0 \\ 0 & x \end{pmatrix})$ も同様.

例 **Ex.1.2.1.** 上3角群（可解群である）

$$\boldsymbol{T}_n := \left\{ \begin{pmatrix} \star & & * \\ & \ddots & \\ 0 & & \star \end{pmatrix} \in GL_n(k) \right\}.$$

上3角冪単群（冪単群の例，冪零群である）

$$\boldsymbol{U}_n := \left\{ \begin{pmatrix} 1 & & * \\ & \ddots & \\ 0 & & 1 \end{pmatrix} \in GL_n(k) \right\}.$$

$\boldsymbol{U}_n$ は $\boldsymbol{T}_n$ の正規部分群である．$\mathbb{G}_a (\simeq \boldsymbol{U}_2)$ は1次元冪単群である．

対角群

$$\boldsymbol{D}_n := \left\{ \begin{pmatrix} \star & & 0 \\ & \ddots & \\ 0 & & \star \end{pmatrix} \in GL_n(k) \right\} \simeq (\mathbb{G}_m)^n.$$

ちなみに，アフィンではない代数群について次が知られている．

定理. （代数多様体として）完備な連結代数群は可換で射影的（射影空間 $\mathbb{P}^n$ の閉部分多様体）である（このような代数群を**アーベル多様体**（abelian variety）という）．

定理（Chevalley-Rosenlicht）．任意の連結代数群 G は最大のアフィン正規部分群 G' をもち，G/G' がアーベル多様体になる．（商 G/G' の正式の定義は後述，第4章．）

古典的な例. $\operatorname{char} k \neq 2, 3$ のとき，

$$E_{a,b} := \{(x,y) \in \mathbb{A}^2 \mid y^2 = x^3 + ax + b\} \cup \{\infty\}$$
$$\Delta := -4a^3 - 27b^2 \neq 0 \ (\Leftrightarrow \text{右辺の3次式が重根をもたない})$$

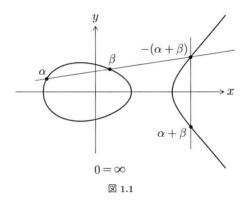

図 1.1

$k = \mathbb{C}$ のとき，Weierstrass の $\wp$ 関数を用いると，群同型

$$\mathbb{C}/L \xrightarrow{\sim} E_{a,b} \; (u \mapsto (\wp(u), \wp'(u)/2))$$

が記述される（L は複素平面のある格子；適当な函数論の教科書参照）．

さらに，複素トーラス $\mathbb{C}^n/L$（L は $\mathbb{R}$ 階数が $2n$ の格子）は $\mathbb{C}$ の古典（ユークリッド）位相でコンパクト加法群（複素 Lie 群で Kähler 多様体）であるが，$n \geq 2$ のときは，L から定まるある形式（Riemann 形式）が "整" のときのみ $\mathbb{C}$ 上のアーベル多様体の構造をもつ（射影空間への閉埋め込みが与えられる）．これらについては，また別の参考書を見られたい（例えば Mumford[Mu2]）．

この例を見ても，2 次元以上では，L が連続的に変形する場合，複素 Lie 群ではあるが，代数群になるのはきわめて特殊な場合である．すなわち，代数群の親類筋には代数群ではない群が沢山居るのである．

定義． G, H を代数群とするとき，その射（代数群の）(morphism) $\varphi : G \to H$ とは，群準同型かつ多様体としての射になっているときをいう．代数群の間の射を "代数群としての準同型"，または誤解の恐れがない限り単に "準同型" ともいう．

命題 1.2.1. (1) 代数群 G の単位元 e を含む既約成分は唯 1 つであり，これはまた連結成分でもある．これを G^0 と書いて，G の**単位成分** (identity component) という．

(2) 単位成分 G^0 は G の指数有限の正規部分群である．

(3) G の指数有限の閉部分群は開部分群でもあり，G^0 を含む．

証明．(1) $X_1, \ldots, X_n$ を e を含む既約成分全体とし，積 $\varphi : X_1 \times \cdots \times X_n \to G$ ($\varphi(x_1, \ldots, x_n) = x_1 \cdots x_n$) を考えると，これは既約多様体から G への射である．よって，その像 $\mathrm{Im}\,\varphi = X_1 \cdots X_n$ は G の既約な部分集合で，e を含むゆえ，いずれかの X_{i_0} に一致する．ところが，任意の $1 \le i \le n$ に対して $X_i \subset \mathrm{Im}\,\varphi = X_{i_0}$ で，X_i も既約成分ゆえ $X_i = X_{i_0}$．すなわち X_i はすべて等しく，唯 1 つである．既約成分が連結成分でもあることは次の (2) で示す．

(2) G^0 が部分群になること．$x \in G^0$ とすると，$e = x^{-1}x \in x^{-1}G^0$ で，$x^{-1}G^0$ は e を含む既約成分ゆえ，(1) より $x^{-1}G^0 = G^0$．よって，$x^{-1} = x^{-1}e \in G^0$．また，$xG^0 = G^0$ とも書けるので，$G^0 G^0 = G^0$ となり，G^0 は G の部分群である．

次に，$x \in G$ に対し，xG^0x^{-1} は既約で $e = xx^{-1} \in xG^0x^{-1}$ ゆえ，$xG^0x^{-1} = G^0$，ゆえに G^0 は正規．

$G = \bigsqcup_{x_i:代表} x_i G^0$ を剰余類分解とすると，各 $x_i G^0$ は G の既約成分ゆえ，これは多様体の既約分解でもある．よって，有限和への分解で群指数について $(G:G^0) < \infty$．

(1) で残しておいた既約成分 G^0 が連結成分でもあることを示す．直和 $G = G^0 \bigsqcup (\bigsqcup_{x_i \notin G^0} x_i G^0)$ において，既約成分は閉集合ゆえ，有限和 $\bigsqcup_{x_i \notin G^0} x_i G^0$ は閉，よって G^0 は開集合にもなり，閉かつ開な連結部分集合，よって e を含む連結成分でもある．（この節の最初にまとめた事柄の (4) から代数群は滑らかな多様体であることが導かれるから，(4) を認めれば，代数群においては既約成分と連結成分が一致することが明らかである．）

(3) H を G の指数有限の閉部分群とすると，剰余類分解 $G = \bigsqcup_{x_i} x_i H$ は閉集合の有限和であるから，既約成分 G^0 はある $x_i H$ に含まれる．$e \in G^0 \subset x_i H$ より $x_i = e$ としてよい． □

命題 1.2.2. U を代数群 G の稠密な開集合とすると，$G = UU$ $(= \{xy \mid x, y \in U\})$．

証明．$U^{-1} = \{x^{-1} \mid x \in U\}$ も稠密開であるから，$z \in G$ に対して，

$zU^{-1} \cap U \neq \emptyset$. すなわち, $x, y \in U$ で $zy^{-1} = x$ となる元がある. これは $z = xy$ を意味する. □

命題 1.2.3. G を代数群, H をその (抽象的な意味での) 部分群とする. このとき, 次が成り立つ.

(1) H の (Zariski 位相での) 閉包 $\overline{H} = \bigcap C$ (ここで, C は H を含む閉部分集合の全体を走る) は群をなす. 従って閉部分群として代数群である.

(2) H が構成的部分集合ならば, 閉集合である. すなわち, $\overline{H} = H$. ここで, 構成的部分集合とは, 局所閉集合の有限和のことである (付録 A.3.2 項).

証明. (1) $i : G \to G$ ($i(x) = x^{-1}$) は多様体の同型射であるから, 同相写像である. よって $i(\overline{H}) = \overline{i(H)} = \overline{H}$.

次に, $h \in H$ による左移動 $l_h : G \to G$ ($l_h(x) = hx$, $(x \in G)$) も同相写像ゆえ $l_h(\overline{H}) = \overline{l_h(H)} = \overline{H}$. よって $H\overline{H} \subset \overline{H}$. さらに $x \in \overline{H}$ についての右移動 $r_x(y) = yx$ も同相写像だから, $r_x(H) \subset \overline{H}$ ($x \in \overline{H}$) より, $r_x(\overline{H}) \subset \overline{r_x(H)} \subset \overline{\overline{H}} = \overline{H}$. すなわち $\overline{H}\overline{H} \subset \overline{H}$ となり, 乗法 m に関しても $\overline{H}$ は閉じていて, 部分群になることが示された.

(2) 付録 A.3.2 より, 構成的部分集合 H は $\overline{H}$ のある稠密開集合 U を含む. 命題 1.2.2 より (代数群) $\overline{H}$ について $\overline{H} = UU \subset H$, 従って $\overline{H} = H$. □

系 1.2.4. H_1, H_2 を代数群 G の閉部分群とし, H_1 は H_2 を正規化する, すなわち $xH_2x^{-1} = H_2$ ($x \in H_1$) とする. このとき, H_1H_2 はまた閉部分群である.

証明. 射 $\mu : H_1 \times H_2 \to G$ ($\mu(x, y) = xy$) を考える. $\mathrm{Im}\,\mu = H_1H_2$ は G の部分群で, 付録命題 A.3.2.2 (Chevalley の定理) より構成的部分集合だから, 命題 1.2.3 より閉集合. □

命題 1.2.5. $\varphi : G \to H$ を代数群の射とする. このとき次が成り立つ.
(1) φ の核と像, $\mathrm{Ker}\,\varphi$, $\mathrm{Im}\,\varphi = \varphi(G)$ は共に閉部分群.
(2) $\varphi(G^0) = \varphi(G)^0$.
(3) $\dim G = \dim \mathrm{Ker}\,\varphi + \dim \mathrm{Im}\,\varphi$.

証明．(1) $\operatorname{Ker}\varphi$ は 1 点 $e_H \in H$ の逆像ゆえ閉．$\operatorname{Im}\varphi$ は Chevalley の定理 (A.3.2.2) より構成的，ゆえに命題 1.2.3 (2) より閉．

(2) 既約な G^0 の像 $\varphi(G^0)$ は既約で H の単位元を含む．命題 1.2.1 (2) より $(G:G^0) < \infty$，従って $(\varphi(G):\varphi(G^0)) < \infty$．よって命題 1.2.1 (3) より $\varphi(G)^0 \subset \varphi(G^0)$，$\varphi(G^0)$ の既約性から $\varphi(G^0) = \varphi(G)^0$．

(3) G は既約として一般性を失わない．$\varphi(G)$ は H の既約閉部分集合で，支配射 $\varphi: G \to \varphi(G)$ に対して $\varphi(G)$ の稠密開集合 U で
$$\dim \varphi^{-1}(x) + \dim \varphi(G) = \dim G \quad (\forall x \in U)$$
なるものがとれる（付録 A.3.2.1 (2)；一般平坦性定理に関する項）．ところが，$y \in \varphi^{-1}(x)$ に対し，$\varphi^{-1}(x) = y\varphi^{-1}(e_H) = y\operatorname{Ker}\varphi$ ゆえ $\dim \varphi^{-1}(x) = \dim \operatorname{Ker}\varphi$，よって求める等式が示された．□

命題 1.2.6. $\{X_i\}_{i \in I}$ を代数群 G の単位元を含む既約な部分多様体の族とするとき，次が成立する．

(1) $\{X_i\}_{i \in I}$ が生成する閉部分群 H は連結である．

(2) この族から有限個 $X_1, \ldots, X_n$ (番号は適当に付けて $X_i^{\pm 1}$ は X_i かまたは X_i^{-1} のいずれか) を取り出して $H = X_1^{\pm 1} \cdots X_n^{\pm 1}$ と書ける．

証明．記号の簡略化のため，族には始めから X_i, X_i^{-1} 共に入っているとしてよい．既約な部分多様体の積はまた既約なので，閉包 $\overline{X_1 \cdots X_n}$ も既約である．1.2.4 の証明と同様にして，上にさらに同様の集合 $X_{n+1} \cdots X_m$ を乗じたものについて $\overline{X_1 \cdots X_n} \overline{X_{n+1} \cdots X_m} \subset \overline{X_1 \cdots X_n X_{n+1} \cdots X_m}$ が成り立つ．このように族から有限個を取り出して積の閉包をつくったもののなす族には，Noether 性により，極大なものが存在する．番号を取り直してそれを新たに $\overline{\mathfrak{X}}$ ($\mathfrak{X} = X_1 \cdots X_n$) とおこう．極大性により $\overline{\mathfrak{X} \cdot X_j} = \overline{\mathfrak{X}}$ ($\forall j \in I$)．よって $\overline{\mathfrak{X}\mathfrak{X}} = \overline{\mathfrak{X}}$ となり，$\overline{\mathfrak{X}}$ は乗法に関して閉じている．また，$X_i^{\pm 1}$ 共に族の中に入っていると仮定しているので $(\overline{\mathfrak{X}})^{-1} = \overline{(\mathfrak{X})^{-1}}$，すなわち $\overline{\mathfrak{X}}$ は G の閉部分群である．さらに，命題 1.2.2 より，$\overline{\mathfrak{X}} = \mathfrak{X}\mathfrak{X}$，すなわち，始めから閉包をとらなくても閉部分群になっている（必要なら $\mathfrak{X}$ を $\mathfrak{X}\mathfrak{X}$ に置き換えよ）．これで (1), (2) 共に示された．□

次の系は後でよく使われる．

系 1.2.7. G の閉部分群 H, K のうちいずれかは連結とすると，交換子群 $[H, K]$ はまた連結閉部分群である．

証明． H が連結とする．元 $k \in K$ に対して，$X_k = \{xkx^{-1}k^{-1} \mid x \in H\} \subset G$ とおき，族 $\{X_k\}_{k \in K}$ に対し，命題 1.2.6 を適用すると，$[H, K] = X_{k_1} \cdots X_{k_n}$ $(k_1, \ldots, k_n \in K)$ は連結閉部分群になり主張が示される． □

注意． 上の系において，交換子群 $[H, K]$ は元の交換子 $[x, k] = xkx^{-1}k^{-1}$ から生成される抽象群で定義されたものであり，その「閉包」をとらなくても閉部分群になっていることが分かる．

1.3 作用，G 多様体，軌道

代数群 G が代数多様体 V に作用する (operate)，または働く (act on) とは，代数多様体としての射 $a : G \times V \to V$ が存在して，$a(g_1, a(g_2, x)) = a(g_1 g_2, x)$, $a(e, x) = x$ $(g_1, g_2 \in G, x \in V, e \in G$ は単位元) をみたすときをいう．このとき，V を $\boldsymbol{G}$ **多様体** ($\boldsymbol{G}$-variety) ともいう．抽象群の集合への作用の自然な「代数幾何化」である．通常のように，混乱の恐れがない限り作用の記号 a は省いて，$a(g, x) = gx$ と書こう．$O_G(x) := Gx := \{gx \mid g \in G\}$ を点 $x \in V$ の $\boldsymbol{G}$ **軌道** ($\boldsymbol{G}$-orbit) とよぶのも抽象群の場合と同様である．

2 つの G 多様体の間の射 $\varphi : V_1 \to V_2$ が G の作用と可換なとき，すなわち $\varphi(gx) = g\varphi(x)$ $(g \in G, x \in V_1)$ のとき，φ は $\boldsymbol{G}$ **同変** ($\boldsymbol{G}$-quivariant) という．

命題 1.3.1. 代数群 G が多様体 V に作用しているとする．
(1) 点 $x \in V$ の固定化部分群 $G_x := \{g \in G \mid gx = x\}$ は G の閉部分群である．
(2) G の固定点集合 $V^G := \{x \in V \mid gx = x \ (g \in G)\}$ は V の閉集合である．
(3) 点 $x \in V$ の G 軌道 $O_G(x) = \{gx \mid g \in G\}$ はその閉包 $\overline{O_G(x)}$ の中で開集合で，従って V の局所閉集合として部分多様体になる．
(4) $\overline{O_G(x)} \setminus O_G(x)$ は $O_G(x)$ より次元が低い軌道の和である．

(5) 最低次元の軌道は閉集合である.

証明. (1) $a_x : G \to V$ $(a_x(g) = gx$ $(g \in G))$ は多様体の射 ($G \xrightarrow{\mathrm{Id}_G \times x} G \times V \xrightarrow{a} V$ (Id_G は G の恒等写像) は射の合成) であるから, 1 点 x の逆像 $G_x = a_x^{-1}(x)$ は閉.

(2) $g \in G$ に対して $b_g : V \to V \times V$ ($b_g(x) = (gx, x)$, $x \in V$) は多様体の射であり, 対角集合 $\Delta \subset V \times V$ は閉 (分離公理) だから, 逆像 $b_g^{-1}(\Delta) = \{x \in V \mid gx = x\} = V^g$ は V で閉, よって $V^G = \bigcap_{g \in G} V^g$ も閉.

(3) $O_G(x) = \mathrm{Im}\, a_x (\subset V)$ は Chevalley の定理 (付録 A 命題 A.3.2.2) より構成的集合であり, $\mathrm{Im}\, a_x$ の稠密開集合 U がある. ところで $O_G(x) = \bigcup_{g \in G} gU$ は閉集合 $\overline{\mathrm{Im}\, a_x} = \overline{O_G(x)}$ の中で開集合ゆえ, 局所閉集合である.

(4) (3) より明らか.

(5) (4) より明らか. すなわち, 最低次元の軌道 O について, $\overline{O} \setminus O = \emptyset$ ゆえ $\overline{O} = O$. □

例. 上の命題 (3) より, 代数群の共役類は局所閉部分多様体である (共役類は G の G 自身への内部自己同型作用による軌道である).

命題 1.3.2. (1) H を代数群 G の (抽象的) 部分群とすると, H の中心化群 $Z_G(H) := \{g \in G \mid ghg^{-1} = h\ (\forall h \in H)\}$ は G の閉部分群.

(2) さらに H が閉部分群ならば, 正規化群 $N_G(H) = \{g \in G \mid gHg^{-1} = H\}$ も閉.

証明. G の G への内部自己同型作用を $\iota : G \times G \to G$ ($\iota(g, x) = gxg^{-1}$ $(g, x \in G)$) と書くと, ι は代数群 G の多様体 G への作用である.

(1) $G_h = \{g \in G \mid \iota(g, h) = ghg^{-1} = h\}$ $(h \in H)$ はこの作用の固定化群ゆえ, 命題 1.3.1 (1) より閉, よって共通部分 $Z_G(H) = \bigcap_{h \in H} G_h$ も閉.

(2) $h \in H$ に対し, $\iota_h : G \to G$ を $\iota_h(g) = ghg^{-1}$ と定義すると, H が閉ゆえ, 逆像 $\iota_h^{-1}(H) = \{g \in G \mid ghg^{-1} \in H\}$ は G の中で閉. $N_G(H) = \bigcap_{h \in H} \iota_h^{-1}(H)$ ゆえ, これも閉. □

G が V に推移的に働くとき, すなわち, 任意の 2 点 $x, y \in V$ に対し, $gx = y$

なる元 $g \in G$ があるとき，V は G の**等質空間**（homogeneous space）（または**等質多様体**（homogeneous variety））という．G 多様体において G 軌道は G の等質空間である．

元 g の作用 $x \mapsto gx$ $(x \in V)$ は多様体 V の自己同型を与えているから，等質空間は滑らかである（V の非特異な点は稠密な開集合をなすが（付録定理 A.2.5.5）等質性からすべての点は非特異になる）．とくに代数群 G 自身左（右）移動作用によって等質空間であるから，前にも注意したように，滑らかな多様体である．

等質空間は，このように前節で述べた群自身と同様な性質をもつことも多い．例えば，次に注意しておこう．

命題 1.3.3. (1) 代数群 G の等質空間 V の既約成分は単位成分 G^0 の等質空間でまた連結である．

(2) 等質空間の G 同変な射は（普遍的に）開写像である．

(3) $\varphi : V_1 \to V_2$ を等質空間の G 同変な射で，$r = \dim V_1 - \dim V_2$ とすると，V_2 の既約な閉部分多様体 W_2 と，$\varphi^{-1}(W_2)$ の既約成分 W_1 について，同様に $r = \dim W_1 - \dim W_2$ が成り立つ．とくに，任意の点 $y \in V_2$ のファイバー $\varphi^{-1}(y)$ の既約成分の次元は r である．

(4) 等質空間の同変射が同型であるためには，分離的な全単射であることが必要十分である．

（注意）ここでいう「分離的」とは "separable" のことで，支配的で生成点における関数体が「分離拡大」になるときである．スキーム論でいう "separated morphism" と混同しないように注意しよう．我々の多様体はすべて分離公理（separated）を仮定しているので，射は常に separated である（付録 A.1.4 参照）．

証明．(1) $G = \bigsqcup_i G^0 g_i$ （剰余類分解，有限直和）とすると，$x_0 \in V$ に対し，$V = Gx_0 = \bigsqcup_i G^0 g_i x_0$ で，$G^0 g_i x_0$ は開かつ閉で，既約かつ連結．よって，V の既約（連結）成分は，$G^0 g_i x_0$ 何個かの和で，これらはすべて等しい．すなわち既約（連結）成分は $G^0 (g_i x_0)$ の形をしている．

(2) (1) より，G は連結と仮定してよい．このとき，等質空間の G 同変な射 $\varphi : V_1 \to V_2$ において，V_1, V_2 は既約で φ は支配的な全射である．一

般平坦性定理（付録 A.3.2 項の諸定理と命題）より，V_1 の空でない開集合で $\varphi|U \to \varphi(U) \subset V_2$ が普遍開写像なるものがある．すなわち，任意の多様体 Z に対しても，$(\varphi|U) \times \mathrm{Id}_Z : U \times Z \to \varphi(U) \times Z$ は開写像である．任意の点 $x \in V_1$ に対し，$x \in gU \subset V_1$ となる $g \in G$ を選ぶと，$\varphi|gU$ も同様の性質をもち，従って，全体 $\varphi \times \mathrm{Id}_Z : V_1 \times Z \to V_2 \times Z$ でも開写像となる．

(3) 同様に，一般平坦性により V_2 のある稠密開集合 U があって，$\varphi^{-1}(U) \to U$ は平坦射．しかし，V_2 は G 等質で，φ は G 同変ゆえ，φ 自身平坦射であり，ファイバー次元に関するその性質から従う（付録 A.3.2）．

(4) （V_1, V_2 共に既約と仮定してよい．）$\Rightarrow$ は自明．

$\Leftarrow$）分離的かつ全単射より，V_2 のある稠密開集合 U で $\varphi^{-1}(U) \xrightarrow{\sim} U$ （$[k(V_1) : k(V_2)] = [k(V_1) : k(V_2)]_s = 1$ より V_1 と V_2 は双有理的であるから）．等質性より，$y \in V_2$ に対して適当な $g \in G$ をとれば，$y \in gU \xrightarrow{\sim} g\varphi^{-1}(U) = \varphi^{-1}(gU)$ すなわち φ は局所同型射，全単射であるから結局同型射．□

コメント．「分離性」が問題になる (4) については，4.1 節で詳しく再論するが，先走って注意しておく．

φ が「分離的」$\Leftrightarrow$ 微分写像 $d\varphi_x : T_x V_1 \to T_{\varphi(x)} V_2$ が全射（ある非特異点 $x \in V_1$ に対して $\Leftrightarrow$ 任意の $x \in V_1$ に対して（滑らかなとき））．

これより，Lie 環の定義を知っていれば，(4) から次を得る（命題 4.1.1）．

代数群の全単射 $\varphi : G \to G'$ が (代数群の) 同型 $\Leftrightarrow$ φ が分離的 $\Leftrightarrow$ $d\varphi : \mathfrak{g} \to \mathfrak{g}'$ が Lie 環の同型．

さらに「商」については，次が導かれる（系 4.1.2）．

G 等質空間 V への全射 $\pi : G \to V$ が分離的な G 同変射ならば，V は G/H ($H = G_x$ ($x \in V$)) に関して普遍写像性質（universal mapping property）をみたす．

等質空間 V は 1 つの軌道と見なせ，$x \in V$ を固定すると射影 $\pi_x : G \to V$ ($\pi_x(g) = gx$) を与えている．このとき，とりあえず G/G_x を剰余類集合とすると，集合としての全単射 $\bar{\pi}_x : G/G_x \to V = O_G(x)$ ($\bar{\pi}_x(gG_x) = gx$) を得る．多様体としての V の構造を G/G_x に引き戻して，これを代数多様体と見なせるが，これは後述する「商多様体」とは一般には一致しない．

結論からいうと，射 π が分離的ならば，商多様体と V は多様体の同型を与えることがいえる（後述，4.2 節）．従って，基礎体 k の標数が 0 ならば問題がなく，例えば Lie 群の商についてはこの点の議論がうるさくない理由である．

1.4 アフィン代数群は線型群である

G を代数閉体 k 上の代数群で，アフィン多様体（アフィン空間の閉部分多様体）とする．すなわち，関数環を $k[G]$ とするとき $G \simeq \mathrm{Hom}_{k 代数}(k[G], k) \simeq \mathrm{Specm}\, k[G]$ が成り立つとする（アフィン代数群(affine algebraic group)という）．1.1 節で多くの例を挙げたが，最も基本的なものは一般線型群 $GL_n(k)$ である．$k[GL_n(k)] = k[T_{ij}, (\det(T_{ij}))^{-1}]$ で $GL_n(k) \hookrightarrow M_n(k) \times \mathbb{A}^1 \simeq \mathbb{A}^{n^2+1}$ ($t \mapsto (t, (\det t)^{-1})$) なる閉埋め込みをもつ．

この節では，アフィン代数群はある一般線型群の閉部分群に同型になることを示そう．アフィン代数群 G の関数環を $k[G]$ とすると，G は k 加群 $k[G]$ 上に左右の正則表現 (regular representation) λ, ρ をもつ．ここで，$f \in k[G]$ への作用を $\lambda_g(f)(x) = f(gx)$, $\rho_g(f)(x) = f(xg)$ ($g, x \in G$) と定義する．($\lambda_{(g_1 g_2)^{-1}} = \lambda_{g_1^{-1}} \lambda_{g_2^{-1}}$, $\rho_{(g_1 g_2)} = \rho_{g_1} \rho_{g_2}$ ゆえ，λ については $g \mapsto \lambda_{g^{-1}}$ が通常の意味での表現である．）とくに，$G \times G \ni (g, h) \mapsto \lambda_{g^{-1}} \rho_h \in GL(k[G])$ は直積群 $G \times G$ の表現を与える（両側表現という）．

まず次の補題に注意する．

補題 1.4.1. 群の乗法 $m: G \times G \to G$ が引き起こす k 代数の準同型（余射）を $m^*: k[G] \to k[G \times G] \simeq k[G] \otimes_k k[G]$ とする．定義より $m^*(f)(x, y) = f(xy)$ ($x, y \in G$) であるが，$m^*(f) = \sum_{i=1}^l u_i \otimes w_i \in k[G] \otimes_k k[G]$ とする．いま，固定した $f \in k[G]$ に対し，上のテンソル積への分解の l を最少になるように選んでおくと次が成り立つ．

$u_1, \ldots, u_l \in k[G]$ は $\rho_g(f)$ ($g \in G$) が張る部分 k 加群の基底，$w_1, \ldots, w_l$ は $\lambda_g(f)$ ($g \in G$) が張る部分 k 加群の基底をなす．

証明. $k[G]$ において $\rho_g(f) = \sum_{i=1}^l w_i(g) u_i$, $\lambda_g(f) = \sum_{i=1}^l u_i(g) w_i$ で，l の最小性から，u_i は k 上 1 次独立．よって，ある $g_1, \ldots, g_l \in G$ があっ

て (タテ) ベクトル ${}^t(u_i(g_1), \ldots, u_i(g_l)) \in k^l$ ($1 \leq i \leq l$) も k 上独立. すなわち $\det(u_i(g_j)) \neq 0$. よって, $\lambda_{g_j}(f) = \sum_{i=1}^l u_i(g_j)w_i$ は逆に解けて $w_i \in \sum_{j=1}^l k\lambda_{g_j}(f)$. すなわち, w_i 達は $\lambda_g(f)$ ($g \in G$) が張る部分 k 加群の元になり, その基底をなす. u_i についても同様. □

定理 1.4.2. アフィン代数群 G はある次数の一般線型群 $GL_n(k)$ の閉部分群に同型である.

証明. 関数環 $k[G]$ は有限生成 k 代数だから生成元 $f_1, \ldots, f_r$ をとって, $k[G] = k[f_1, \ldots, f_r]$ と書ける. V を $\rho_g(f_i)$ ($g \in G$, $1 \leq i \leq r$) が張る k 加群とすると上の補題 1.4.1 より, $\dim_k V < \infty$ で ρ_g ($g \in G$) の作用で閉じている. 右正則表現を V 上に制限して, k 上有限次元表現 $\pi : G \to GL(V)$ ($\pi(g) = \rho_g|V$, ($g \in G$)) が得られる. 従って $\pi(G)$ が $GL(V)$ の閉部分群で, π が代数群の同型 $G \xrightarrow{\sim} \pi(G)$ を与えることをいえばよい. このためには, $\pi^*(k[GL(V)]) = k[G]$ をいえばよい. そこで

$$\pi^*(k[GL(V)]) = k[\lambda_g(v) \mid v \in V, g \in G] \qquad (\star)$$

を示そう. (($\star$) の右辺は k 代数 $k[G]$ の生成元 $f_i \in V$ を含むゆえ $k[G]$ に等しい.)

いま, $v \in V$, $\xi \in V^*$ (k 双対) に対し, $GL(V)$ 上の関数を $c_{v,\xi}(x) = \langle \xi, xv \rangle$ ($x \in GL(V)$) と定義すると, これは行列成分で,

$$k[GL(V)] = k[c_{v,\xi}, \det^{-1} \mid v \in V, \xi \in V^*]$$

である. $v \in V$ に対し補題 1.4.1 を適用して $m^*(v) = \sum_{i=1}^l u_i \otimes w_i$ (l : 最小) を考える. このとき, $\sum_{i=1}^l k u_i = \sum_{g \in G} \rho_g v = v$, $\sum_{i=1}^l k w_i = \sum_{g \in G} \lambda_g v$ となり,

$$\pi^*(c_{v,\xi})(g) = \langle \xi, \pi(g)v \rangle = \langle \xi, \rho_g v \rangle = \langle \xi, \sum_i w_i(g)u_i \rangle = \sum_i \langle \xi, u_i \rangle w_i(g)$$

だから, $\pi^*(c_{v,\xi}) = \sum_i \langle \xi, u_i \rangle w_i$ ($\xi \in V^*$). そこで, $\langle \xi_j, u_i \rangle = \delta_{ij}$ ととると, $\pi^*(c_{v,\xi_i}) = w_i$ となり $\lambda_g v \in \pi^*(GL(V))$ ($v \in V$, $g \in G$), すなわち ($\star$) において「右辺 ⊂ 左辺」がいえた. ⊃ については, 明らかに $\pi^*(\det^{-1}) \in k[G]$ だから結局等号が成り立ち, ($\star$) が証明された. □

以後とくに断らない限り，アフィン代数群（上の定理により**線型代数群** (linear algebraic group) ともいう）を単に代数群という．

第 2 章　Jordan 分解

2.1　線型代数群の Jordan 分解

まず，線型代数で学ぶ Jordan 標準形から導かれる次の定理を思い出そう．

定理 2.1.1 (線型変換の加法的 Jordan 分解)．V を代数的閉体 k 上の有限次元ベクトル空間（有限生成 k 加群），$\mathrm{End}_k V$ を V の線型 k 変換（自己準同型）のなす k 代数とする．このとき，$x \in \mathrm{End}_k V$ は一意的に

$$x = x_s + x_n, \quad [x_s, x_n] = x_s x_n - x_n x_s = 0$$

(ただし, x_s は半単純（対角化可能），x_n は冪零）と分解できる．

さらに, x から決まるある多項式 $p_s(T)$, $p_n(T) \in k[T]\,T$ (定数項は 0) があって，$x_s = p_s(x)$, $x_n = p_n(x)$ となる．

どの教科書にも載っているわけでもないので証明を与えておこう．

証明. x の最小多項式を $f(T) \in k[T]$ とする ($f(x) = 0$ となるモニックな最小次数のもの)．k は閉体と仮定してあるから, 1 次分解 $f(T) = \prod_{\alpha:\text{固有値}}(T-\alpha)^{m_\alpha}$ がある（m_α は α の重複度）．$V_\alpha = \mathrm{Ker}\,(x - \alpha\,\mathrm{Id}_V)^{m_\alpha} \subset V$ を固有値 α の広義固有空間とすると直和分解 $V = \bigoplus_\alpha V_\alpha$ を得る．

中国式剰余定理によって,

$$\begin{cases} p_s(T) \equiv \alpha \mod (T-\alpha)^{m_\alpha} & (\alpha : \text{固有値}) \\ p_s(T) \equiv 0 \mod T \end{cases}$$

となる多項式 $p_s(T) \in k[T]\,T$ が存在する．このとき，$p_s(x)\,|\,V_\alpha = \alpha\,\mathrm{Id}_{V_\alpha}$ と

なる ($v \in V_\alpha$ に対して, $p_s(x)v = \alpha v + q(x)(x-\alpha)^{m_\alpha}v = \alpha v$). よって, $x_s = p_s(x) = \sum_{\alpha:\text{固有値}} \alpha \,\mathrm{Id}_{V_\alpha}$ とおくと, x_s は分解 $\bigoplus_\alpha V_\alpha$ で対角化されているから半単純である.

次に, $p_n(T) = T - p_s(T)$, $x_n = p_n(x) = x - x_s$ とおくと, x_n は冪零 ($v \in V_\alpha$ に対して $x_n v = (x - \alpha\,\mathrm{Id}_{V_\alpha})v$ ゆえ, $x_n^{m_\alpha} v = (x - \alpha\,\mathrm{Id}_{V_\alpha})^{m_\alpha} v = 0$ となり, x_n の固有値はすべて 0). さらに, $[x_s, x] = [p_s(x), x] = 0$ より $[x_s, x_n] = [x_s, x - x_s] = 0$.

次に分解の一意性を示す. $x = x'_s + x'_n$, $[x'_s, x'_n] = 0$ を同様の分解とする. $x_s + x_n = x'_s + x'_n$ より, $x_s - x'_s = x'_n - x_n$ (*). さらに, $[x_s, x'_s] = [x_n, x'_n] = 0$. なぜなら, $[x'_s, x] = [x'_s, x'_s + x'_n] = [x'_s, x'_n] = 0$ より $[x'_s, x_s] = [x'_s, p_s(x)] = 0$. $[x_n, x'_n] = 0$ も同様. ところで, 互いに可換な半単純（または冪零）変換の和はまた半単純（または冪零）であるから, 式 (*) において, 左辺が半単純, 右辺が冪零となりこれは 0 に等しい. □

系 2.1.2 (正則変換の乗法的 Jordan 分解). 正則変換 $x \in GL(V)$ は,

$$x = x_s x_u = x_u x_s, \quad (x_s \text{は半単純}, x_u \text{は冪単})$$

と一意的に乗法分解する.（ただし, x_u が冪単 (unipotent) とは, $1 - x_u$ が冪零 $\Leftrightarrow x_u$ の固有値はすべて 1, のときをいう.）

証明. $x \in GL(V)$ を $x = x_s + x_n$ ($x_s x_n = x_n x_s$) と加法分解して, $x = x_s(1 + x_s^{-1} x_n)$ (x の固有値は 0 でないから, $x_s \in GL(V)$) とすると, $x_s^{-1} x_n = x_n x_s^{-1}$ より $x_s^{-1} x_n$ は冪零ゆえ, $x_u = 1 + x_s^{-1} x_n$ は冪単である. $[x_s, x_n] = 0$ より $[x_s, x_u] = 0$. 一意性も加法分解のそれより従う. □

代数群 G の正則表現の空間 $k[G]$ (G の関数環) は一般に k 上無限次元のベクトル空間であるから, そこで作業するための言葉を少し準備しておこう.

V が（有限次元とは限らぬ）k 上のベクトル空間のとき, 変換 $x \in \mathrm{End}_k V$ が局所有限 (locally finite) であるとは, 任意の元 $v \in V$ が x 安定なある有限次元部分空間 W に含まれるときをいう ($v \in W$, $x(W) \subset W$). Jordan 分解は局所有限な変換について成立することも, 一意性から殆ど明らかであるが, 念のため述べておく.

系 2.1.3. V を k 上のベクトル空間とする.

(1) $x \in \mathrm{End}_k V$ が局所有限のとき，次の一意的な加法分解をもつ：

$$x = x_s + x_n, \quad [x_s, x_n] = 0$$

(x_s は半単純，すなわち任意の x_s 安定な有限次元部分空間で半単純．x_n は局所冪零，すなわち任意の x_n 安定な有限次元部分空間で冪零．）

(2) $x \in GL(V)$ を局所有限な同型写像とすると，次の一意的な乗法分解をもつ：

$$x = x_s x_u = x_u x_s$$

(x_s：半単純，x_u：局所冪単．）

前章定理 1.4.2 で見たように，アフィン代数群 G はある一般線型群 $GL_n(k)$ の閉部分群と見なせたが，$GL_n(k)$ での乗法的 Jordan 分解を部分群 G の元に適用すると，$GL_n(k)$ への埋め込みによらない内在的な結果を得ることを見よう．

1.4 節と同様に，G の $k[G]$ における左右の作用を λ, ρ と記す：$\lambda_x(f)(y) = f(xy)$, $\rho_x(f)(y) = f(yx)$ ($x, y \in G$, $f \in k[G]$). λ_x, ρ_x は $k[G]$ の k 代数としての局所有限な同型を与えている．

従って，G の元 x が半単純 (semi-simple) ということを ρ_x が $k[G]$ 上で半単純，冪単 (unipotent) ということを ρ_x が局所冪単と定義しても意味をもつ．なおこれは，$i(x) = x^{-1}$ ($x \in G$) が引き起こす $k[G]$ の同型を i^* と記すと，$\lambda_x = i^* \circ \rho_{x^{-1}} \circ i^*$ だから，λ_x を用いて定義しても同じであることに注意しておく．このとき，一般線型群への埋め込みによらず次の定理が成り立つ．

定理 2.1.4（Borel-Kolchin）．アフィン代数群 G の元 x は次の一意的分解をもつ：

$$x = x_s x_u = x_u x_s \quad (x_s, x_u \in G,\ x_s \text{は半単純},\ x_u \text{は冪単}).$$

定義. この分解をアフィン代数群の元の **Jordan 分解**（Jordan decomposition）という．

定理の証明のためにいくつかの準備をする．

局所有限な $\rho_x \in GL(k[G])$ は k 代数としての k 同型を与えている．系 2.1.3 によって，$\rho_x = \sigma\tau = \tau\sigma$ (σ：半単純，τ：局所冪単) となる局所有限な変換 $\sigma, \tau \in GL(k[G])$ をもつが，まず次を示す．

(I) σ, τ は k 代数 $k[G]$ の k 同型を与える．一方の σ について示せばよい ($\tau = \rho_x \sigma^{-1}$)．$\rho = \rho_x$ とおいて $V_\alpha = \{f \in k[G] \mid (\rho - \alpha)^n f = 0 \ (n \gg 0)\}$ とすると，局所有限性から有限次元と同様に，$k[G] = \bigoplus_\alpha V_\alpha$ ($\sigma \mid V_\alpha = \alpha \operatorname{Id}_{V_\alpha}$) と分解する．

ここで，$k[G]$ の乗法で $V_\alpha V_\beta \subset V_{\alpha\beta}$ が示されれば，$\sigma(fg) = (\alpha\beta)fg = (\alpha f)(\beta g) = \sigma(f)\sigma(g)$ ($f \in V_\alpha$, $g \in V_\beta$) となるから，σ が代数の同型を与えることになる．

ところで，ρ は k 代数の同型であるから次の式が示される．
$$(\rho - \alpha\beta)^n(fg) = \sum_{i=0}^{n} \binom{n}{i} \left[\alpha^{n-i}(\rho - \alpha)^i f\right] \left[\rho^i(\rho - \beta)^{n-i} g\right] \quad (f, g \in k[G]).$$
証明は n についての帰納法を用いればよい．ここで，$f \in V_\alpha$, $g \in V_\beta$ に対して n を十分大にとると，$(\rho - \alpha\beta)^n(fg) = 0$ となり，主張 (I) がいえた．

次に，右正則表現 $\rho : G \to GL(k[G])$ について次を示す：

(II) ρ は群同型 $G \xrightarrow{\sim} \rho(G) = A(k[G])^{\lambda_G} \subset GL(k[G])$ を与える．ただし，
$$A(k[G])^{\lambda_G} := \{\eta : 局所有限な\ k[G]\ の\ k\ 代数自己同型 \mid \lambda_y \eta = \eta \lambda_y \ (\forall y \in G)\}$$
(条件は，左正則表現の作用 λ と可換な環自己同型という意味)．

[(II) の証明] ρ が単射準同型で，$\rho_x \lambda_y = \lambda_y \rho_x$ ($x, y \in G$) は明らか．ρ が $A(k[G])^{\lambda_G}$ への全射であることをいえばよい．$\eta \in A(k[G])^{\lambda_G}$ とすると，k 代数の準同型 $k[G] \ni f \mapsto \eta(f)(e) \in k$ ($e \in G$ は単位元) はある $x \in G$ に対して $f(x) = \eta(f)(e)$ ($G \simeq \operatorname{Hom}_{k\, 代数}(k[G], k)$ であった)．この $x \in G$ について，$\rho_x(f)(y) = f(yx) = (\lambda_y f)(x) = \eta(\lambda_y f)(e) = (\lambda_y \circ \eta(f))(e) = \eta(f)(y)$ となり，$\rho_x(f) = \eta(f)$ ($\forall f \in k[G]$)，すなわち $\rho_x = \eta$ となり (II) が示された．

(定理 2.1.4 の証明) $x \in G$ に対して，$\rho_x = \sigma\tau = \tau\sigma$ を Jordan 分解とすると，(I) より σ, τ は $k[G]$ の代数としての自己同型になる．よって，σ, τ が左作用 λ_y ($y \in G$) と可換なことをいえば，(II) よりある $x_s, x_u \in G$ で

$\rho_{x_s} = \sigma$, $\rho_{x_u} = \tau$ となるものがとれるから,証明が完成する.

任意の $f \in k[G]$ に対して,ρ かつ λ で安定な有限次元部分空間 $V \ni f$ をとり,$\rho_x|V = (\sigma|V)(\tau|V)$ に対する多項式 $p_s(T)$ で $\sigma|V = p_s(\rho_x|V)$ なるものを選ぶ.このとき,$[\sigma|V, \lambda_y|V] = [p_s(\rho_x|V), \lambda_y|V] = 0$ すなわち,$\rho_x \lambda_y = \lambda_y \rho_x$ となり,σ について主張がいえた.τ についても同様.よって主張がすべて示された. □

定理 2.1.5. (1) アフィン代数群の元の半単純,冪単という性質は代数群の射で保たれる.すなわち,$\varphi : G \to G'$ をアフィン代数群の射とし,$x = x_s x_u$ を G における Jordan 分解とすると,$\varphi(x) = \varphi(x_s)\varphi(x_u)$ は G' における Jordan 分解である.言い換えれば,G' において,それぞれ,$\varphi(x_s)$ は半単純,$\varphi(x_u)$ は冪単な元である.

(2) V を有限次元 k ベクトル空間,G を $GL(V)$ の閉部分群とする.G の元 x を $GL(V)$ の元とみて,(系 2.1.2 の意味で) 線型変換としての乗法的 Jordan 分解を $x = x_s x_u = x_u x_s$ (x_s:半単純, x_u:冪単) とすると,$x_s, x_u \in G$ で,これはアフィン代数群 G の元としての Jordan 分解になる.

証明. (1) $\varphi : G \to \varphi(G) \hookrightarrow G'$ と分解すると,命題 1.2.5 より $\varphi(G)$ は G' の中で閉だから,φ がそれぞれ全射,および閉部分群への同型(すなわち埋め込み)の場合に主張を証明すればよい.

φ が全射のとき,余射 $\varphi^* : k[G'] \hookrightarrow k[G]$ は単射で,右正則表現について,$\rho_x | \varphi^*(k[G']) = \rho_{\varphi(x)} \in \mathrm{End}_k(k[G'])$ となる.よって,ρ_x の $k[G]$ における Jordan 分解 $\rho_x = (\rho_x)_s (\rho_x)_u$ は部分空間 $\varphi^*(k[G'])$ における Jordan 分解となり,これは,前定理 2.1.4 より $\rho_{\varphi(x)} = (\rho_{\varphi(x)})_s (\rho_{\varphi(x)})_u$ において,$(\rho_{\varphi(x)})_s = \rho_{\varphi(x_s)}$, $(\rho_{\varphi(x)})_u = \rho_{\varphi(x_u)}$,すなわち G' において $\varphi(x_s)$ は半単純,$\varphi(x_u)$ は冪単であることを示している.

φ が埋め込み $\varphi : G \xrightarrow{\sim} \varphi(G) \hookrightarrow G'$ のときは,余射 $\varphi^* : k[G'] \twoheadrightarrow k[G']/I \xrightarrow{\sim} k[G]$ ($I = \mathrm{Ker}\, \varphi^* = \varphi(G)$ の定義イデアル) は全射である.$x \in G$ の右正則表現 $\rho_x \in A(k[G])^{\lambda_G}$ は,$\varphi(x) \in \varphi(G)$ の G' における右正則表現 $\rho_{\varphi(x)} \in A(k[G'])^{\lambda_{G'}}$ が $\rho_{\varphi(x)}(I) \subset I$ をみたすゆえ,$\rho_{\varphi(x)}$ が剰余環 $k[G']/I$ に引き起こす写像に等しい.$\rho_{\varphi(x)} = (\rho_{\varphi(x)})_s (\rho_{\varphi(x)})_u$ を $k[G']$ における Jordan 分解とす

ると, $\rho_{\varphi(x)}(I) \subset I$ より半単純部分についても $(\rho_{\varphi(x)})_s(I) \subset I$ がいえる. 従って, 前定理 2.1.4 の証明 (II) より, $(\rho_{\varphi(x)})_s = \rho_{\varphi(y)}$ となる $y \in G$ がある. よって, G における Jordan 分解の一意性から, $y = x_s$ (x の半単純部分) であり, 同様の議論を冪単部分 $(\rho_{\varphi(x)})_u$ に対しても行うことにより, $\varphi(x) = \varphi(x_s)\varphi(x_u)$ が $\varphi(x)$ の G' における Jordan 分解になる.

(2) (1) より, $\varphi : G \hookrightarrow GL(V)$ (閉部分群) とすると, $\varphi(x) = \varphi(x_s)\varphi(x_u)$ はアフィン代数群 $GL(V)$ の元としての Jordan 分解になっている. 従って, これが V の線型変換としての Jordan 分解になっていることがいえればよい. 以下 $G = GL(V)$ とおく. V^* を V の双対空間とし, $v \in V, \xi \in V^*$ に対し $c_{v,\xi}(y) = \langle \xi, yv \rangle$ ($y \in G$) とおくと, $c_{xv,\xi}(y) = \langle \xi, y(xv) \rangle = \rho_x(c_{v,\xi}(y))$ ($x \in G$) となり, $V \ni v \mapsto c_{v,\xi} \in k[G]$ は $k[G]$ を右正則表現 ρ の G 加群と考えて, G 加群の射 (G 準同型) を与えている. よって, $\xi_1, \ldots, \xi_n$ を V^* の k 基底とすると, $V \hookrightarrow k[G]^n$ ($v \mapsto (c_{v,\xi_i})_{1 \leq i \leq n}$) において, V は右正則表現の直和 $k[G]^n$ の部分 G 加群となり, ρ_x ($x \in GL(V)$) で定める Jordan 分解は V における線型変換の Jordan 分解と一致する. □

注意. 線型代数でも注意深く考察すれば分かることであるが, 一般に体 F が閉体ではないとき Jordan 分解の扱いには注意を要する.

(1) 例えば, $\operatorname{char} F = 2$ とし, $a \in F, \sqrt{a} \notin F$ に対し, $x = \begin{pmatrix} 0 & 1 \\ a & 0 \end{pmatrix} \in GL_2(F)$ の $GL_2(\overline{F})$ での Jordan 分解は $x_s = \sqrt{a}\, 1_2, x_u = \sqrt{a}^{-1}x$ となり, $x_s, x_u \notin GL_2(F)$ ($\overline{F}$ は F の代数的閉包).

(2) 一般に, 上のように F が非分離拡大をもつ場合, F 上の線型代数群 G の有理点 $x \in G(F)$ の $G = G(\overline{F})$ での Jordan 分解を $x = x_s x_u$ としたとき, $x_s, x_u \in G(F)$ とは限らない.

しかし, F が完全体 ($\operatorname{char} F = 0$ ならそう) ならば, $x_s, x_u \in G(F)$ となる.

注意. Jordan 分解は線型代数群においてのみ意味をもつもので, Lie 群論一般では無意味である.

$k = \mathbb{C}$ とすると $\mathbb{C}$ 上の線型代数群 G ($GL_n(\mathbb{C})$ の閉部分群) は, $\mathbb{C}$ の古典位相 ($\mathbb{C}$ の複素絶対値から定義されるユークリッド空間としての位相) によっ

ても閉部分群であるから Cartan の定理（Chevalley[C1] など参照）によって，Lie 群である（または代数多様体 G の解析化 G_{an} と思ってもよい）．このとき，定理 2.1.4, 2.1.5 などの類似は存在しない．

最も簡単な例を挙げる．加法群 $\mathbb{G}_a(\mathbb{C}) = \mathbb{C}$ と乗法群 $\mathbb{G}_m(\mathbb{C}) = \mathbb{C}^\times$ を考える．代数群としては，

$$\mathbb{C} \simeq \boldsymbol{U}_2 = \left\{ \begin{pmatrix} 1 & a \\ 0 & 1 \end{pmatrix} \middle| a \in \mathbb{C} \right\} \subset GL_2(\mathbb{C}),$$

$$\mathbb{C}^\times \simeq GL_1(\mathbb{C})$$

という同型をもち，$\mathbb{C}$ の元は加法群としては冪単である．ところが，$x \neq 0$ を乗法群 $\mathbb{C}^\times$ の元として見ると，これは半単純になる．このように，Lie 群として見ると Jordan 分解の概念は意味をもたない．

例えば，超越関数：$\mathbb{C} \to \mathbb{C}^\times$ $(\boldsymbol{e}(x) = \exp 2\pi i x \ (x \in \mathbb{C}))$ はそれぞれを Lie 群として見ると（解析的）準同型であるが，代数群としての射ではないから，$x \in \mathbb{C}$ は冪単でも $\boldsymbol{e}(x) \in \mathbb{C}^\times$ は冪単ではない．

さらに，次のような例も有名である．$c \in \mathbb{C}$ を固定して（解析的準同型）$f_c : \mathbb{C} \to (\mathbb{C}^\times)^2$ $f_c(x) = (\boldsymbol{e}(x), \boldsymbol{e}(cx))$ $(x \in \mathbb{C})$ を考える．$c \notin \mathbb{Q}$ ならば，$\mathrm{Ker}\, f_c = \{n \in \mathbb{Z} \mid cn \in \mathbb{Z}\} = 0$ ゆえ f_c は単射となり，埋め込み $\mathbb{C} \xrightarrow{\sim} f_c(\mathbb{C}) \hookrightarrow (\mathbb{C}^\times)^2$ を与える．このとき，$(\mathbb{C}^\times)^2$ の部分群 $f_c(\mathbb{C})$ は（Zariski 位相でも古典位相でも）閉ではなく，しかし Lie 部分群ではある．勿論，定理 2.1.5 のような元の半単純性などの意味はない．（因みに，$c \in \mathbb{Q}$ ならば，$f_c(\mathbb{C})$ は $(\mathbb{C}^\times)^2$ の代数的閉部分群で，代数群として乗法群 $\mathbb{C}^\times$ に同型である．）

なお，$c \in \mathbb{R} \setminus \mathbb{Q}$ のとき，$f_c(\mathbb{C})$ の（古典位相での）閉包は

$$\{(rt_1, r^c t_2) \mid r \in \mathbb{R}_{>0}, t_1, t_2 \in S^1\} \simeq \mathbb{R}_{>0} \times (S^1)^2,$$

ただし，$S^1 := \{t \in \mathbb{C}^\times \mid |t| = 1\}$.

2.2 冪単元，あるいは半単純元のみからなる群

1.2 節の例 Ex.1.2.1 で挙げた上 3 角冪単群 $\boldsymbol{U}_n$ の元はすべて冪単である．逆

に次のことがいえる（抽象群での命題）．

定理 2.2.1 (Lie-Kolchin)．G を冪単元のみからなる $GL_n(k)$ の部分群とすると，U_n の部分群に共役である．すなわち，ある元 $g \in GL_n(k)$ があって，$g\,G\,g^{-1} \subset U_n$．

証明． 後述の Burnside の補題 2.2.2 を使う．$V = k^n$ とおいて V を G 加群と見なす．V が単純（既約表現の空間）でなければ，$0 \neq W \subsetneq V$ なる部分 G 加群をとり，$\dim_k V = n$ に関する帰納法に乗せる．よって，V は単純，すなわち，表現 $\pi : G \to GL(V)$ は既約とする．このとき，$\mathrm{End}_k V (\simeq M_n(k))$ は G の k 上の群環 kG の π による像である (Burnside)．（表現 $\pi : G \to GL(V) \subset \mathrm{End}_k V$ が引き起こす k 代数の準同型も $\pi : kG \to \mathrm{End}_k V$ と記す．）

さて，$x \in G$ は冪単であるから，$\pi(x) \in \mathrm{End}_k V$ は冪単変換であり，$\mathrm{Trace}\,(\pi(x)) = n$. 従ってまた任意の $y \in G$ に対しても，$\mathrm{Trace}\,((\pi(x) - \mathrm{Id}_V)\pi(y)) = \mathrm{Trace}\,(\pi(xy)) - \mathrm{Trace}\,(\pi(y)) = 0$. よって，再び Burnside の補題により $\mathrm{Trace}\,((\pi(x) - \mathrm{Id}_V)f) = 0$ $(f \in \mathrm{End}_k V)$．これは，$\pi(x) = \mathrm{Id}_V$ を意味し，$x = e$（G の単位元）となり，主張が示された． □

補題 2.2.2 (Burnside)．一般に $\pi : G \to GL(V)$ を代数的閉体 k 上の既約表現とすると，$\pi(G)$ は k 上 $\mathrm{End}_k V$ を張る．

証明．（堀田"加群十話"付録 p.171, §7，または適当な代数の教科書参照．）次の事柄に注意：（k は閉体とする）

(i) V_1, V_2 をそれぞれ単純な有限次 G_1, G_2 加群とすると，$V_1 \otimes_k V_2$ も $G_1 \times G_2$ 単純（$\mathrm{End}_{G_1 \times G_2}(V_1 \otimes_k V_2) \simeq \mathrm{End}_{G_1} V_1 \otimes_k \mathrm{End}_{G_2} V_2$ と Schur の補題による）．

(ii) $\mathrm{End}_k V \simeq V^* \otimes_k V$ は $G \times G$ 単純加群だから，$G \times G$ 加群の射 $\pi : kG \to \mathrm{End}_k V$ の像 $\pi(kG) = k\pi(G)$ は $\mathrm{End}_k V$ の $G \times G$ 部分加群であり，全体に一致する． □

注意． 定理 2.2.1 においては，k は閉体でなくてもよい（上の証明を修正せよ）．

冪単元のみからなる代数群を**冪単群**（unipotent group）という．

系 2.2.3. 冪単群は（抽象群の意味で）冪零群であり，従って可解群である．

証明. 上3角冪単群 U_n が冪零群であるから，定理 2.2.1 から導かれる． □

命題 2.2.4 (Kostant-Rosenlicht). アフィン多様体に冪単群 G が働くとき，G 軌道は閉集合である．

証明. O を1つの軌道とすると，命題 1.3.1(3) より O はその閉包 $\overline{O}$ の中で開．$X = \overline{O}\backslash O$ はアフィン多様体 $\overline{O}$ の閉集合であり，$I(X) = \{f \in k[\overline{O}] \mid f|X = 0\}$ をそのイデアルとする．冪単群 G は $I(X)$ に局所有限に働くゆえ，定理 2.2.1 より G で固定される元 $I(X) \ni f \neq 0$ が存在する．ゆえに，f は G 軌道 O 上で定数関数となり，従って，その閉包 $\overline{O}$ 上でも定数．$f = 1 \in I(X)$ としてよく，$I(X) = k[\overline{O}]$, すなわち，$X = \emptyset$ で $O = \overline{O}$． □

次に，半単純元のみからなる群を考えよう．冪単元のみからなる群は冪単群と名付けたが，実は，半単純元のみからなる群を「半単純群」とはよばない．この名前は歴史的に，ある膨大な線型非可換群の族に与えられているからである（後述，第6章）．この後示されるが，半単純元のみからなる（代数的閉体上の）連結代数群は，トーラスとよばれる可換群になりこれは「半単純群」ではないのである．

例. ユニタリ群 $U(n) = \{u \in GL_n(\mathbb{C}) \mid {}^t u \bar{u} = 1_n\}$ の元はすべて半単純である（ユニタリ行列は対角化可能）．例 Ex.1.1.1 (2) で見たように，これは $\mathbb{R}$ 上定義されたある代数群 G の実有理点集合 $G(\mathbb{R})$ に同型なコンパクト Lie 群であった ($G(\mathbb{C}) \simeq GL_n(\mathbb{C})$)．

一般に，後に紹介する簡約群とよばれる複素代数群 G には，適当に $\mathbb{R}$ 構造を定義すると，実有理点集合 $G(\mathbb{R})$ が Lie 群としての $G(\mathbb{C})$ の極大コンパクト部分群となるようにできることが知られている（それをコンパクト実形（compact real form）といい，Lie 群論では $G(\mathbb{C})$ をそのコンパクト群の複素化（complexification）という（Chevalley[C1] など））．コンパクト実形の元はすべて半単純元からなるが，群そのものは一般には非可換である．

例. $\operatorname{char} k = 0$ とし，$GL_n(k)$ の有限部分群 G を考えると，G の元はすべて半単純である（有限位数の元の最小多項式は分離多項式 $x^m - 1$ を割る）．

次に，可換群の場合を考えよう．

定理 2.2.5（Kolchin）．可換な代数群 G について次が成立する．

(1) G_s（または G_u）を（それぞれ）G の半単純元（冪零元）のなす部分集合とすると，これは G の閉部分群をなす．

(2) 積 $\mu: G_s \times G_u \ni (x, u) \mapsto xu \in G$ は代数群としての同型を与える．

(3) さらに，G が連結ならば G_s, G_u も連結．

証明．(1) G を $GL_n(k)$ の閉部分群として実現しておくと，線型変換について，可換な半単純元（または冪単元）の積はまた半単純（または冪単）ゆえ，G_s, G_u は部分群をなす．ところで，$GL_n(k)$ の冪単行列がなす集合 $\mathcal{U}_n := \{x \in GL_n(k) \mid (x-1)^n = 0\}$ は閉集合である．よって $G_u = G \cap \mathcal{U}_n$ は G の閉集合である．次に，互いに可換な半単純元は同時対角化可能だから，$\boldsymbol{D}_n$ を $GL_n(k)$ の対角行列がなす閉部分群（対角群）とすると，ある $g \in GL_n(k)$ に対して $G_s \subset g\boldsymbol{D}_n g^{-1}$ となり，$G_s = G \cap g\boldsymbol{D}_n g^{-1}$ も閉集合である．

(2) Jordan 分解の一意性によって，μ は群同型である．上の (1) の証明中で始めから $g = 1$ としてよいから，写像 $G \ni x \mapsto x_s \in G_s = G \cap \boldsymbol{D}_n$ は行列として x の対角成分をとることになり多様体の射である．よって，逆 $\mu^{-1}(x) = (x_s, x_s^{-1}x)$ も射である．

(3) (2) より明らか． □

半単純元のみからなる可換群は，一般の代数群の構造を調べる際に重要であるので，次に節を改めて論じよう．

2.3　対角化可能な群

半単純元のみからなる可換な代数群を**対角化可能な群**（diagonalizable group）とよぼう．G をそのような群とし，$GL_n(k)$ の閉部分群として実現すれば，適当な $g \in GL_n(k)$ に対して $G \subset g\boldsymbol{D}_n g^{-1}$ となるからである．

対角化可能な群の構造を調べるために，ここで群の指標について必要なことを述べておこう．

k の乗法群 $\mathbb{G}_m \simeq GL_1(k) = k^\times$ はそのような群のうち最も基本的なものであるが，一般の代数群 G から $\mathbb{G}_m$ への代数群としての準同型射 $\chi : G \to \mathbb{G}_m$ を G の指標 (character) という．G の指標のなす集合を $X^*(G)$ と書くと，$X^*(G) \subset k[G]$ で，環 $k[G]$ の乗法で可換群になる．すなわち，$(\chi_1\chi_2)(x) = \chi_1(x)\chi_2(x)$ $(\chi_i \in X^*(G),\ x \in G)$, $\mathbf{1}(x) = 1$ が単位元で，$\chi^{-1}(x) = (\chi(x))^{-1}$ が逆元である．この算法で $X^*(G)$ を G の（代数群の意味での）**指標群** (character group) とよぶ．k 上指標群が張る $k[G]$ の部分空間 $kX^*(G)$ は部分環になる．

補題 2.3.1（Dedekind）．抽象群 G から体 F の乗法群 $F^\times$ への群準同型のなす可換群を $\overline{X}^*_F(G) = \mathrm{Hom}_{群}(G, F^\times)$ と書くと，$\overline{X}^*_F(G)$ の元達は G 上の F 値関数として 1 次独立である．（$\overline{X}^*_F(G)$ も G の指標群といい，その元を指標という．G が F 上の代数群のときは，$X^*(G) \subset \overline{X}^*_F(G)$（部分群）．）

証明． 互いに相異なる指標 $\chi_1, \ldots, \chi_n \in \overline{X}^*_F(G)$ が 1 次従属だとして, その長さ最小の 1 次関係を $\sum_{i=1}^n c_i\chi_i = 0$ $(c_i \neq 0,\ c_1 = 1)$ とする．$\chi_1 \neq \chi_2$ より，$\chi_1(x_0) \neq \chi_2(x_0)$ なる $x_0 \in G$ がある．このとき，

$$\sum_{i=1}^n c_i\chi_i(x_0 x) = \chi_1(x_0)\chi_1(x) + \sum_{i \geq 2} c_i\chi_i(x_0)\chi_i(x) = 0.$$

また仮定から，$\chi_1(x) + \sum_{i\geq 2} c_i\chi_i(x) = 0$. 後者に $\chi_1(x_0)$ を乗じて差をとると $\sum_{i\geq 2} c_i(\chi_i(x_0) - \chi_1(x_0))\chi_i(x) = 0$ を得る．ところで，$\chi_2(x_0) \neq \chi_1(x_0)$ だから，これは最初の 1 次関係式の長さの最小性に反する． □

まず次に注意する．

命題 2.3.2. 代数群 G について次は同値である．
(1) G は対角化可能．
(2) G はある対角群 $\boldsymbol{D}_n$ の閉部分群に同型である．
(3) $k[G]$ は k 上 G の指標群 $X^*(G)$ で張られる．

証明． (1) $\Rightarrow$ (2) すでに注意したように，G を $GL_n(k)$ の閉部分群として実現したとき，可換な半単純元の集合は同時対角化可能ゆえ，（必要ならば基底を

取り替えて) $G \subset \boldsymbol{D}_n$ と見なしてよい.

(2) ⇒ (3) $k[\boldsymbol{D}_n] = k[T_1, T_1^{-1}, \ldots, T_n, T_n^{-1}]$ (T_i は対角行列の第 i 成分をとる関数と見なせる) より, 余射 $k[\boldsymbol{D}_n] \twoheadrightarrow k[G]$ ($f \mapsto f \mid G$: 制限写像) において, T_i の像を χ_i とすると, χ_i は G の指標 ($\chi_i(g) = (g \in \boldsymbol{D}_n$ の第 i 成分)) で, $\chi_1^{m_1} \cdots \chi_n^{m_n}$ ($m_i \in \mathbb{Z}$) も G の指標. 上の余射は全射ゆえ, $k[G]$ はこれらで張られる.

(3) ⇒ (1) $\chi \in X^*(G)$ とすると, 右正則表現 ρ について, $\rho_x(\chi)(y) = \chi(yx) = \chi(y)\chi(x)$, すなわち $\rho_x(\chi) = \chi(x)\chi$. これは, $X^*(G) (\subset k[G])$ が ρ_x ($x \in G$) の同時固有ベクトルであることを意味し, よって $X^*(G)$ が $k[G]$ を張れば, 族 $\rho_x \in \operatorname{End}_k k[G]$ ($x \in G$) は可換な変換の集合である. ρ は忠実表現だから, G も可換群である. □

命題 2.3.3. 代数群 G が対角化可能ならば指標群 $X^*(G)$ は有限生成可換群で $k[G]$ の基底をなす.

証明. $X^*(G)$ が $k[G]$ の基底をなすことは, 命題 2.3.2 (3) と Dedekind の補題 2.3.1 より明らか.

次に $X^*(G)$ が有限生成群であることを示そう. $k[G]$ は k 代数として有限生成ゆえ, 基底 $X^*(G)$ から有限個 $\chi_1, \ldots, \chi_n$ を $k[G]$ の生成元として選べる. いま, $\chi_1, \ldots, \chi_n$ が生成する $X^*(G)$ の部分群を $\Phi = \{\prod_{i=1}^n \chi_i^{m_i} \mid (m_i) \in \mathbb{Z}^n\}$ とおく. このとき, $k[G] = k\Phi$. そこで, 指標が $\chi = \sum_{j=1}^r c_j \phi_j$ ($c_j \in k$, $\phi_j \in \Phi$) と表せたとする. ここで, $c_j \neq 0$ かつ ϕ_j はすべて相異なると仮定してよい. すると, $\chi - \sum_{j=1}^r c_j \phi_j = 0$ となり, 指標の 1 次独立性 (Dedekind の補題 2.3.1) より χ はいずれかの ϕ_{j_0} に等しくなければならず, $\chi \in \Phi$, すなわち $X^*(G) = \Phi$. □

系 2.3.4. 対角化可能な代数群 G の指標群は有限生成で, 位数 p の捩れ元はもたない. ここで, p は基礎体 k の標数 (標数正のときは標数, 0 のときは $p = 1$ とする).

証明. $\chi^p = 1$ は $\chi(x)^p = 1$ ($x \in G$) のことであるから, $(\chi(x) - 1)^p = 0$, よって $\chi(x) = 1$ ($x \in G$) すなわち $\chi = 1$. □

逆も成立する.

命題 2.3.5. p を基礎体 k の標指数とし, X を位数 p の捩れ元をもたぬ有限生成可換群とすると, ある対角化可能な代数群で G で, $X \simeq X^*(G)$ なるものが存在する.

証明. 可換群の基本定理によって, X は巡回群の直積である. 直積群の指標群は直積 $X^*(G_1 \times G_2) \simeq X^*(G_1) \times X^*(G_2)$ であるから, 巡回群の場合に示せばよい. (以下, 加法記法を用いる.)

(i) $X = \mathbb{Z}$ のとき, $X^*(\mathbb{G}_m) \simeq \mathbb{Z} = X$.

(ii) $X = \mathbb{Z}/(n)$ $(p \nmid n)$ のとき, $G = \{x \in \mathbb{G}_m = k^\times \mid x^n = 1\} =: \mu_n(k)$ に対し, $G \simeq \mathbb{Z}/(n)$ $(p \nmid n$ に注意$)$. □

命題 2.3.6. 対角化可能な群 G, G' について, 群準同型 $\psi : X^*(G') \to X^*(G)$ はある射 $\varphi : G \to G'$ から引き起こされている. すなわち, $\psi = \varphi^*$.

証明. $X^*(G')$ は $k[G']$ の基底ゆえ (命題 2.3.3), ψ は k 代数の射 $\bar{\psi} : k[G'] \to k[G]$ へ拡張される. これは, 多様体の射 $\varphi : G \to G'$ $(\varphi^* = \bar{\psi})$ を与えている. φ が群準同型になることがいえればよい. $\chi \in X^*(G')$ と $x, y \in G$ に対して, $\chi(\varphi(xy)) = \varphi^*(\chi)(xy) = \psi(\chi)(xy)$. $\psi(\chi) \in X^*(G)$ ゆえ $\psi(\chi)(xy) = \psi(\chi)(x)\psi(\chi)(y) = \chi(\varphi(x))\chi(\varphi(y)) = \chi(\varphi(x)\varphi(y))$. よって, $\chi(\varphi(xy)) = \chi(\varphi(x)\varphi(y))$. ここで $X^*(G')$ は $k[G']$ を張るから, すべての $f \in k[G']$ に対して $f(\varphi(xy)) = f(\varphi(x)\varphi(y))$ $(x, y \in G)$ が成立し, $\varphi(xy) = \varphi(x)\varphi(y)$ $(x, y \in G)$ がいえる. □

以上をまとめると次になる.

定理 2.3.7. p を基礎体 k の標指数とするとき, 対角化可能な群から p 捩れ元をもたない有限生成可換群への関手 $G \mapsto X^*(G)$ は圏同値を与えている. □

対角化可能な連結群をトーラス (torus) という. これについて次がある.

系 2.3.8. G を対角化可能とすると, 次は同値である.

(1) G は連結.

(2) $G \simeq \mathbb{G}_m^n$ ($\mathbb{G}_m = GL_1(k) = k^\times$ の直積).

(3) $X^*(G)$ は自由，すなわち $\mathbb{Z}^n$ に同型.

証明．上の定理より，
$$G \simeq \mathbb{G}_m^n \times \prod_{i=1}^r \mathbb{Z}/(n_i) \ (p \nmid n_i \neq 0),$$
$$X^*(G) \simeq \mathbb{Z}^n \oplus \bigoplus_{i=1}^r \mathbb{Z}/(n_i)$$

よって，連結 $\Leftrightarrow X^*(G)$ が自由. □

次の定理とその系は，後に大事な働きをする．

定理 **2.3.9**（剛性定理）．G, G' を対角化可能な群，V を連結多様体とする．多様体の射 $\phi: V \times G \to G'$ で，任意の $v \in V$ に対し，$G \ni x \mapsto \phi(v, x) \in G'$ は群準同型を与えているとする．このとき，$\phi(v, x)$ は $v \in V$ によらない，すなわち，$\phi(v, x) = \phi(v', x)$ $(v, v' \in V, x \in G)$.

証明．$\chi' \in X^*(G')$ に対し，$\chi'(\phi(v, x))$ $(x \in G)$ は G の指標だから，$\chi \in X^*(G)$ に対して，$f_{\chi, \chi'} \in k[V]$ が存在して，
$$\chi'(\phi(v, x)) = \sum_{\chi \in X^*(G)} f_{\chi, \chi'}(v) \chi(x) \quad (x \in G)$$

と書ける．$v \in V$ を固定すると左辺は G の指標だから，Dedekind の補題 2.3.1 により，唯 1 つの χ に対し，$f_{\chi, \chi'}(v) = 1$ で他は 0．V の連結性から，すべての $v \in V$ に対して，その $\chi \in X^*(G)$ について，$\chi'(\phi(v, x)) = \chi(x)$．よって，任意の $v \in V$ について $\phi(v, *)$ は指標群の準同型 $X^*(G') \to X^*(G)$ $(\chi' \mapsto \chi)$ から引き起こされている代数群の（定まった）準同型 $G \to G'$ である． □

次に G を任意の線型代数群，H をその閉部分群とするとき，H の中心化群と正規化群を
$$Z_G(H) = \{x \in G \mid x y x^{-1} = y \ (\forall y \in H)\},$$
$$N_G(H) = \{x \in G \mid x H x^{-1} = H\}$$

とすると，これらは G の閉部分群で（命題 1.3.2）$Z_G(H) \triangleleft N_G(H)$（$\triangleleft$ は左

辺が右辺の正規部分群という記号).

系 2.3.10. H が対角化可能ならば,単位成分について $N_G(H)^0 = Z_G(H)^0$ で,剰余群 $N_G(H)/Z_G(H)$ は有限群である.

証明. 前定理で,$V = N_G(H)^0$ (単位元の連結成分;単位成分) とおき,$\phi(x,y) = xyx^{-1}$ ($x \in V, y \in H$) とすると,$\phi : V \times H \to H$ は定理の条件をみたす.すなわち,任意の $x \in N_G(H)^0$ に対して $\phi(x,y) = \phi(e,y)$ すなわち $xyx^{-1} = y$ ($y \in H$),よって $x \in Z_G(H)$.従って,$N_G(H)^0 \subset Z_G(H)$,$Z_G(H)^0 \subset N_G(H)^0$ より,$N_G(H)^0 = Z_G(H)^0$.ゆえに,命題 1.2.1 より $(N_G(H) : Z_G(H)) \leq (N_G(H) : N_G(H)^0) < \infty$. □

注意. 指標群をとる関手 X^* は圏同値であったから,有限可換群などの場合と同様に,部分群,剰余群などについての双対性が成り立つ.

さらに,余指標 $X_*(G) := \mathrm{Hom}_{代数群}(\mathbb{G}_m, G)$ という関手も定義されて,X^* とは随伴的な関係にある(後述).

2.4 可換冪単群

前節で見たように,半単純元のみからなる可換な代数群は指標群との双対性によって簡単な構造をもっていた.ところが,冪単群の場合,可換群であっても標数が 0 でないときは,事態が錯綜することが多い.ここでは証明には深入りしないが,その状況のいくつかを述べる.

標数 0 の場合は,Lie 環からの指数写像を用いることにより,次の簡単な結果を得る.

命題 2.4.1. $\mathrm{char}\, k = 0$ のとき,連結な可換冪単群は n 次元加法群 $\mathbb{G}_a^n \simeq k^n$ に同型である(ベクトル群ともいう).

命題の証明の前に,行列の指数写像と Lie 群論の初歩について簡単に復習しておく.(線型代数の教科書 [佐1], [齋] などにもある.) $k = \mathbb{C}$ または $\mathbb{R}$ のとき,

$$M_n(k) \ni X \mapsto \exp X = e^X \in GL_n(k), \quad e^X = \sum_{i=0}^{\infty} \frac{1}{i!} X^i$$

は k の古典位相で収束する. $GL_n(k)$ の Lie 部分群 G に対して,

$$\operatorname{Lie} G = \mathfrak{g} = \{X \in M_n(k) \mid e^{tX} \in G \ (\forall t \in k)\}$$

は単位元 $e \in G$ における接空間 $T_e G \subset T_e GL_n(k) = M_n(k)$ と見なせ, $M_n(k)$ の部分 Lie 環になる. $\exp$ の $\mathfrak{g}$ への制限 $\exp: \mathfrak{g} \to G$ を**指数写像** (exponential map) という.

命題の証明. $\boldsymbol{U}_n$ を上 3 角冪単群とすると, その接空間は $T_e \boldsymbol{U}_n = N_n$ (上 3 角冪零行列がなす $M_n(k)$ の部分 Lie 環) である. ここで指数写像 $\exp: N_n \to \boldsymbol{U}_n$ において $X^i = 0 \ (i \geq n, \ X \in N_n)$ ゆえ, これはベクトル空間 N_n 上の有理係数多項式写像になり, 一般の標数 0 の体 k 上で意味をもつ. 従って以下, G を冪単群とするとき, Lie-Kolchin の定理 2.2.1 によって

$$G \subset \boldsymbol{U}_n \subset GL_n(k), \quad \mathfrak{g} \subset N_n \subset M_n(k)$$

として指数写像 $\exp: \mathfrak{g} \to G$ が (代数的な) 多項式写像として考えられる.

さて, G がさらに可換であるとすると, $\mathfrak{g}$ も可換である ($e^{tX} e^{tY} = e^{tY} e^{tX}$ において t の 3 次以上の項を無視すると, $XY = YX \ (X, Y \in \mathfrak{g})$). 従って $e^{X+Y} = e^X e^Y \ (X, Y \in \mathfrak{g})$ となり, $\exp$ は加法群 $\mathfrak{g}$ から $GL_n(k)$ の乗法的部分群 G への代数群としての準同型である.

さらに, $e^X = 1 + X + O(X^2) = 1 \ (\boldsymbol{U}_n(k)$ で) とすると, $X(1 + O(X)) = 0$ で $O(X) \in N_n$ ゆえ, $1 + O(X) \in \boldsymbol{U}_n(k)$; これは逆元をもつので $X = 0$, すなわち $\exp$ は単射である. (記号 $O(X^i)$ は, 適当な関数 $f(X)$ に対して $X^i f(X)$ を意味する, すなわち "オーダー" X^i.)

単射準同型 $\exp$ の像は G 中閉で同次元であるから全射, 従って群同型である. さらに微分 $d(\exp)$ は同型なので, 代数群としても同型を与える. $\square$

注意. $\operatorname{char} k = p > 0$ のときは, 代数多様体としては $\mathbb{A}_k^2 \simeq k^2$ (2 次元アフィン空間) に同型で, 代数群としては可換冪単であるが, ベクトル群 $\mathbb{G}_a^2$ に同型ではないものがある (Witt 群 [Sp1;3.4.10 (2)]). 整係数多項式 $c \in \mathbb{Z}[T, U]$ を次で定義する: $c(T, U) := p^{-1}((T+U)^p - T^p - U^p)$. k^2 に積を次で定義する:

$$(x, x')(y, y') := (x+y,\ x'+y'+c(x,y)) \quad (x, x', y, y' \in k).$$

これは可換冪単群であるが，$\mathbb{G}_a^2$ に同型ではない (後にいういわゆる "elementary unipotent" ではない).

なぜならば，この群には位数が p^2 の元が存在する．実際，$(x, x')^p = (px, px' + \sum_{n=1}^{p-1} c(nx, x)) = (0, \sum_{n=1}^{p-1} c(nx, x))$. ところが，$\sum_{n=1}^{p-1} c(nx, x) = p^{-1}(\sum_{n=1}^{p-1} \sum_{0<i<p} \binom{p}{i} n^i) x^p$ で，この係数は，$p^{-1} \sum_{n=1}^{p-1}((n+1)^p - n^p - 1) = p^{-1}(p^p - p) - 1 \equiv -1 \bmod p$ に等しく，$x \neq 0$ ならば，$(x, x')^p = (0, -x^p) \neq 0$.

このような例があるから，命題 2.4.1 は正標数では成立しない．ところが 1 次元ならば次は正しい．

定理 2.4.2. 1 次元連結冪単群は加法群 $\mathbb{G}_a$ に同型である．□

この証明は何種類かの本質的に異なる証明が知られている．Sém.Chevalley[C4; Exp.7 (Grothendieck)], Borel[B2；§10]（教養溢れる），Springer[Sp1], Humphreys[Hu1]（初等的), Demazure-Gabriel[DG；Chap. IV & V, p.471 ...!]（最後の章，膨大，可換群（スキーム）の分類など）

証明の議論そのものは独立した話題で，本書で以後用いることはないのでここでは省き，代わりにいくらかのコメントを加えて終わることにする．

まず次に注意する．

命題 2.4.3. 1 次元連結代数群は可換であり，半単純元のみか，または冪単元のみからなる．

証明． $\phi: G \to \phi(G) = O_G(y) \subset G$ ($\phi(x) = xyx^{-1}$) を y の G 軌道（共役類）への射とする．像の閉包 $\overline{\phi(G)}$ は G の既約な閉集合だから，1点 $\{y\}$ かまたは G 自身である．いま，$\overline{\phi(G)} = G$ と仮定する．G を適当な $GL_n(k)$ の閉部分群として表しておくと，$\phi(x) = xyx^{-1}$ の特性多項式 $\det(T.1_n - xyx^{-1}) = \det(T.1_n - y)$ は閉包 $\overline{\phi(G)} = G$ でも不変であるから一定である．ところがこれは単位元 e についても同じだから，$\det(T.1_n - e) = (T-1)^n$ でなければならず，G の元は冪単である．従って，G は可解群（系 2.2.3）ゆえ，交換子群について $DG := [G, G] \neq G$. ところで系 1.2.7 より，DG は連結，閉ゆえ $DG = \{e\}$. 従って，G は可換群

であり，$\phi(G) = \{y\}$．これは矛盾．すなわち，共役類はすべて1点，可換群である．

可換群であるから，$G = G_s$ または $G = G_u$ であることは Kolchin の定理 2.2.5 から従う． □

これより，定理 2.4.2 を認めれば次の「分類定理」を得る．

系 2.4.4. 1 次元連結代数群は，乗法群 $\mathbb{G}_m$ か加法群 $\mathbb{G}_a$ に同型である． □

正標数の場合を今少し見てみよう．$\operatorname{char} k = p > 0$ とすると，加法群 $\mathbb{G}_a$ の元の位数は単位元でなければ p である．

また，$GL_n(k)$ の冪単元 u については $u = 1 + x$ ($x^n = 0$) と書けるから，$p^h > n$ のとき $u^{p^h} = 1 + x^{p^h} = 1$ となり，u の位数は p の冪である．

1 次元連結冪単群は系 2.4.4 を認めれば，$\mathbb{G}_a$ に同型ゆえ，すべての元の位数は p を割る，すなわち，単位元でなければ位数 p である．これを直接証明しよう．そのような群 G について $G^{(p^h)} := \{u^{p^h} \mid u \in G\}$ は自己準同型の像だから G の中で連結閉．1 次元ゆえ，よって G 自身か $\{e\}$．$G \subset \boldsymbol{U}_n$ より，上の注意から $G^{(p^h)} = \{e\}$ ($p^h \geq n$) ところが，$G^{(p)} \neq \{e\}$ ならば $G = G^{(p)}$ で，従って $G = G^{(p)} = G^{(p^2)} = \cdots = G^{(p^h)}$ となり，矛盾．すなわち，$G^{(p)} = \{e\}$．

コメント． $\operatorname{char} k = p > 0$ のとき，$GL_n(k)$ の半単純元は対角群 $\boldsymbol{D}_n \simeq \mathbb{G}_m^n$ の元と思ってよいから，もし有限位数ならば，p と互いに素になる（位数 N，$x^N = 1$，$N = pN'$ とすると $(x^{N'} - 1)^p = 0 \Rightarrow x^{N'} - 1 = 0$ で N の最小性に反する）．冪単元の位数は p の冪であるから，$x \in GL_n(k)$ の Jordan 分解 $x = x_s x_u$ において，x_s の位数は p と互いに素，x_u の位数は p 冪である．

一般に有限群 G の元 x と，素数 p を固定したとき $x = x_{p'} x_p = x_p x_{p'}$ と分解できる（$x_{p'}, x_p$ は x の冪で，x_p は位数 p 冪，$x_{p'}$ は位数が p と互いに素）．従って，$G \subset GL_n(k)$ のときの Jordan 分解に対応している．

証明． x の位数を $N = p^h N_0$ ($p \nmid N_0$) とすると，$1 = p^h a + N_0 b$ ($a, b \in \mathbb{Z}$) ととれるから，$x = x^{p^h a} x^{N_0 b}$．$x_p = x^{N_0 b}$, $x_{p'} = x^{p^h a}$ とおくと，$x_p^{p^h} = x^{p^h N_0 b} = x^{Nb} = e$, $x_{p'}^{N_0} = x^{N_0 p^h a} = x^{Na} = e$ となり，条件をみたす． □

冪単群が初等的 (elementary) とは，可換であって，さらに標数が $p > 0$ のとき，元の位数が p を割る（すなわち，1 か p の）ときをいう．ベクトル群 $\mathbb{G}_a^n$ や，1 次元冪単群は初等的である．定理 2.4.2 は次の定理からも導かれる (Springer[Sp1;3.4.7])．

定理 2.4.5. 冪単代数群が初等的ならばベクトル群と初等的有限可換 p 群の直積に同型である．とくに，連結ならば，ベクトル群 $\mathbb{G}_a^n$ に同型である．

コメント．以上のごとく，結果的には 1 次元連結アフィン代数群は $\mathbb{G}_m$ か $\mathbb{G}_a$ の 2 種に同型であるが，一般には（アフィンではない場合），他に 1 次元完備代数群，すなわち楕円曲線がある．楕円曲線には同型でないものが多数（実際「連続無限」に）存在し，これはまた本書の主題とは別のところで興味深い世界をつくっている．とはいえ，保型関数論などの世界に入り込むとこのような楕円曲線の高次元化であるアーベル多様体のモジュライの理論構成に線型代数群の理論が基礎になっていることにも注意しておこう．

第3章　代数群のLie環

3.1　定義と基本事項

G を代数的閉体 k 上の代数群とする．代数群は滑らか（特異点がない）だから，$x \in G$ における接空間 $T_x G \simeq (\mathfrak{m}_x/\mathfrak{m}_x^2)^*$（$\mathfrak{m}_x = \{f \in k[G] \mid f(x) = 0\}$, $(\mathfrak{m}_x/\mathfrak{m}_x^2)^*$ は k ベクトル空間 $\mathfrak{m}_x/\mathfrak{m}_x^2$ の双対空間）について，$\dim_k T_x G = \dim G$（左辺は k ベクトル空間として，右辺は多様体としての次元）となる．

関数環 $k[G]$ の k 上の導分

$$\mathrm{Der}_k(k[G]) := \{\partial \in \mathrm{End}_k(k[G]) \mid \partial(fg) = \partial(f)g + f\partial(g) \ (f, g \in k[G])\}$$

は $k[G]$ 加群でもあり，点 $x \in G$ に対して，k ベクトル空間の全射 $\mathrm{Der}_k(k[G]) \twoheadrightarrow T_x G \ (\partial \mapsto \partial_x)$ を定める．ここで，∂_x は $f \in \mathfrak{m}_x$ に対して，$\partial_x(f) := \partial(f)(x)$ で与えられる $\partial_x \in \mathfrak{m}_x^*$ で，$\partial_x(\mathfrak{m}_x^2) = 0$ より，$x \in G$ における接ベクトル $\partial_x \in (\mathfrak{m}_x/\mathfrak{m}_x^2)^* \simeq T_x G$ を与える．導分は，多様体論におけるベクトル場であることに注意しておこう．

さて，$\mathrm{Der}_k(k[G])$ は交換子積 $[\partial, \partial'] = \partial\partial' - \partial'\partial$ により k 上の Lie 環をなす．

一方，群 G の元 y による左移動 $l_y(x) = yx \ (x, y \in G)$ は多様体 G の同型を与えるので，前章で関数環への作用 $\lambda_y \in \mathrm{Aut}_{k\text{代数}}(k[G])$ を $\lambda_y(f)(x) = f(yx)$ と定義した．（$y \mapsto \lambda_{y^{-1}}$ を $k[G]$ 上での左正則表現といった．）そこで導分 $\partial \in \mathrm{Der}_k(k[G])$ がこの左作用と可換なとき，すなわち，$\partial \circ \lambda_y = \lambda_y \circ \partial \ (\forall y \in G)$ のとき，∂ を**左不変**という（言い換えれば，$f^y := \lambda_y(f)$ とおくとき，$\partial(f^y)(x) = (\partial(f))(yx) \ (\forall x, y \in G)$ が成り立つとき）．

いま，左不変な導分のなす k ベクトル空間を仮に $(\mathrm{Der}_k k[G])^{\lambda_G}$ と書こ

う. ∂, ∂' が左不変ならば交換子 $[\partial, \partial']$ も左不変なので,$(\mathrm{Der}_k k[G])^{\lambda_G}$ は $\mathrm{Der}_k(k[G])$ の Lie 部分環をなす.

これらについて次が成立する.

命題 3.1.1. 単位元を $e \in G$ とし,全射 $\mathrm{Der}_k(k[G]) \to T_e G \ (\partial \mapsto \partial_e)$ を左不変導分のなす k 部分空間に制限すると,k 線型同型

$$(\mathrm{Der}_k k[G])^{\lambda_G} \xrightarrow{\sim} T_e G$$

を与える.

証明. $X \in T_e G \simeq (\mathfrak{m}_e/\mathfrak{m}_e^2)^*$ に対して,導分 ∂ を $\partial(f)(x) = X(\lambda_x(f) - f(x))$ $(x \in G)$ と定義すると,$\lambda_x(\partial(f)) = \partial_e(\lambda_x(f))$ となり,∂ は左不変で X から一意的に定まる.($\partial_e(\lambda_x(f)) = \partial_e(\lambda_x(f) - f(x))$, $\partial 1 = 0$ に注意.) □

定義. 上の命題により,単位元の接空間 $T_e G$ には k 上の Lie 環の構造が入る.以降 $T_e G$ をこの同型によって Lie 環と見なし,**Lie G** ($:= T_e G \simeq (\mathrm{Der}_k k[G])^{\lambda_G}$) と記す.

注意. G の単位成分を G^0 とすると,$T_e G = T_e G^0 \simeq (\mathrm{Der}_k k[G^0])^{\lambda_{G^0}}$ ゆえ $\mathrm{Lie}\,G = \mathrm{Lie}\,G^0$, すなわち,Lie 環は単位成分上で考えても同じである.

また,左不変導分の代わりに右正則作用による右不変導分のなす Lie 環 $(\mathrm{Der}_k k[G])^{\rho_G}$ で考えても同じ構成を得ることは明らかであろう.

次に,以上のことを別の表現で試みる.$\pi : TG \to G$ を G の接束とする.すなわち,TG は代数多様体で,ファイバーが接空間 $\pi^{-1}(x) \simeq T_x G$, 切断のなす k 加群が導分

$$\Gamma(G, TG) := \{\theta : G \to TG \ (射) \mid \pi \circ \theta = \mathrm{Id}_G\} \simeq \mathrm{Der}_k(k[G])$$

と見なせるものである.(代数幾何の用語では,このような接束 TG を「接束空間」といい,この局所的切断のなす "層" の方を「接束」とよぶことも多いので注意;付録 A.2.5 参照.)左辺 $\Gamma(G, TG)$ への $k[G]$ の作用は,$(f \cdot \theta)(x) = f(x)\theta(x)$ $(x \in G)$ で,切断 θ の関数 $f \in k[G]$ への導分としての作用は,$\theta(f)(x) = \theta(x)(f - f(x))$ $(\theta(x) \in T_x G \simeq (\mathfrak{m}_x/(\mathfrak{m}_x)^2)^*)$ である (f を x の近

傍 U で定義される局所的な関数 $f \in k[U]$ としても同じ）．

このとき Lie 群の場合と同様にして次が成立する．

命題 3.1.2. (1) 群 G の左移動 $l_x : G \to G$ ($l_x(y) = xy$ $(x, y \in G)$) の微分は接空間の同型 $dl_x : T_yG \xrightarrow{\sim} T_{xy}G$ を与え，G の接束の同型

$$\begin{CD} TG @>{dl_x}>> TG \\ @V{\pi}VV @VV{\pi}V \\ G @>{l_x}>> G \end{CD}$$

を引き起こす．このとき，切断 $\theta \in \Gamma(G, TG)$ を導分と見なしたとき左不変であるとは，$dl_x \circ \theta = \theta \circ l_x$ $(x \in G)$ となることである．

(2) 接束は $G \times T_eG \xrightarrow{\sim} TG$ $((x, X) \mapsto (x, dl_x(X)))$ によって自明なベクトル束 $G \times T_eG$ に同型である（接束 TG の左作用による「自明化」という）．

(3) $k[G]$ 加群としての同型 $k[G] \otimes_k T_eG \xrightarrow{\sim} \mathrm{Der}_k(k[G])$ が成立し，この同型を $T_eG = 1 \otimes T_eG$ に制限すると，命題 3.1.1 の線型同型 $(\mathrm{Lie}\, G =)T_eG \xrightarrow{\sim} (\mathrm{Der}_k k[G])^{\lambda_G}$ が得られる．

(4) 代数群 G の同型 $\alpha : G \xrightarrow{\sim} G$ が与えられたとき，$\alpha(e) = e$ ゆえ α の微分 $d\alpha$ は接空間の線型同型 $d\alpha : T_eG \xrightarrow{\sim} T_eG$ を引き起こすが，これは T_eG を G の Lie 環と見なしたときの Lie 環の同型を与える．

証明． 左移動が多様体 G の同型を与えるので，定義からほぼ明らかであろう．(2) は (1) から，(3) は (2) から得られる．(4) $d\alpha \in GL(T_eG)$ の $(\mathrm{Der}_k k[G])^{\lambda_G}$ への作用は，$\partial \circ \alpha^*$ $(\alpha^* \in \mathrm{Aut}_{k\,代数}(k[G]))$ ゆえ，Lie 積を保つから $([\partial, \partial'] \circ \alpha^* = [\partial \circ \alpha^*, \partial' \circ \alpha^*])$．　□

随伴作用． G の元 x は G の内部自己同型 $\iota(x) : G \xrightarrow{\sim} G$ $(\iota(x)(y) = xyx^{-1})$ を与えた．上の命題 (4) より，$\iota(x)$ の微分 $d\iota(x)$ は，G の Lie 環 $\mathrm{Lie}\, G$ の同型を与える．

以降しばしば，慣用に従って代数群（または Lie 群）の Lie 環を対応するドイツ小文字 (fraktur) で表すことにする．内部自己同型の微分 $d\iota(x)$ が与える Lie 環 $\mathfrak{g} = \mathrm{Lie}\, G$ の自己同型 $d\iota(x) \in \mathrm{Aut}\,\mathfrak{g} \subset GL(\mathfrak{g})$ を，群の Lie 環への随伴作

用 (adjoint action) といい，$\mathrm{Ad}(x) := d\iota(x)$ と書く．$\mathrm{Ad}(xy) = \mathrm{Ad}(x)\mathrm{Ad}(y)$ ゆえ，$\mathrm{Ad} : G \to GL(\mathfrak{g})$ は群の準同型を与え，さらに代数群としての射（有理表現）になっている．この意味で Ad を**随伴表現**（adjoint representation）という．

随伴作用について，命題 3.1.2 の「自明化」と関連して次を注意しておく．

命題 3.1.3. 命題 3.1.2(3) で与えた $k[G]$ 加群の同型 $\Psi : \mathrm{Der}_k(k[G]) \xrightarrow{\sim} k[G] \otimes_k T_eG = k[G] \otimes_k \mathfrak{g}$ において，λ_x, ρ_x をそれぞれ左右の移動 l_x, r_x が関数環 $k[G]$ に引き起こす k 同型とすると，

$$\Psi \circ \lambda \circ \Psi^{-1} = \lambda_x \otimes \mathrm{Id}_{\mathfrak{g}}, \quad \Psi \circ \rho_x \circ \Psi^{-1} = \rho_x \otimes \mathrm{Ad}(x) \quad (x \in G).$$

証明．同型 Ψ が左不変作用による自明化によって定義されていることより，命題 3.1.2 および随伴作用についての注意から導かれる．$(\iota(x) \circ \rho_x(f) = \lambda_x(f)\,(f \in k[G])$ に注意．） □

群の同型が Lie 環の同型を引き起こすことはみたが，さらに準同型（射）は準同型を引き起こす，すなわち，対応 $G \mapsto \mathrm{Lie}\,G$ は圏の関手になっていることをみよう．

そのためにまず G の閉部分群 $H \subset G$ の場合を考えよう．H は部分多様体ゆえ明らかに接空間について $T_eH \subset T_eG$ である．これが Lie 環の部分環を与えていることをみればよい．$I(H) := \{ f \in k[G] \mid f|H = 0 \}$ を H の定義イデアルとして，

$$k[H] \simeq k[G]/I(H), \quad \mathrm{Der}\,(H \subset G) := \{ \partial \in \mathrm{Der}_k(k[G]) \mid \partial(I(H)) \subset I(H) \}$$

とおくと，これは Lie 環 $\mathrm{Der}_k(k[G])$ の部分環をなすことが分かる．従って，$\mathrm{Der}\,(H \subset G)$ の元は剰余環 $k[H] = k[G]/I(H)$ の導分を引き起こし，Lie 環の準同型 $\phi : \mathrm{Der}\,(H \subset G) \to \mathrm{Der}_k(k[H])$ を引き起こす．このとき，次が分かる．

補題 3.1.4. ϕ は Lie 環の同型 $\mathrm{Der}\,(H \subset G) \cap (\mathrm{Der}_k k[G])^{\lambda_G} \simeq (\mathrm{Der}_k k[H])^{\lambda_H}$ を与える．すなわち，単準同型 $\mathrm{Lie}\,H \hookrightarrow \mathrm{Lie}\,G$ を与える．

証明．命題 3.1.3 での自明化 Ψ をそれぞれ $H \subset G$ で比較し，左右の作用 λ, ρ

をかんがみれば容易に導かれる．すなわち，次の可換図形において，左不変部分を考えよ．

$$\begin{array}{ccc} \mathrm{Der}\,(H\subset G) & \stackrel{\subset}{\longrightarrow} & k[G]\otimes_k T_eG \\ \downarrow & & \downarrow \\ k[H]\otimes_k T_eH & \stackrel{\subset}{\longrightarrow} & k[H]\otimes_k T_eG. \end{array}$$

□

定理 3.1.5. $\varphi:G\to G'$ を代数群の射とすると，その微分 $d\varphi:T_eG\to T_eG'$ は Lie 環の準同型 $\mathrm{Lie}\,(\varphi):=d\varphi:\mathfrak{g}\to\mathfrak{g}'$ を引き起こす．ここで，$\mathfrak{g}:=\mathrm{Lie}\,G\simeq T_eG$, $\mathfrak{g}':=\mathrm{Lie}\,G'\simeq T_eG'$.

証明． 射 φ は $G\stackrel{\gamma(\varphi)}{\hookrightarrow} G\times G'\stackrel{\mathrm{pr}_2}{\to}G'$ $(\gamma(\varphi)(x)=(x,\varphi(x))$, $\mathrm{pr}_2(x,y)=y)$ と分解できるから，単準同型 $\gamma(\varphi)$ と射影 pr_2 の場合に示せばよい．単射の場合は上記補題で済んでいるので，射影の場合示せばよい．

ところが，$\mathrm{Lie}\,(G\times G')\simeq T_e(G\times G')\simeq T_eG\oplus T_eG'$ で，$d\,(\mathrm{pr}_2)$ は T_eG' への射影であり，Lie 環としても明らかな射影 $\mathfrak{g}\oplus\mathfrak{g}'\stackrel{\mathrm{pr}_2}{\to}\mathfrak{g}'$ である． □

3.2　例（とくに GL_n）および双対数による実現

例 1. 加法群 $G=\mathbb{G}_a$. $k[G]=k[T]$, $\mathrm{Der}_k(k[T])=k[T]\partial_T$, $(\partial_T:=\frac{\partial}{\partial T})$. 多項式係数の導分 $f(T)\partial_T$ が移動 $T\mapsto T+c$ $(c\in k)$ で不変であるためには，$f(T)$ は定数でなければいけない．よって，Lie 環は $\mathrm{Der}_k(k[T])^{\lambda_G}=k\,\partial_T$ $(\lambda_G=\rho_G)$. すなわち，$\mathrm{Lie}\,\mathbb{G}_a$ は 1 次元可換 Lie 環．

例 2. 乗法群 $G=\mathbb{G}_m$. $k[G]=k[T,T^{-1}]$. $\mathrm{Der}_k(k[T,T^{-1}])=k[T,T^{-1}]\partial_T$. $T^{-n}f(T)\partial_T$ $(f(T)\in k[T])$ が $T\mapsto cT$ で不変であるためには，$T^{-n}f(T)=aT$ $(a\in k)$ でなければいけない．すなわち，$\mathbb{G}_m$ の Lie 環は $k(T\partial_T)$ で，やはり 1 次元の可換 Lie 環で $\mathrm{Lie}\,\mathbb{G}_a$ に同型である．しかし後に見るように，$\mathrm{char}\,k=p>0$ の場合，p（制限）Lie 環というものが定義されて，その意味では異なる．（それぞれ $k[T]\subset k[T,T^{-1}]$ の微分作用素としては異なることに起因する．）

次に，$\mathbb{G}_m = GL_1(k)$ の拡張にあたる一般線型群 $G = GL_n(k)$ を考える．今まで見てきたことからも分かるように，これはアフィン代数群，すなわち線型代数群の母体でもあるから，単なる例を超えた基本的なものであり，種々の事柄，とくに計算的なものはこの場合に帰着されることが多いので，詳しく見てみよう．

G は $M_n(k) \simeq k^{n^2}$（k 上 n^2 次元ベクトル空間）の開集合であるから，単位元 $e = 1$ における接空間はベクトル空間 $M_n(k)$ と見なせる．すなわち，$T_e G = T_1 GL_n(k) = M_n(k)$．定義によって $T_e G$ の元（接ベクトル）を G の左不変導分と同一視して，Lie 環の構造が交換子積によって入る．

命題 3.2.1. $X = (x_{ij}) \in M_n(k)$ に対して，$k[G] = k[T_{ij}, \det(T_{ij})^{-1}]$ 上の導分を

$$\partial_X := \sum_{i,j}(\sum_{h=1}^n x_{hj} T_{ih})\partial_{ij} \quad \left(\partial_{ij} := \frac{\partial}{\partial T_{ij}}\right)$$

と定義すると，∂_X は $k[G]$ 上の左不変導分となり，$[X,Y] = XY - YX$ ($X, Y \in M_n(k)$)（XY は行列としての積）とおくと，

$$\partial_{[X,Y]} = [\partial_X, \partial_Y].$$

すなわち，$X \mapsto \partial_X$ は Lie 環の同型 $M_n(k) \xrightarrow{\sim} \mathrm{Lie}\, G = (\mathrm{Der}_k k[G])^{\lambda_G}$ ($G = GL_n(k)$) を与えている．以降，行列環 $M_n(k)$ を交換子積によって Lie 環とみるときは，記法 $\mathfrak{gl}_n(k) (= \mathrm{Lie}\, GL_n(k))$ を用いることも多い．

証明. $e_{ij} \in M_n(k)$ を (i,j) 基本行列（i 行 j 列成分のみ 1 で他は 0）とするとき，

$$\partial_{e_{ij}} = ({}^t T \cdot \partial_T)_{ij} \quad (T = (T_{ij}), \partial_T = (\frac{\partial}{\partial T_{ij}}) \text{ なる行列})$$

と見なせることに注意する．変換 $g \in GL_n(k)$ の左作用による不変性は，シンボリカルに

$$ {}^t(gT)(\partial_{(gT)}) = ({}^t T\, {}^t g)({}^t g^{-1} \partial_T) = {}^t T \partial_T $$

と書けることから分かる．すなわち，$\partial_{e_{ij}}$ は左不変な導分である．よって，それらの 1 次結合 ∂_X ($X \in M_n(k)$) も左不変である．

次に交換子積を保つことをみよう．それぞれを定義に従ってチェックすればよい．初等的であるが，大切なポイントであるので書いておこう．まず基本行列の関係式 $[e_{ij}, e_{kl}] = \delta_{jk}e_{il} - \delta_{li}e_{kj}$ （δ はクロネッカーの δ）．とくに，$[e_{ij}, e_{ji}] = e_{ii} - e_{jj}$, $[e_{ij}, e_{jl}] = e_{il}$, $[e_{ij}, e_{ki}] = -[e_{ki}, e_{ij}] = -e_{kj}$, 他は 0.

さて，定義により $\partial_{e_{ij}} = \sum_{h=1}^{n} T_{hi}\partial_{hj}$ ($\partial_{hj} := \frac{\partial}{\partial T_{hj}}$) であったから，これを用いて，

$$[\partial_{e_{ij}}, \partial_{e_{kl}}] = \partial_{[e_{ij}, e_{kl}]}$$

をチェックすればよい．$[e_{ij}, e_{ji}] = e_{ii} - e_{jj}$ の場合をみてみよう．

$$[\partial_{e_{ij}}, \partial_{e_{ji}}] = \left[\sum_h T_{hi}\partial_{hj}, \sum_l T_{lj}\partial_{li}\right]$$
$$= \sum_{h,l} T_{hi}(\delta_{hl}\partial_{li} + T_{lj}\partial_{li}\partial_{hj}) - \sum_{h,l} T_{lj}(\delta_{lh}\partial_{hj} + T_{hj}\partial_{li}\partial_{hj})$$
$$= \sum_h (T_{hi}\partial_{hi} - T_{hj}\partial_{hj})$$
$$= \partial_{e_{ii}} - \partial_{e_{jj}}.$$

他の場合はもっと簡単であろう．

対応 $X \mapsto \partial_X$ が線型同型になることは，単射であり，次元が等しいことから明らかである． □

前節補題 3.1.4 でみたように，閉部分群の Lie 環は部分 Lie 環であった．従って，（今までと記号を変えるが）G を $GL_n(k)$ の閉部分群とすると，部分ベクトル空間 $T_eG \subset T_eGL_n(k) = \mathfrak{gl}_n(k)$ は，線型 Lie 環 $\mathfrak{gl}_n(k)$ の部分 Lie 環になる．閉部分群 G が具体的に決められている場合，双対数の環 $k[\epsilon] = k + k\epsilon$ ($\epsilon^2 = 0$) を用いると見通しがよいので，それを説明しよう．

一般に，k 上の代数多様体 V に対して，$k[\epsilon]$ に値をもつ点の集合 $V(k[\epsilon])$ は V 上の接束 TV と見なすことができる（付録 A.2.5）．V がアフィンで関数環が $k[V]$ のとき，$V = V(k) = \mathrm{Hom}_{k\text{ 代数}}(k[V], k)$ であったが，さらに可換 k 代数 R に対して，R 点の集合を $V(R) := \mathrm{Hom}_{k\text{ 代数}}(k[V], R)$ と定義する（スキーム的構成）．

$GL_n(R)$, $M_n(R)$ などが我々の例である.

さて, $V(k[\epsilon]) = \mathrm{Hom}_{\,k\,\text{代数}}(k[V], k[\epsilon])$ について, $x \in V$ は $e_x(f) = f(x)$ ($f \in k[V]$) で定義されるから, $\tilde{x} \in V(k[\epsilon])$ を $\tilde{x}(f) = e_x(f) + \theta(f)\epsilon$ ($f \in k[V]$) と書くと, 射影 $\pi : V(k[\epsilon]) \to V(k)$ は $\pi(\tilde{x}) = x$ で定義され, $\tilde{x}$ が k 代数の準同型であることから, $\tilde{x}(fg) = \tilde{x}(f)\tilde{x}(g)$ は, $\theta(fg) = f(x)\theta(g) + g(x)\theta(f)$ を意味する. すなわち, $\theta \in \mathrm{Der}_{\,k}(k[V], k(x)) \simeq (\mathfrak{m}_x/\mathfrak{m}_x^2)^*$ ($x \in V$ における導分, すなわち, 接ベクトル; ここで $k(x) := k[V]/\mathfrak{m}_x \simeq k$ (k 代数として)) となる. よって, $\theta \in \pi^{-1}(x) \simeq (\mathfrak{m}_x/\mathfrak{m}_x^2)^* \simeq T_x V$ と見なせる.

命題 3.2.2. 閉部分多様体 $V \subset \mathbb{A}^n(k)$ がイデアル $I(V) \subset k[T_1, \ldots, T_n]$ によって定義されているとき, $x \in V$ の接空間は $T_x V = \{\theta = (\theta_i) \in k^n \mid f(x + \theta\epsilon) = 0 \,(f \in I(V))\}$ で定義される部分空間である ($T_x \mathbb{A}^n(k) = k^n$ と見なしている).

証明. $T_x V = \{\theta \in k^n \mid df_x(\theta) = 0 \,(df_x \text{は} f \in I(V) \text{の 1 次の項})\}$ であるが, また上の記法からも明らか. □

系 3.2.3. G が $GL_n(k)$ の閉部分群のとき,
$$\mathfrak{g} = \{X \in M_n(k) \mid 1_n + X\epsilon \in G(k[\epsilon]) \Leftrightarrow f(1_n + X\epsilon) = 0 \,(f \in I(G))\}$$
は $\mathfrak{gl}_n(k) = M_n(k)$ の部分 Lie 環で, G の Lie 環である.

証明. 命題 3.2.1 より $\mathfrak{gl}_n(k)$ が $GL_n(k)$ の Lie 環で, 閉部分群 G の Lie 環は $T_e G$ と見なせることから, 前命題 3.2.2 より $T_e G \simeq \mathfrak{g} \subset T_{1_n}(GL_n(k)) = \mathfrak{gl}_n(k)$ となることから分かる. □

コメント. 系 3.2.3 の事実は以下のように, 今までの議論と独立に, 素朴に導かれることは, 記するに値するであろう (例えば Serre[Se2]). 記号は系 3.2.3 のとおりとする.

いま仮に双対数の生成元を増やして, $k[\epsilon] \otimes_k k[\epsilon'] \simeq k[\epsilon, \epsilon']$ ($\epsilon^2 = \epsilon'^2 = 0$, $\epsilon\epsilon' = \epsilon'\epsilon$) を考える.
$$g = 1 + X\epsilon,\ h = 1 + Y\epsilon' \in G(k[\epsilon, \epsilon']) \quad (X, Y \in \mathfrak{g})$$

とおくと，

$$gh = 1 + X\epsilon + Y\epsilon' + XY\epsilon\epsilon'$$
$$g^{-1}h^{-1} = 1 - X\epsilon - Y\epsilon' + XY\epsilon\epsilon'$$

$((1+X\epsilon)^{-1} = 1 - X\epsilon$ などに注意)．従って，

$$\begin{aligned}[g^{-1}, h^{-1}] &:= g^{-1}h^{-1}gh \\ &= (1 - X\epsilon - Y\epsilon' + XY\epsilon\epsilon')(1 + X\epsilon + Y\epsilon' + XY\epsilon\epsilon') \\ &= 1 + [X, Y]\epsilon\epsilon'.\end{aligned}$$

これは，双対数 $k[\epsilon'']$ ($\epsilon'' = \epsilon\epsilon'$) に対する $G(k[\epsilon''])$ の元であり，$k[\epsilon''] \simeq k[\epsilon] \simeq k[\epsilon']$ だから，$[X, Y] \in \mathfrak{g}$．

すなわち，系 3.2.3 で定義した $\mathfrak{gl}_n(k)$ の部分空間 $\mathfrak{g}$ が Lie 部分環になっていることが直接証明された．

言い換えると，この双対数を用いた実現を線型群 $G \subset GL_n(k)$ の Lie 環の定義にしてもよいわけである．この利点は，いろいろな事柄や公式が形式的に導かれることにある．

例えば，定理 3.1.5 の準同型 $\varphi: G \to G'$ が行列群の準同型からきている：

$$\begin{array}{ccc} G & \xrightarrow{\varphi} & G' \\ \cap\downarrow & & \cap\downarrow \\ GL_n(k) & \xrightarrow{\tilde{\varphi}} & GL_{n'}(k) \end{array}$$

とすると，Lie 環の準同型 $d\varphi: \mathfrak{g} \to \mathfrak{g}'$ は，$\varphi(1 + X\epsilon) = \tilde{\varphi}(1 + X\epsilon) = 1 + d\tilde{\varphi}(X)\epsilon = 1 + d\varphi(X)\epsilon$ ($X \in \mathfrak{g}$) によって定義されており，行列環での準同型 $d\tilde{\varphi}: \mathfrak{gl}_n(k) \to \mathfrak{gl}_{n'}(k)$ に帰着できる．

命題 3.2.4. $G \subset GL_n(k)$ を閉部分群とするとき，随伴作用 $\mathrm{Ad}(x)$ は $\mathfrak{g} \subset \mathfrak{gl}_n(k)$ として $\mathrm{Ad}(x)X = xXx^{-1}$ ($x \in G, X \in \mathfrak{g}$) となる．

証明．$1 + X\epsilon \in G(k[\epsilon]) \subset GL_n(k[\epsilon])$ とすると，$x \in G$ の内部自己同型 $\iota(x)$ について $\iota(x)(1 + X\epsilon) = x(1 + X\epsilon)x^{-1} = 1 + xXx^{-1}\epsilon$ となる．よって，$X \in \mathfrak{g} \subset \mathfrak{gl}_n(k)$ に対して，$xXx^{-1} \in \mathfrak{g} \subset \mathfrak{gl}_n(k)$ で，$\iota(x)$ が接空間に引き起

こす変換として $d\iota(x)X = \operatorname{Ad}(x)X = xXx^{-1}$ である. □

系 3.2.5. 随伴表現 $\operatorname{Ad} : G \to GL(\mathfrak{g})$ の微分を $d(\operatorname{Ad}) : \mathfrak{g} \to \mathfrak{gl}(\mathfrak{g}) = \operatorname{End}_k(\mathfrak{g})$ とすると,$(d(\operatorname{Ad}))(X)(Y) = [X,Y](=: \operatorname{ad}(X)(Y))$ $(X, Y \in \mathfrak{g})$.

証明. 前命題 3.2.4 により, $x = 1 + X\epsilon, Y \in \mathfrak{g}$ に対し,

$$\operatorname{Ad}(x)Y = xYx^{-1}$$
$$= (1 + X\epsilon)Y(1 - X\epsilon)$$
$$= Y + XY\epsilon - YX\epsilon$$
$$= Y + [X,Y]\epsilon$$
$$= (1 + d(\operatorname{Ad}(x))\epsilon)Y.$$

ここに,$1 + d(\operatorname{Ad}(x))\epsilon \in 1 + \operatorname{End}_k(\mathfrak{g})\epsilon \subset GL(\mathfrak{g})(k[\epsilon])$ と見なしている. □

例. 群 GL_n の Lie 環を $\mathfrak{gl}_n$ と記したようにローマ大文字で記した群の Lie 環は対応するドイツ小文字で記す. 主に, 系 3.2.3 を用いるが, 正式の証明には, さらに議論を要する場合がある.

(1) 特殊線型群 $SL_n(k) := \{x \in GL_n(k) \mid \det x = 1\}$ の定義方程式は $f(T) = \det(T) - 1$ $(T = (T_{ij}) \in k[T])$ である (すなわち, $f(T)$ は既約; [佐 1; p.82]). 従って, $X \in \operatorname{Lie} SL_n(k) \Leftrightarrow \det(1 + X\epsilon) = 1 + (\operatorname{Trace} X)\epsilon = 1 \Leftrightarrow \operatorname{Trace} X = 0$. よって, $\mathfrak{sl}_n(k) = \{X \in \mathfrak{gl}_n(k) \mid \operatorname{Trace} X = 0\}$ が $SL_n(k)$ の Lie 環である ($f(T)$ の既約性を用いなくても,$\dim SL_n(k) = n^2 - 1$ で,$\operatorname{Trace} X = 0$ は $n^2 - 1$ 次元の $\operatorname{Lie} SL_n(k)$ を含むから, 上が成り立つことがいえる).

(2) 記号は, 1.2 節の例のとおりとして,

$$\mathfrak{d}_n = \operatorname{Lie} \boldsymbol{D}_n = \{n \text{ 次対角行列}\}$$
$$\mathfrak{t}_n = \operatorname{Lie} \boldsymbol{T}_n = \{n \text{ 次上 3 角行列}\}$$
$$\mathfrak{u}_n = \operatorname{Lie} \boldsymbol{U}_n = \{X \in \mathfrak{t}_n \mid X \text{ の対角成分は } 0\}$$

などは自明であろう.

(3) $J \in M_n(k)$ に対して, $GL_n(k)$ の閉部分群を $G_J := \{x \in GL_n(k) \mid$

$xJ^tx = J$} と定義する．いわゆる古典群はこの形である．$1 + X\epsilon \in G(k[\epsilon]) \Rightarrow (1+X\epsilon)J^t(1+X\epsilon) = J \Rightarrow (XJ + J^tX)\epsilon = 0 \Rightarrow XJ + J^tX = 0$ ゆえ，$\widetilde{\mathfrak{g}_J} := \{X \in \mathfrak{gl}_n(k) \mid XJ + J^tX = 0\}$ とおくと，$\mathfrak{g}_J = \operatorname{Lie} G_J \subset \widetilde{\mathfrak{g}_J}$．

(3a) $J = 1$ のとき，直交群 $O_n(k) := \{x \in GL_n(k) \mid x^tx = 1\}$ の Lie 環 $\mathfrak{o}_n(k)$ は $\{X \in \mathfrak{gl}_n(k) \mid X + {}^tX = 0\}$ の部分環であるが，$\operatorname{char} k \neq 2$ のときは等しい（次元が等しいことが示される；後述 6.4 節）．

(3b) $J = \begin{pmatrix} 0 & 1_n \\ -1_n & 0 \end{pmatrix}$ のとき，斜交群（シンプレクティック群）$Sp_{2n}(k) := \{x \in GL_{2n}(k) \mid xJ^tx = J\}$ について，その Lie 環は $\mathfrak{sp}_{2n} = \{X \in \mathfrak{gl}_{2n}(k) \mid XJ + J^tX = 0\}$ である．これも等号の証明には，次元の比較などが必要である（6.4 節）．

反例．上で，等号 $\mathfrak{g}_J = \operatorname{Lie} G_J = \widetilde{\mathfrak{g}_J}$ は必ずしも成り立たないことに注意しておく．その理由は群 G_J の定義式が必ずしもアフィン多様体の定義イデアル $I(G_J) \subset k[GL_n(k)]$ を与えているとは限らないからである．すなわち，定義式が生成するイデアルが根基イデアルとは限らないからである（例 (1) の議論を参照）．従って，右辺 $\widetilde{\mathfrak{g}_J}$ は G_J の単位元の接空間より本当に広い可能性がある．

例えば，$n = 2$, $\operatorname{char} k = 2$ のとき，$G = \{x \in GL_2(k) \mid x^tx = 1\}$ に対して $\tilde{\mathfrak{g}} = \{X \in \mathfrak{gl}_2(k) \mid X + {}^tX = 0\}$ は 2 次の対称行列のなす部分空間で 3 次元である．一方，G の定義式を成分ごとに書くと，

$$G = \left\{ \begin{pmatrix} 1+a & a \\ a & 1+a \end{pmatrix} \,\middle|\, a \in k \right\}, \quad \dim G = 1$$

となり，$\operatorname{Lie} G = k \begin{pmatrix} 1 & 1 \\ 1 & 1 \end{pmatrix}$ である．

例（中心化群など）．代数群 G の元 g に対し，その中心化群 $Z_G(g) := G^g = \{x \in G \mid gxg^{-1} = x\}$ の Lie 環 $\operatorname{Lie} Z_G(g)$ を考える．（閉部分群 $G \subset GL_n(k)$ と見なして）

$$X \in \operatorname{Lie} Z_G(g) \Rightarrow 1 + X\epsilon \in Z_G(g)(k[\epsilon])$$

$$\Rightarrow g(1+X\epsilon)g^{-1} = 1 + X\epsilon \ (\Leftarrow \text{は成立しない})$$
$$\Rightarrow g X g^{-1} = \mathrm{Ad}\,(g)X = X.$$

すなわち,$\mathrm{Lie}\,Z_G(g) = \mathrm{Lie}\,G^g \subset \{X \in \mathfrak{g} \mid \mathrm{Ad}\,(g)X = X\} =: \mathfrak{g}^g$ となる. 後で見るように (3.4 節),標数 0 のときは,等号 $\mathrm{Lie}\,Z_G(g) = \mathfrak{g}^g$ が成立するが,一般の場合は成り立たない.

反例. $\mathrm{char}\,k = 2$, $G = SL_2(k)$, $g = \begin{pmatrix} 1 & 1 \\ 0 & 1 \end{pmatrix}$ とすると,$G^g = \left\{ \begin{pmatrix} 1 & c \\ 0 & 1 \end{pmatrix} \middle| c \in k \right\}$ (1 次元). 一方,$\mathfrak{g}^g = \{X \in \mathfrak{sl}_2(k) \mid g X g^{-1} = X\} = \left\{ \begin{pmatrix} a & c \\ 0 & a \end{pmatrix} \middle| a, c \in k \right\}$ (2 次元), $\mathrm{Lie}\,G^g = \left\{ \begin{pmatrix} 0 & c \\ 0 & 0 \end{pmatrix} \middle| c \in k \right\} \simeq k$ となり,$\mathrm{Lie}\,G^g \subsetneq \mathfrak{g}^g$. ($\mathrm{char}\,k \neq 2$ ならば $=$.)

例 (成立). $G = GL_n(k)$ のときは,任意標数で $\mathrm{Lie}\,G^g = \mathfrak{g}^g$ が成り立つ. なぜなら,$\mathfrak{g}^g = \{X \in M_n(k) \mid g X g^{-1} = X\}$ で,$\mathfrak{g}^g \cap GL_n(k) = \mathfrak{g}^g \cap \{\det X \neq 0\}$ ゆえ $Z_G(g) = \{x \in G \mid g x g^{-1} = x\} = \mathfrak{g}^g \cap GL_n(k)$. よって $\dim Z_G(g) = \dim \mathfrak{g}^g$,ゆえに $Z_G(g) = \mathfrak{g}^g$.

一般にも,$g \in G$ が半単純元ならば,$\mathrm{Lie}\,Z_G(g) = \mathfrak{g}^g$ が成立することを後に示す (定理 4.3.5,系 4.3.6).

一般に,閉部分群 $H \subset G$ に対して,中心化群 $Z_G(H) := \bigcap_{h \in H} G^h$ を考えると,$\mathrm{Lie}\,Z_G(H) \subset \mathfrak{z}_\mathfrak{g}(H) := \{X \in \mathfrak{g} \mid \mathrm{Ad}\,(h)X = X \ (h \in H)\}$ であるが,さらに,Lie 環 $\mathfrak{h} := \mathrm{Lie}\,H$ の中心化環 $\mathfrak{z}_\mathfrak{g}(\mathfrak{h}) := \{X \in \mathfrak{g} \mid \mathrm{ad}\,(Y)X = [Y, X] = 0\ (Y \in \mathfrak{h})\}$ に対して,$d(\mathrm{Ad})(Y) = \mathrm{ad}\,Y$ だから,$\mathfrak{z}_\mathfrak{g}(H) \subset \mathfrak{z}_\mathfrak{g}(\mathfrak{h})$ となる. 標数 0 ではこれらがすべて等しくなり ($\mathrm{Lie}\,Z_G(H) = \mathfrak{z}_\mathfrak{g}(H) = \mathfrak{z}_\mathfrak{g}(\mathfrak{h})$),いわゆる "Lie 理論" が明快になる (指数写像などの使用;後述 3.4 節 Bourbaki[Bou1] など参照).

反例 **CEx.3.2.1** (Chevalley). 随伴表現 $\mathrm{Ad} : G \to GL(\mathfrak{g})$ について,命題

3.2.4 より Z を G の中心とすると，$Z \subset \mathrm{Ker}(\mathrm{Ad})$ である．標数 0 や後に論ずる半単純群のときはこの両者は等しいが，標数が $p > 0$ のときは必ずしも等しくない．

$$G = \left\{ \begin{pmatrix} a & 0 & 0 \\ 0 & a^p & b \\ 0 & 0 & 1 \end{pmatrix} \middle| a \in k^\times, b \in k \right\} \subset GL_3(k)$$

の Lie 環は

$$\mathfrak{g} = \left\{ \begin{pmatrix} x & 0 & 0 \\ 0 & 0 & y \\ 0 & 0 & 0 \end{pmatrix} \middle| x, y \in k \right\} \subset \mathfrak{gl}_3(k)$$

で，可換である（a^p の導分は 0 に注意）．G の 2 つの部分群 H, L を次で定義する．

$$H = \left\{ \begin{pmatrix} 1 & 0 & 0 \\ 0 & 1 & b \\ 0 & 0 & 1 \end{pmatrix} \middle| b \in k \right\} \simeq \mathbb{G}_a,$$

$$L = \left\{ \begin{pmatrix} a & 0 & 0 \\ 0 & a^p & 0 \\ 0 & 0 & 1 \end{pmatrix} \middle| a \in k^\times \right\} \simeq \mathbb{G}_m.$$

H は G の正規部分群で，$G \simeq L \ltimes H$（半直積）である．このとき，中心は $Z = \{e\}$（自明）で，$\mathrm{Ker}(\mathrm{Ad}) = H \neq Z$．

中心は $Z = Z_G(G)$ であるので，この場合 $\mathrm{Lie}\, Z_G(G) = 0$．しかるに，

$$\mathfrak{z}_\mathfrak{g}(G) = \left\{ \begin{pmatrix} x & 0 & 0 \\ 0 & 0 & 0 \\ 0 & 0 & 0 \end{pmatrix} \middle| x \in k \right\} \neq 0$$

だから中心化環についての反例も与えている．

この例はまた，Lie 環は可換であるが，対応する連結群は非可換な例を与えている（$[G, G] = H$ なる可解群）．

Lie 環の Jordan 分解.

第 2 章で述べた代数群の Jordan 分解に対応して，代数群の Lie 環でも Jordan 分解が成り立つ．すなわち，次の定理を得る．

定理 3.2.6. $\mathfrak{g}$ をアフィン代数群 G の Lie 環とする．$\mathfrak{g}$ の元 X は，以下の性質をみたす一意的な分解をもつ．

$$X = X_s + X_n, [X_s, X_n] = 0 \quad (X_s, X_n \in \mathfrak{g}).$$

(i) 任意の代数群の準同型射 $\varphi : G \to G'$ に対して，Lie 環の準同型 $d\varphi : \mathfrak{g} \to \mathfrak{g}'$ は，上の分解を保つ．すなわち，

$$d\varphi(X_s) = (d\varphi(X))_s, \, d\varphi(X_n) = (d\varphi(X))_n.$$

(ii) $G = GL_n(k)$ のときは，$\mathfrak{gl}_n(k) = M_n(k)$ における分解 $X = X_s + X_n, [X_s, X_n] = 0$ は，X_s が半単純，X_n が冪零変換である Jordan 分解（定理 2.1.1）である．

これを **Lie 環における Jordan 分解** という．最初にこの事実を活用したのは Maurer であり，後に Chevalley により，replica の理論として編み直されて，標数 0 の場合に代数群の Lie 環の特徴付けに用いられた（Borel[Bo3] 参照）．定理の証明の前に，次の系を注意しておこう．

系 3.2.7. G を $GL_n(k)$ の閉部分群として実現しておくと，$X \in \mathfrak{g} \subset \mathfrak{gl}_n(k)$ の Jordan 分解は $\mathfrak{gl}_n(k)$ におけるそれと一致する．すなわち，変換 X を $\mathfrak{gl}_n(k)$ において $X = X_s + X_n, [X_s, X_n] = 0$ と Jordan 分解すれば，$X_s, X_n \in \mathfrak{g}$ となる．

証明（系の）．単射 $\varphi : G \hookrightarrow GL_n(k)$ と一意性に注意して定理を適用せよ．□

証明（定理の）．群の場合と平行にできる．定義によって，$\mathfrak{g} = (\mathrm{Der}\,_k k[G])^{\lambda_G}$ であった．

群の場合の証明のステップ (I) の類似を行う．一般に，導分 $\partial \in \mathrm{Der}\,_k(k[G])$ は $k[G]$ に局所有限に作用するので，$k[G]$ の ∂ 安定な有限次元部分空間ごとに考えることにより，広義固有空間を $V_\alpha := \mathrm{Ker}\,\partial_\alpha^n \; (n \gg 0) \; (\partial_\alpha := \partial - \alpha \; (\alpha \in k))$

とおく．このとき，次が成り立つ（群のときは，$V_\alpha V_\beta \subset V_{\alpha\beta}$ だったが）．
$$V_\alpha V_\beta \subset V_{\alpha+\beta} \quad (\star).$$
なぜならば，$\partial(fg) = \partial(f)g + f\partial(g)$ ゆえ，$\partial_{\alpha+\beta}(fg) = \partial_\alpha(f)g + f\partial_\beta(g)$ となり，帰納法を用いて
$$\partial_{\alpha+\beta}^n(fg) = \sum_{i=0}^{n} \binom{n}{i} \partial_\alpha^i(f) \partial_\beta^{n-i}(g)$$
が導かれる．これより，n を十分大（$\gg 0$）にとれば $(\star)$ が示される．

局所有限作用ゆえ，$k[G] = \bigoplus_{\alpha \in k} V_\alpha$ において，$\partial_s \mid V_\alpha = \alpha \mathrm{Id}_{V_\alpha}$ と定義すると，$\partial_s(fg) = (\alpha+\beta)(fg) = \alpha(f)g + f\beta(g) = \partial_s(f)g + f\partial_s(g)$ ($f \in V_\alpha, g \in V_\beta$) だから，$\partial_s \in \mathrm{End}_k(k[G])$ は導分になる．∂ が λ_G 不変ならば，∂_s もそうで，$\mathfrak{g} = (\mathrm{Der}_k k[G])^{\lambda_G}$ に属する．よって，$\partial_n := \partial - \partial_s$ も $\mathfrak{g}$ に属する．以上の議論で，$\partial \in \mathfrak{g} = (\mathrm{Der}_k k[G])^{\lambda_G}$ のときは，$\partial = X$ と書いて，定理の条件をみたすことが分かる．

すなわち，$\mathfrak{g} = (\mathrm{Der}_k k[G])^{\lambda_G}$ における Jordan 分解も $k[G]$ への作用としての分解であり，射 $\varphi : G \to G'$，$\varphi^* : k[G'] \to k[G]$，$d\varphi : T_e G = (\mathrm{Der}_k k[G])^{\lambda_G} \to T_e G' = (\mathrm{Der}_k k[G'])^{\lambda_{G'}}$ によって保たれ，要請 (i) が示される．(ii) は (i) より明らかであろう． □

コメント． $1 + X\epsilon \in G(k[\epsilon])$ ($X \in \mathfrak{g}$) であった．$X = X_s + X_n$ を $\mathfrak{g}$ における Jordan 分解とすると，$1 + X\epsilon = (1 + X_s\epsilon)(1 + X_n\epsilon)$ となり，$G(k[\epsilon])$ における "乗法の Jordan 分解" と思える．$k[\epsilon]$ は体ではないので，前の定義に厳密には従うわけではないが，$1 + X_s\epsilon$ が "半単純"，$1 + X_n\epsilon$ が "冪単" と例えられるだろう．

注意． くどいようだが，Lie 環の Jordan 分解も，Lie 環独自の特性ではなく，線型代数群の Lie 環としてのものである．

すでに述べたように，最も簡単な 1 次元可換 Lie 環 $\mathfrak{g} = kX$ ($[X,X] = 0$) についても，それを乗法群 $\mathbb{G}_m = GL_1$ の Lie 環と思うときは $X = X_s$（半単純）で，一方，加法群 $\mathbb{G}_a$（冪単群）の Lie 環と思えば，$X = X_n$（冪零）である．

3.3 正標数の場合の現象,制限 Lie 環

正標数の体上の Lie 環について注意すべき点を挙げる.

基礎体 k の標数を $p = \operatorname{char} k > 0$ とする. 一般に,可換 k 代数 R に対して,Lie 環 $\operatorname{Der}_k R = \operatorname{Der}_k(R,R)$ を考えると, $\partial \in \operatorname{Der}_k R$ の p 乗 ∂^p は再び R の導分になる:Leibniz 公式より, $\binom{p}{i} \equiv 0 \bmod p \ (i \neq 0, p)$ ゆえ,

$$\partial^p(fg) = \sum_{i=0}^{p} \binom{p}{i}(\partial^i f)(\partial^{p-i}g) = (\partial^p f)g + f\partial^p(g) \quad (f, g \in R).$$

定義. 一般に,正標数 p の体 k 上の Lie 環 $\mathfrak{g}$ が p 作用とよばれる写像 $x \mapsto x^{[p]}$ $(x, x^{[p]} \in \mathfrak{g})$ をもち,次をみたすとき,制限 **Lie** 環(または p-**Lie** 環)という.

(i) $(cx)^{[p]} = c^p x^{[p]} \ (c \in k)$
(ii) $\operatorname{ad} x^{[p]} = (\operatorname{ad} x)^p$
(iii) $(x+y)^{[p]} = x^{[p]} + y^{[p]} + \sum_{i=1}^{p-1} s_i(x,y) \ (x, y \in \mathfrak{g})$,ここで,$s_i(x,y)$ は $\operatorname{ad}(tx+y)^{p-1}(x)$ における $i^{-1}t^{i-1}$ の係数(k で $i \neq 0$).

Jacobson[Jac] は ad 作用を右で書いているので違いに注意!

定理 3.3.1(Jacobson). A を標数 $p > 0$ の体 k 上の結合代数とし,交換子積 $[x,y] = xy - yx \ (x, y \in A)$ によって,Lie 環 $\mathfrak{g}$ とみる. このとき,$\mathfrak{g}$ は,$x^{[p]} = x^p$(A での p 乗)を p 作用とする制限 Lie 環である.

証明. (i) は明らか.

(ii) $\operatorname{ad}(x)(y) = l_x(y) - r_x(y) = (l_x - r_x)(y)$. $l_x, r_x \in \operatorname{End}_k A$ は左右の乗法である. 標数 p ゆえ $(l_x - r_x)^p = l_x^p - r_x^p = l_{x^p} - r_{x^p}$($[l_x, r_x] = 0$ に注意),すなわち,$\operatorname{ad}(x)^p = \operatorname{ad}(x^p) = \operatorname{ad}(x^{[p]})$.

(iii) $(x+y)^p = x^p + y^p + \sum_{i=1}^{p-1} s_i(x,y) \ (x, y \in A)$ を示す. 不定元 t(中心に属す)に対し,$(tx+y)^p = x^p + y^p + \sum_{i=1}^{p-1} \sigma_i(x,y)t^i$ とする. $\sigma_i = s_i$ を示せば,$t = 1$ とおくと求める式である. 上式を t で微分すると,

$$\text{左辺} = \sum_{i=0}^{p-1}(t\,x+y)^i x(t\,x+y)^{p-i-1}$$
$$\text{右辺} = \sum_{i=0}^{p-1} i\sigma_i(x,y)t^{i-1}.$$

ところが,
$$\text{左辺} = (\operatorname{ad}(t\,x+y))^{p-1}x \quad (\star)$$

がいえる.すなわち,左辺 = 右辺より,$i\sigma_i(x,y)$ は左辺の展開式における t^{i-1} の係数に等しく,従って s_i の定義より $\sigma_i(x,y) = s_i(x,y)$ $(0 < i < p)$ である.

そこで $(\star)$ を証明すればよい.そのためには,$a = x$, $b = t\,x+y$ とおけば,結合代数 $A[t]$ において
$$(\operatorname{ad} b)^{p-1}a = \sum_{i=0}^{p-1} b^i a\, b^{p-i-1}$$

を示せばよい.このためには (ii) の証明と同様に考えて,
$$(l_b - r_b)^{p-1} = \sum_{i=0}^{p-1} l_b^i\, r_b^{p-i-1} \quad (\star\star)$$

を示せば
$$(\operatorname{ad} b)^{p-1} = (l_b - r_b)^{p-1} a = \sum_{i=0}^{p-1} b^i a\, b^{p-i-1}$$

がいえて主張が示される.$[l_b, r_b] = 0$ ゆえ,$(\star\star)$ を示すためには,$i < p$ のとき $(-1)^i \binom{p-1}{i} \equiv 1 \mod p$ を確かめればよい.これは,$(t-u)^p = (t-u)(t-u)^{p-1}$ の係数比較よりでる ($c_i = (-1)^i \binom{p-1}{i}$ とおくと $c_i - c_{i-1} \equiv 0 \mod p$ $(0 < i < p)$). □

例.

(1) 可換 k 代数 R の k 導分 $\operatorname{Der}_k R$ は $\operatorname{End}_k R$ の p 作用 $x^{[p]} := x^p$ に関して制限 Lie 環としても部分 Lie 環である.

(2) 正標数 p の体 k 上の代数群 G の Lie 環 $\mathfrak{g} = \operatorname{Lie} G = (\operatorname{Der}_k k[G])^{\lambda_G} \simeq T_e G$ も $\operatorname{Der}_k k[G]$ の制限 Lie 環としての部分環である.($X \mapsto X^{[p]}$ は k 線型ではないことに注意;定義 (i).)

(3) $A = M_n(k)$ とすると, $M_n(k) = \mathfrak{gl}_n(k)$ は, 行列の p 乗作用 $X^{[p]} = X^p$ によって制限 Lie 環である.

(4) $\mathbb{G}_a$ について, $k[\mathbb{G}_a] = k[T]$, $\partial_T T^n = nT^{n-1}$, $\partial_T^p T^n = n(n-1)\cdots(n+1-p)T^n = 0$ ゆえ, $\operatorname{Lie}\mathbb{G}_a = k\,\partial_T$ で $\partial_T^p = 0$. よって, この 1 次元 Lie 環の基底を $X = \partial_T$ とすると, p 作用は $X^{[p]} = 0$.

(5) $\mathbb{G}_m = GL_1(k)$ について, $k[\mathbb{G}_m] = k[T, T^{-1}]$, $\operatorname{Lie}\mathbb{G}_m = k\theta$, ($\theta = T\partial_T$). Euler 作用素 θ については, $\theta T^n = nT^n$ ゆえ, $\theta^p T^n = n^p T^n = nT^n = \theta T^n$, すなわち, $\theta^p = \theta$. 従って, Lie 環の基底を $X = \theta$ とすると, $X^{[p]} = X$ で, p 作用は, $(cX)^{[p]} = c^p X$ ($c \in k$) となる.

命題 3.3.2. $\mathfrak{gl}_n(k) = \operatorname{Lie} GL_n(k)$ として, 例 (2) の制限 Lie 環は例 (3) のものと一致する.

証明. $M_n(k)$ の基底 e_{ij} として基本行列をとっておく. このとき, $e_{ij}^p = \delta_{ij} e_{ij}$. 一般元 $(\sum_{i,j} x_{ij} e_{ij})^p$ は, 定理 3.3.1 における $A = M_n(k)$ の関係式であるが, これは, 非可換環 $\operatorname{End}_k k[G]$ ($\supset \operatorname{Der}_k k[G] \supset (\operatorname{Der}_k k[G])^{\lambda_G} = \operatorname{Lie} G$) ($G = GL_n(k)$) でのそれと同型である. よって, 定理 3.2.1 により, 基底 $e_{ij} \leftrightarrow \partial_{e_{ij}} \in ({}^t T \partial_T)_{ij}$ (定理 3.2.1 の記号) について示せばよいが, これは上の例 (4),(5) の $\mathbb{G}_a$ および $\mathbb{G}_m$ の場合と同じである (基底について, それぞれ $X^p = 0$, $X^p = X$ が $e_{ij}^p = \delta_{ij} e_{ij}$ に対応している). $\square$

命題 3.3.3. $\varphi : G \to G'$ を標数 p の体上の代数群とすると, 微分 $d\varphi : \mathfrak{g} \to \mathfrak{g}'$ は, 制限 Lie 環の準同型射 $(d\varphi(X^{[p]}) = (d\varphi(X))^{[p]})$ を与える.

証明. 定理 3.1.5 と同様, 単射と射影の場合に示せばよい. 単射の場合, 補題 3.1.4 と同様, 導分の関係 $\operatorname{Der}(G \subset G') \subset \operatorname{Der}_k k[G']$ を用いると, これは p 作用で閉じているからよい. 射影については明らか. $\square$

系 3.3.4. $G \subset GL_n(k)$ を閉部分群としての実現とすると, $\mathfrak{g} \subset \mathfrak{gl}_n(k)$ の p 作用は行列の p 乗積である. $\square$

系 3.3.5. 代数群の Lie 環 $\mathfrak{g}$ の元 X の Jordan 分解を $X = X_s + X_n$ とすると, $(X^{[p]})_s = (X_s)^{[p]}$, $(X^{[p]})_n = (X_n)^{[p]}$.

証明. 系3.3.4の実現を考え, $\mathfrak{g} \subset \mathfrak{gl}_n(k)$ とする. $X \in \mathfrak{g}$ に対して $X^{[p]} = X^p$ ゆえ, $X = X_s + X_n$ について $[X_s, X_n] = 0$ だから, $X^p = X_s^p + X_n^p$ となり, これはまた X^p の Jordan 分解だから主張が成り立つ. □

注意. $\mathfrak{gl}_n(k)$ の任意の部分 Lie 環が p 乗で保たれるわけではない. $\operatorname{char} k = 2$ のとき, 1次元部分環

$$\mathfrak{g} = k \begin{pmatrix} 1 & 1 \\ 0 & 1 \end{pmatrix} = \left\{ \begin{pmatrix} a & a \\ 0 & a \end{pmatrix} \middle| a \in k \right\} \subset \mathfrak{gl}_2(k)$$

について, $\begin{pmatrix} a & a \\ 0 & a \end{pmatrix}^2 = \begin{pmatrix} a^2 & 0 \\ 0 & a^2 \end{pmatrix} \notin \mathfrak{g}$. この $\mathfrak{g}$ は部分"代数群"の Lie 環ではない.

Frobenius 射

有限体上定義された多様体上の自己準同型射 Frobenius 射について述べよう.

定義. k を位数 q の有限体 $\mathbb{F}_q$ の代数的閉包, A_0 を $\mathbb{F}_q$ 上の有限生成可換代数とする. $\varphi_0(f) := f^q$ $(f \in A_0)$ とすると φ_0 は $\mathbb{F}_q$ 代数としての準同型を定義し, k への係数拡大 $\varphi = \varphi_0 \otimes \operatorname{Id} : A \to A$ $(A := A_0 \otimes_{\mathbb{F}_q} k)$ を引き起こす. k 準同型 φ が引き起こすアフィンスキームの射 $F : \operatorname{Spec} A \to \operatorname{Spec} A$ $(F^* = \varphi)$ は, 従って k 上の自己準同型射となり, これを **Frobenius 射**という. ($\mathbb{F}_q$ 上のスキームに対しても構造層を考えて同様に定義される.) とくに, A が被約ならば, $V := \operatorname{Hom}_{k\, 代数}(A, k)$ は $\mathbb{F}_q$ 上の代数多様体で Frobenius 射 F (同じ記号で書く) を定義する.

素朴な形に書くと次のようになる. まず, 例として $\mathbb{F}_q$ 上のアフィン空間 $\mathbb{A}^1_{\mathbb{F}_q}$ を考える. $A_0 = \mathbb{F}_q[T]$, $A = k[T]$, $\varphi(cT^i) = cT^{qi}$ $(c \in k)$, すなわち, $\varphi(T) = T^q$ で定義される k 上の準同型であるから, $x \in k = \mathbb{A}^1_{\mathbb{F}_q}(k)$ に対して, $F(x) = x^q$ である.

多次元の場合も全く同様で, 一般に, $A_0 = \mathbb{F}_q[T_1, \ldots, T_n]/I = \mathbb{F}_q[t_1, \ldots, t_n]$, $A = A_0 \otimes_{\mathbb{F}_q} k = k[T_1, \ldots, T_n]/kI = k[t_1, \ldots, t_n]$ とする. A が被約ならば, $I = (f_1, \ldots, f_r)$ $(f_j \in \mathbb{F}_q[T])$ とすると, A が定める $\mathbb{F}_q$ 上の

アフィン多様体 $V = \{x = (x_i) \in k^n \mid f_j(x) = 0 \ (0 \le j \le r)\}$ の Frobenius 射は $\varphi(T_i) = T_i^q$ によって定義されるから，やはり座標の q 乗 $F(x) = (x_i^q)$ で与えられる．（定義式 f_j は $\mathbb{F}_q$ 係数だから，$f_j(x_1^q, \ldots, x_n^q) = f_j(x_1, \ldots, x_n)^q = 0$ にも注意．）Frobenius 射の重要な役割は，F の固定点の集合 $V^F := \{x \in V \mid x_i^q = x_i\} = V(\mathbb{F}_q)$ が V の $\mathbb{F}_q$ 有理点の集合になることである．

命題 3.3.6. Frobenius 射 $F : V \to V$ の微分は 0 $(dF = 0 \ (dF_x \in \mathrm{End}_k T_x V))$ である．

証明． アフィン空間の場合，$F^*(T) = T^q$ ゆえ，$\partial_T(T^q) = qT^{q-1} = 0$ より，$dF_x = 0$ $(x \in k^n = \mathbb{A}_{\mathbb{F}_q}^n(k))$．一般の $\mathbb{F}_q$ 上の閉部分多様体 $V \subset \mathbb{A}_{\mathbb{F}_q}^n$ は，$\mathbb{A}_{\mathbb{F}_q}^n$ の Frobenius 射の制限だから，部分接空間についても同じである． □

注意． $V(k[\epsilon])$ で，$F(x_i + X_i \epsilon) = ((x_i + X_i \epsilon)^q) = (x_i^q)$ だから，$dF(X) = 0$ と思ってもよい．

例． $\mathbb{A}_{\mathbb{F}_q}^n = \mathbb{G}_a^n$（$\mathbb{G}_a$ は素体 $\mathbb{F}_p$ 上定義されている．）の Frobenius 射は，群の準同型 $F((x_i)) = (x_i^q)$ にもなっている $(((x_i + y_i)^q) = (x_i^q + y_i^q))$．行列 $x = (x_{ij}) \in M_n(k)$ についても，$F(x) = (x_{ij}^q)$ だから，G が $\mathbb{F}_q$ 上定義された代数群の（すなわち，$I(G)$ のイデアルの生成元が $\mathbb{F}_q[GL_n]$ にとれる）とき，Frobenius 射 $F : G \to G$ は代数群の自己準同型を与えている．

F は集合としては全単射であるが，$dF = 0$（非分離的）で，逆写像は多様体の射にはならないので注意を要する（$x \mapsto x^{q^{-1}}$ は射ではない）．

従って，代数群としての準同型である F に対して，$\mathrm{Ker}\, F = \{e\}$ であるが，代数群としての同型定理 "$G/\mathrm{Ker}\, F \overset{\sim}{\to} G$" は成立しない．ただし，他でも触れたが群スキームの概念を導入して群スキームとしての核（Frobenius 核 "$\mathrm{Ker}\, F$" $\ne \{e\}$）による "商" を定義すると，同型定理が成立する．

Frobenius 射に関しては，次の有用な定理がある．

定理 3.3.7 (Lang). G が $\mathbb{F}_q$ 上定義された代数群のとき，多様体としての自己準同型射 $\Lambda : G \to G$ $(\Lambda(x) = F(x) x^{-1} \ (x \in G))$ はエタール射である（付録 A.3.3 項）．すなわち，$(d\Lambda)_x : T_x G \overset{\sim}{\to} T_{\Lambda(x)} G$ は線型同型で，従って完備局所

環の同型 $\Lambda_x^* : \widehat{\mathcal{O}}_{\Lambda(x)} \xrightarrow{\sim} \widehat{\mathcal{O}}_x$ $(x \in G)$ を与える．さらに，単位元のファイバーは $\mathbb{F}_q$ 有理点がなす有限部分群 $\Lambda^{-1}(e) = G(\mathbb{F}_q)$ で，G が連結ならば，Λ は全射である．

証明．まず，G は滑らかな多様体であるから，$d\Lambda$ が同型になることとエタール射であることが同値であることに注意しておく（付録A3.3）．$e \in G$ において $d\Lambda_e = dF_e - \mathrm{Id}_e = -\mathrm{Id}_e$ は $T_e G$ で全単射である．次に，$x \in G$ に対して，$F' := r(\Lambda(x)) \circ F$ $(r(y)g = gy \; (g, y \in G))$，$\Lambda'(y) = F'(y)y^{-1}$ とおくと，$\Lambda' = \Lambda \circ r(x)$．よって，$(d\Lambda')_e = d\Lambda_x \circ dr(x)_e$ となり，上と同様に理由で $(d\Lambda')_e$ も同型である．従って，$d\Lambda_x$ （x は任意）の同型が導かれる．

あとは，滑らかな多様体におけるエタール射の性質より分かる． □

Λ を **Lang 射**（または写像）という．

コメント．有限体 $\mathbb{F}_q$ 上定義された連結代数群 G の Lang 写像 $\Lambda : G \to G$ について，$\Lambda^{-1}(e) = G(\mathbb{F}_q)$ は有限部分群であったが，任意の点のファイバーは $G(\mathbb{F}_q)$ による G の左剰余類 $xG(\mathbb{F}_q) = \Lambda^{-1}(\Lambda(x))$ に等しい．従って，（抽象群として）$\Lambda : G \to G/G(\mathbb{F}_q) \simeq G$，すなわち，$\Lambda$ は G を右から $G(\mathbb{F}_q)$ で割った商写像になっている．これは，次章で解説する多様体を群作用（今の場合 $G(\mathbb{F}_q)$）で割った多様体としての商の射になっている．

上の場合のようなエタール射を Galois 群を $G(\mathbb{F}_q)$ とする **Galois 被覆**（Galois covering）という．すなわち，$\mathbb{F}_q$ 上定義された連結代数群は，自分自身の上の $G(\mathbb{F}_q)$-Galois 被覆をなす．

次に，正標数の場合注意を要する大切な例を挙げてこの節を終わる．

$Z = \{c1 \mid c \in k^\times\}$ を $GL_2(k)$ の中心とする．次章で一般論を解説するが，剰余群 $PGL_2(k) := GL_2(k)/Z$ に自然な代数群の構造を一意的に入れることができる．ここでは具体的に定義しておく．そのためには，座標環 $k[PGL_2]$ を定義してやればよい．$GL_2(k)$ のそれは $k[GL_2] = k[T_{11}, T_{21}, T_{12}, T_{22}, \det(T_{ij})^{-1}]$ であった．$GL_2(k)$ への中心の元 $c1$ の作用（左右同じ）は環への作用 $T_{ij} \mapsto cT_{ij}$ $(c \in k^\times)$ を引き起こすが，この作用で不変な関数（不変式）のなす部分環を $k[GL_2]^Z$ と書くと，これは，$f(T)$ を $T = (T_{ij})$ の偶数次斉次式として，$(\det T)^{-\frac{1}{2}\deg f} f(T)$

で張られるから，k 上の代数として，$(\det T)^{-1}(T_{ij}T_{lm})$ $(1 \leq i,j,l,m \leq 2)$ を生成元としてとればよい．このようにして，$PGL_2(k)$ に代数多様体の構造が入り，射 $\pi: GL_2(k) \to PGL_2(k)$ は，k 代数の埋め込み $\pi^*: k[PGL_2] \hookrightarrow k[GL_2]$ から引き起こされていると見なせる．すなわち，$k[GL_2]^Z$ の元は $PGL_2(k)$ 上の関数を定義し（Z 不変性から），$x \in GL_2(k)$ に対し，$\pi(x) \in \mathrm{Hom}_{k\,代数}(k[GL_2]^Z, k)$ は $x \in \mathrm{Hom}_{k\,代数}(k[GL_2], k)$ を $k[GL_2]^Z$ に制限したものと定義すればよい．

さて，一方部分群 $SL_2(k) \subset GL_2(k)$ に π を制限した群準同型 $\varpi = \pi|SL_2: SL_2(k) \to PGL_2(k)$ が得られるが，k が閉体だから ϖ は全準同型で，$\mathrm{Ker}\,\varpi = \{\pm 1\} = SL_2(k) \cap Z$ である．また ϖ は代数群としての射である．このためには環の準同型型 $k[PGL_2] \to k[SL_2]$ をみればよい．これは勿論 $\varpi^*: k[PGL_2] \stackrel{\pi^*}{\hookrightarrow} k[GL_2] \twoheadrightarrow k[SL_2]$ が引き起こすものである．

主張．ϖ^* は単射で，$\mathrm{Im}\,\varpi^* = k[(T_{ij}T_{kl});\ (1 \leq i,j,l,m \leq 2)]/(\det T - 1) \subset k[SL_2]$．従って，$\mathrm{Im}\,\varpi^*$ は $\mathrm{char}\,k \neq 2$ ならば，$k[SL_2]$ の $\{\pm 1\}$（$SL_2(k)$ の中心）による不変式に等しく，ϖ は代数群としての同型 $SL_2(k)/\{\pm 1\} \stackrel{\sim}{\to} PGL_2(k)$ を与える．

警告 Wa.3.3.1．ところが，$\mathrm{char}\,k = 2$ のときは，$SL_2(k)$ の中心は単位群で（$e = 1 = -1$），準同型射 $\varpi: SL_2(k) \to PGL_2(k)$ は抽象群としては同型写像である．しかし，代数群としては $\varpi^*(k[PGL_2]) \subsetneq k[SL_2]$ ゆえ同型ではない．（逆写像 ϖ^{-1} は射ではない．）

この場合，抽象群として $\mathrm{Ker}\,\varpi = \{e = 1\}$ であったが，"群スキーム"という概念があって，その圏内で考えると $\mathrm{Ker}\,\varpi$ は自明ではない群スキーム（$\boldsymbol{\mu}_2$ と書く：付録 A.1.7）となり，商の概念も拡張されて同型定理 $G/\mathrm{Ker}\,\varpi \stackrel{\sim}{\to} \mathrm{Im}\,\varpi$ が成立する（Mumford[Mu2] など参照）．

反例 CEx.3.3.1．(1) $\mathrm{char}\,k = 2$ とする．$\varpi: SL_2(k) \to PGL_2(k)$ が引き起こす Lie 環の射 $d\varpi: \mathfrak{sl}_2(k) \to \mathfrak{pgl}_2(k) \simeq \mathfrak{gl}_2/\mathfrak{z}$ の核は $\mathrm{Ker}\,d\varpi = \{c1 \mid c \in k\}$（Lie 環 $\mathfrak{sl}_2(k)$ の中心で，また $\mathfrak{z}$ に等しい！）．すなわち，群の完全系列

$$e \to SL_2(k) \xrightarrow{\varpi} PGL_2(k) \to e$$

は Lie 環においては

$$0 \to \mathfrak{z} \to \mathfrak{sl}_2(k) \xrightarrow{d\varpi} \mathfrak{pgl}_2(k)$$

を引き起こすが，$d\varpi$ は単射でも全射でもない．$\mathrm{Lie}\,(\mathrm{Ker}\,\varpi) \subsetneq \mathrm{Ker}\,(d\varpi)$ なる例である．この場合射 ϖ は非分離的である．

また，群 $SL_2(k)$ は非可解（「単純代数群」といわれている；後述）だが，Lie 環 $\mathfrak{sl}_2(k)$ は可解 Lie 環になっている例でもある．

(2) 上の例では，$Z \cap SL_2(k) = \{e\}$ にも拘らず，$\mathfrak{z} = \mathrm{Lie}\,Z \subset \mathfrak{sl}_2(k)$ となっているが，このようなことは Lie 群論では起こりえない．Lie の基本定理により，一般に，連結 Lie 群 G の連結 Lie 部分群 H, K について，$H \subsetneq K \Leftrightarrow \mathrm{Lie}\,H \subsetneq \mathrm{Lie}\,K$ である．

代数群では次のような一般的な定理がある（[Bo2；6.12]）．

定理． M, N を G の閉部分群，N を正規として商射を $\pi : G \to G/N$ とする（商の正確な定義は次章）．このとき Lie 環について，$\mathrm{Lie}\,(M \cap N) = (\mathrm{Lie}\,M) \cap (\mathrm{Lie}\,N)$ が成り立つためには，射 $\pi|M : M \to \pi(M) \subset G/N$ が分離的であることが必要十分である．

（標数 0 ならば常に分離的であるから，上の定理は無条件で成立する；Lie 群論参照．）

3.4 Lie 群論の回顧，とくに指数写像について

Lie 群論については，すでに和書にも多くの良書があり，多様体論の基礎の課程でも学習されることが稀ではなくなっていると思われる．"Lie 理論"と称されることもあり，その根幹は，Lie 群論においてはその「すべての（！）」現象がその線形化である Lie 環によって統制されるというテーゼである（[岩 1]，[松島 2]，[村]，[C1]，[Bou1]，[Se2] など）．

代数群においても Lie 環が定義され，いくつかの著しい性質をもつことをすでに見たが，Lie 環が「すべてを」統制するというところまでは行かないこともしばしば注意してきた．とくに正標数の場合は，特有の興味深い構造（p 作用など）ももつが，また非分離性が引き起こす「異常事態」にも遭遇すること

もあるので，一般的に明快な叙述ができないことも多かった．

しかし，たとえ正標数の場合でも，群によっては，あるいはある種の性質は，標数 p に条件を付せば，標数 0 の場合と同様な議論ができ，様々な研究にも役たつことが多い．

本節では，詳しい証明には立ち入らないが，代数群論との比較のため Lie 群論の基礎的部分をまとめ，復習しよう．Lie 群特有の現象もあるが，標数 0 の代数群において大方の場合成立する．

1.1 節でも述べたが，まず定義：G が Lie 群であるとは，群 G は実解析的多様体でもあって，群演算 $m : G \times G \to G \; (m(x, y) = xy)$, $i : G \to G \; (i(x) = x^{-1})$ が，実解析的な写像であるときをいう．証明は自明ではないが，実解析的の代わりに微分可能（C^∞）多様体，m, i も微分可能写像としても，結局実解析的になるので，C^∞ で定義することも多い．

さらに．多様体の位相について些かの条件を付けておかないと異常現象が起こることがあり，大方の場合「可算公理」をみたす位相空間（「可算個の開集合の基が存在する」$\Leftrightarrow$「コンパクト集合の可算和である」など）という条件を付けておくとよい．現実の応用では，可算個または有限個の連結成分，もっと強く連結の場合を考えることで十分なことが多いのであまり気にしないでよいだろう．（例えば，Lie 群論の聖書 Chevalley[C1] では，始めから多様体の定義に連結性を要求し，上の意味で連結な Lie 群を「解析的群」とよび，Lie 群はその連結成分が解析的群である位相群と定義している．従って，連結成分の個数については何の条件もつけていない．）

読者はすでに多くの Lie 群の例を知っている．前にも注意しているが，一般に実数体 $\mathbb{R}$ 上定義された滑らかな代数多様体 V の実有理点のなす集合 $V(\mathbb{R})$ は，$\mathbb{R}$ を Zariski でなく古典位相（絶対値による距離空間）での位相空間として実解析的多様体と考えることができる．ちなみに，複素有理点のなす集合 $V(\mathbb{C})$ は同様の操作で複素（解析的）多様体と考えられ，通常（必要があれば，わざわざ）V_{an} などと記される（V_{an} の開集合には複素解析関数が定義されている）．

これらの操作により，$\mathbb{R}$ 上の代数群 G の実有理点の集合 $G(\mathbb{R})$ および複素有理点の集合 $G(\mathbb{C})$ は連結成分が有限個の Lie 群とも考えられる（本書ではわざわざ G_{an} とは記さない）．

接空間，導分（＝ベクトル場）などの概念も両者（代数群とLie群）で本質的に一致することにも注意しておく．従って，今まで扱ってきた代数群の場合も，そのLie環等々は同じものである．

Lie群の一般論は1径数部分群から始まる．1次元加法群 $\mathbb{R}$（代数群の記号では $\mathbb{G}_a(\mathbb{R})$）は最も初等的なLie群である．実解析的でも，C^∞ でもどちらでよいが，Lie群 G への準同型写像 $c: \mathbb{R} \to G$ ($c(t+u) = c(t)c(u)$) を G の1径数部分群という．c の微分 $dc: T\mathbb{R} \to TG$ は，各点 $t \in \mathbb{R}$ で線型写像 $dc_t: T_t\mathbb{R} \to T_{c(t)}G$, とくに原点 $t=0$ において $dc_0: \mathbb{R}(\frac{d}{dt}) \to T_eG = \mathfrak{g}$ (G のLie環) を与える．ここで，$\frac{d}{dt}$ は加法群 $\mathbb{R}$ のLie環の基底をなす接ベクトルである．いま，$X := dc_0(\frac{d}{dt})$ とおくと，これは単位元 $e \in G$ を通る曲線 $c(t)$ ($t \in \mathbb{R}$) の接ベクトルになる．$e \in G$ の近傍で座標系 $(x_1, \ldots, x_n)$ ($x_i(e) = 0$, $n = \dim G = \dim \mathfrak{g}$) をとり，$c$ を $c(t) = (c_i(t))_{1 \le i \le n}$ ($c_i(t) = x_i(c(t))$) と表示した場合，$\widetilde{X} := \sum_{i=1}^n c_i'(t) \partial_i$ ($c_i'(t) = \frac{dc_i}{dt}(t)$, $\partial_i = \frac{\partial}{\partial x_i}$) は，曲線 $c(t)$ に沿ったベクトル場で，$\widetilde{X}_e = X$ である．

このような1径数部分群 c があるとき，G の接ベクトル $X \in T_eG = \mathfrak{g}$ に対する指数写像 $\exp: \mathfrak{g} \to G$ を $\exp(tX) = c(t)$ ($t \in \mathbb{R}$) と定義するのであった．逆に，任意のLie環の元 $X \in \mathfrak{g}$ に対して，常微分方程式を解くことにより一意的に1径数部分群 $c_X(t) = \exp(tX)$ が定義される．

例（行列の指数写像）．$e^X = \exp X = \sum_{m=0}^\infty \frac{1}{m!} X^m$ ($X \in M_n(\mathbb{C})$) は絶対収束し，複素解析的（正則）写像

$$\exp: M_n(\mathbb{C}) \to GL_n(\mathbb{C})$$

を定義する．

（証略 [佐1,2], [齋] など：行列のノルム $\|X\|^2 := \sum_{i,j} |x_{ij}|^2$ について評価すれば，$n=1$, 整関数 e^x の場合に帰着．）

（公式）

$$\det e^X = e^{\operatorname{Trace} X},$$
$$[X, Y] = 0 \text{ ならば，} e^{X+Y} = e^X e^Y,$$
$$e^X = e^{X_s} e^{X_n} \quad (X = X_s + X_n \text{は Jordan 分解}),$$

3.4 Lie群論の回顧，とくに指数写像について

$$\frac{d}{dt}(e^{tX}) = X e^{tX} \quad (t \in \mathbb{C}).$$

とくに, $X \in M_n(\mathbb{R}) = \mathfrak{gl}_n(\mathbb{R})$ に対して $\exp : \mathfrak{gl}_n(\mathbb{R}) \to GL_n(\mathbb{R})$ は Lie 群論の意味での指数写像で, $X \in \mathfrak{gl}_n(\mathbb{R})$ に対して, e^{tX} ($t \in \mathbb{R}$) は $GL_n(\mathbb{R})^0 \subset GL_n(\mathbb{R})$ の 1 径数部分群である ($GL_n(\mathbb{R})^0 = \{x \in GL_n(\mathbb{R}) \mid \det x > 0\}$ は単位成分).

注意. p 進体 $\mathbb{Q}_p$ の有限次拡大 (非アルキメデス局所体) F についても, $\exp : M_n(F) \to GL_n(F)$ は 0 の近傍で収束し, "Lie 理論"が展開できる ([Bou1], [Se2]).

定義. Lie 群 G の部分群 H が **Lie 部分群**であるとは, H 自身 Lie 群であって自然な単射を $i : H \hookrightarrow G$ とするとき, H が部分多様体, すなわち, $di_x : T_x H \to T_x G$ が任意の点 $x \in H$ で単射になっているときである. (ここで, 部分多様体は「正規 (regular)」(部分位相空間になる場合 [松島 2; p.57]) とは限らないことに注意.)

注意. (1) 次のようなベラボーな例もあるから要注意. $\mathbb{R}_{\text{disc}}$ を実数の加法群に離散位相をいれたものとして, 直積位相群 $H = \mathbb{R} \times \mathbb{R}_{\text{disc}}$ を考える. その単位成分は $H^0 = \mathbb{R} \times \{0\} \simeq \mathbb{R}$ で, 連続濃度の連結成分をもつ. 定義によって H は Lie 群で, 自明な写像 $i = \text{Id} : H \to \mathbb{R}^2$ は抽象群としては同型 (同一) であるが, H の Lie 環 $\mathfrak{h}$ は $\mathbb{R} \times \{0\}$ のそれで $\mathfrak{h} \simeq \mathbb{R}$, $\mathbb{R}^2$ の Lie 環は $\mathbb{R}^2$, $di : \mathbb{R} \xrightarrow{\sim} \mathbb{R} \times \{0\} \hookrightarrow \mathbb{R}^2$ である. すなわち, H は $\mathbb{R}^2$ と集合 (群) としては全集合であるが, 真の Lie 部分群である.

(2) $H' = \mathbb{R} \times \mathbb{Q}$ は可算公理をみたす $\mathbb{R}^2$ の Lie 部分群であるが, 閉でも, 「正規」部分多様体でもない ($\mathbb{Q}$ は離散群と思う). $H'' = \mathbb{R} \times \mathbb{Z}$ は閉部分群である.

次の定理は基本的で応用上も重要である.

定理 3.4.1. H を Lie 群 G の Lie 部分群で, 連結成分の個数は高々可算個とする. このとき, H に対応する Lie 部分環 $\mathfrak{h}$ は次で与えられる.

$$\mathfrak{h} = \{X \in \mathfrak{g} \mid \exp(tX) \in H \ (\forall t \in \mathbb{R})\}$$

略証. 一般の証明は村上 [村; p.167] など. 可算条件を付けないと, 上の注

意 (1) のようなとき，$\exp X = X$ $(X \in \mathbb{R}^2 = \mathfrak{g})$ だから $\{X \in \mathbb{R}^2 \mid \exp(tX) \in H\} = \mathbb{R}^2 = \mathfrak{g} \neq \mathfrak{h}$ となる．

H が連結ならば，$\exp(tX) \in H$ は H の 1 径数部分群だから，$\frac{d}{dt}\exp(tX)|_{t=0} = X \in T_e H = \mathfrak{h}$ となり，逆は明らかである． □

系 3.4.2. (1) H, K, $H \cap K$ を定理 3.4.1 の条件をみたす Lie 部分群とすると，$H \cap K$ の Lie 環は $\mathfrak{h} \cap \mathfrak{k}$ に等しい．

(2) H, K 共に連結のとき，$H \subset K \iff \mathfrak{h} \subset \mathfrak{k}$.

証明．(1) $\mathrm{Lie}\,(H \cap K) \subset \mathfrak{h} \cap \mathfrak{k}$ は明らか．$X \in \mathfrak{h} \cap \mathfrak{k}$ とすると，$\exp(tX) \in H \cap K$ $(\forall t)$，ゆえに定理より $X \in \mathrm{Lie}\,(H \cap K)$.

(2) 略． □

3.3 節で注意したように，正標数ではこれらのことはいえなかった．

命題 3.4.3. G を Lie 群，$\mathfrak{g}$ をその Lie 環とするとき，随伴表現 $\mathrm{Ad} : G \to \mathrm{End}_{\mathbb{R}}\,\mathfrak{g}$ は内部自己同型 $\iota(x)y = xyx^{-1}$ の微分 $\mathrm{Ad}\,(x) = d\iota(x)$ と定義した．このとき，$d(\mathrm{Ad})X = \mathrm{ad}\,X$ $(X \in \mathfrak{g})$ であったが，さらに

$$\mathrm{Ad}\,(e^{tX})(Y) = e^{t\,\mathrm{ad}\,(X)}Y \quad (X, Y \in \mathfrak{g})$$

が成り立つ．

証明．線型群 $G \subset GL_n(\mathbb{R})$ の場合に示そう．代数群のときと同様に Lie 部分環を $\mathfrak{g} \subset \mathfrak{gl}_n(\mathbb{R})$ と見なすと，$\mathrm{Ad}\,(x)Y = xYx^{-1}$ $(x \in G, Y \in \mathfrak{g})$ である．従って，

$$F(t; X, Y) := \mathrm{Ad}\,(e^{tX})Y = e^{tX}Ye^{-tX} \text{ とおくと，}$$
$$\frac{d}{dt}F(t; X, Y) = e^{tX}XYe^{-tX} - e^{tX}YXe^{-tX}$$
$$= e^{tX}[X, Y]e^{-tX} = F(t; X, [X, Y]).$$

ゆえに，$\frac{d}{dt}F(t; X, Y)|_{t=0} = (\mathrm{ad}\,X)Y$．続けて，$(\frac{d}{dt})^l F(t; X, Y)|_{t=0} = (\mathrm{ad}\,X)^l Y$．よって，Taylor 展開より，

$$F(t;X,Y) = \sum_{l=0}^{\infty} \frac{t^l}{l!} (\operatorname{ad} X)^l Y = e^{t \operatorname{ad}(X)} Y.$$

□

命題 3.4.4. Lie 群 G の Lie 環を $\mathfrak{g}$ とするとき,$X \in \mathfrak{g} = T_e G$ を G 上の左不変ベクトル場と考えたときの G 上の関数 f に対しての作用は,

$$(Xf)(g) = \frac{d}{dt} f(g\, e^{tX})|_{t=0} \quad (g \in G)$$

と書ける(右不変ベクトル場と考えるときは,$(Xf)(g) = \frac{d}{dt} f(e^{-tX}g)|_{t=0}$ である).

証明. X は 1 径数部分群 e^{tX} の $t=0$ における接ベクトルゆえ,$(Xf)(e) = \frac{d}{dt} f(e^{tX})|_{t=0}$. 左不変ベクトル場としての作用は $(\lambda_g f)(x) := f(gx)$ として $X(\lambda_g f) = \lambda_g (Xf)$ ゆえ,

$$(Xf)(g) = X(\lambda_g f)(e) = (Xf)(g) = \frac{d}{dt}(\lambda_g f)(e^{tX})|_{t=0} = \frac{d}{dt} f(g\, e^{tX})|_{t=0}$$

□

系 3.4.5. GL_n について,$X = (x_{ij}) \in M_n = \mathfrak{gl}_n$ に対応する左不変ベクトル場 ∂_X は座標系 $g = (g_{ij}) \in GL_n$ を用いて,

$$\partial_X = \sum_{i,j,k} x_{kj} g_{ik} \frac{\partial}{\partial g_{ij}}$$

で与えられる.

別証. すでに,命題 3.2.1 において一般の体上で証明したが,上の命題のように指数写像 $\exp$ を使うと簡単である.f を $g = (g_{ij})$ の関数として,$f(ge^{tX}) = f((ge^{tX})_{ij}) = f((g_{ij} + t \sum_k g_{ik} x_{kj} + O(t^2))_{ij})$ を t で微分して $t=0$ とおくと,$(\sum_{i,j,k} x_{kj} g_{ik} \frac{\partial}{\partial g_{ij}} f)((g_{ij})) = (\partial_X f)(g)$. □

注意. 勿論,一般の体上での公式は,この古典的な場合に分かっていることを指数写像を用いないで証明したのである.

さて代数群の場合は,Zariski 位相での閉部分群は定義によって部分代数群で

あったが，Lie 群論で有名な基礎定理として，Lie 群の（勿論古典位相での）閉部分群は Lie 部分群である，という有名な定理がある（Cartan）．すでに例に挙げたように閉ではない Lie 部分群もいくらでもあるが，応用上も重要な注意しておくべき定理であろう．

さらに証明が難しいもので，Lie 群の弧状連結な部分群は Lie 部分群であるという山辺の定理がある（証明は村上 [村；最後]）．これも，応用上大切である．例えば次の定理を挙げておく．

定理. 連結 Lie 群 G の交換子群 $G' = [G, G]$ はまた連結 Lie 部分群で，対応する Lie 環は G の Lie 環 $\mathfrak{g}$ の交換子環 $[\mathfrak{g}, \mathfrak{g}] := \langle [X, Y] \mid x, y \in \mathfrak{g} \rangle_{\mathbb{R}}$ （$\mathbb{R}$ 上張る部分空間）である．

（代数群の場合と比較せよ；系 1.2.7.）

次に，代数群の場合気になっていた中心化群や正規化群について述べておく．

命題 3.4.6. H を Lie 群 G の連結閉 Lie 部分群とすると，中心化群 $Z_G(H)$ の Lie 環は $\mathfrak{z}_\mathfrak{g}(\mathfrak{h}) := \{X \in \mathfrak{g} \mid [X, Y] = 0 \ (Y \in \mathfrak{h})\}$，正規化群 $N_G(H)$ のそれは，$\mathfrak{n}_\mathfrak{g}(\mathfrak{h}) := \{X \in \mathfrak{g} \mid [X, Y] \in \mathfrak{h} \ (Y \in \mathfrak{h})\}$ である．

証明. $X \in \mathfrak{z}_\mathfrak{g}(\mathfrak{h})$ とすると，$(\operatorname{ad} Y)X = 0 \ (\forall Y \in \mathfrak{h})$ ゆえに $e^{t \operatorname{ad} Y} X = X \ (\forall t \in \mathbb{R})$．命題 3.4.3 より $\operatorname{Ad}(e^{tY})X = X$．$H$ は連結ゆえ $\{e^{tY} \mid Y \in \mathfrak{h}, t \in \mathbb{R}\}$ は H を生成し，$\operatorname{Ad}(h)X = X \ (\forall h \in H)$．よって，系 3.2.6 と同様に $X \in \operatorname{Lie} Z_G(H)$．すなわち，$\mathfrak{z}_\mathfrak{g}(\mathfrak{h}) = \operatorname{Lie} Z_G(H)$．

正規化群の場合も同様． □

注意. 正標数の場合（系 3.2.5 の後の反例 CEx.3.2.1 など）一般に片側包含関係しか成立しなかった．Bourbaki[Bou1, Ch.3, §9, pp.233-235] にこの関連でいろいろ条件を緩めた場合の命題が列挙してあるので興味のある方は参照されたい．

最後に，"Lie 理論" とよばれる所以である Lie 群と Lie 環の対応関係が「殆ど」忠実であることを保証する命題群をいくつか述べてこの章を終わることにする．記述の無難のため，Lie 群は連結と仮定する．

(1) $\varphi: G \to G'$ を Lie 群の準同型とするとき，Lie 環のそれ $d\varphi: \mathfrak{g} \to \mathfrak{g}'$ が引き起こされるが，核 $\operatorname{Ker}\varphi$（連結とは限らぬ）の Lie 環は $\operatorname{Ker} d\varphi$ である．

(2) G の Lie 環 $\mathfrak{g}$ の Lie 部分環 $\mathfrak{h}$ に対して，連結 Lie 部分群 $H \subset G$ で $\operatorname{Lie} H = \mathfrak{h}$ なるものがある．

(3) 勝手な（抽象的）有限次（$\mathbb{R}$ または $\mathbb{C}$ 上）Lie 環に対して，それを Lie 環とする Lie 群が存在する（Ado の定理 Bourbaki[Bou1; Ch.1]）．

(4) 従って，Lie 環の準同型 $L(\varphi): \mathfrak{g} \to \mathfrak{g}'$ に対して，それを Lie 環にもつ Lie 群 G, G' で $\varphi: G \to G'$ $(d\varphi = L(\varphi))$ となるものがとれる．（単連結な Lie 群だけを考えれば，$\varphi \mapsto d\varphi$ は全単射，すなわち，Lie 関手 $\operatorname{Lie}: G \mapsto \mathfrak{g}$ は圏同値になる．）

第4章 商

4.1 準備（射の分離性）

この章では，代数群の部分群による剰余類の集合に自然な代数多様体の構造を入れること，およびそれに関連する諸事項を述べる．

まず，軌道および等質空間についての必要事項から始める．1.3 節の続きで，主に代数多様体の射の分離性と関係する事柄である．

代数群 G が代数多様体 X に働いているとする．G 軌道 $O_G(x) = Gx \subset X$ は X の中で局所閉で，$O_G(x)$ は閉包 $\overline{O_G(x)}$ の中で開集合であった（命題 1.3.1）．X が唯 1 つの軌道からなるとき（X を G の等質空間といった），点 $x \in X$ を固定すると，全射 $\pi: G \twoheadrightarrow X$ ($\pi(g) = gx$) が定まる．固定化部分群 $G_x := \{g \in G \mid gx = x\}$ は G の閉部分群で，π は G 同変であるから命題 1.3.3 (3) より $\dim X = \dim G - \dim G_x$ である．π は集合としての全単射 $G/G_x \ni gG_x \mapsto gx \in X$ を引き起こす．さてこのとき，集合 G/G_x を多様体 X と同一視すると，剰余類集合 G/G_x に G が働く多様体の構造が入るが，果たしてこれが自然なものといえるかどうかがこの章の課題である．

結論からいえば，勝手な等質空間をもってきたのでは否である．

いつもの反例であるが (3.3 節警告 Wa.3.3.1, 反例 CEx.3.3.1), $G = SL_2(k) \subset GL_2(k) \twoheadrightarrow PGL_2(k)$ において，$\varpi: G \to PGL_2(k) (= GL_2(k)/Z)$ は $\operatorname{char} k = 2$ のとき全単射である．ϖ によって $PGL_2(k)$ は G の等質空間であり，$G_{e'} = \{e\}$ ($e' = Z$ は $PGL_2(k)$ の単位元）ゆえ ϖ は等質空間の全単射 $G = G/G_{e'} \to PGL_2(k)$ を与えているが，両者の多様体構造は異なっており同型ではない．これは，ϖ が非分離的であるからである．

ここで，代数多様体の間の射 $\varphi: X \to Y$ についての用語に関して注意をしておく．共に既約の場合，支配的な射 φ が引き起こす関数体の拡大 $k(Y) \hookrightarrow k(X)$ が分離的なとき φ は分離的といった．さらに，X, Y が共に滑らかなとき，φ が分離的であることと，微分 $d\varphi_x: T_xX \to T_{\varphi(x)}Y$ $(x \in X)$ が全射であることが同値である．このとき，また，射 φ は滑らかである（smooth）ともよばれる（一般論は付録 A.3.3 参照）．言葉を濫用して，既約でない場合も滑らかな射を分離的という（本書だけの用語）．

以上の注意の上，すでに命題 1.3.3 (4) でも触れたが一般に次が成り立つ．

命題 4.1.1. 代数群 G の 2 つの等質空間の間の G 同変な射 $\varphi: X \to Y$ が同型であるためには，φ が分離的（あるいは双有理的）な全単射であることが必要十分である．

とくに，2 つの代数群の射 $\varphi: G_1 \to G_2$ が（代数群として）同型であるためには，φ とそれが Lie 環に引き起こす準同型 $d\varphi: \mathfrak{g}_1 \to \mathfrak{g}_2$ が共に全単射であることが必要十分である．

証明． 命題 1.3.3 (1) より，G は連結，X, Y は既約と仮定してよい．φ が全単射なことから，関数体に引き起こす埋め込み $k(Y) \subset k(X)$ の分離次数について $[k(X), k(Y)]_s = 1$. しかるに分離的であるから $[k(X), k(Y)] = [k(X), k(Y)]_s = 1$，ゆえに $k(X) = k(Y)$，すなわち，φ は双有理的である．よって，Y の稠密開集合 U で $\varphi^{-1}U \xrightarrow{\sim} U$（同型）なものがあり，$G$ 同変性より，任意の点 $y \in Y$ で $\varphi^{-1}(gU) = g\varphi^{-1}(U) \xrightarrow{\sim} gU \ni y$ なる $g \in G$ がとれ，全空間で同型である．

分離的 $\Leftrightarrow$ $d\varphi_x: T_xX \to T_{\varphi(x)}Y$ 全射 $(x: X$ の一般点$)$ $\Leftrightarrow$ $d\varphi_x:$ 任意の点 $x \in X$ で全射 （G 等質性より）に注意すれば，群の同型も込めた命題の主張が導かれる． $\square$

この段階で，等質空間への射 $\pi: G \to X$ が分離的ならば，この X は商に関する次の "普遍射性質" をみたすことが示される．

系 4.1.2. 代数群 G の等質空間への自然な射 $\pi: G \to X$ $(\pi(g) = g\,x_0)$ $(x_0 \in X$ は固定点$)$ が分離的とすると，次が成立する．G の任意の等質空間 Y

とその射 $\rho : G \to Y$ ($\rho(g) = g\, y_0$) ($y_0 \in Y$) で，それぞれの固定化部分群について $G_{x_0} \subset G_{y_0}$ となるものに対して，唯 1 つの G 同変な射 $\varphi : X \to Y$ で $\rho = \pi \circ \varphi$ なるものが存在する．従って，このような性質をもつ等質空間は G 同変を除いて同型である．

証明．(Procesi[P; p.179]; "Zariski の主定理" を使っているがこの場合要らぬ．)　射
$$G \xrightarrow{\pi \times \rho} X \times Y \xrightarrow{\mathrm{pr}_1} X$$
を考える．部分多様体 $\mathrm{Im}\,(\pi \times \rho) = \{(g\, x_0,\, g\, y_0) \in X \times Y \mid g \in G\}$ から X への射 $\psi := \mathrm{pr}_1 \mid \mathrm{Im}\,(\pi \times \rho)$ は G 同変で，全単射である．π は分離的であるから，$\mathrm{pr}_1 \circ (\pi \times \rho) = \pi$ において $d\psi$ も全射，すなわち，ψ は分離的である．よって，前命題より，$\psi : \mathrm{Im}\,(\pi \times \rho) \xrightarrow{\sim} X$ は同型で，射 $X \xrightarrow{\psi^{-1}} \mathrm{Im}\,(\pi \times \rho) \xrightarrow{\mathrm{pr}_2} Y$ は $g\, x_0 \mapsto g\, y_0$ で与えられ，主張をみたす．　□

コメント．言わずもがなであるが，標数 0 の場合，分離性は常にみたされているから，これらの主張にあまり注意を払わない人も多い（とくに，Lie 群しか扱わない人達）．

次に，代数群 G の閉部分群 H に対して系 4.1.2 のような等質空間 X とその点 x_0 で $G_{x_0} = H$ となるものが存在することを示す．

定理 4.1.3. H を代数群 G の閉部分群とする．このとき，G の等質空間 X とその点 x_0 で，次をみたすものが存在する．

(i) x_0 の固定化部分群について $G_{x_0} = H$.
(ii) $\pi : G \to O_G(x_0) = X$ は分離的．
(iii) X は準射影的（すなわち，射影多様体の開部分多様体）．

証明のためには，次がいえればよい．

定理 4.1.4 (Chevalley-Borel 実現)．定理 4.1.3 の設定の下で，G の有理表現（すなわち，代数群としての射）$\varphi : G \to GL(V)$ と元 $v_0 \in V$ で，
$$H = \{g \in G \mid \varphi(g)\, v_0 \in k\, v_0\}$$

$$\mathfrak{h} = \{Y \in \mathfrak{g} \mid d\varphi(Y)v_0 \in k v_0\}$$

となるものがある．ただし，$\mathfrak{g}, \mathfrak{h}$ は G, H の Lie 環，k は基礎体である．

(4.1.4 $\Rightarrow$ 4.1.3) 定理 4.1.4 がいえたとすると，V に付随する射影空間 $\mathbb{P}(V) := \{kv \mid v \in V \setminus \{0\}\}$ への φ が与える G 作用 $g.(kv) = k(\varphi(g)v)$ ($g \in G$, $kv \in \mathbb{P}(V)$) の G 軌道 $X = O_G(kv_0) \subset \mathbb{P}(V)$ が定理 4.1.3 をみたす ($x_0 = kv_0$)．

すなわち，$\pi : G \to O_G(kv_0) = X$ ($\pi(g) = \varphi(g)(kv_0)$) とすると，$X$ は $\mathbb{P}(V)$ での閉包 $\overline{X}$（射影的）の開集合で，$d\pi_e : T_eG = \mathfrak{g} \to T_{\pi(e)}X$ の核は $\operatorname{Ker} d\pi_e = \{Y \in \mathfrak{g} \mid d\varphi(Y)v_0 \in kv_0\} = \mathfrak{h}$ ゆえ，$\dim T_{\pi(e)}X = \dim X = \dim G - \dim H = \dim \mathfrak{g} - \dim \mathfrak{h}$（命題 1.3.3 など）．よって，$d\pi_e$ は全射で，G 同変性より π は分離的である（命題 4.1.1）． □

次に，定理 4.1.4 を示すためにまず補題．

補題 4.1.5. H を代数群 G の閉部分群とし，関数環 $k[G]$ 上の右正則表現を ρ とすると，$\rho(G)$ 安定な有限次部分空間 $V \subset k[G]$ と V の部分空間 W で，

$$H = \{g \in G \mid \rho(g)W = W\}$$
$$\mathfrak{h} = \{Y \in \mathfrak{g} \mid d\rho(Y)W \subset W\}$$

をみたすものが存在する．

証明． H の定義イデアルを $I \subset k[G]$ とし，I の生成元 $f_1, \ldots, f_r \in I$ を選んでおく．$\rho(G)$ 作用は局所有限であったから，$f_1, \ldots, f_r$ を含む有限次 $\rho(G)$ 部分加群 V が選べる．$W = V \cap I$ とおくと，(V, W) が補題をみたすことがいえる．

W が $\rho(H)$ で安定なことは明らか．逆に，$\rho(g)W = W$ とすると，$\rho(g)f_i \in I$ ($1 \leq i \leq r$) ゆえ $\rho(g)I \subset I$．そこで $g \notin H$ とすると，$f \in I$ で $f(g) \neq 0$ なるものがある．ところが，$f(g) = (\rho(g)f)(e) = 0$ ゆえ矛盾，よって $g \in H$．

Lie 環についても，対応する微分表現 $d\rho$ についての同様の議論から従う（3.1 節参照）． □

定理 4.1.4 の証明は外積代数についての次の主張から導かれる．

主張. $V \supset W$ を有限次ベクトル空間と d 次元部分空間とし,d 次の外積 $\bigwedge^d V$ を考える.$L = \bigwedge^d W \subset \bigwedge^d V$ を W が定める直線とするとき,次が成り立つ.

(1) $g \in GL(V)$ について,$gW = W \Leftrightarrow gL = L$.

(2) $Y \in \mathfrak{gl}(V) = \operatorname{End} V$ について,$YW = W \Leftrightarrow YL = L$.

ただし,$GL(V)$ および $\mathfrak{gl}(V)$ が $\bigwedge^d V$ に引き起こす作用も,そのまま並列で記した.なお,$v_1, \ldots, v_d \in V$ に対するそれぞれの作用は

$$g(v_1 \wedge \cdots \wedge v_d) = gv_1 \wedge \cdots \wedge gv_d$$

$$Y(v_1 \wedge \cdots \wedge v_d) = \sum_{i=1}^{d} v_1 \wedge \cdots \wedge Yv_i \wedge \cdots \wedge v_d$$

である.

主張の証明. (1) は Grassmann 多様体の射影空間への Plücker 射 $\operatorname{Gr}_d(V) := \{U \mid U \text{ は } V \text{ の } d \text{ 次元部分空間}\} \ni U \mapsto \bigwedge^d U \in \mathbb{P}(\bigwedge^d V)$ が埋め込み(単射)を与えること,(2) はその微分版である.(1) について示しておこう.

$U, U' \in \operatorname{Gr}_d(V)$ とし,$U = \langle e_1, \ldots, e_d \rangle$,$U' = \langle e_{l+1}, \ldots, e_{l+d} \rangle$ をそれぞれの基底で,$U \cap U' = \langle e_{l+1}, \ldots, e_d \rangle$,$\dim(U \cap U') = d - l$ となるようにとっておくことができる.このとき,$\bigwedge^d U = k\, e_1 \wedge \cdots \wedge e_d$,$\bigwedge^d U' = k\, e_{l+1} \wedge \cdots \wedge e_{l+d}$ で,$\bigwedge^d U = \bigwedge^d U' \Leftrightarrow U = U'$ ($l = 0$). □

4.2 商 の 構 成

剰余類集合を商空間と見なすために,少し一般的な商を定義しておく.

今 k 上の代数多様体 Y に k 上の代数群 H が(右から)働いているとする.このとき,代数多様体 X への開射 $\pi : Y \to X$ で次の性質をもつものを**商射**(quotient morphism)といい X を単に**商**(quotient)という.

(i) 任意のファイバー $\pi^{-1}(x)$ が H の 1 個の軌道をなす.

(ii) X の開集合 $U \subset X$ に対して,$k[U] = \mathcal{O}_X(U) \xrightarrow{\sim} k[\pi^{-1}(U)]^H = \mathcal{O}_Y(\pi^{-1}(U))^H := \{f \in \mathcal{O}_Y(\pi^{-1}(U)) \mid f(yg) = f(y)\ (y \in \pi^{-1}(U), g \in H)\}$,すなわち,$\pi^{-1}(U)$ 上の H 不変関数環への同型を与えている.

このとき,$X = Y/H$ と書いて,次の普遍性をもつことに注意しよう.

射 $\varpi : Y \to Z$ で，任意のファイバー $\varpi^{-1}(z)$ が H 軌道の和集合（か空集合）からなるならば，唯 1 つの射 $\varphi : X \to Z$ で，$\varpi = \varphi \circ \pi$ をみたすものが存在する．$x \in X$ に対し，$\pi^{-1}(x)$ は Y の 1 つの H 軌道ゆえ $\varpi(\pi^{-1}(x)) = \{z\}$（1 点）．そこで $\varphi(x) = z$ と定義すると $\varphi : X \to Z$ は求める射になる．Z の開集合 $V \ni z$ に対し，π は開射ゆえ $\pi(\varpi^{-1}(V))$ は X の開集合で，$\mathcal{O}_Z(V) \to \mathcal{O}_Y(\varpi^{-1}(V))^H \simeq \mathcal{O}_X(\pi(\varpi^{-1}(V)))$ が余射 φ^* を与えている．

（「商」の定義は様々であることに注意しておく．Borel[Bo2], Mumford[Mu2] 他不変式論についての本．）

剰余集合の場合，$H \subset G = Y$ に対して，商 $X = G/H$ と，商射 $\pi : G \to X$ が存在することをいう．

その前に，次の定理の証明に用いる Zariski の主定理（Zariski's Main Theorem, "ZMT" と略称）を述べておこう．これは，種々のバージョンがあるが，ここで必要なのは最も単純な次の形である（付録 A.4 節参照）．

定理（Zariski の主定理）．代数多様体の射 $\phi : X \to Y$ が（集合として）全単射な双有理（または分離的）射で，Y が正規多様体ならば，ϕ は同型である．

実際，ここで使う場合は Y が滑らか（非特異）で，もっと弱いバージョンで十分である．多様体について，「滑らか」⇒「一意分解的（UFD）」⇒「正規」であり，RedBook[Mu1; Ch.3, pp.210-211] に UFD の場合，双有理射のもっと詳しい性質が証明されている．

定理 4.2.1. 代数的閉体 k 上の代数群 G とその閉部分群 H に対して，H による商 G/H が G 同型を除いて唯 1 つ存在し，普遍性をみたす．すなわち，G 等質空間 X と G 同変な射 $\pi : G \to X$ で，上に定義した意味での H の G への右作用に関しての商射になるものが構成できる．

証明．まず，剰余類集合 $X = G/H$ に（局所）環付空間の構造を定義する．

(1) 位相空間としては，射影 $\pi : G \to X = G/H$ に関する商位相とする．すなわち，$U \subset X$ が開 $\Leftrightarrow \pi^{-1}(U) \subset G$ が開と定義する．

このとき，π は開写像である．なぜなら，$V \subset G$ 開に対して，$\pi(V) = VH/H$

で，この逆像 $\pi^{-1}(VH/H) = VH = \bigcup_{h \in H} Vh$ は開である．

(2) X 上の k 値関数の環の層 $\mathcal{O}_X =: \mathcal{O}$ は次で定義する．

$$\mathcal{O}(U) := \{f \in \mathcal{O}_G(\pi^{-1}(U)) \mid f(gh) = f(g) \ (g \in \pi^{-1}(U), h \in H)\}$$
$$= \mathcal{O}_G(\pi^{-1}(U))^H$$

ここで，$\mathcal{O}_G$ は代数多様体 G の構造層（$\mathcal{O}_G(V) = k[V]$）．よって，$\mathcal{O}$ は $\pi_* \mathcal{O}_G$ の部分環の層である．$\mathcal{O}$ が X 上の（局所）環の層になっていること，X への G 作用が環付空間 $(X, \mathcal{O})$ の同型を与えていることも明らかであろう．

(3) 証明の主内容は，この $(X, \mathcal{O})$ が前節の定理 4.1.3 で与えられた G 軌道 $O_G(x_0)$ と G 同型であることを示すことである．そうすれば，この環付空間は準射影多様体になり，普遍性をみたし（系 4.1.2），また，上の構成 (1) (2) より商になっていることが証明される．

記号の簡略化のために，4.1.3 の $(X =) O_G(x_0)$ を X_0 とおき，$\pi_0 : G \to X_0$ ($\pi_0(g) = g x_0$)，他は 4.1.3 の設定のとおりとすると，$G_{x_0} = H$ ゆえ，全単射

$$\phi : X(= G/H) \to X_0 = O_G(x_0), \quad \phi(gH) = g x_0 \ (g \in G)$$

が定義できる．定義した写像を整理しておくと，

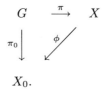

以下 ϕ が G 等質空間の同型を与えることを示す．

(i) ϕ が同相なこと：

(i-a) ϕ が連続なこと：$U_0 \subset X_0$ が開 $\Rightarrow \pi_0^{-1} U_0 = \pi^{-1} \phi^{-1} U_0$ は G で開 $\Rightarrow \phi^{-1} U_0 = \pi \pi_0^{-1} U_0$ は X で開．

(i-b) ϕ^{-1} が連続なこと：$U \subset X$ が開 $\Rightarrow \pi^{-1} U = \pi_0^{-1}(\phi(U))$ が開 $\Rightarrow \pi_0 \pi^{-1}(U) = \phi(U)$ が開．

(ii) X_0 の開集合 U_0 に対し，$\phi^* : \mathcal{O}_{X_0}(U_0) \to \mathcal{O}(\phi^{-1}(U_0)) \ (\phi^*(f) = f \circ \phi)$

が k 上の環同型を与えていることをいえばよい．ϕ^* は ϕ による関数の制限だから単射は明らか．よって，ϕ^* が全射になることをいえばよい．すなわち，次の主張を示せばよい．

主張． $f \in \mathcal{O}(\phi^{-1}(U_0))$ に対して，$F \in \mathcal{O}_{X_0}(U_0)$ で，$F(\pi_0(g)) = f(\pi(g))$ $(g \in V := \pi_0^{-1}(U_0) \subset G)$ なるものが（唯 1 つ）存在する．

(iii)（「主張」の証明）．G の等質空間の既約成分は単位成分 G^0 の等質空間であるから，以下 G は連結と仮定してよい．上のように $V = \pi_0^{-1}(U_0) \subset G$ として $f : V \to k = \mathbb{A}^1$ のグラフ $\Gamma_f := \{(g, f(g)) \mid g \in V\} \subset V \times \mathbb{A}^1$ を考える ($f \in \mathcal{O}(\phi^{-1}(U_0))$ は $V \subset G$ 上の H 不変関数として定義されていることに注意)．次に，$(\pi_0 \times \mathrm{Id})(\Gamma_f) = \Gamma' = \{(\pi_0(g), f(g)) \mid g \in V\} \subset U_0 \times \mathbb{A}^1$ とおく．(Γ' は未だ U_0 上の正則関数のグラフであるかどうか分からないが，単なる k 値関数のグラフではある．)

さて，π_0 は普遍開写像ゆえ（命題 1.3.3 (2)），$\pi_0 \times \mathrm{Id}$ は開写像，よって，$(\pi_0 \times \mathrm{Id})(V \times \mathbb{A}^1 \setminus \Gamma_f)(= U_0 \times \mathbb{A}^1 \setminus \Gamma')$ は $U_0 \times \mathbb{A}^1$ の開集合 (Γ_f は閉)．ゆえに，Γ' は $U_0 \times \mathbb{A}^1$ の閉部分多様体となり，$\lambda := \mathrm{pr}_{U_0}|\Gamma' : \Gamma' \to U_0$ は全単射なる多様体の射である．さらに，π_0 は分離的であったから (4.1.3)，λ も分離的である．よって，（分離的かつ全単射 $\Rightarrow$ 双有理ゆえ）λ は全単射な双有理射である．U_0 は滑らか（$\Rightarrow$ 正規）であるから，Zariski の主定理によって λ は多様体の同型である．従って，$F = \mathrm{pr}_{\mathbb{A}^1} \circ \lambda^{-1} : U_0 \to \Gamma' \to \mathbb{A}^1$ は U_0 上の正則関数 ($\mathcal{O}_{X_0}(U_0)$ の元！) で，$\Gamma' = \{(u, F(u)) \mid u \in U_0\} = \Gamma_F$ (F のグラフ) になる．これで ϕ^* が全射であることが示され，定理の証明が完了する．□

以上により，定理 4.1.3 の軌道を商と思ってもよいことが分かった．念のため再録しておく．

系 4.2.2. G 等質空間への射 $G \to X$ が分離的ならば，X は G の商 G/H ($H = G_{x_0}$ ($x_0 \in X$)) と同型な $\dim G - \dim H$ 次元の準射影多様体である．□

例 Ex.4.2.1（Grassmann 多様体）．

$$G = GL(V) \simeq GL_n(k) \quad (V \simeq k^n),$$

$$W_0 = \left\{ \begin{pmatrix} * \\ \vdots \\ * \\ 0 \\ \vdots \\ 0 \end{pmatrix} \in k^n \right\} \quad (\dim W_0 = r, \ 下の 0 は n - r 個),$$

$$P = \left\{ \begin{pmatrix} * & * \\ 0 & * \end{pmatrix} \in GL_n(k) \right\} = \{ g \in G \mid g W_0 = W_0 \}$$

(左下の 0 は $(n-r) \times r$ 零行列)

とおく.

このとき, 全射 $\pi : G \twoheadrightarrow Gr_r^n(k) := \{ W \subset V \mid \dim W = r \}$ $(g \mapsto g W_0)$ は接空間において,

$$d\pi_e : \mathfrak{gl}_n(k) \to T_{W_0} Gr_r^n \simeq \left\{ \begin{pmatrix} 0 & 0 \\ * & 0 \end{pmatrix} \in \mathfrak{gl}_n(k) \right\} \simeq \mathfrak{gl}_n(k)/\mathfrak{p}$$

となり, π は分離的で商射である. よって, $G/P \xrightarrow{\sim} Gr_r^n(k)$.

とくに, $r = 1$ のとき $Gr_1^n(k) = \mathbb{P}^{n-1}(k) = \mathbb{P}(V)$ は $n-1$ 次元射影空間である. (なお, Grassmann 多様体 $Gr_r^n(k)$ の多様体構造は, Plücker 座標, または胞体分割でも与えられる.)

命題 4.2.3. *H が代数群 G の正規閉部分群のときは, 商 G/H が剰余群として再び線型代数群になる. このとき, 関数環の同型 $k[G/H] \simeq k[G]^H$ が成立する.*

証明. 定理 4.2.1 によって, 剰余群 G/H に商多様体としての構造が一意的に存在する. H が正規部分群 $(xH = Hx \ (x \in G))$ ゆえ, G/H に $G \times G$ 作用を $(x, y) gH = x g y^{-1} H$ と定義することができて, この作用は推移的であり, H の固定化部分群について $\{(x, y) \in G \times G \mid (x, y)H = H\} \supset H \times H$ となる. よって, 商 $(G \times G)/(H \times H)$ に関する普遍性から.

$(G \times G)/(H \times H) \to G/H$; $(xH, yH) \mapsto xy^{-1}H$ なる射が定義できる. $(G \times G)/(H \times H) \simeq G/H \times G/H$ に注意すれば,商多様体 G/H は剰余群としての演算で代数群になることが分かる.

次に,商多様体 G/H がアフィンであることを示す.このためには,忠実な有限次元有理表現 $\rho: G/H \to GL(W)$ で $\rho: G/H \xrightarrow{\sim} \mathrm{Im}\,\rho(\subset GL(W))$ が多様体の同型になるもの,すなわち $\mathrm{Ker}\,d\rho = \mathfrak{h}$ をみたすものを与えればよい.

まず,命題 4.1.4 の有理表現 $\varphi: G \to GL(V)$, $v_0 \in V$, $H = \{g \in G \mid \varphi(g)v_0 \in kv_0\}$, $\mathfrak{h} = \{Y \in \mathfrak{g} \mid d\varphi(Y)v_0 \in kv_0\}$ なるものを考える. $X^*(H) = \{\chi: H \to \mathbb{G}_m\}$ を H の指標群とし,$V_\chi := \{v \in V \mid \varphi(h)v = \chi(h)v\,(h \in H)\}$ を H の重み (weight) χ の部分加群として,$V' = \sum_{\chi \in X^*(H)} V_\chi$ とおく. H は正規部分群であるから,G の作用は V_χ 達を置換し,よって,V' は G 部分加群でもある.次に,$W = \{\xi \in \mathrm{End}_k V' \mid \xi(V_\chi) \subset V_\chi\,(\chi \in X^*(H))\}$ とおくと,W は G の作用 $\psi: G \to GL(W)$ を

$$\psi(g)\xi = \varphi(g)\xi\varphi(g)^{-1} \quad (g \in G, \xi \in W)$$

と定義すると G 加群になる.このとき,$\psi(g) = \mathrm{Id}_W$ ならば $g \in H$ である.なぜなら,$\varphi(g)$ は任意の $\xi \in W$ と可換になるから,V_χ へスカラーで働き,とくに,$v_0 \in V_{\chi_0}$(χ_0 は自明な指標)への作用を考えることにより,$g \in H$ となる.従って,ψ は単準同型 $\rho: G/H \to GL(W)$ を引き起こし,これは代数群の射(有理表現)を与えているから,命題 1.2.5 により $\mathrm{Im}\,\rho$ は $GL(W)$ の閉部分群になる.

さらに,$d\varphi$ と H の Lie 環 $\mathfrak{h}$ の仮定から,$Y \in \mathfrak{g}$ が $d\psi_e(Y) = 0$ をみたすならば,$Y \in \mathfrak{h}$ となることが分かる.すなわち,$\mathrm{Ker}\,d\rho_e = \mathfrak{h}$ となり,$\rho: G/H \xrightarrow{\sim} \mathrm{Im}\,\rho$ は代数群の同型を与える.よって,G/H はアフィン代数群となり,$k[G/H] = k[G]^H$ が成り立つ. □

例(射影空間の自己同型群).$\mathrm{Aut}\,\mathbb{P}^{n-1}(k) \simeq PGL_n(k) := GL_n(k)/Z$ (Z は中心).前の Grassmann の例での記号を踏襲する($G = GL(V)$, $V = k^n$ など).$\mathbb{P}(V) \simeq GL(V)/P$ により G 等質空間であり,自然な準同型 $\rho: G \to \mathrm{Aut}\,\mathbb{P}(V)$ がある.ρ が全射で,$\mathrm{Ker}\,\rho = Z$ を確かめればよい.後者は明らか.前者については,射影空間 $\mathbb{P}(V)$ の斉次座標環 $k[V]$ に自己同型 σ が引き起こす環同型は

次数を保つから 1 次式 V の線型同型が決める，すなわち，σ は線型群 $GL(V)$ の元から決まる．

このように，射影空間の自己同型群は一般線型群の剰余群である代数群 $PGL_n(k)$ （同じ群を $PL_n(k), PL_{n-1}(k)$ などと書く流儀もある）に同型である．

多様体 V に代数群 H が働くとき，商 V/H についての議論はいわゆる不変式論とよばれていて様々な話題がある（Mumford "Geometric Invariant Theory"，向井茂 "モジュライ理論"（岩波講座）などを参考にせよ）．H が有限群ならば存在することが比較的容易に示されるが（例えば，V がアフィンならば，V/H は $k[V/H] = k[V]^H$ なるアフィン多様体），一般には定義すら微妙な問題になる．

上で行った議論と同様にできる簡単な場合で，応用上もよく出てくるものの 1 つを挙げておこう．

命題 4.2.4. 代数群 G とその閉部分群 H について，商射 $\pi: G \to G/H$ が局所的な切断をもつと仮定する．すなわち，任意の点 $\bar{g} = gH$ に対して，開集合 $\bar{g} \in U \subset G/H$ と，$s: U \to G$ $(\pi \circ s = \mathrm{Id}_U)$ なる射が存在するとする．このとき，H が（左から）働く多様体 Y に対して，$G \times Y$ への H の右作用を $(g, y)h = (gh, h^{-1}y)$ と定義すると，商 $(G \times Y)/H$ が存在する．

証明は定理 4.2.1 と同様． □

コメント．商を $G \times^H Y = (G \times Y)/H$ と書くと，射影 $\varpi: G \times^H Y \to G/H$ $((g, y)H \mapsto gH)$ が定義され，ファイバー $\varphi^{-1}(gH)$ は Y に同型な閉部分多様体である．証明にも用いるが，ϖ は切断 s によって $\varpi^{-1}(U) \simeq s(U) \times Y \xrightarrow{\pi \circ \mathrm{pr}_1} U$ と，U 上で局所自明な積射に同型になる．この $G \times^H Y$ を主束（$\boldsymbol{H}$-torsor, or $\boldsymbol{H}$-principal bundle）$\pi: G \to G/H$ と H 多様体 Y に付随するファイバー束（associated fiber bundle）という．

因みに，微分幾何や位相幾何の分野ではこれを $G \times_H Y$ と書くことが多いが，代数幾何的な議論が多い分野では，ファイバー積の記号と混同を避けるため群 H を上付きに書くことが多い．

4.3 Lie環についてのいろいろな注意

Lie 理論の要として，2つの部分 Lie 環が一致するとき，対応する連結 Lie 群も一致するという定理があった（3.4 節）が，一般の体上の代数群ではこのことは成立しないことも見た．

まず前にも述べた次のことを証明しよう．

命題 4.3.1. H, K を代数群 G の閉部分群とし，$\pi : G \to G/H$ を商射とする．このとき，$(\mathrm{Lie}\, H) \cap (\mathrm{Lie}\, K) = \mathrm{Lie}\,(H \cap K)$ であるためには，$\pi\,|\,K : K \to \pi(K) \subset G/H$ が分離的であることが必要十分である．

証明． $\pi(K)$ は $\pi(e) = H \in G/H$ の K 軌道であるから $\pi\,|\,K$ は軌道への全射である．これが商射であるためには，分離的であることが必要十分で，またそのことは，$\mathrm{Ker}\, d\,(\pi\,|\,K)_e = (\mathrm{Lie}\, K) \cap \mathrm{Ker}\, d\,\pi_e = (\mathrm{Lie}\, H) \cap (\mathrm{Lie}\, K)$ の次元が $\dim H \cap K = \dim \mathrm{Lie}\,(H \cap K)$ に等しいことと同値である．これは，Lie 環について $(\mathrm{Lie}\, H) \cap (\mathrm{Lie}\, K) = \mathrm{Lie}\,(H \cap K)$ となることと同値である． □

系 4.3.2. 基礎体 k の標数が 0 ならば，2つの閉部分群 H, K について，常に $(\mathrm{Lie}\, H) \cap (\mathrm{Lie}\, K) = \mathrm{Lie}\,(H \cap K)$．とくに，$\mathrm{Lie}\, H = \mathrm{Lie}\, K \Leftrightarrow H^0 = K^0$.

証明． まず標数 0 ゆえ命題の条件は常に成り立つことに注意する．$\mathrm{Lie}\, H = \mathrm{Lie}\, K \Rightarrow \mathrm{Lie}\,(H \cap K) = (\mathrm{Lie}\, H) \cap (\mathrm{Lie}\, K) = \mathrm{Lie}\, H \Rightarrow H \cap K \subset H$ で Lie 環が一致するから，$(H \cap K)^0 = H^0$．同様に $(H \cap K)^0 = K^0$． □

反例． $\mathrm{char}\, k = 2$ のとき，

$$G = GL_2(k) \supset Z = \{a\,1_2 \mid a \in k^\times\},$$

$$T = \left\{ \begin{pmatrix} a & 0 \\ 0 & a^{-1} \end{pmatrix} \middle| a \in k^\times \right\} \subset SL_2(k)$$

とすると，Lie 環については

$$\mathrm{Lie}\, Z = \{x\,1_2 \mid x \in k\},\ \mathrm{Lie}\, T = \{x\,1_2 \mid x = -x \in k\} = \mathrm{Lie}\, Z.$$

$Z \cap T = \{1_2 = e\}$ ($a^2 = 1 \Rightarrow a = 1$) ゆえ,

$$\mathrm{Lie}\,(Z \cap T) = \{0\} \subsetneq \mathrm{Lie}\,Z \cap \mathrm{Lie}\,T\,(= \mathrm{Lie}\,Z).$$

また,$\mathrm{Lie}\,Z = \mathrm{Lie}\,T$ であるが $Z \neq T$. (実際は,群スキームの意味では $Z \cap T$ にあたるのは $Z \times_k T = \boldsymbol{\mu}_2 = \mathrm{Spec}\,(k[t]/(t^2 - 1))$.)

前にも論じた(3.3 節,3.4 節)中心化群の Lie 環などについて再論する.そのため,少し一般化して連結代数群 G の自己同型 $\sigma \in \mathrm{Aut}\,G$ の固定化部分群 $G^\sigma := \{x \in G \mid \sigma(x) = x\}$ について考える.σ の微分 $d\sigma \in \mathrm{Aut}\,\mathfrak{g}$ も G の Lie 環 $\mathfrak{g}$ の自己同型を与えるので,固定化部分環 $\mathfrak{g}^\sigma := \{X \in \mathfrak{g} \mid d\sigma(X) = X\}$ を考えることができる.このとき,G^σ の Lie 環については,$\mathrm{Lie}\,G^\sigma \subset \mathfrak{g}^\sigma$ であるが,前にも注意したように一般には等号は成立しない.

さて,σ を用いて,G への作用 τ を次で定義する.

$$\tau(g)\,x := \sigma(g)\,x\,g^{-1} \quad (g, x \in G).$$

$x \in G$ を固定したとき,射 $G \ni g \mapsto \tau(g)\,x \in G$ は,G の左移動に関して $\tau(hg)\,x = \tau(h)\tau(g)\,x$ となるから,上の射はそれぞれの作用に関して G 同変であることに注意しておこう.とくに,$x = e$ に対して,$\tau_0(g) := \tau(g)\,e = \sigma(g)\,g^{-1}$ とおき,射 $\tau_0 : G \to G$ を考える.像 $\tau_0(G)$ は作用 τ に関する G 軌道であるから,閉包 $\overline{\tau_0(G)}$ の中で開集合で,新たに射 $\psi : G \to \overline{\tau_0(G)}$ を与える.

この設定でまず次が分かる.

命題 4.3.3. $\mathrm{Lie}\,G^\sigma = \mathfrak{g}^\sigma \Leftrightarrow \psi$ が分離的.

証明.まず $\dim \overline{\tau_0(G)} = \dim G/G^\sigma = \dim G - \dim G^\sigma$ に注意しておく.次に ψ の微分について,$\dim(\mathrm{Im}\,d\psi_e) = \dim \mathfrak{g} - \dim \mathfrak{g}^\sigma \leq \dim \mathfrak{g} - \dim(\mathrm{Lie}\,G^\sigma) = \dim G - \dim G^\sigma = \dim \overline{\tau_0(G)}$.よって,

$$\psi \text{ が分離的} \Leftrightarrow \dim(\mathrm{Im}\,d\psi_e) = \dim \overline{\tau_0(G)}$$
$$\Leftrightarrow \dim \mathfrak{g}^\sigma = \dim(\mathrm{Lie}\,G^\sigma)$$
$$\Leftrightarrow \mathfrak{g}^\sigma = \mathrm{Lie}\,G^\sigma.$$

□

この命題の条件をみたす重要な例としては，σ が半単純元による内部自己同型として与えられている場合があるが，少し一般化して，$\sigma \in \operatorname{Aut} G$ が引き起こす座標環の自己同型 $\sigma^* \in \operatorname{Aut} k[G]$ が（局所有限な k 線型写像として）半単純である場合（このとき σ も半単純といおう）でも分離性が成り立つことを示そう．

まず次のことに注意する．

補題 4.3.4. 命題 4.3.3 の設定の下で σ が半単純であることと，適当な G の $GL_n(k)$ の閉部分群としての実現 $\phi : G \hookrightarrow GL_n(k)$ に関して，半単純元 $s \in GL_n(k)$ があって $\phi(\sigma(x)) = s\phi(x)s^{-1}$ $(x \in G)$ となることが同値である．

証明． 1.4 節で示した G を $GL(V)$ の閉部分群としての実現において，さらに $V \in k[G]$ が σ^* で安定であるように選んでおく．このとき，半単純元 $s := \sigma^*|V\, (\in GL(V))$ が条件をみたす．なぜなら，$\phi(x) = \lambda(x)|V$ （λ は左移動）としておき，$f \in k[G]$ に対して，$((s\lambda(x)s^{-1})f)(g) = s((\lambda(x)s^{-1})f)(g) = \sigma^*((\lambda(x)s^{-1})f)(g) = ((\lambda(x)s^{-1}f)(\sigma^{-1}(g)) = (s^{-1}f)(x^{-1}\sigma^{-1}(g)) = f(\sigma(x^{-1}\sigma^{-1}(g))) = f(\sigma(x)^{-1}g)$ $(x, g \in G)$．よって，$\phi(\sigma(x)) = s\phi(x)s^{-1}$．逆も容易であるので略． $\square$

定理 4.3.5. 連結代数群 G の自己同型 σ が半単純ならば，次が成り立つ．
(1) G 軌道 $\tau_0(G) = \{\sigma(x)x^{-1} \mid x \in G\}$ は G の中で閉集合．
(2) $\psi : G \to \tau_0(G)$ は分離的で固定化部分群とその Lie 環について $\operatorname{Lie} G^\sigma = \mathfrak{g}^\sigma$．

証明． 先に (2) を証明する．補題により，$G \subset GL_n(k)$, $s \in GL_n(k)$, $\sigma(x) = sxs^{-1}$ とする．命題 4.3.4 により ψ が分離的であることと，$\operatorname{Lie} G^\sigma = \mathfrak{g}^\sigma$ は同値であったから，どちらを証明してもよい．まず $G = GL_n(k)$ のときは任意の s（半単純の条件は要らぬ）について Lie 環の等号が成立した（3.2 節の例）．

次に $G \subset GL_n(k)$ のとき，σ を $GL_n(k)$ 全体に $\sigma(x) = sxs^{-1}$ $(x \in GL_n(k))$ と拡張しておき，$\psi : GL_n(k) \to \overline{\tau_0(GL_n(k))} \subset GL_n(k)$ などと同じ記号を濫用する．$T_e\overline{\tau_0(G)} \subset T_e\overline{\tau_0(GL_n(k))}$ であって，$GL_n(k)$ については命題は正しいから，$X \in T_e\overline{\tau_0(G)}$ に対して，$X = d\sigma(Y) - Y$ となる $Y \in \mathfrak{gl}_n(k)$ がある．

ところで微分 $d\sigma \in \mathrm{Aut}(\mathfrak{gl}_n(k))$ について，$d\sigma(\mathfrak{g}) = \mathfrak{g}$ で半単純ゆえ，$\mathfrak{g}' \oplus \mathfrak{g} = \mathfrak{gl}_n(k), d\sigma(\mathfrak{g}') = \mathfrak{g}'$ となる補空間 $\mathfrak{g}'$ が存在する．よって，$Y = Y' + Y_0, Y' \in \mathfrak{g}', Y_0 \in \mathfrak{g}$ と分解しておくと，$X = (d\sigma(Y') - Y') + (d\sigma(Y_0) - Y_0)$ は分解 $\mathfrak{g}' \oplus \mathfrak{g}$ に従っているので $X = d\sigma(Y_0) - Y_0$ $(Y_0 \in \mathfrak{g})$ ととれ，$d\psi_e : \mathfrak{g} \to T_e\overline{\tau_0(G)}$ は全射となり，ψ は分離的なことが示された．

次に (1) を示す．$m(T) = \prod_{i=1}^r (T - a_i)$ を半単純元 $s \in GL_n(k)$ の最小多項式とする ($a_1, \ldots, a_r$ は s の異なる固有値)．$GL_n(k)$ の部分集合 $S := \{x \in GL_n(k) \mid \mathrm{(i), (ii), (iii)}\ をみたす\}$ とする：ただし，(i) $xGx^{-1} = G$，(ii) $m(x) = 0$，(iii) $\mathrm{Ad}(x)|\mathfrak{g}$ の特性多項式は $d\sigma \in \mathrm{End}_k\mathfrak{g}$ のそれに等しい，という条件である．明らかに，$s \in S$ で，(ii) より，S は半単純元からなる閉集合である．またいずれの条件も G の元による内部自己同型で保たれるから S には G が働く．

この設定で，x の固定化部分群を $G^x := \{g \in G \mid gxg^{-1} = x\}$，$\mathfrak{g}^x := \{X \in \mathfrak{g} \mid \mathrm{Ad}(x)X = X\}$ とおくと，上で定義した記号と一致する．従って，(2) より半単純元に対する等式 $\dim G^x = \dim \mathfrak{g}^x$ が成り立つ．$\dim \mathfrak{g}^x$ は $\mathrm{Ad}(x)|\mathfrak{g}$ における固有値 1 の重複度に等しく，これは条件 (iii) より $\dim \mathfrak{g}^\sigma$ に等しいから，任意の $x \in S$ に対して $\dim G^x = \dim \mathfrak{g}^\sigma = \dim G^\sigma$ となる．すなわち，S での G 軌道の次元はすべて $\dim G - \dim G^\sigma$（一定）であり，よって命題 1.3.1 (5) よりすべての G 軌道は S で閉．よって $GL_n(k)$ でも閉であり，s の G 軌道 $O_G(s) = \{gsg^{-1} \mid g \in G\} \subset S \cap G$ は G で閉，従って $O_G(s^{-1})$ も閉，よって，$sO_G(s^{-1}) = \tau_0(G)$ も G で閉である． $\square$

系 4.3.6. s を代数群 G の半単純元とすると次が成り立つ．

(1) 共役類 $C(s) := \{gsg^{-1} \mid g \in G\}$ は G の閉集合で，$G \ni g \mapsto gsg^{-1}$ は分離射である．

(2) s の中心化群 $Z_G(s) := \{g \in G \mid gsg^{-1} = s\}$ の Lie 環は $\mathrm{Lie}\, Z_G(s) = \mathfrak{z}_\mathfrak{g}(s) := \{X \in \mathfrak{g} \mid \mathrm{Ad}(s)X = X\}$ で，$\mathfrak{g} = (\mathrm{Ad}(s) - 1)\mathfrak{g} \oplus \mathfrak{z}_\mathfrak{g}(s)$．

証明． $\sigma(g) = s^{-1}gs$ に定理を適用せよ．$C(s) = s\tau_0(G)$，$Z_G(s) = G^\sigma$，$\mathfrak{z}_\mathfrak{g}(s) = \mathfrak{g}^\sigma$ などに注意． $\square$

系 4.3.7. 対角化可能な代数群 H が $\mathfrak{g}$ を Lie 環とする連結代数群 G に働いているとする．このとき，

$$Z_G(H) := \{g \in G \mid h.g = g \ (h \in H)\}$$
$$\mathfrak{z}_\mathfrak{g}(H) := \{X \in \mathfrak{g} \mid h.X = X \ (h \in H)\}$$

とおくと，$\operatorname{Lie} Z_G(H) = \mathfrak{z}_\mathfrak{g}(H)$.

証明. $\dim G$ に関する帰納法を用いる．H が G に自明に働くときは $\operatorname{Lie} G = \mathfrak{g}$ で明らか．そうでなければ，定理 4.3.5 (2) より，$\operatorname{Lie} G^h = \mathfrak{g}^h$ だから $\mathfrak{g}^h \neq \mathfrak{g}$ なる元 $h \in H$ がありこの次元は $\dim G$ より小さい．H は可換群ゆえ G^h, $\mathfrak{g}^h$ にも働き，$(G^h)^0$ に帰納法の仮定を適用すれば，$\operatorname{Lie} Z_G(H) = \operatorname{Lie} Z_{(G^h)^0}(H) = \mathfrak{z}_{\mathfrak{g}^h}(H) = \mathfrak{z}_\mathfrak{g}(H)$. □

次の系も後に用いられる．

系 4.3.8. G を連結な冪零代数群とすると，G の半単純元のなす集合 G_s は G の中心の部分群になる．

証明. $s \in G_s$ に対し，前のように $\tau_0(x) = sxs^{-1}x^{-1} = [s,x]$ とおく．G は冪零だからある $n \gg 0$ に対して $\tau_0^n(G) = \{e\}$ となる．τ_0 の微分に関して，$d\tau_0 = \operatorname{Ad}(s) - 1$ で s は半単純ゆえこれも半単純．また，τ_0^n は 1 点写像ゆえ，$(d\tau_0)^n = 0$，すなわち冪零写像．よって，$\operatorname{Ad}(s) - 1 = 0$，すなわち $\mathfrak{g}^s = \mathfrak{g}$. 従って，定理 4.3.5 (2) より $G^s(:= \{x \in G \mid sxs^{-1} = x\}) = G$，すなわち s は中心の元である．従って，2 つの半単純元は可換になりその積も半単純である．よって G_s は部分群をなす． □

後に示すように，G_s はさらに連結，ゆえにトーラスになる．

第5章 Borel理論

この章でも断らない限り代数群は線型とする.

5.1 放物型部分群とBorel部分群

代数多様体の完備性については，付録A.1.5に述べてあるが，基本的な事柄をまとめておく.
(1) 完備多様体の直積はまた完備である.
(2) 完備多様体の閉部分多様体はまた完備である.
(3) 完備多様体から多様体への射の像は閉で完備である.
(4) 連結な完備多様体X上の正則関数は定数，すなわち$k[X]=k$.
(5) アフィンかつ完備な多様体は有限個の点集合に限る.
(6) 射影空間は完備，従って射影多様体も完備である.

始めに次のことを注意しておく.

補題 5.1.1. 代数群Gの等質空間の間のG同変射$\varphi: X \to Y$が全単射のとき，Xが完備であることとYが完備であることは同値である.

証明. φが全単射ならば，命題1.3.3 (2)より普遍開写像であるから，任意の多様体Zに対して$\varphi \times \mathrm{Id}_Z : X \times Z \to Y \times Z$が開写像でもある. 従って，逆写像$(\varphi \times \mathrm{Id}_Z)^{-1}$（多様体の射とは限らぬ）も連続で$\varphi \times \mathrm{Id}_Z$は位相同型になる. 従って，$\mathrm{pr}_Z : X \times Z \to Z$と$\mathrm{pr}_Z : Y \times Z \to Z$が閉写像になることは同値である. □

警告 Wa.5.1.1. 一般の既約多様体の全射$\varphi: X \twoheadrightarrow Y$に対して，$X$が完備

ならば Y も完備である．しかし，たとえ φ が全単射であっても，Y の完備性から X の完備性は導かれない．次の反例を見よ．
$$\varphi : X = \mathbb{A}^1 \to Y = \{(x,y) \in \mathbb{A}^2 \mid y^2 = x^2(x+1)\} \cup \{\infty\} \subset \mathbb{P}^2$$
すなわち，Y は射影結節曲線 (projective nodal curve) で，φ の定義は
$$\varphi(z) = (z^{-1}(z^{-1}+2), z^{-1}(z^{-1}+2)(z^{-1}+1)) \in Y$$
$$\varphi(0) = \infty \in Y \subset \mathbb{P}^2.$$
このとき，$\varphi(-\frac{1}{2}) = (0,0) = O$（結節点）で，$\tilde{\varphi} : \mathbb{P}^1 (\supset \mathbb{A}^1) \to Y$ ($\tilde{\varphi}(\infty) = O$) に拡張できる．$\varphi$ は全単射な双有理射であるが，$X = \mathbb{A}^1$ はアフィン，Y は射影（完備）曲線．ここで，Y は正規ではなく，$\tilde{\varphi}$ がその正規化になっている．

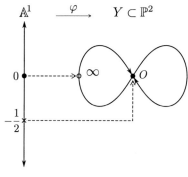

図 5.1

なお，φ は双有理的な全単射ではあるが，同型射にならない例にもなっている（Zariski の主定理を参照）．参考のため次の命題を挙げておく（Borel[Bo2; p.79, Prop.18.3]）．

命題． $\varphi : X \to Y$ を既約多様体の全単射とするとき，Y が正規ならば，
(1) Y が完備ならば，X もそう．
(2) X がアフィンならば，Y もそう．
（上の例は Y が正規でないときの (1) (2) 両者の反例になっている．）

補題 5.1.1 により，等質的な場合，完備性が集合論的な性質で扱えることが多い．

代数群 G の閉部分群 P による商 G/P が完備多様体になるとき，P を**放物型（的）**（parabolic）という．商は一般に準射影的であるから（系 4.2.2 とその直前の注意），このことは，G/P が射影的であるといってもよい（準射影多様体については，完備と射影的は同値）．

命題 5.1.2. $P \subset Q$ を代数群 G の閉部分群とするとき，次は同値である.
(i) P が G で放物型である．
(ii) P が Q で放物型かつ Q が G で放物型である．

証明. (i) $\Rightarrow$ (ii). 商の間の全射 $\pi : G/P \to G/Q$ を考えると，ファイバーは $\pi^{-1}(gQ) \simeq g(Q/P)$ である．P が G で放物型で π は全射だから，G/Q も完備で Q は G で放物型である．ファイバー $\pi^{-1}(Q) \simeq Q/P$ は完備な G/P の閉集合であるから完備，よって P も Q で放物型である.

(ii) $\Rightarrow$ (i). 商射 $\varpi : G \to G/P$ は普遍開写像であるから, 任意の多様体 Z に対して $G/P \times Z$ の閉集合 C の $G \times Z$ における逆像 $\widetilde{C} = (\varpi \times \mathrm{Id})^{-1}(C) = \{(g,z) \mid (\varpi(g), z) \in C\}$ は, $(g,z) \in \widetilde{C} \Rightarrow (gp, z) \in \widetilde{C}$ $(\forall p \in P)$ となるような $G \times Z$ の閉集合と 1:1 に対応する．従って，G/P が完備であることを示すには，射の合成 $G \times Z \to G/P \times Z \to Z$ を考えると，$\mathrm{pr}_Z(\widetilde{C}) = \mathrm{pr}_Z((\varpi \times \mathrm{Id})(\widetilde{C})) = \mathrm{pr}_Z(C)$ ゆえ，上記のような閉集合 $\widetilde{C} \subset G \times Z$ に対して，$\mathrm{pr}_Z(\widetilde{C})$ が Z の閉集合であることを示せばよい.

部分群 Q に対して，$\mu : Q \times G \times Z \to G \times Z$ を $\mu(q, g, z) = (gq, z)$ と定義すると，$\mu^{-1}(\widetilde{C})$ は $Q \times G \times Z$ の閉集合である．

仮定により，Q/P は完備だから，$\mathrm{pr}_{G \times Z} : Q/P \times (G \times Z) \to (G \times Z)$ は閉写像で，$\mu^{-1}(\widetilde{C})$ は P の作用で安定である．$P \subset Q$ ゆえ $\mathrm{pr}_{G \times Z}$ による像 $\widehat{C} := \{(gq, z) \in G \times Z \mid (g,z) \in \widetilde{C}, q \in Q\}$ も $G \times Z$ の閉集合である．従って，G/Q の完備性から，$\mathrm{pr}_Z : G/Q \times Z \to Z$ による像 $\mathrm{pr}_Z(\widehat{C}) = (C \text{ の } G/P \times Z \to Z \text{ による像})$ も閉集合となり，G/P の完備性がいえた． $\square$

言い訳. 記号の簡略化のため，普遍性のダミーへの射影 ? $\times Z \to Z$ をすべて pr_Z と記したが，元の部分集合 ($\subset$? $\times Z$) がどこにあるか分かるので，混乱はないだろう．

系 5.1.3. P が G の放物型部分群であるためには,それらの単位成分について P^0 が G^0 で放物型であることが必要十分である.

証明. 単位成分 G^0 は G で放物型である(G/G^0 は有限集合)から上の命題から明らか. □

命題 5.1.4. 連結代数群が真の放物型部分群をもつためには非可解であることが必要十分である.

証明. 連結代数群 G のすべての放物型部分群は G に等しいとする.$G \subset GL(V)$(閉部分群)と実現すると,G は射影空間 $\mathbb{P}(V)$ へ働く.その1つの閉軌道 $O([v_0]) = G[v_0]$ ($[v_0] = kv_0 \in \mathbb{P}(V)$) に対して,固定化部分群 $G_{[v_0]}$ は放物型ゆえ G に等しい.すなわち,$Gv_0 \subset kv_0$.次に,$V_1 := V/kv_0$ への G 作用を考えると,同様に,ある $[v_1] \in \mathbb{P}(V_1)$ で $Gv_1 \subset kv_1$ なるものが存在する.これを続けていくと,結局 G は V のある基底に関して3角行列のなす部分群になり可解である.

逆に,G を連結可解群とするとき真の放物型部分群をもたないことを $\dim G$ に関する帰納法を用いて示す.そこで,$P \subsetneq G$ を次元最大の放物型部分群とする.系 5.1.3 より P は連結としてよい.交換子群 $DG := [G, G]$ は連結閉であり(系 1.2.7),$Q := P(DG)$ は P を含むから命題 5.1.2 よりまた連結な放物型である.次元の仮定から,$Q = G$ か,または $Q = P$ である.$Q = G$ ならば $DG/(DG) \cap P \to G/P$ は全単射で,補題 5.1.1 より左辺も完備となり,$\dim DG < \dim G$ ゆえ帰納法の仮定から $DG = DG \cap P$,すなわち $DG \subset P$,これは $Q = G$ に反する.$Q = P$ ならば $DG \subset P$ となり,このとき P は G の正規部分群であるから,商 G/P はアフィン代数群になる(命題 4.2.3).完備かつアフィンならば0次元ゆえ $G = P$ となり,これも仮定に反する. □

次は上の命題の"系"にあたるものであるが,Borel 理論の要ともいうべき定理である.

定理 5.1.5(Borel の固定点定理).完備多様体に働いている連結可解代数群は固定点をもつ.

証明. 連結可解代数群 G が完備多様体 X に働いているとする. 1つの閉 G 軌道 $O_G(x_0)$ をとれば,固定化部分群 G_{x_0} は放物型部分群で,命題 5.1.4 より $G_{x_0} = G$,すなわち $x_0 \in X$ は G の固定点である. □

代数群の極大な連結可解閉部分群を **Borel 部分群**(Borel subgroup)という. 次元を考えることにより,Borel 部分群は必ず存在する. なお,閉包をとれば同じ性質をもつゆえ,定義で「閉」という仮定はなくてもよい.

Borel 部分群について基本的な性質を挙げていく.

定理 **5.1.6.**
(1) 代数群の閉部分群が放物型であるためには,Borel 部分群を含むことが必要十分である.
(2) Borel 部分群は放物型である. すなわち,極小放物型部分群である.
(3) Borel 部分群は互いに共役である.

証明. 系 5.1.3 より代数群 G は連結としてよい.

(1) B を G の 1 つの Borel 部分群とし,完備多様体 G/P に働かせる. Borel の固定点定理 5.1.5 より,B は固定点 $x_0 P \in G/P$ をもつ. このとき,$Bx_0 P = x_0 P$ となり,$x_0^{-1} B x_0 \subset P$. B の共役はまた Borel 部分群であるから,「P が放物型 $\Rightarrow$ Borel 部分群を含む」がいえた.

逆「$\Leftarrow$」は次に示す (2) と命題 5.1.2 から導かれる.

(2) $\dim G$ に関する帰納法で示す. G が可解ならば,G 自身が Borel 部分群ゆえ明らか. G が非可解とする. 命題 5.1.4 より $P \neq G$ なる放物型部分群をもつ. P の Borel 部分群を B とすると,帰納法の仮定から P/B は完備で,B は P の中で放物型である. よって,命題 5.1.2 より B も G の中で放物型である.

(3) B, B' を G の Borel 部分群とすると,(2) よりどちらも放物型である. (1) の証明で $P = B'$ とすると,ある $x \in G$ に対して $xBx^{-1} \subset B'$ となる. 極大性からこれらは等しく $xBx^{-1} = B'$. □

系 **5.1.7.** 一般に群 G の中心を $Z(G)$ と記す.
(1) B を連結代数群 G の Borel 部分群とすると,$Z(G)^0 \subset Z(B) \subset Z(G)$.
(2) B が冪零な Borel 部分群ならば,$B = G^0$.

証明．(1) 連結可換閉なる $Z(G)^0$ はある Borel 部分群，従ってその中心に含まれる．定理 5.1.6 (3) によってすべての Borel 部分群は共役だから，これはすべての Borel 部分群の中心に含まれる．

次に，$g \in Z(B)$ に対して，射 $G \ni x \mapsto [g,x] = gxg^{-1}x^{-1} \in G$ を考えると，これは射 $G \to G/B \to G$ に分解する．ところが，完備多様体 G/B からアフィン多様体 G への射は一定だから $[g,x] = [g,e] = e$，すなわち $g \in Z(G)$．

(2) $\dim B$ に関する帰納法を用いる．B は連結冪零ゆえ，中心 $Z(B)$ は 1 次元以上で，自明でない連結部分群 H を含む．(1) より $Z(B) \subset Z(G)$ ゆえ H は G の正規部分群で，B/H は G/H の冪零な Borel 部分群である．次元に関する帰納法より，$G^0/H = (G/H)^0 = B/H$．ゆえに $B = G^0$． □

例．$G = GL_n(k)$ の上 3 角群 $\boldsymbol{T}_n$（例 Ex.1.2.1）は Borel 部分群である（次節の Lie-Kolchin の定理も参照）．Grassmann 多様体の例（例 Ex.4.2.1）の部分群 P を P_r $(1 \leq r \leq n)$ と書くと，$\boldsymbol{T}_n \subset P_r$ ゆえ，これらは放物型である．$\boldsymbol{T}_n$ を含む部分群はこれらの共通部分に限る．

これらのことを直接見てみよう．$\boldsymbol{T}_n$ は可解だから，これが放物型であることを示せば命題 5.1.6 (1) より Borel 部分群である．

まず，$G/P_1 \simeq \mathbb{P}^{n-1}(k)$，射影空間は完備だから P_1 は放物型．

次に n についての帰納法を用いる．$\boldsymbol{T}_{n-1} \subset GL_{n-1}(k)$ は Borel 部分群であると仮定する．次の埋め込み $1 \times GL_{n-1}(k) \xrightarrow{\sim}$

$$\left\{ \begin{pmatrix} 1 & 0 & \cdots & 0 \\ \hline 0 & * & \cdots & * \\ \vdots & \vdots & \ddots & \vdots \\ 0 & * & \cdots & * \end{pmatrix} \in GL_n(k) \right\} \hookrightarrow P_1 = \left\{ \begin{pmatrix} * & * & \cdots & * \\ \hline 0 & * & \cdots & * \\ \vdots & \vdots & \ddots & \vdots \\ 0 & * & \cdots & * \end{pmatrix} \in GL_n(k) \right\}$$

は同型 $GL_{n-1}(k)/\boldsymbol{T}_{n-1} \xrightarrow{\sim} P_1/\boldsymbol{T}_n$ を引き起こし，仮定より前者は完備だから $\boldsymbol{T}_n$ は P_1 の中で放物型である．従って，命題 5.1.2 より，$\boldsymbol{T}_n$ は $GL_n(k)$ の中で放物型である．

射影多様体

$$GL_n(k)/\boldsymbol{T}_n \simeq \{(V_1 \subset \cdots \subset V_{n-1}) \mid V_i \text{ は線型部分空間}, \dim V_i = i\}$$

を旗多様体（flag variety）という．P_r は放物型で，$G/P_r \simeq Gr_r^n(k)$（Grassmann 多様体）は完備（射影）多様体である．Chevalley-Borel 実現（定理 4.1.4）が射影埋め込みを与えることに注意（Plücker 座標）．

5.2　極大トーラス（連結可解群の場合）

この節と次節では，極大トーラスの存在とその共役性について論ずるが，Borel 部分群の共役性により連結可解群の場合に帰着される．従って，まず連結可解群の場合について調べる．

定理 5.2.1（Lie-Kolchin）．$GL_n(k)$ の連結可解閉部分群 G は，上 3 角群 $\boldsymbol{T}_n$ の部分群に共役である．

証明．n についての帰納法を用いる．$G \subset GL_n(k)$ により G は $\mathbb{P}^{n-1} \simeq GL_n(K)/P_1$ に働く．Borel の固定点定理 5.1.5 により，G は固定点 $[v_0] \in \mathbb{P}^{n-1}$，すなわち，固定直線 $kv_0 \subset k^n$ をもつ．$n-1$ 次元空間 k^n/kv_0 に帰納法を適用することにより，G は旗 $kv_0 \subset kv_0+kv_1 \subset \cdots \subset kv_0+kv_1+\cdots+kv_{n-1} \subset k^n$ を固定する．これは，G が $\boldsymbol{T}_n$ の部分群に共役であることを意味する．　□

注意．固定点定理によらぬ証明もある（[Sp1; p.105]）．

系 5.2.2. G を連結冪零群とすると，次が成立する．

(1) G_s（または G_u）を G の半単純（または冪単）元のなす部分集合とすると，これは連結閉部分群をなし，G_s は G の中心のトーラス部分群である．

(2) 元の積がなす射 $G_s \times G_u \to G$ は代数群の同型である．

証明．系 4.3.8 により，G_s は G の中心の部分群である．従って，$G \subset GL(V)$ とするとき，可換群 G_s の同時固有分解 $V = \bigoplus_{\chi \in X^*(G_s)} V_\chi$ は G 不変部分空間による分解を与えている．従って，系の主張 (1), (2) は G の V_χ への制限 $G|V_\chi \subset GL(V_\chi)$ の場合に帰着する．このとき，$V_\chi = V$ と置き直して，定理 5.2.1 より $G \subset \boldsymbol{T} \subset GL(V)$ と仮定してよい．すると，$G_s = G \cap C$（C はスカラー行列がなす可換群），$G_u = G \cap \boldsymbol{U}$ ($= [G,G]$)（$\boldsymbol{U}$ は上 3 角冪単群）となり，Jordan 分解より主張がいえる．　□

系 5.2.3. G を連結可解群とすると、次が成り立つ.

(1) 交換子群 $DG = [G, G]$ は連結冪単正規閉部分群である.

(2) G_u は連結冪零正規閉部分群で、商 G/G_u はトーラスである.

証明. 定理 5.2.1 より同様に $G \subset \boldsymbol{T}_n$ と仮定してよい. 従って, DG は冪単で連結閉である (系 1.2.7). さらに, $G_u = G \cap \boldsymbol{U}_n$ ゆえ, G_u は正規, 冪零, 閉部分群である. 単射 $G/G_u \hookrightarrow \boldsymbol{T}_n/\boldsymbol{U}_n \simeq \boldsymbol{D}_n$ より, G/G_u は連結な対角可能群となり, 従ってトーラスである.

G_u の連結性は, もし G_u が有限群ならば自明であることを示せば導かれる. すなわち, G_u^0 は G の正規部分群であるから, G/G_u^0 の有限部分群 $G_u/G_u^0 \simeq (G/G_u^0)_u$ を考えればよい. 一般に, 連結群の有限正規部分群は中心に入ることが容易に示される. 従って, もし G_u が有限群ならば, 上に示したことから G は冪零となり, このとき, 系 5.2.2 (1) より G_u は連結で, よって自明である. □

連結可解群の極大トーラスを帰納法を用いて論ずるため, 次の補題を準備する.

補題 5.2.4. G をトーラスではない連結可解群とすると, 1 次元加法群 $\mathbb{G}_a$ に同型な正規部分群 N で, G_u の中心に入るものが存在する.

証明. 定理 5.2.1 より $G \subset \boldsymbol{T}_n$ としてよい. 上 3 角冪単群 $\boldsymbol{U}_n$ の正規部分群列 U_j ($j \in \mathbb{N}$) で, $\boldsymbol{T}_n$ でも正規になるもの $\{e\} \subset U_0 \subset U_1 \cdots \subset U_m = \boldsymbol{U}_n$ ($U_j/U_{j-1} \simeq \mathbb{G}_a$) があるので, とっておく.

G の正規部分群 $G_j = (G \cap U_j)^0$ をとり, 必要ならば番号を付け替えて, $\{e\} \subsetneq G_0 \subsetneq G_1 \subsetneq \cdots \subsetneq G_u$, $G_j/G_{j-1} \simeq \mathbb{G}_a$ とできる. そこで, $G_0 = N$ とせよ. □

さて, 連結可解群 G の部分群 T が射影 $\psi: G \to G/G_u$ の像 $\psi(T)$ と $\psi|T$ によって同型, すなわち, $G = TG_u$, $T \cap G_u = \{e\}$ となるならば, 系 5.2.3 (2) より T はトーラス部分群で G のトーラス部分群の族の中で極大である.

すなわち, $T \subset T_1$ もトーラス部分群とし, T_1 も同じ性質をもつとすると, $\psi(T) \subset \psi(T_1) = G/G_u$ となり, $\psi(T) = \psi(T_1)$, よって T_1 の部分トーラス T は次元の比較から $T = T_1$ となり, 集合族の意味でも極大である. この理由で, 連結可解群においては, 仮に上の性質をもつトーラス部分群を極大トーラ

ス (maximal torus) とよぼう.

次の定理の証明がこの節の目的である.

定理 5.2.5 (極大トーラスの存在と共役性). 連結可解群 G において, 次が成り立つ.

(1) 任意の半単純元はある極大トーラスに含まれる. よって極大トーラスは存在する.

(2) 半単純元の中心化群は連結である.

(3) 極大トーラスは互いに共役である.

(4) T を極大トーラスとすると, 積写像 $\mu : T \times G_u \to G$ ($\mu(t, u) := tu$) は多様体の同型を与える.

証明. いくつかのステップに分ける.

(ステップ I) まず, (4) を示す. $G = TG_u$ だから, G は作用 $(t, u)g = tgu^{-1}$ ($g \in G$) によって直積群 $T \times G_u$ の主等質空間である ($T \cap G_u = \{e\}$ より $e \in G$ の固定化群は自明である). $(e, e) \in T \times G_u$ において接写像は $d\mu_{(e,e)}(X, Y) = X - Y$ ($X \in \operatorname{Lie} T$, $Y \in \operatorname{Lie} G_u$), $\operatorname{Lie} T \times \operatorname{Lie} G_u \to \operatorname{Lie} G$ ゆえ, $\operatorname{Lie} T \cap \operatorname{Lie} G_u = \{0\}$ より, $d\mu_{(e,e)}$ は単射, よって同次元ゆえ全射となり, μ は分離的. ゆえに, 定理 4.1.1 より μ は等質空間の同型を与える.

(ステップ II) 帰納法の出発点として, $\dim G_u = 1$ の場合から始める. G_u は連結冪単可解群ゆえ分類定理 (定理 2.4.2) から同型 $\phi : \mathbb{G}_a \xrightarrow{\sim} G_u$ がある. 射影 $\psi : G \to G/G_u =: S$ と元 $a \in \mathbb{G}_a$ に対して, $g \in G$ の G_u への内部自己同型を考えると, トーラス S の $\mathbb{G}_a$ への作用を与える指標 $\alpha : S \to \mathbb{G}_m$ をとり,

$$g\phi(a)g^{-1} = \phi(\alpha(\psi(g))a) \quad (\sharp)$$

と書ける. α が自明のときは, G は可換群となり系 5.2.2 (の可換の場合) より G_s が極大トーラス ($\xrightarrow{\sim} S$) を与え, すべての命題がいえる.

(ステップ III) (II) の下で α が自明でない場合を考える. $s \in G_s$ の中心化群を $Z := Z_G(s)$, Lie 環を $\mathfrak{g} = \operatorname{Lie} G$, $\mathfrak{z} = \operatorname{Lie} Z$ とすると, 系 4.3.6 (2) より直和分解 $\mathfrak{g} = (\operatorname{Ad}(s) - 1)\mathfrak{g} \oplus \mathfrak{z}$ を得る. $\psi(sgs^{-1}) = \psi(g)$ ゆえ, $d\psi \circ (\operatorname{Ad}(s) - 1) = 0$. よって, $(\operatorname{Ad}(s) - 1)\mathfrak{g} \subset \operatorname{Ker} d\psi = \operatorname{Lie} G_u$. (商射 ψ は分離的ゆえ) ゆえに,

$\dim(\operatorname{Ad}(s) - 1)\mathfrak{g} \leq 1$ で，$\dim Z^0 = \dim \mathfrak{z} \geq \dim G - 1$.

α は自明でないと仮定したから，$\alpha(\psi(s)) \neq 1$ なる $s \in G_s$ が存在する（$\alpha(\psi(g)) \neq 1$ なる $s = g_s$ をとれ）．このとき，式 (♯) より，$\phi(a) \notin Z$ $(a \neq 0)$ ゆえ，$Z \cap G_u = \{e\}$. 従って，単位成分 Z^0 は連結部分群で次元は $\dim G - 1$ かつ $(Z^0)_u = \{e\}$. ゆえに，系 5.2.3 (2) よりトーラスであり，次元は $\dim G - 1 = \dim G/G_u$ ゆえ極大トーラスで (4) より $G = Z^0 G_u$ となる．さらに，$Z = Z^0$ である．なぜなら，$g = xy \in Z$ $(x \in Z^0, y \in G_u)$ とすると，$x \in Z$ ゆえ $y = x^{-1}g \in Z$，よって $Z \cap G_u = \{e\}$ より，$y = e$, すなわち $Z = Z^0$. 上の議論から，$\alpha(\psi(s)) \neq 1$ なる s については $Z_G(s)$ は連結であった．すなわち，このとき (2) がいえた．

$\alpha(\psi(s)) = 1$ のとき，$\operatorname{Lie} G_s \subset \mathfrak{z}$ で，$\operatorname{Ad}(s) = 1$ となる．系 4.3.6 (2) より，これは s が G の中心の元であることを意味する．すなわち，$Z_G(s) = G$ は連結で，任意の $s' \in G_s$ に対して $s \in Z_G(s')$ ゆえ，再び極大トーラスになる $Z_G(s')$ をとると (1) がいえた．

（ステップ IV）$\dim G_u = 1$ の仮定の下で，共役性 (3) を示す．(II) により極大トーラスは $T = Z_G(t), t \in G_s, \alpha(\psi(t)) \neq 1$ と表せる．$T' = Z_G(t')$ を同様に極大トーラスとする．$t' = t\phi(a)$ $(t \in T, a \in \mathbb{G}_a)$ と書いておくと，式 (♯) より $b \in \mathbb{G}_a$ に対して $\phi(b) t' \phi(b)^{-1} = t\phi(a + (\alpha(\psi(t'))^{-1} - 1)b)$ が成立する．そこで，$\alpha(\psi(t')) \neq 1$ ゆえ，$a + (\alpha(\psi(t'))^{-1} - 1)b = 0$ となる b をとれば，$t = \phi(b) t' \phi(b)^{-1}$ となり，$T = Z_G(t) = \phi(b) Z_G(t') \phi(b)^{-1} = \phi(b) T' \phi(b)^{-1}$ を得る．

（ステップ V）$\dim G_u = 1$ の場合は済んだから，一般の場合を $\dim G_u$ に関する帰納法で示す．従って，$\dim G_u > 1$ と仮定する．G の正規部分群 N を補題 5.2.4 のごとく選び（$N \subset Z(G_u)$ (G_u の中心)，$N \simeq \mathbb{G}_a$），$\overline{G} := G/N$ とおくと，$G/G_u \xrightarrow{\sim} \overline{G}/\overline{G_u}$ ($\overline{G_u} = G_u/N$). $s \in G_s$ を半単純元，$\eta : G \to \overline{G}$ による像を $\bar{s} = \eta(s) \in \overline{G}_s$ とおく．帰納法の仮定から，$\overline{G}$ の極大トーラスで $\bar{s} \in \overline{T}$ なるものがある．$H = \eta^{-1}(\overline{T})$ は G の連結閉部分群で s を含み，$\dim H_u \leq 1$. よって再び帰納法の仮定から，$s \in T \subset H$ なる H の極大トーラスがあるが，これは G のそれでもある．よって，(1) が示された．(3) も同様である．

最後に，(2) $Z_G(s)$ の連結性を示す．$G_1 = \{g \in G \mid sgs^{-1}g^{-1} \in N\}$ とおくと，これは $Z = Z_G(s)$ と N を含む G の閉部分群で，$G_1/N \simeq Z_{\overline{G}}(\bar{s})$ となる．帰納法の仮定より，$Z_{\overline{G}}(\bar{s})$ は連結と仮定してよい．すると N は連結ゆえ，G_1 も連結である．$G_1 \neq G$ のときは，$\dim G$ に関する帰納法を用いれば Z は連結である．$G_1 = G$ とする．s は中心元（このとき $Z_G(s) = G$）ではないとき示せばよい．$\dim G_u = 1$ のときの（ステップ III）と同様の議論を用いて $G = Z^0 N$, $Z^0 \cap N = \{e\}$ が示せ，$Z = Z^0$ がいえる．

これですべての証明が終わる． □

系 5.2.6. 連結可解群 G の部分群 H について $H \subset G_s$ とすると次が成り立つ．
(1) H は G のある極大トーラスに含まれる．
(2) 中心化群 $Z_G(H)$ は連結で，正規化群 $N_G(H)$ に等しい．

証明．射影 $\psi : G \to G/G_u$ において，$\psi|H$ は単射だから，$H \xrightarrow{\sim} \psi(H) \subset G/G_u$ （トーラス）．よって，H は可換群である．$H \subset Z(G)$（G の中心）のときは，H は任意の極大トーラスに含まれ，また (2) は自明である．

そうでないとき，$s \in H \setminus Z(G)$ をとると，定理の (2) より $(H \subset) Z_G(s) (\subsetneq G)$ は連結である．$\dim G$ に関する帰納法を用いて (1) および $Z_G(H)$ の連結性が導かれる．

最後に，$x \in N_G(H)$ とすると，任意の $h \in H$ に対して
$$xhx^{-1}h^{-1} \in H \cap [G, G] \subset H \cap G_u = \{e\},$$
すなわち，$x \in Z_G(H)$． □

コメント． 系 5.2.6 (1) によって，任意のトーラス部分群は，この節の定義の意味での"極大トーラス"に含まれる．従って，連結可解群のトーラス部分群全体のなす集合族についての極大元と，極大トーラスの定義は一致する．よって今後は"極大トーラス"という用語は，通常のように，集合族の極大元の意味で用いる．

5.3　極大トーラス（一般の場合），Borel 部分群の正規化群定理

一般に，代数群のトーラス部分群 T が極大であるとは，直前のコメントのように，T_1 が T を含むトーラスならば $T = T_1$ となるときをいう．

次の定理が前節からの主目標であった．

定理 5.3.1 (極大トーラスの共役性)．代数群の極大トーラスは互いに共役である．

*証明．*代数群は連結と仮定してよい．T を 1 つの極大トーラスとすると，連結可換ゆえある Borel 部分群 B に含まれる．別の極大トーラス T' についてもある Borel 部分群 B' に含まれる．Borel 部分群の共役性（定理 5.1.6 (3)）より $B' = xBx^{-1} \supset xTx^{-1}$．$xTx^{-1}$ と T' は連結可解群 B' の極大トーラスゆえ，定理 5.2.5 (3) より $yxTx^{-1}y^{-1} = T'$ となる $y \in B'$ がある． □

命題 5.3.2. G を連結代数群，T をその極大トーラスとする．
(1) T の中心化群の単位成分 $Z_G(T)^0$ は冪零で，T はその唯 1 つの極大トーラスである．
(2) 次の性質をもつ元 $t \in T$ が存在する：t を含む $Z_G(T)^0$ の共役群は高々有限個に限る．

証明．(1) $C = Z_G(T)^0$ とおく．T は C の中心に入る部分群ゆえ，T を含む C の Borel 部分群 B をとると，B は冪零群である（$B/T \simeq B_u$ は冪零）．よって，系 5.1.7 (2) より $B = C^0 = C$．すなわち，C は冪零である．次に，系 5.2.2 (1) より，$T = C_s$ は C の唯 1 つの極大トーラスである．

(2) 一般に連結群 G のトーラス部分群 S について，$Z_G(s) = Z_G(S)$ なる元 $s \in S$ が存在する．(このような元 s を S の正則元 (regular element) という．$G \subset GL_n(k)$ として，S を対角化し，その"一般元"をとればよい．ここで，一般元とは，S の対角成分らがすべて相異なるものである．) $t \in T$ を正則元，$Z_G(t) = Z_G(T)$ とする．$t \in gCg^{-1}$ とすると (1) より $g^{-1}tg \in C_s = T$ で $T \subset Z_G(g^{-1}tg) = g^{-1}Tg$．$T$ は G の極大トーラスゆえ $T = g^{-1}Tg$，す

なわち $g \in N_G(T)$. ところが,系 2.3.10 より,$Z_G(T)$ は $N_G(T)$ の中で指数有限ゆえ,$C = Z_G(T)^0$ もそうで,従って $t \in gCg^{-1}$ なる部分群 gCg^{-1} は有限個である. □

次の事実に注意しておく.

補題 5.3.3. 連結代数群 G の閉部分群 H の共役の和集合を $X = \bigcup_{x \in G} xHx^{-1}$ とおく.このとき次が成り立つ.

(1) X は閉包 $\overline{X}$ の空でない開集合を含む.さらに,H が放物型ならば X は閉集合である.

(2) H はその正規化群 $N_G(H)$ の中で指数有限で,かつ $h \in H$ で h を含む H の共役群は高々有限個に限るような元 h が存在すると仮定する.このとき,$\overline{X} = G$ である.

証明. 次のような射を考える.

$$\varphi : G \times G \to G \quad (\varphi(x,y) = x^{-1}yx),$$
$$\psi : G \times G \to G/H \times G \quad (\psi(x,y) = (xH, y)).$$

$\varphi^{-1}(H) = \{(x,y) \mid x^{-1}yx \in H\}$ は $G \times G$ の閉集合で,第 1 成分に H が働く.従って,$\psi(\varphi^{-1}(H))$ も $G/H \times G$ の閉集合で,$\varphi^{-1}(H)$ はその上の xH をファイバーとする空間になっている.$\mathrm{pr}_2 : G/H \times G \to G$ を第 2 成分への射影とすると,$X = \mathrm{pr}_2(\psi(\varphi^{-1}(H)))$ ゆえ,構成的集合に関する Chevalley の定理(付録命題 A.3.2.2)によって,X は G の構成的部分集合となり,(1) の前半がいえる.H が放物型ならば,G/H は完備で,pr_2 は閉射で,X は閉集合となる.すなわち,(1) の後半が従う.

次に,(2) を示す.$\psi(\varphi^{-1}(H)) \subset G/H \times G \xrightarrow{\mathrm{pr}_1} G/H$ において $\mathrm{pr}_1|\psi(\varphi^{-1}(H))$ は全射で,ファイバーは H に同型ゆえ,$\dim \psi(\varphi^{-1}(H)) = \dim G$.そこで,$\mathrm{pr}_2|\psi(\varphi^{-1}(H)) : \psi(\varphi^{-1}(H)) \to X \subset G$ を考え,$h \in H$ を (2) の条件をみたすような元とすると,h のファイバー $(\mathrm{pr}_2|\psi(\phi^{-1}(H)))^{-1}(h)$ は有限集合であり,従って,$\mathrm{pr}_2|\psi(\varphi^{-1}(H))$ は準有限射になり,$\dim X = \dim \psi(\varphi^{-1}(H)) = \dim G$ となる.G は既約ゆえ (1) より $\overline{X} = G$ を得る. □

定理 5.3.4. 連結代数群 G について次が成立する.

(1) G の元はある Borel 部分群に含まれる.

(2) G の半単純元はある（極大）トーラスに含まれる.

(3) 極大トーラス T の連結中心化群 $Z_G(T)^0$ のすべての共役群の和集合は G の稠密な開集合を含む.

証明. G の極大トーラス T を 1 つ固定する. 命題 5.3.2 より $C = Z_G(T)^0$ は連結冪零ゆえ，ある Borel 部分群 B に含まれる. 補題 5.3.3 を $C = H$ に適用する. 命題 5.3.2 (1) より $N_G(C) = N_G(T)$ で，系 2.3.10 より C は $N_G(C)$ の中で指数有限である. さらに，命題 5.3.2 (2) より $C = H$ は補題 5.3.3 (2) の条件をみたす. 従って (3) がいえる.

次に，$X = \bigcup_{x \in G} xCx^{-1} \subset \bigcup_{x \in G} xBx^{-1} = Y$ とおくと (3) より $G = \overline{X} \subset \overline{Y}$. ところが B は放物型だから補題 5.3.3 (1) より $\overline{Y} = Y$. すなわち，(1) がいえた.

(2) は (1) と定理 5.2.5 (1) から従う. □

系 5.3.5. 連結代数群とその Borel 部分群の中心は等しい.

証明. B を G の Borel 部分群とすると，それぞれの中心について，系 5.1.7 (1) より $Z(B) \subset Z(G)$. 逆に，中心の元 $g \in Z(G)$ は定理 5.3.4 (1) によってある Borel 部分群 B' に含まれるが，共役性定理によって $B' = xBx^{-1}$，すなわち，$g = x^{-1}gx \in B$. よって $Z(G) \subset Z(B)$. □

次の定理は帰納法を用いるときに重要である.

定理 5.3.6. S を連結代数群 G のトーラス部分群とすると，次が成立する.

(1) $Z_G(S)$ は連結である.

(2) B を S を含む Borel 部分群とすると，$B \cap Z_G(S)$ は $Z_G(S)$ の Borel 部分群であり，$Z_G(S)$ の Borel 部分群はこの形をしている.

証明. (1) $g \in Z = Z_G(S)$ を含む G の Borel 部分群 B をとり，$X = (G/B)^g = \{xB \in G/B \mid gx \in xB\}$ とおくと X は g の G/B における固定点集合ゆえ閉集合であり，G/B は完備だから X も完備である. S の G/B

への左作用は X を保つから，Borel の固定点定理 5.1.5 より，$SxB \subset xB$ なる $xB \in X$ がある．このとき $S \subset xBx^{-1}$, $g \in xBx^{-1}$ となり，g, S は共に Borel 部分群 xBx^{-1} に含まれる．従って，系 5.2.6 (2) より $g \in Z^0$．よって $Z^0 = Z$ が示された．

(2) $S \subset B$ とすると，$Z \cap B$ は系 5.2.6 (2) により連結でかつ可解である．従って，$Z/Z \cap B$ が完備であることが示されれば $Z \cap B$ は可解な放物型部分群となり，Z の Borel 部分群となる．以下，このことを示そう．

$G \to G/B \supset Z/Z \cap B$ の逆像は $Y := ZB \subset G$ であり，Y が G で閉なることを示せば，$Z/Z \cap B$ は G/B で閉になり，従って完備であることがいえる．よって $Y = \overline{Y}$ をいう．Z の連結性 (1) より Y も $\overline{Y}$ も既約，連結である．

$y \in Y$ ならば $y^{-1}Sy \subset B$ であるが，作用の連続性から $y \in \overline{Y}$ についても同様である．従って，射 $\phi : \overline{Y} \times S \to B/B_u$ を $\phi(y, s) = y^{-1}syB_u$ と定義することができる．このときトーラス S に関する剛性定理 2.3.9 より $y \in \overline{Y}$ に対して，$y^{-1}syB_u = sB_u$ となる．よって，$y^{-1}Sy \subset SB_u$ となり，$y^{-1}Sy$ は可解群 SB_u の極大トーラスとなる．従って共役性より，$y^{-1}Sy = zSz^{-1}$ となる $z \in B_u$ が存在し，$y \in ZB = Y$ がいえる．よって Y が G の閉集合であることが示された．(2) の後半は Borel 部分群の共役性から従う． □

連結代数群の極大トーラス T の中心化群 $C = Z_G(T)$ を **Cartan 部分群** (Cartan subgroup) という．上の定理から Cartan 部分群は連結である．極大トーラスの共役性から Cartan 部分群の共役性が従う．命題 5.3.2 (1) より Cartan 部分群 C は冪零で，その極大トーラスは唯 1 つである．従って，定理 5.3.6 (2) よりその極大トーラスを含む Borel 部分群は Cartan 部分群を含む．

コメント (A)．Cartan 部分群について次のことが知られている．

(1) C を G の極大冪零部分群で $N_G(C)^0 = C$ なるものとすると，C は Cartan 部分群である．

(2) (Chevalley) C を G の極大冪零部分群で C の指数有限な部分群 C' は $N_G(C')$ の指数有限な部分群になると仮定する．このとき，C は G の Cartan 部分群になる．この性質を Cartan 部分群の定義として採用することもできる．この定義は純群論的，すなわち代数群の概念にはよらないことに注意せよ．

コメント (B). 用語 Cartan 部分群は Lie 環論に由来する．Lie 環 $\mathfrak{g}$ の部分環 $\mathfrak{h}$ が Cartan 部分環であるとは，$\mathfrak{h}$ は冪零で正規化環 $\mathfrak{n}_\mathfrak{g}(\mathfrak{h}) = \{X \in \mathfrak{g} \mid [X, \mathfrak{h}] \subset \mathfrak{h}\}$ が $\mathfrak{h}$ に等しいときをいう．(このとき，$\mathfrak{h}$ は極大冪零になることに注意.) Lie 環論における等号 $\mathfrak{h} = \mathfrak{n}_\mathfrak{g}(\mathfrak{h})$ は，代数群では単位成分での等号にあたることに注意.

Lie 環論の中では，Jordan 分解（半単純元など）の概念がないので，極大トーラス（の Lie 環）にあたるものが直接定義できないから冪零性によって定義される．

正規化群定理（normalizer theorem）とよばれる次の定理は Chevalley によるが，ここに挙げる証明は Borel による．

定理 5.3.7（正規化群定理）．連結代数群 G の放物型部分群 P は連結で，$N_G(P) = P$．

証明．Borel 部分群 B について定理がいえればよい．なぜならば，$B \subset P$ を Borel 部分群とすると $B \subset P^0$．$x \in N_G(P)$ ならば，$xBx^{-1} \subset P^0$．Borel 部分群の共役性より，$y \in P^0$ で $yBy^{-1} = xBx^{-1}$ なるものがあり，このとき $y^{-1}x \in N_G(B) = B$．ゆえに $x \in yB \subset P^0$．すなわち，$P \subset N_G(P) \subset P^0$ となり，P の連結性と正規化群についての等号が示される．

次に，$N_G(B) = B$ なることの証明．$\dim G$ に関しての帰納法を用いる．$T \subset B$ を極大トーラス，$x \in N_G(B)$ とすると，$xTx^{-1} \subset B$ で，B における極大トーラスの共役性によって，始めから $xTx^{-1} = T$ と仮定してよい．$\psi(t) = [x, t] = xtx^{-1}t^{-1}$ $(t \in T)$ とおくと，ψ は T の自己準同型で $\psi(T)$ は T のトーラス部分群である．そこで，次の 2 つの場合に分ける．

(i) $\psi(T) \subsetneq T$ とすると，$S := (\operatorname{Ker} \psi)^0$ は T の自明でないトーラス部分群である．$xtx^{-1} = t$ $(t \in S)$ ゆえ $x \in Z_G(S) =: Z$ で，$x \in N_G(Z \cap B)$．ここで，定理 5.3.6 より，$Z \cap B$ は連結群 Z の Borel 部分群．$Z \neq G$ ならば，帰納法の仮定より，$x \in N_Z(Z \cap B) = Z \cap B \subset B$．$Z = G$ ならば，$S \subset Z(G)$ ($= G$ の中心) となり，G/S に帰納法を用いて，やはり $x \in B$．よってこの場合は $N_G(B) = B$ が示された．

(ii) ψ が全射とする.記号の簡略化のため,$H = N_G(B)$ とおく.このとき,$T \subset [H,H]$ ($= H$ の交換子群)である.Borel-Chevalley の実現定理 4.1.4 より,表現 $\phi: G \to GL(V)$,$\phi(H)v_0 \subset kv_0$ ($v_0 \in V \setminus \{0\}$) なるものをとっておく.このとき,$\phi(B_u)v_0 = v_0$,$\phi(T)v_0 = v_0$ ($\phi(T) \subset \phi([H,H])$ ゆえ).すなわち,v_0 は固有値 1 の固有ベクトルになる.ところが,$G/B \twoheadrightarrow G/H \simeq \phi(G)v_0$ ゆえ,G/B 従って G/H の完備性から,アフィン空間 V の完備部分多様体 $\phi(G)v_0$ は 1 点である.すなわち,$G = H = N_G(B)$.従って,剰余群 G/B はアフィン代数群となり(命題 4.2.3),かつ完備ゆえ G/B も 1 点,すなわち,$G = B$ となり,この場合は自明に成立する. □

系 5.3.8. (1) P, Q を連結代数群 G の互いに共役な放物型部分群で,G の 1 つの Borel 部分群を含めば $P = Q$ である.

(2) B を Borel 部分群,$\mathcal{B} = \mathcal{B}_G$ を G の Borel 部分群全体がなす集合とすると,G 集合の写像

$$G/B \stackrel{\sim}{\to} \mathcal{B} \quad (xB \mapsto xBx^{-1})$$

は全単射である.この写像によって集合 $\mathcal{B}$ は完備多様体 G/B と同一視される.

(3) T を G の極大トーラスとし,$\mathcal{B}^T := \{B' \in \mathcal{B} \mid T \subset B'\}$ とおくと,全単射

$$N_G(T)/Z_G(T) \stackrel{\sim}{\to} \mathcal{B}^T \quad (xZ_G(T) \mapsto xBx^{-1})$$

を得る.

証明. (1) $P \cap Q$ に含まれる Borel 部分群を B,$P = xQx^{-1}$ とすると,B, xBx^{-1} も P の Borel 部分群で,P において共役だから,定理 5.3.7 の前半の証明のように $x \in P$ ととれて $P = Q$.

(2) Borel 部分群の共役性と正規化群定理 $N_G(B) = B$ より,$\mathcal{B}$ は G 集合として G/B に同型.

(3) 全射は B の極大トーラスの共役性より従う.単射については,$x, y \in N_G(T)$,$xBx^{-1} = yBy^{-1}$ とすると,$y^{-1}x \in N_G(B) \cap N_G(T) = B \cap N_G(T)$ ゆえ,系 5.2.6 (2) より,$y^{-1}x \in Z_G(T)$ となり単射がいえる. □

連結代数群 G の Borel 部分群 B を 1 つ固定するとき, Borel 部分群のなす集合 $\mathcal{B}$ を系の (2) によって G/B と同一視して, $\mathcal{B}$ を G の等質空間と見なす. 別の Borel 部分群 B_1 を選ぶとき, $B = gB_1g^{-1}$ ならば, 同型 $G/B \ni xB \mapsto xgB_1 \in G/B_1$ とすると,

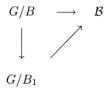

は同型射の可換図形となるから, この同一視は Borel 部分群の選び方によらない.

$\mathcal{B}$ を G の **Borel 部分群**(のなす)**多様体**(variety of Borel subgroups), または**旗多様体**(flag variety)という. 同様に, 放物型部分群 P を固定したとき, P と共役な部分群全体のなす集合は完備多様体 G/P と見なせる. Borel 部分群 $B \subset P$ を 1 つ選ぶと, 全射 $\mathcal{B} = G/B \to G/P$ が得られ, これはファイバーが完備多様体 $P/B \simeq \mathcal{B}_P$ に同型な G 同変ファイバー束になる. ($xBx^{-1} \in \mathcal{B}_G$ に対して, xPx^{-1} は, 系 5.3.8 (1) による唯 1 つの Borel 部分群 xBx^{-1} を含む放物型部分群である.)

代数群 G に対して, 連結閉で極大な可解正規部分群を G の**根基**(radical)とよび $R(G) = RG$ と記す. 可解な正規部分群らの積はまた可解で正規であるから, 根基 $R(G)$ は唯 1 つ存在する. 同様に, 連結閉で極大な冪単正規部分群を $R_u(G) = R_uG$ と記して**冪単根基**(unipotent radical)とよぶ. 明らかに $R_u(G) = R(G)_u$ ($= R(G)$ の冪単元のなす集合)で, $R(G) = (\bigcap_{B' \in \mathcal{B}} B')^0$, $R_u(G) = (\bigcap_{B' \in \mathcal{B}} B'_u)^0$ である.

次章で, 極大トーラス T を 1 つ固定したとき, 系 (3) の $\mathcal{B}^T := \{B' \in \mathcal{B} \mid T \subset B'\}$ に対して, $R_u(G) = (\bigcap_{B' \in \mathcal{B}^T} B'_u)^0$ となることを示す.

$R_u(G) = \{e\}$ のとき G を**簡約**(可能)(reductive)代数群, $R(G) = \{e\}$ のとき**半単純**(semi-simple)代数群という. (勿論, 半単純群は, 半単純元ばかりからなる群とは限らない.)

例 **Ex.5.3.1**. 一般線型群の部分群 $G \subset GL(V)$ に関して V が既約（単純）G 加群とする．G の正規部分群 N が冪単元のみからなるならば N は自明である．とくに，G が連結な閉部分群ならば簡約である．

証明．$V^N := \{v \in V \mid xv = v \ (\forall x \in N)\}$ とおくと，N は冪単群だから，Lie-Kolchin の定理 2.2.1 より，$V^N \neq \{0\}$．N が正規ゆえ V^N は G の作用でも保たれる部分空間である．よって，既約性から $V^N = V$ すなわち，N は自明である． □

これにより，$GL_n(k)$ をはじめ多くの古典群が簡約であることが分かる．さらに，系 5.2.3 (2) より簡約群の根基はトーラス S になり，系 2.3.10 より，$G = N_G(S)^0 = Z_G(S)^0$．すなわち，簡約群で中心有限ならば半単純群である．例えば，$SL_n(k) (= [Gl_n(k), GL_n(k)])$ 他多くの半単純群が古典群として得られる（後述；6.4 節）．

第6章 ルートとWeyl群とルート・データ

この章でも断らない限り G は代数的閉体 k 上の連結線型代数群とし,その極大トーラス T を1つ固定する.$r = r(G) := \dim T$ は極大トーラスの共役性により T の取り方によらず一定で,G の階数(rank)とよぶ.

6.1 ルートとWeyl群

$X = X^*(T) = \mathrm{Hom}_{\text{代数群}}(T, \mathbb{G}_m)$ を T の指標群($X \simeq \mathbb{Z}^r$)とし,随伴表現 $\mathrm{Ad} : G \to GL(\mathfrak{g})$($\mathfrak{g} = \mathrm{Lie}\, G$)の T への制限を考えたとき,$\alpha \in X$ について,$\mathfrak{g}_\alpha := \{x \in \mathfrak{g} \mid \mathrm{Ad}(t)x = \alpha(t)x \ (t \in T)\} \neq 0$ のとき,$\mathfrak{g}_\alpha$ を α のルート空間(root space)という.

$$R = R(G, T) := \{\alpha \in X, \alpha \neq 0 \mid \mathfrak{g}_\alpha \neq 0\}$$

とおき,R の元を (G, T) に対するルート(root),R をルートの集合とよぶ("ルート系"という用語は未だ保留しておく).ルート $\alpha \in R$ に対して,核の単位成分 $(\mathrm{Ker}\,\alpha)^0$ は T の部分トーラスで,その中心化群を $G_\alpha := Z_G((\mathrm{Ker}\,\alpha)^0)$ とおくと,定理5.3.6によりこれは連結代数群である.

補題 6.1.1.
(1) $S \subsetneq T$ を部分トーラスで,$Z_G(T) \subsetneq Z_G(S)$ とすると,$G_\alpha \subset Z_G(S)$ なるルート $\alpha \in R$ が存在する.
(2) $G = \langle G_\alpha \mid \alpha \in R \rangle$,すなわち G_α 達は G を生成する.
(3) すべての $\alpha \in R$ に対して G_α が可解ならば,G も可解である.

証明. (1) 定理5.3.6より $Z_G(S)$ は連結ゆえ,系4.3.7より $Z_G(T) \neq Z_G(S)$

であることと, $\mathfrak{g}_\alpha \subset \{x \in \mathfrak{g} \mid \operatorname{Ad}(s)x = x\ (s \in S)\}$ となる $\alpha \in R$ が存在することは同値である. 従って, このルート α に対して, $G_\alpha \subset Z_G(S)$.

(2) 連結な G_α 達は連結閉部分群 $H = \langle G_\alpha \mid \alpha \in R \rangle$ を生成する. 系 4.3.7 より, $\operatorname{Lie} Z_G(T) \cup \mathfrak{g}_\alpha \subset \operatorname{Lie} G_\alpha$. ゆえに, $\operatorname{Lie} Z_G(T) \subset \operatorname{Lie} H$ かつ $\mathfrak{g}_\alpha \subset \operatorname{Lie} H\ (\alpha \in R)$ で, これらは $\operatorname{Lie} G = \mathfrak{g}$ を張るから, $\operatorname{Lie} H = \mathfrak{g}$, すなわち $H = G$.

(3) B を T を含む Borel 部分群とする. $G_\alpha = Z_G((\operatorname{Ker}\alpha)^0)$ が可解ならば, 定理 5.3.6 (2) より, $B \cap G_\alpha$ は G_α の Borel 部分群, すなわち $G_\alpha = B \cap G_\alpha$ で, よって $G_\alpha \subset B$. 従って (2) より $G = B$. □

暫定的な記号であるが,
$R^0 = R^0(G, T) := \{\alpha \in R(G, T) \mid G_\alpha = Z_G((\operatorname{Ker}\alpha)^0)$ が非可解群 $\}$
とおく.

T は G の "簡約化" $G/R_u(G)$ の極大トーラスと見なせることに注意すると $(R_u(G) \cap T = \{e\})$, 後に示すが, 適当な同一視によって $R(G/R_u(G), T) \subset R^0(G, T) \subset \mathbb{Q} R(G/R_u(G), T)$ となり, G が簡約ないし半単純代数群のときは, $R(G, T) = R^0(G, T)$ となる.

例 **Ex.6.1.1**. (1)
$$G = GL_2(k) \supset G_1 = SL_2(k),\ T = \boldsymbol{D}_2 \supset T_1 = G_1 \cap T$$
$$\mathfrak{g} = \mathfrak{gl}_2 \subset \mathfrak{g}_1 = \mathfrak{sl}_2(k) = \left\{ \begin{pmatrix} a & b \\ c & -a \end{pmatrix} \middle| a, b, c, \in k \right\}$$
$$\alpha \begin{pmatrix} t_1 & 0 \\ 0 & t_2 \end{pmatrix} = t_1 t_2^{-1}\ (\alpha \in X^*(T))$$
$$\alpha_1 \begin{pmatrix} t & 0 \\ 0 & t^{-1} \end{pmatrix} = t^2\ (\alpha_1 \in X^*(T_1))$$
$$\mathfrak{g}_\alpha = \left\{ \begin{pmatrix} 0 & c \\ 0 & 0 \end{pmatrix} \middle| c \in k \right\} = \mathfrak{g}_{1,\alpha_1}$$

$$\mathfrak{g}_{-\alpha} = \left\{ \begin{pmatrix} 0 & 0 \\ c & 0 \end{pmatrix} \middle| c \in k \right\} = \mathfrak{g}_{1,(-\alpha_1)} \ ((-\alpha)(g) := g^{-1} \ (g \in T))$$

$$R(G, T) = R^0(G, T) = \{\pm\alpha\}, \ G_\alpha = G,$$

$$R(G_1, T_1) = R^0(G_1, T_1) = \{\pm\alpha_1\}, \ G_{1,\alpha_1} = G_1.$$

(2) 2次元加法群 $k^2 = \mathbb{G}_a^2$ への GL_2 の自然な作用による半直積群を $\widetilde{G} := GL_2 \ltimes \mathbb{G}_a^2$ とする。$\widetilde{T} = T \ltimes 0 \simeq T$ は $\widetilde{G}$ の極大トーラスで，$R(\widetilde{G}, \widetilde{T}) = \{\pm\alpha, \chi_1, \chi_2\}$. ここで，$\pm\alpha$ は GL_2 のルート，$\chi_i \begin{pmatrix} t_1 & 0 \\ 0 & t_2 \end{pmatrix} = t_i$,

$$\widetilde{G}_{\chi_i} = T \ltimes k\boldsymbol{e}_i \ \left(\boldsymbol{e}_1 = \begin{pmatrix} 1 \\ 0 \end{pmatrix}, \boldsymbol{e}_2 = \begin{pmatrix} 0 \\ 1 \end{pmatrix} \right). \ \widetilde{G}_{\chi_i} \text{は可解ゆえ,}$$

$R^0(\widetilde{G}, \widetilde{T}) = \{\pm\alpha\} = R(G, T) \neq R(\widetilde{G}, \widetilde{T}).$

(3) $\widetilde{G}_1 = SL_2(k) \ltimes \mathbb{G}_a^2 \subset \widetilde{G}$ に対しては，$R(\widetilde{G}_1, \widetilde{T}_1) = \{\pm\alpha_1, \pm\frac{1}{2}\alpha_1\} = R^0(\widetilde{G}_1, \widetilde{T}_1), \ (\widetilde{T}_1 \simeq T_1)$. 後で出てくる R^1 または $R_{ss} = \{\pm\alpha_1\}$ は，R^0 とも異なる. □

T を G の極大トーラスとするとき，$W = W(G, T) := N_G(T)/Z_G(T)$ を (G, T) の **Weyl群**（Weyl group）という．

Weyl群についていくつかの注意.

(1) 定理5.3.6 (1) より，$Z_G(T)$ は連結で，系2.3.10 より，W は有限群だから，$Z_G(T) = N_G(T)^0$（単位成分）となる.

(2) W は T の指標群 $X = X^*(T)$ の自己同型群（$\simeq GL_r(\mathbb{Z})$）の部分群と見なせ，ルートの集合 $R(G, T) \supset R^0(G, T)$ を保つ.

(3) T の部分群 S が G の中心に含まれるとき，自然な準同型 $G \to G/S$ は Weyl群の同型 $W(G, T) \overset{\sim}{\to} W(G/S, T/S)$ を引き起こす. なぜなら，$N_G(T) \twoheadrightarrow N_{G/S}(T/S)$ は全射で，(1) より $Z_G(T), Z_{G/S}(T/S)$ はそれぞれの単位成分ゆえ，$Z_G(T) \twoheadrightarrow Z_{G/S}(T/S)$ も全射だから.

(4) $S \subset T$ を部分トーラスとすると，連結群 $Z_G(S)$ に対して，Weyl群 $W(Z_G(S), T)$ は $W(G, T)$ の部分群と見なせる（$Z_{Z_G(S)}(T) = Z_G(T) \cap$

$Z_G(S))$.

(5) 系 5.3.8 より, $B \supset T$ を Borel 部分群とすると, $W = W(G,T) \ni \dot{w} \mapsto wBw^{-1} \in \mathcal{B}^T$ ($\dot{w} = wZ_G(T)$) は W と T を含む Borel 部分群の集合との全単射を与える.

さて, 上記 (3) より $\alpha \in R^0(G,T)$ に対して, $S := (\mathrm{Ker}\,\alpha)^0 \subset T \cap Z(G_\alpha)$ ($Z(G_\alpha)$ は $G_\alpha = Z_G(S)$ の中心) とおくと, $T/S \simeq \mathbb{G}_m$ ゆえ, $W_\alpha := W(G_\alpha, T) \simeq W(G_\alpha/S, T/S) \subset \mathrm{Aut}\,\mathbb{G}_m = \{t \mapsto t^{\pm 1} \mid t \in \mathbb{G}_m\}$ (位数 2). 従って, $\#W_\alpha \leq 2$. ところが, 次の補題によって W_α は位数 2 (すなわち, 非自明) になる.

鍵補題 6.1.2. G を階数 1 の連結非可解群とすると次が成り立つ.

(1) Weyl 群は位数 2.

(2) B を Borel 部分群とすると, $\dim G/B = 1$.

証明. (1) 極大トーラスとそれを含む Borel 部分群 $T \subset B$ ($\dim T = 1$) を選び, 同型 $\lambda : \mathbb{G}_m \xrightarrow{\sim} T$ を固定しておく. $G \supset B$ に対する Chevalley-Borel 実現 (定理 4.1.4) V を考える. すなわち,

$$\phi : G \to GL(V),\ v_0 \in V$$
$$B = \{g \in G \mid \phi(g)v_0 \in kv_0\}$$
$$\mathrm{Lie}\,B = \{x \in \mathfrak{g} \mid d\phi(x)v_0 \in kv_0\}.$$

ここで $V = \langle \phi(G)v_0 \rangle_k$ (k 上の線型閉包) と仮定してよい. 簡単のため, $\phi \circ \lambda : \mathbb{G}_m \xrightarrow{\sim} T \to GL(V)$ による V への $\mathbb{G}_m$ 作用を並置 $t.v = \phi(\lambda(t))v$ ($t \in \mathbb{G}_m = k^\times$) と記し, V の基底 $e_0, e_1, \ldots, e_n$ を $t.e_i = t^{m_i}e_i$ ($m_i \in \mathbb{Z}$, $m_0 \leq m_1 \leq \cdots \leq m_n$) なるウェイト・ベクトルに選んでおく. $0 \neq v \in V$ が定める直線を $kv =: [v] \in \mathbb{P}(V) \simeq \mathbb{P}^n$ (基底 (e_i) による) と書くことにすると, $v = \sum_{i=0}^n x_i e_i$ のとき $[v]$ の斉次座標は $(x_0 : x_1 : \cdots : x_n)$ である. 従って, $\mathbb{G}_m$ の作用は $t.(x_0 : x_1 : \cdots : x_n) = (t^{m_0}x_0 : t^{m_1}x_1 : \cdots : t^{m_n}x_n)$ となる.

まず, $x_0 \neq 0$ なる $G[v_0] \simeq G/B$ の点 $[u]$ を選ぶ. (仮定より存在する. $G[v_0]$ の点の座標がすべて $x_0 = 0$ ならば, $G[v_0] \subset \mathbb{P}^{n-1}$ となり矛盾!) ゆえに,

$[u] = (x_0 : x_1 : \cdots : x_n) = (1 : \overline{x_1} : \cdots : \overline{x_n})$ $(\overline{x_i} = x_i/x_0)$,

$$t.[u] = [t.u] = (t^{m_0}x_0 : t^{m_1}x_1 : \cdots : t^{m_n}x_n)$$
$$= (1 : t^{m_1-m_0}\overline{x_1} : \cdots : t^{m_n-m_0}\overline{x_n}) \quad (m_i - m_0 \geq 0)$$

となり，$\mathbb{G}_m = k^\times \subset k = \mathbb{A}^1 (= \overline{\mathbb{G}_m}) \ni 0$ と見なし $t \to 0$ の極限をとると，$p_0 := (1 : \overline{x_1} : \cdots : \overline{x_{j-1}} : 0 : \cdots : 0)$．(ただし，$m_{j-1} = m_0, m_j > m_0$ とする．$m_n - m_0 > 0$ に注意．そうでなければ，$m_i = m_0 \ (\forall i)$ で T の $\mathbb{P}(V)$ 上の作用が自明となり矛盾．)

このとき，$p_0 \in \overline{G[v_0]} = G[v_0]$ (G/B の完備性より) で，$T.p_0 = p_0$，すなわち，p_0 は T 固定点．

同様の考察を $x_n \neq 0$ なる点 $[w] \in G[v_0]$ に対して行うと，

$$t.[w] = (t^{m_0}x_0 : t^{m_1}x_1 : \cdots : t^{m_n}x_n)$$
$$= (t^{m_0-m_n}\widetilde{x_0} : t^{m_1-m_n}\widetilde{x_1} : \cdots : 1) \quad (\widetilde{x_i} = x_i/x_n)$$

の $t \to \infty$ の極限をとると ($\mathbb{G}_m \subset \mathbb{G}_m \cup \{\infty\} = \mathbb{P}^1 \setminus \{0\}$)，$p_\infty := (0 : \cdots : \widetilde{x_l} : \cdots : \widetilde{x_{n-1}} : 1)$ ($m_{l-1} < m_n, m_l = m_n$) で，p_∞ も T 固定点になる．明らかに，$p_0 \neq p_\infty$ で，$p \in G[v_0]$ の固定群 $G_p = \{g \in G \mid gp = p\}$ は Borel 部分群で，B の共役である．よって，T を含む Borel 部分群が少なくとも 2 つ，すなわち，G_{p_0} と G_{p_∞} が存在する．前注意 (5) より，W の位数は T を含む Borel 部分群の個数に等しいから，$\#W \geq 2$．しかし，$W \subset \mathrm{Aut}\,\mathbb{G}_m$ で後者は位数 2 であったから $\#W = 2$．これで (1) が証明された．

(2) $l \in V^*$ (線型双対) を $l(\sum_{i=0}^n x_i e_i) = x_n$ によって定義する．$\Sigma := \{p \in G[v_0] \simeq G/B \mid l(p) = 0\}$ とおくと (これは矛盾なく定義される (well-defined))，$p_\infty \notin \Sigma$, $p_0 \in \Sigma$ で，T の作用で保たれる $\mathbb{P}(V)$ の閉集合である．また，Σ の既約成分も T は連結群だからその作用で保たれる．

さて，この Σ の既約成分で次元が 1 以上のものがあったとする．これは，$\{(x_0 : x_1 : \cdots : x_{n-1} : 0) \in \mathbb{P}(V)\} \simeq \mathbb{P}^{n-1}$ 中の T で保たれる既約集合となるから，(1) の証明中と同じ論法を $\mathbb{P}^{n-1}$ に適用して，少なくとも 2 個の T 固定点を含むことが示される．よって，$p_1 \in \Sigma$ ($p_1 \neq p_0$) とすると，$G[v_0] \simeq G/B$ が 3 個以上の T 固定点を含むことになり，これは $\#W = 2$ に反する．よって，

Σ の既約成分はすべて 0 次元（点）で有限個である．

次に，$G[v_0]$ の稠密な開集合 $U := \{(x_0 : x_1 : \cdots : x_n) \in G[v_0] \mid x_0 \neq 0\}$ をとると，$p_0 \in U$ で，$f \in k[U]$（U 上の関数環）を
$f((1 : \overline{x_1} : \cdots : \overline{x_n})) = \overline{x_n} \in k$ と定義すると，$f(p_0) = 0$ で $f^{-1}(0) = \Sigma \cap U (\neq \emptyset)$ は有限個の点になる．$f : U \to k$ は支配的で，$\dim f^{-1}(0) = 0$ ゆえ，$\dim G/B = \dim U = 1$（一般に，既約な多様体の支配的な射 $X \to Y$ について，ファイバーの次元は $\geq \dim X - \dim Y$ であることに注意（"上半連続性"付録定理 A.3.2.1））．これで (2) が証明された． $\square$

命題 6.1.3. 上の補題 6.1.2 と同じ設定の下で次が成立する．
(1) $G/B \simeq \mathbb{P}^1$．
(2) 全準同型射 $\phi : G \twoheadrightarrow PGL_2(k) = \text{Aut}\,\mathbb{P}^1$ が存在する．
(3) ϕ は $G \twoheadrightarrow G/R(G) \overset{\bar{\phi}}{\twoheadrightarrow} PGL_2(k)$ と分解し，ここで $\bar{\phi}$ は同型であるか，または位数 2 の同種射（isogeny）$\bar{\phi} : G/RG \overset{\sim}{\to} SL_2(k) \twoheadrightarrow PGL_2(k)$ である．（核が有限の全射準同型を同種射という．）

証明．(1) 鍵補題 6.1.2 より，G/B は 1 次元完備多様体で $T \simeq \mathbb{G}_m$ の作用が 2 個の固定点をもつ．いま T の固定点ではない $q_0 \in G/B$ をとると，有限射 $\mathbb{G}_m \to \mathbb{G}_m q_0 \subset G/B$ を与えるが，有限部分群 $F \subset \mathbb{G}_m$ に対して $\mathbb{G}_m/F \overset{\sim}{\to} \mathbb{G}_m$ ゆえ G/B に開稠密部分集合 $\mathbb{G}_m \overset{\sim}{\to} \mathbb{G}_m q_0$ がとれて，関数体について $k(G/B) = k(\mathbb{G}_m) \simeq k(\mathbb{A}^1)$ が成り立つ．よって $k(G/B)$ も有理関数体となり，完備で非特異な有理曲線は射影直線に同型だから $G/B \simeq \mathbb{P}^1$ を得る．

(2) $\text{Aut}\,\mathbb{P}^1 \simeq PGL_2(k)$（命題 4.2.3 の後の例）と (1) より，$G$ の $G/B \simeq \mathbb{P}^1$ への作用は $\phi : G \to PGL_2(k)$ を与える．ところで，$PGL_2(k)$ の非可解な連結閉部分群は全体に限るゆえ ϕ は全射（または，G は $\mathbb{P}^1$ に推移的に働くから）．

(3) $PGL_2(k)$ は半単純ゆえ（5.3 節の例 Ex.5.3.1 とそれに続くコメント，または次節），$\overline{G} := G/RG \overset{\bar{\phi}}{\twoheadrightarrow} PGL_2(k)$ と割れる．$\overline{G}$ は半単純ゆえ，$\text{Ker}\,\bar{\phi}$ について $(\text{Ker}\,\bar{\phi})_u = \{e\}$（冪零部分）．ゆえに，$\text{Ker}\,\bar{\phi}$ は $\overline{G}$ の半単純元からなり $\text{Ker}\,\bar{\phi} \subset \overline{T}$（$\overline{G}$ のある極大トーラス）で $\text{Ker}\,\bar{\phi} \neq \overline{T}$（$\overline{T}$ は 1 次元）ゆえ $\text{Ker}\,\bar{\phi}$ は有限，すなわち $\bar{\phi}$ は同種射である．

このとき，$\bar{\phi}$ が同型でなければ，$\text{Ker}\,\bar{\phi}$ は位数 2 で（群スキームとして $\boldsymbol{\mu}_2$），

$\overline{G} \simeq SL_2(k)$ なることは次節で証明する. □

まとめ. 結局, 鍵補題 6.1.2 における $T (\subset B \subset G)$ の $G/B \simeq \mathbb{P}^1$ への $T \simeq \mathbb{G}_m$ 作用は, $\mathbb{P}^1 = \{0\} \cup \mathbb{G}_m \cup \{\infty\}$ と分割したときの 2 つの固定点 $\{0\}, \{\infty\}$ をもつ自然な作用と見なせる.

6.2 半単純階数が 1 の群

極大トーラスの次元を階数といったが, 半単純群 G/RG の階数を半単純階数 (semi-simple rank) ということにする. 鍵補題 6.1.2, 命題 6.1.3 の群 G は半単純階数が 1 である.

まず基本的な例を掲げる. すでに何度も出てきた 3 つの群 $SL_2(k) \subset GL_2(k) \twoheadrightarrow PGL_2(k) = GL_2(k)/Z$ はすべて半単純階数が 1 で, $GL_2(k)$ は階数 2 の簡約群 ($Z = R(GL_2(k))$; 中心が根基), $SL_2(k) \twoheadrightarrow PGL_2(k)$ は半単純群である.

さて, 命題 6.1.3 のようにこれらの群の射影直線 $\mathbb{P}^1$ への作用を考えよう. $GL_2(k)$ の $V = k^2$ への自然な線型作用が $\mathbb{P}^1 = \mathbb{P}(V) = (V \setminus \{0\})/\mathbb{G}_m$ へ引き起こす作用は次のようになる. $g = \begin{pmatrix} a & b \\ c & d \end{pmatrix} \in GL_2(k)$ の斉次座標 $(x_0 : x_1) \in \mathbb{P}^1$ への作用は $g(x_0 : x_1) = (ax_0 + bx_1 : cx_0 + dx_1)$ と書け, アフィン座標 $x = x_0/x_1 \in \mathbb{A}^1 \cup \{\infty\} = \mathbb{P}^1$ で表すと, 1 次分数変換 $g.x = \dfrac{ax+b}{cx+d}$ となる. このとき $\infty \in \mathbb{P}^1$ の固定化部分群

$$B := (GL_2(k))_\infty = \left\{ \begin{pmatrix} a & b \\ 0 & d \end{pmatrix} \middle| a, d \in k^\times, b \in k \right\} (= \boldsymbol{T}_2)$$

は $GL_2(k)$ の Borel 部分群で, 同型 $G/B \xrightarrow{\sim} \mathbb{P}^1$ ($B \mapsto \infty$) を与える. $U = \left\{ \begin{pmatrix} 1 & b \\ 0 & 1 \end{pmatrix} \middle| b \in k \right\} (= \boldsymbol{U}_2) = B_u, T = \boldsymbol{D}_2$ とおくと, $B = TU = UT$ で, $u_+ : \mathbb{G}_a = k \xrightarrow{\sim} U$ ($u_+(b) = \begin{pmatrix} 1 & b \\ 0 & 1 \end{pmatrix}$) は群同型を与える. 6.1

節の例 (1) において，U の Lie 環がルート $\alpha\begin{pmatrix} t_1 & 0 \\ 0 & t_2 \end{pmatrix} = t_1 t_2^{-1}$ に対応するルート空間 $\mathfrak{g}_\alpha$ であった．対応する冪単群（ルート部分群（後述））として $U = U_\alpha$ と書こう．$n := \begin{pmatrix} 0 & -1 \\ 1 & 0 \end{pmatrix}$ とおくと，$n^2 = -1_2 (\in Z)$ で，$\bar{n} := n \bmod Z_{GL_2(k)}(T)$ は Weyl 群 $W(GL_2(k), T)$ の位数 2 の元を与えている（$Z_{GL_2(k)}(T) = T$）．$\bar{n}(\alpha) = -\alpha$, $nu_+(b)n^{-1} = u_-(-b)$ ($u_-(c) = \begin{pmatrix} 1 & 0 \\ c & 1 \end{pmatrix}$)で $nU_\alpha n^{-1} = U_{-\alpha} := \{u_-(c) \mid c \in k\}$ となることを注意しておく．（SL_2 に対応するため代表元 n を上のようにとったが，GL_2 や PGL_2 の場合は置換行列 $\begin{pmatrix} 0 & 1 \\ 1 & 0 \end{pmatrix}$ としてよい．）$n.\infty = n^{-1}.\infty = 0$, $u_+(c).0 = c \in \mathbb{A}^1$ より，$n^{-1}.\infty = 0 \in \mathbb{P}^1$ の U_α 軌道は $c \mapsto u_+(c).0$ によって $\mathbb{A}^1 (\subset \mathbb{P}^1)$ と同型になる．すなわち，U_α 軌道分解は $\mathbb{P}^1 = U_\alpha n^{-1}.\infty \cup \{\infty\}$, $U_\alpha n^{-1}.\infty \simeq \mathbb{A}^1$ と対応している．この分解を $GL_2(k) \twoheadrightarrow GL_2(k)/B \overset{\sim}{\to} \mathbb{P}^1$ に引き戻すと，群の分解（"Bruhat 分解" という；一般の場合後述 7.3 節）

$$GL_2(k) = U_\alpha n^{-1} B \sqcup B \quad (\text{直和})$$

を与え，$U_\alpha \times B \ni (u_+(b), g) \mapsto u_+(b) n^{-1} g \in U_\alpha n^{-1} B$ は多様体の同型を与えている．

$SL_2(k) \twoheadrightarrow PGL_2(k)$ においても，それぞれ $T_1 = T \cap SL_2(k) \subset B_1 = B \cap SL_2(k) \supset U_\alpha$, $\overline{T} = T/Z \subset \overline{B} = B/Z \supset U_\alpha$ とおくと，同様の分解を与えている．

さて，6.1 節で考察した群に戻ろう．

補題 6.2.1. G を階数が 1 の連結非可解群（すなわち，鍵補題 6.1.2 と同じ仮定）とし，$T \subset B \supset U = B_u$ を極大トーラス，Borel 部分群，その冪単根基とする．Weyl 群の代表元 $n \in N_G(T) \setminus Z_G(T)$ を 1 つとっておく

$(ntn^{-1} = t^{-1}\ (t \in T),\ n^2 \in Z_G(T))$. このとき次が成り立つ.

(1) $G = UnB \sqcup B$.
(2) $RG = (U \cap nUn^{-1})^0$.
(3) $\dim U/(U \cap nUn^{-1}) = 1$.

証明. (1) 命題 6.1.3 より $G \overset{\pi}{\twoheadrightarrow} \overline{G} = G/RG \overset{\bar{\phi}}{\twoheadrightarrow} PGL_2(k)$ なる準同型列がある. $\phi = \bar{\phi} \circ \pi : G \to PGL_2(k)$ により,$G/B \overset{\sim}{\to} PGL_2(k)/\overline{B} \simeq \mathbb{P}^1$ ($\overline{B}$ は上の例). ϕ による G の $\mathbb{P}^1$ への作用を考えると,$B = G_\infty$ ($\infty \in \mathbb{P}^1$ の固定化部分群),$B \mapsto \infty$, $nB \mapsto 0$ $(0 \in \mathbb{A}^1 \subset \mathbb{P}^1)$ で,G の 2 重剰余分解 $G = BnB \sqcup B$ が $\phi(G) = PGL_2(k) = \overline{B}\bar{n}\overline{B} \sqcup \overline{B} = U_\alpha \bar{n} \overline{B} \sqcup \overline{B}$ に対応している. ここで,$n^{-1}Tn = T$ ゆえ,$BnB = UTnB = Un(n^{-1}Tn)B = UnTB = UnB$ となり,(1) がいえる.

(2) 仮定から,RG は自明でないトーラスを含まないから,$RG = R_uG (= (RG)_u)$. よって,$RG \subset nUn^{-1}$. ところで,$\phi(U \cap nUn^{-1}) = \phi(U) \cap \phi(nUn^{-1}) = \phi(U) \cap \phi(n)\phi(U)\phi(n^{-1}) = \{e\}$ ゆえ,$RG = \mathrm{Ker}\,\pi \subset \mathrm{Ker}\,\phi = U \cap nUn^{-1}$ ($\mathrm{Ker}\,\phi/\mathrm{Ker}\,\pi$ は有限) となり $RG = (U \cap nUn^{-1})^0$.

(3) $\dim \phi(U) = 1$ より明らか. $\square$

注意. 命題 6.1.3 (3) で,後で証明するとした $\overline{G} \simeq SL_2(k)$ の可能性は用いていない.

系 6.2.2. さらに,G を半単純群とすると ($RG = \{e\}$),

(1) $\dim U = 1$, $Z_G(T) = T$, $U \cap nUn^{-1} = \{e\}$.
(2) ルート $\alpha \in R(G,T) = R^0(G,T)$ で,そのルート空間について,$\mathrm{Lie}\,U = \mathfrak{g}_\alpha$, $\mathrm{Lie}\,nUn^{-1} = \mathfrak{g}_{-\alpha}$, $\mathfrak{g} = \mathfrak{t} \oplus \mathfrak{g}_\alpha \oplus \mathfrak{g}_{-\alpha}$ ($\mathfrak{t} = \mathrm{Lie}\,T$) なるものが唯 1 つ存在する ($R(G,T) = \{\pm\alpha\}$).
(3) $U \times B \ni (u,b) \mapsto unb \in UnB$ は多様体の同型を与える.

証明. $RG = \{e\}$ ゆえ,$U \overset{\sim}{\to} \pi(U) \overset{\bar{\phi}}{\to} \phi(U) \simeq \mathbb{G}_a$ ($PGL_2(k)$ の U_α) と,U 上ではすべて同型であるから,$\overline{G} = G$ において,$PGL_2(k)$ における事実から従う. ($\bar{\phi}$ が非分離になる場合もあるが ($\mathrm{char}\,k = 2$, $\overline{G} = SL_2(k)$),$\bar{\phi}|U$ 上

では同型である.) □

すでに命題 6.1.3 (3) で述べておいた $\overline{G} = G/RG$ は $SL_2(k)$ かまたは $PGL_2(k)$ に同型であるということを，次の形で定理として再記し証明しよう．

定理 6.2.3. 階数 1 の半単純連結群は，$SL_2(k)$ かまたは $PGL_2(k)$ に同型である．

証明．$G \supset B = TU, n \in N_G(T) \setminus T$ ($T = Z_G(T)$) を系 6.2.2 と同じにとる．同型射 $\mathbb{G}_m \overset{\sim}{\to} T, \eta : \mathbb{G}_a \overset{\sim}{\to} U$ を固定すると．$\tau(t)\eta(x)\tau(t)^{-1} = \eta(t^m x)$ ($t \in \mathbb{G}_m, x \in \mathbb{G}_a$) となる $m \in \mathbb{Z}$ が定まり，$\alpha(\tau(t)) = t^m$ ($t \in \mathbb{G}_m$) が $\operatorname{Lie} U = \mathfrak{g}_\alpha$ に対応するルート α を与える．系 6.2.2 (1) より $m \neq 0$ ゆえ $m > 0$ と仮定してよい．また，$n\tau(t)n^{-1} = \tau(t^{-1})$ で，$n^2 = \tau(\epsilon)$ ($\epsilon = \pm 1$) となる．

系 6.2.2 (3) より，$\mathbb{G}_a \times \mathbb{G}_m \times \mathbb{G}_a \to G \setminus B$ (($(x, t, y) \mapsto \eta(x)n\tau(t)\eta(y)$) は多様体の同型を与え，$x \neq 0$ ならば，$n\eta(x)n^{-1} \in nUn^{-1} \setminus \{e\}$ は B に属さない $UnTU$ の元を与える (nUn^{-1} は $\mathfrak{g}_{-\alpha}$ に対応する冪単群). すなわち，有理関数 $f, g \neq 0, h \in k(\mathbb{G}_a)$ が存在して

$$n\eta(x)n^{-1} = \eta(f(x))n\tau(g(x))\eta(h(x)) \quad (x \neq 0) \qquad (\text{イ})$$

と書ける．ここで，f, g, h の極は高々 0 か ∞ である．

さらに，(イ) に内部自己同型 $\tau(t) \in T$ を施すと，

$$n\eta(t^{-m}x)n^{-1} = \eta(t^m f(x))n\tau(t^{-2}g(x))\eta(t^m h(x)) \quad (t, x \in \mathbb{G}_m). \qquad (\text{ロ})$$

(イ) で $x \mapsto t^{-m}x$ とおくと (ロ) を得るから

$$f(t^{-m}x) = t^m f(x), \; g(t^{-m}x) = t^{-2}g(x), \; h(t^{-m}x) = t^m h(x)$$

でなければならず，まず，

$$g(t^m) = t^2 g(1). \qquad (\text{ハ})$$

を得る．

f, h の極は高々 $0, \infty$ のみだから，

$$f(x) = ax^{-1}, \; h(x) = bx^{-1} \quad (a, b \in k \text{ 定数})$$

でなければならず，g の形 (ハ) から，$m = 1$ または $m = 2$ でなければならない．すなわち，ルートは $\alpha(t) = t$ または $\alpha(t) = t^2$ $(t \in \mathbb{G}_m)$ に限る．

さらに，(イ) の逆元を考えることにより，$a = b \neq 0$, $g(-x) = \epsilon g(x)$ (ϵ は $n^2 = \tau(\epsilon)$ で決まる ± 1) を得る．ここで n の取り方を調節することで，$a = b = -1$ としてよい．また，$m = 1$ のとき，$g(x) = cx^2$ で $\epsilon = 1$, $m = 2$ のとき，$g(x) = cx$ で $\epsilon = -1$ とできる $(c \neq 0)$．従って (イ) は，

$$n\eta(x)n^{-1} = \eta(-x^{-1})n\tau(g(x))\eta(-x^{-1}) \quad (x \neq 0) \qquad (\text{ニ})$$

と書ける．

ここで，x を $x + 1$ $(x \neq 0, -1)$ におき替えると

$$n\eta(x+1)n^{-1} = n\eta(x)n^{-1}n\eta(1)n^{-1}$$
$$= \eta(-x^{-1})n\tau(g(x))\eta(-x^{-1})\eta(-1)n\tau(g(1))\eta(-1) \qquad (\text{ホ})$$
$$= \eta(-(x+1)^{-1})n\tau(g(x+1))\eta(-(x+1)^{-1}) \quad (x \neq 0, -1)$$

を得る．ところで，(ホ) は次の式に等しいことを示す．

$$\eta(-x^{-1})n\eta(-g(x)^m(x^{-1}+1))n\tau(g(1))\eta(-1). \qquad (\text{ヘ})$$

$A = g(x)^m(x^{-1}+1)$ とおくと，上式 (ヘ) の 2 番目以降は

$$n\eta(-A)n\tau(g(1))\eta(-1)$$
$$= \eta(A^{-1})\eta(-A^{-1})n\eta(-A)n\tau(g(1))\eta(-1)$$
$$= \eta(A^{-1})n(n^{-1}\eta(-A^{-1})n)\eta(-A)n\tau(g(1))\eta(-1). \qquad (\text{ト})$$

ここで，(ニ) の x に $-A^{-1}$ を代入すると，

$$n^{-1}\eta(-A^{-1})n = \eta(A)n^{-1}\tau(g(A^{-1}))\eta(A) \quad (n^{-1} = n\tau(\epsilon), \tau(\epsilon) \text{ は中心元})$$

と書けて

$$(\text{ト}) = \eta(A^{-1})n\eta(A)n^{-1}\tau(g(A^{-1}))(\eta(A)\eta(-A))n\tau(g(1))\eta(-1)$$
$$= \eta(A^{-1})n\eta(A)(n^{-1}\tau(g(A^{-1}))n)\tau(g(1))\eta(-1)$$
$$= \eta(A^{-1})n\eta(A)\tau(g(A^{-1})^{-1}g(1))\eta(-1).$$

従って,

$$(\text{ホ}) = (\text{ヘ}) = \eta(-x^{-1} + A^{-1})n\eta(A)\tau(g(A^{-1})^{-1}g(1))\eta(-1) \in UnB$$

となる. 系 6.2.2 (3) よりこの表示は一意的ゆえ, 第 1 項の U 部分は等しく $\eta(-(x+1)^{-1}) = \eta(-x^{-1} + A^{-1})$, すなわち, 等式 $-(x+1)^{-1} = -x^{-1} + (g(x)(x^{-1}+1))^{-1}$ を得る. これより, $g(x)^m = x^2$ となり, $m = 2$ のときは $g(x) = \pm x$, n を $n\tau(\pm 1)$ におき替えて $g(x) = x$ としてよい.

結局等式 (ニ) は, このときさらに精密化されて

$$n\eta(x)n^{-1} = \eta(-x^{-1})n\tau(x^{m'})\eta(-x^{-1}) \qquad (\text{チ})$$
$$(x \neq 0,\ n^2 = \tau((-1)^{m'}),\ mm' = 2)$$

を得る.

この式 (チ) と, η, τ に関する次の明らかな等式

$$\eta(x+y) = \eta(x)\eta(y),\ \tau(tu) = \tau(t)\tau(u),$$
$$\tau(t)\eta(x)\tau(t^{-1}) = \eta(t^m x) \quad (x, y \in k,\ t, u \in k^\times)$$

が一意分解 $G = UnTU \sqcup TU$ を考慮して, 半単純階数が 1 の群 G の構造を次のように一意的に決定する.

ケース (a): $m = 2$ ($m' = 1$) のとき,

$$\phi(\tau(t)) = \begin{pmatrix} t & 0 \\ 0 & t^{-1} \end{pmatrix},\ \phi(\eta(x)) = \begin{pmatrix} 1 & x \\ 0 & 1 \end{pmatrix},\ \phi(n) = \begin{pmatrix} 0 & -1 \\ 1 & 0 \end{pmatrix}$$

によって, $\phi: G \xrightarrow{\sim} SL_2(k)$.

ケース (b): $m = 1$ ($m' = 2$) のとき,

$$\phi(\tau(t)) = \begin{pmatrix} t & 0 \\ 0 & 1 \end{pmatrix} \bmod Z,\ \phi(\eta(x)) = \begin{pmatrix} 1 & x \\ 0 & 1 \end{pmatrix} \bmod Z,$$
$$\phi(n) = \begin{pmatrix} 0 & 1 \\ 1 & 0 \end{pmatrix} \bmod Z$$

によって, $\phi: G \xrightarrow{\sim} PGL_2(k) = GL_2(k)/Z$ ($Z := k^\times 1_2$). □

コメント. 複素数体の場合,まず階数 1 の半単純 Lie 環は $\mathfrak{sl}_2(\mathbb{C})$ であることは容易に示され,次に対応する Lie 群の中心の位数は 2 以下であり,上の結果はより簡単に示される.

次に,半単純階数が 1 の連結簡約群を考えよう.まず,一般的な次の事実を注意しておく.

命題 6.2.4. G を連結簡約群とすると,$RG = Z(G)^0$ (中心の単位成分) で,$RG \cap [G,G]$ は有限群である ($[G,G] = DG$ は導来群).従って,$R([G,G]) = \{e\}$ で,$[G,G]$ は半単純群である.

証明. G は簡約群だから,$RG = S$ はトーラス.従って,系 2.3.10 によって $Z_G(S)^0 = N_G(S)^0 = G$.

次に,G を $GL(V)$ の閉部分群にとっておく.V をトーラス $S = RG$ の指標によって $V = \bigoplus_{\chi \in X^*(S)} V_\chi$ と分解しておく.このとき G はウェイト空間 V_χ 達を置換するが,G は連結だから各 V_χ を保つ.ところで,$S \cap [G,G]$ は V_χ にスカラーで作用するから,$\chi(S \cap [G,G]) \subset SL(V_\chi)$.$SL(V_\chi)$ のスカラー行列群は有限群だから,その直積である $S \cap [G,G]$ も有限群である. □

次に,簡約群 G の半単純階数が 1 とする.上の命題 6.2.4 より,根基 RG は中心に入るトーラスで,G の極大トーラス T に含まれ,定理 6.2.3 より半単純群 G/RG は $SL_2(k)$ か,または $PGL_2(k)$ に同型である.系 6.2.2 より,

$$\mathfrak{g}(= \operatorname{Lie} G) = \mathfrak{t} \oplus \mathfrak{g}_\alpha \oplus \mathfrak{g}_{-\alpha} \quad (\mathfrak{t} = \operatorname{Lie} T)$$

$$\operatorname{Lie}[G,G] = \mathfrak{t}_1 \oplus \mathfrak{g}_\alpha \oplus \mathfrak{g}_{-\alpha} \quad (\mathfrak{t}_1 = \operatorname{Lie} T_1),$$

ここで,T_1 は $[G,G]$ の極大トーラスで $T_1 \subset T$ と仮定しておく.また,$R(G,T) = R^0(G,T) \xrightarrow{\sim} R^0([G,G], T_1) = \{\pm\alpha\}$ と見なした.

補題 6.2.5. G を半単純階数が 1 の連結簡約群とし,記号設定は上のとおりとする.

(1) ルート $\alpha \in R(G,T)$ に対し,準同型射 $u_\alpha : \mathbb{G}_a \to G$ で,u_α は $U_\alpha := u_\alpha(\mathbb{G}_a)$ への同型を与え,

$$tu_\alpha(x)t^{-1} = u_\alpha(\alpha(t)x) \quad (t \in T, x \in k = \mathbb{G}_a)$$
$$\mathrm{Im}\,(d\,u_\alpha) = \mathfrak{g}_\alpha = \mathrm{Lie}\,U_\alpha$$

なるものが存在する．さらに，u'_α を同じ性質をもつものとすると，ある定数 $c \in k^\times$ に対して，$u'_\alpha(x) = u_\alpha(cx)$ $(x \in k)$ が成り立つ．

(2) $B_\alpha := TU_\alpha$ は G の Borel 部分群で，$\mathrm{Lie}\,B_\alpha = \mathfrak{t} \oplus \mathfrak{g}_\alpha$．

証明．系 6.2.2 と定理 6.2.3 より，半単純群 G/RG における u_α の存在は明らかであろう．さらに，$tu_\alpha(x)t^{-1}u_\alpha(x)^{-1} = u_\alpha((\alpha(x)-1)x)$ $(t \in T, x \in k)$ より，$U_\alpha = \mathrm{Im}\,u_\alpha \subset [G,G](\subset G)$ がいえて，連結半単純群 $[G,G]$ について確かめればよい．よって，分類定理 6.2.3 より $SL_2(k) \twoheadrightarrow PGL_2(k)$ に帰着できる． □

6.3 ルート系とルート・データ

この節では，G は一般の連結代数群，T をその極大トーラスとする．ルートは $\alpha \in R^0(G,T)$，すなわち，$G_\alpha = Z_G((\mathrm{Ker}\,\alpha)^0)$ が非可解群になるものとする．鍵補題 6.1.2 (1) より $W_\alpha := W(G_\alpha, T)$ は位数 2 だから，その生成元を $s_\alpha \in W_\alpha$ $(s_\alpha^2 = e)$ とする．$W_\alpha \subset W = W(G,T) = N_G(T)/Z_G(T)$ と見なせるから，$s_\alpha \in W$ と考える．$W \subset \mathrm{Aut}\,T$ は T の指標群 $X = X^*(T) := \mathrm{Hom}_{代数群}(T, \mathbb{G}_m)$ の自己同型群を引き起こし，**余指標群** (cocharacter group) $X^\vee := \mathrm{Hom}_{代数群}(\mathbb{G}_m, T)$ の自己同型群も引き起こす．ここで，ペアリング $X \times X^\vee \ni (\lambda, \mu) \mapsto \lambda \circ \mu \in \mathrm{Hom}_{代数群}(\mathbb{G}_m, \mathbb{G}_m) \simeq \mathbb{Z}$ を $\lambda \circ \mu =: \langle \lambda, \mu \rangle \in \mathbb{Z}$ と記す．すなわち，$\lambda(\mu(t)) = t^m$ $(t \in \mathbb{G}_m, m \in \mathbb{Z})$ のとき，$\langle \lambda, \mu \rangle = m$ とする．

さらに，ユークリッド幾何的に考察するために，$V := X \otimes_\mathbb{Z} \mathbb{R}$，$V^\vee := X^\vee \otimes_\mathbb{Z} \mathbb{R}$ とおくと，V と $V^\vee$ はペアリング $\langle \cdot, \cdot \rangle$ によって互いに他の双対空間になる．Weyl 群 W は有限群だから，V には $W(\subset GL(X) \subset GL(V))$ 不変な（正定値）内積 $(\cdot | \cdot)$ が入る（例えば，V の勝手な内積 $(\cdot | \cdot)'$ に対し，$(x|y) := \sum_{w \in W}(wx|wy)'$ とおけばよい）．この内積により V はユークリッド空間と見

なぜ，また双対空間 $V^\vee$ も自然に V と同一視できる．$(V \ni v \mapsto \xi(v) \in V^\vee$ を $\langle v', \xi(v) \rangle = (v' \mid v)$ $(v, v' \in V)$ とすると，ξ は線型同型を与え，また $V^\vee$ にも内積を誘導しユークリッド空間の同型となる．)

さて，$S = (\mathrm{Ker}\,\alpha)^0 \subset T$ は余次元 1 の部分トーラスで，指標群の準同型 $X := X^*(T) \to X_S := X^*(S)$ $(\lambda \mapsto \lambda | S)$ を考えると，$\alpha | S = 0$ で，s_α の代表元は $N_{G_\alpha}(T) \setminus Z_{G_\alpha}(T)$ にとれるから s_α は X_S 上では恒等写像を引き起こす．$V_S := X_S \otimes_{\mathbb{Z}} \mathbb{R}$ は V の内積 $(\cdot \mid \cdot)$ によって V の超平面 $H_\alpha := \alpha^\perp$ と同一視できて，$V = \mathbb{R}\alpha \oplus H_\alpha$（直交分解）において $s_\alpha(\alpha) = -\alpha$, $s_\alpha | H_\alpha = \mathrm{Id}_{H_\alpha}$ となる．すなわち，s_α はユークリッド空間 V の H_α に関する鏡映になり

$$s_\alpha(v) = v - \frac{2(v \mid \alpha)}{\|\alpha\|^2} \alpha \quad (v \in V)$$

と表すことができる $(\|\alpha\|^2 := (\alpha \mid \alpha))$．$W$ 不変な内積 $(\cdot \mid \cdot)$ による同一視 $V^\vee \xrightarrow{\sim} V$ によって $2\alpha/\|\alpha\|^2$ に対応する元を $\alpha^\vee \in V^\vee$ と記すと $(\langle v, \alpha^\vee \rangle = 2(v \mid \alpha)/\|\alpha\|^2$ $(v \in V))$，明らかに $\langle \alpha, \alpha^\vee \rangle = 2$ で，$\alpha^\vee$ はこの性質で唯 1 つに決まる．(α に対する余ルート (coroot) ともいう．後に簡約群など"大切な場合"，$\alpha^\vee \in X^\vee$ となることを示す．)

次の定理は基本的である．

定理 6.3.1. $W = W(G, T)$ は s_α $(\alpha \in R^0(G, T))$ で生成される．

証明. 正規化群定理 5.3.7 の証明と同様に $\dim G$ についての帰納法を用いる．$w \in W$ の代表元 $x \in N_G(T)$ を 1 つ固定し，$\psi \in \mathrm{End}\,T$ を $\psi(t) := w(t)t^{-1} = (xtx^{-1})t^{-1}$ $(t \in T)$ と定義する．次の 2 つの場合 (1)，(2) に分ける．

ケース (1). $\mathrm{Im}\,\psi = \psi(T) \neq T$ とする．このとき，$S := (\mathrm{Ker}\,\psi)^0 \neq \{e\}$ は T の部分トーラスで，$xtx^{-1} = t$ $(t \in S)$ ゆえ，$x \in Z_G(S)(=: H$ とおく$)$ かつ $x \in N_G(T)$．$H \neq G$ ならば，帰納法の仮定より H についての命題に帰して済む．$H = G$ ならば，$S \subset Z(G)$ $(G$ の中心$)$ ゆえ，G/S の場合に帰して済む．

ケース (2). ψ が全射とする．このとき，ψ が $X \subset V$ に引き起こす写像 $w - 1$ $(t \mapsto (xtx^{-1})t^{-1}$ の線形化$)$ は V の全射，ゆえに単射，従って同型写像である．そこで，$\alpha \in R^0(G, T)$ に対し，$(w - 1)v = \alpha$ となる $v \in V$ をとると，

$$\|v\|^2 = \|w.v\|^2 = \|v + \alpha\|^2 = \|v\|^2 + 2(v \mid \alpha) + \|\alpha\|^2$$

すなわち,
$$||\alpha||^2 + 2(v\,|\,\alpha) = 0 \Rightarrow 2(v\,|\,\alpha)/||\alpha||^2 = -1$$
$$\Rightarrow s_\alpha v = v + \alpha = w.v \Rightarrow (s_\alpha w).v = v$$
$$\Rightarrow \mathrm{Ker}\,(s_\alpha w - 1) \ni v \neq 0.$$

よって新たに,$\psi' \in \mathrm{End}\,T$ を $\psi'(t) := (s_\alpha w)(t)t^{-1}\ (t \in T)$ と定義すると,$\mathrm{Im}\,\psi' \neq T$ となり,ケース (1) に帰着し,$s_\alpha w \in \langle s_\beta \mid \beta \in R^0(G,T)\rangle$ (ここの $\langle\ \rangle$ は生成される群を表す).$s_\alpha^2 = \{e\}$ より,主張が示された. □

ここで再び,前節補題 6.2.5 の設定に戻り,G を半単純階数が 1 の簡約群とし,半単純部分群 $[G,G]\,(\triangleleft G)$ の極大トーラス T_1,および同型 $\lambda : \mathbb{G}_m \overset{\sim}{\to} T_1 (\subset T : G$ の極大トーラス) を固定する.定理 6.2.3 より $[G,G]$ は $SL_2(k)$ または $PGL_2(k)$ に同型だから,$\lambda \in X^\vee$ で,$\pm\alpha \in R(G,T)$ に対し $\pm\langle \alpha, \lambda \rangle = 2$ または 1 である.$\alpha^\vee \in V^\vee$ を α の余ルートとすると,$s_\alpha \in W([G,G], T_1) = W(G,T)$ は
$$s_\alpha v = v - \langle v, \alpha^\vee \rangle \alpha \quad (v \in V)$$
と表せる.このとき,次の補題は重要である (整値性).

補題 6.3.2.
(1) $\alpha^\vee \in X^\vee (\subset V^\vee)$ で,$\mathrm{Im}\,\alpha^\vee = \alpha^\vee(\mathbb{G}_m) = T_1$.
(2) $n \in N_G(T) \setminus Z_G(T)$ を s_α の代表元とすると,$n^2 = \alpha^\vee(-1)\,(\in T_1)$.

証明.(1) $s_\alpha^\vee \in \mathrm{Aut}\,X^\vee$ を $s_\alpha \in \mathrm{Aut}\,X$ の転置とすると,$s_\alpha^\vee(y) = y - \langle \alpha, y\rangle \alpha^\vee\ (y \in X^\vee)$.$s_\alpha(t) = t^{-1}\ (t \in T_1)$ ゆえ,$s_\alpha^\vee(\lambda) = -\lambda$.ゆえに,$-\lambda = \lambda - \langle \alpha, \lambda \rangle \alpha^\vee$,すなわち $2\lambda = \langle \alpha, \lambda \rangle \alpha^\vee$.ゆえに,$[G,G] \simeq SL_2(k)$ (または $PGL_2(k)$) のとき,$\alpha^\vee = \pm\lambda$ (または $\pm 2\lambda$).すなわち,$\alpha^\vee \in X^\vee$ で $\mathrm{Im}\,\alpha^\vee = \mathrm{Im}\,\lambda = T_1$.

(2) 分類定理 6.2.3 の証明中の式 (チ) の如く,$n^2 = \alpha^\vee(-1)$ ととれることは分かる.一方,$t \in T$ に対して,$(nt)^2 = ntnt = n^2(n^{-1}tn)t = n^2 t^{-1} t = n^2$ より,任意の n の取り方に対しても (2) の式が成立する. □

さらに，補題 6.2.5 の設定の下で G の Borel 部分群 $B = B_\alpha$ を $\mathrm{Lie}\, B = \mathfrak{t} + \mathfrak{g}_\alpha$ となるように選び，指標 $\chi : B \to B/B_u \xrightarrow{\sim} T \to \mathbb{G}_m$ を $\chi \in \mathrm{Hom}\,(B, \mathbb{G}_m) \simeq \mathrm{Hom}\,(T, \mathbb{G}_m) =: X$ と見なす．このとき，次が成立する．

命題 6.3.3（原始的 Borel-Weil 定理）．G 上の関数 $f \in k[G]$ で，$f\,|\,[G,G]$ が定数でなく，
$$f(g\,b) = \chi(b)f(g) \quad (g \in G, b \in B)$$
をみたすものがあれば，$\langle \chi, \alpha^\vee \rangle > 0$.

証明．$[G,G] \simeq SL_2(k)$ または $PGL_2(k)$, $k[PGL_2] \subset k[SL_2]$ ゆえ，$G = SL_2(k)$ の場合示せばよい．G の $k^2 = \mathbb{A}^2$ への自然な作用で，$e_1 = \begin{pmatrix} 1 \\ 0 \end{pmatrix}$ の固定化部分群は $G_{e_1} = \left\{ \begin{pmatrix} 1 & * \\ 0 & 1 \end{pmatrix} \right\} = U_\alpha (= B_u)$ で，$G e_1 = \mathbb{A}^2 \setminus \{0\} \simeq G/U_\alpha$ となる．$T = \left\{ \begin{pmatrix} t & 0 \\ 0 & t^{-1} \end{pmatrix} \,\middle|\, t \in \mathbb{G}_m \right\} \simeq \mathbb{G}_m$ の $\begin{pmatrix} x \\ y \end{pmatrix} \in \mathbb{A}^2 \setminus \{0\}$ への作用は t 倍で，この作用による商が射影直線 $\mathbb{P}^1 \simeq (\mathbb{A}^2 \setminus \{0\})/\mathbb{G}_m$ を与える．($\mathbb{A}^2 \setminus \{0\} \to \mathbb{P}^1$ が主 $\mathbb{G}_m$ 束になっている．）従って，命題のような関数 f は，$\mathbb{A}^2 \setminus \{0\} \simeq G/U_\alpha$ 上の関数で，$\chi(\tau)f(v) = f(v\tau)$ $(v \in G/U_\alpha, \tau \in T)$ をみたすものと考えられる．$\alpha^\vee : \mathbb{G}_m \xrightarrow{\sim} T$ は $\alpha^\vee(t) = \begin{pmatrix} t & 0 \\ 0 & t^{-1} \end{pmatrix}$ で与えられるから，この f は $\mathbb{A}^2 \setminus \{0\}$ 上の正則関数として $f(tx, ty) = (\chi \circ \alpha^\vee)(t)\, f(x, y)$ $(t \in \mathbb{G}_m)$ をみたす．$n := \langle \chi, \alpha^\vee \rangle \in \mathbb{Z}$ とおくと，この条件は $f(tx, ty) = t^n f(x, y)$ $(t \in \mathbb{G}_m)$ となり，これは $\mathbb{A}^2$ 上の斉 n 次関数ということである．定数ではないこのような関数が存在するためには $n > 0$ でなければいけない．よって証明された．□

コメント．これは一般の簡約群における Borel-Weil の定理の原型である．G の Borel 部分群とその極大トーラス $B \supset T$ を固定し，$R^+ = R(B, T) \subset R(G, T)$ とする．（後に示すように，R^+ はルート系 $R(G, T)$ の正ルート系になる（付録

B 参照).) $\chi : B \to B/B_u \xrightarrow{\sim} T \to \mathbb{G}_m$ を B の指標とし, $\chi \in X = X^*(T)$ と見なす. このとき, $\langle \chi, \alpha^\vee \rangle \geq 0$ $(\alpha \in R^+)$ ならば, $\mathcal{O}_{-\chi}(G/B) := \{f \in k[G] \mid f(gb) = \chi(b)f(g)\ (g \in G, b \in B)\} \neq 0$ である.

k の標数が 0 (例えば, $k = \mathbb{C}$) のときは, $\mathcal{O}_{-\chi}$ を G/B 上の層 ("直線束" という)

$$\mathcal{O}_{-\chi}(U) = \{s \in k[\pi^{-1}(U)] \mid s(gb) = \chi(b)s(g)\ (g \in \pi^{-1}(U), b \in B)\}$$
$$(U \text{ は } G/B \text{ の開集合}, \pi : G \to G/B)$$

とするとき, 層のコホモロジーについて

$$H^0(G/B, \mathcal{O}_{-\chi}) := \mathcal{O}_{-\chi}(G/B) \neq 0, \text{ かつ } H^i(G/B, \mathcal{O}_{-\chi}) = 0\ (i > 0)$$
$$\Leftrightarrow \langle \chi, \alpha^\vee \rangle \geq 0\ (\alpha \in R^+)$$

となる. このとき, $\mathcal{O}_{-\chi}$ の大域切断の空間 $\mathcal{O}_{-\chi}(G/B)$ は G の左作用で, "最低ウェイト" $-\chi$ の既約表現を与える ("最高ウェイト" は $-w_0\chi$, ただし, $w_0 \in W$ は $w_0R^+ = -R^+$ なる元 (付録 B)). (なお, 最低とか最高というのは, 正のルート系 R^+ が定める X の順序に関してである.) これが, Borel-Weil の定理とよばれているものである. k が正標数のときはこのままの形では成り立たない (Jantzen[Jan1] など参照). □

さて, これで任意の連結代数群 G でのルート系を定義する準備が整った. G の極大トーラス T を 1 つ固定し, $R(G,T)$ をルートの集合とする. すでに, 部分集合 $R^0(G,T) = \{\alpha \in R(G,T) \mid G_\alpha = Z_G((\operatorname{Ker}\alpha)^0)\ \text{が非可解}\}$ を定義した.

定義. $R^1 := R^1(G,T) \subset R^0 := R^0(G,T)$ を次のように定義する. $\alpha \in R^1(G,T)$ であるとは, $\beta \in R^0$ で $G_\alpha = G_\beta$ なるもので G_β/R_uG_β が半単純階数 1 の簡約群になるものがあって, 自然なトーラスの同型 $T \xrightarrow{\sim} T' \subset G_\beta/R_uG_\beta$ によって, G_β/R_uG_β のルート $\alpha \in X^*(T') \simeq X^*(T) = X$ に対応しているものである. この $R^1(G,T)$ を (G,T) のルート系 (root system) とよぶ.

注意. (1) $\alpha \in R^1 \Rightarrow \pm\alpha \in R^1$.
(2) $G_\alpha = G_\beta \Leftrightarrow (\operatorname{Ker}\alpha)^0 = (\operatorname{Ker}\beta)^0 \Leftrightarrow s_\alpha = s_\beta \Leftrightarrow \alpha \in \mathbb{Q}^\times\beta$. とくに,

$\alpha, \beta \in R^1$ について，$G_\alpha/R_u G_\alpha$ が半単純階数 1 であるから，$s_\alpha = s_\beta \Rightarrow \alpha = \pm\beta$．また，補題 6.1.1 によって，$R^1 = \emptyset \Leftrightarrow G$ が可解．

(3) 補題 6.3.2 より，$\alpha^\vee \in V^\vee$ は $\alpha^\vee \in X^\vee$ $(\alpha^\vee(X) \subset \mathbb{Z})$ をみたす．

(4) 後で示すように，G が簡約のとき G_α $(\alpha \in R(G,T))$ は連結簡約である（トーラスの中心化群）から，$R = R^0 = R^1$ とこれまで定義したルートの集合はすべて一致する．

例（例 Ex.6.1.6 に従う）．

(2) $\widetilde{G} = GL_2(k) \ltimes \mathbb{G}_a^2 \supset \widetilde{T} = T \ltimes 0$ で，$R(\widetilde{G}, \widetilde{T}) = \{\pm\alpha, \chi_1, \chi_2\}$ であったが，$R^0(\widetilde{G}, \widetilde{T}) = \{\pm\alpha\} = R^1(\widetilde{G}, \widetilde{T})$．

(3) $\widetilde{G}_1 = SL_2(k) \ltimes \mathbb{G}_a^2 \subset \widetilde{G}$ に対して $R(\widetilde{G}_1, \widetilde{T}_1) = \{\pm\alpha_1, \pm\frac{1}{2}\alpha_1\} = R^0(\widetilde{G}_1, \widetilde{T}_1)$，$(\widetilde{T}_1 \simeq T_1)$ であったが，$R^1(\widetilde{G}_1, \widetilde{T}_1) = \{\pm\alpha_1\} \subsetneq R^0$． □

さて，定義によって $R^1 \subset R^0 \subset R \subset X$ であるが，R^1 が張る $\mathbb{R}$ 上のベクトル空間 $\mathbb{R}R^1 = V \subset X \otimes_{\mathbb{Z}} \mathbb{R}$ の中で，R^1 は "抽象的な意味で"，すなわち，付録 B の意味でルート系をなすことを見ていこう．

その前に，ルート系を少し一般化した "ルート・データ" というものを定義する．

定義．4 つ組 $\Psi = (X, R, X^\vee, R^\vee)$ が次をみたすとき，ルート・データ (root datum) という．

(i) X と $X^\vee$ は有限階数の自由 $\mathbb{Z}$ 加群で，完全ペアリング $X \times X^\vee \to \mathbb{Z}$ $(\langle \cdot, \cdot \rangle$ と記す) によって，互いに他の双対である．

(ii) $R(\subset X)$, $R^\vee(\subset X^\vee)$ は有限集合で，1:1 対応 $R \ni \alpha \mapsto \alpha^\vee \in R^\vee$ が定められていて，

(RD 1)　　$\langle \alpha, \alpha^\vee \rangle = 2$　$(\alpha \in R)$．

(iii) $\alpha \in R$ に対して，$s_\alpha \in \mathrm{End}\, X$, $s_\alpha^\vee \in \mathrm{End}\, X^\vee$ を $s_\alpha x = x - \langle x, \alpha^\vee \rangle \alpha$, $s_\alpha^\vee y = y - \langle \alpha, y \rangle \alpha^\vee$ $(x \in X, y \in X^\vee)$ と定義すると，

(RD 2)　　$s_\alpha R = R$, $s_\alpha^\vee R^\vee = R^\vee$　$(\alpha \in R)$．

注意．(RD 1), (RD 2) がみたすべき公理である．(RD 1) より，$s_\alpha^2 = e$ で $s_\alpha \alpha = -\alpha$．ルート系にならって，対称変換 s_α $(\alpha \in R)$ らが生成する $\mathrm{Aut}\, X$

の部分群 $W = W(\Psi)$ をルート・データ Ψ の **Weyl 群**という.

定義によって, $\Psi^\vee := (X^\vee, R^\vee, X, R)$ もルート・データになり, これを双対ルート・データという. R の元を Ψ のルート, $R^\vee$ の元を Ψ の余ルートという.

(言い訳) 英語では単数が root datum で, root data は複数形であるが, データムという日本語は馴染みがないので, 単数でもルート・データということにした. 上の定義で 1 つの Ψ は root datum である.

実ベクトル空間 $V := X \otimes_\mathbb{Z} \mathbb{R}$ の部分空間 $V_0 := \mathbb{R} R$ ($\mathbb{R}$ 上 R が張る部分空間) を考え, $V^\vee = X^\vee \otimes_\mathbb{Z} \mathbb{R} \supset V_0^\vee := \mathbb{R} R^\vee$ とおくと, V_0 と $V_0^\vee$ はペアリング $\langle \cdot, \cdot \rangle$ で互いに他の双対で, R は V_0 中の"抽象的"ルート系になる (付録 B の意味). すなわち, 次をみたす.

(RS 1) $\#R < \infty, 0 \notin R, V_0 = \mathbb{R} R$.
(RS 2) α に対し, $\alpha^\vee \in R^\vee \subset V_0^\vee$ で, $\langle \alpha, \alpha^\vee \rangle = 2, s_\alpha R = R$.
(RS 3) $\alpha^\vee(R) \subset \mathbb{Z}$ ($\alpha \in R$).

とくに, 任意の $\alpha \in R$ に対し, $c\alpha \in R$ ($c \in \mathbb{Q}$) ならば $c = \pm 1$ となるとき, ルート系 R は被約 (reduced) という.

勿論, $R^\vee \subset V_0^\vee$ もルート系で, $W(R) = \langle s_\alpha \mid \alpha \in R \rangle$ は R の Weyl 群である.

我々は, 連結代数群 G とその極大トーラス T に対して, "ルート系" $R^1(G,T) \subset X = X^*(T)$ を定義し, さらに, ルート $\alpha \in R^1(G,T)$ に対し "余ルート" $\alpha^\vee \in X^\vee = \mathrm{Hom}(\mathbb{G}_m, T)$ (余指標の群, X の双対), "Weyl 群" として $W = W(G,T) = N_G(T)/Z_G(T) \subset \mathrm{Aut} X$ を得ている.

ここで, 次の定理を証明しよう.

定理 6.3.4. 連結代数群とその極大トーラス $G \supset T$ に対して, 改めて $R := R^1(G,T) \subset X, R^\vee := \{\alpha^\vee \in X^\vee \mid \alpha \in R\} \subset X^\vee$ とおくと, 4 つ組 $\Psi = (X, R, X^\vee, R^\vee)$ はルート・データで, $W(G,T)$ はルート・データの Weyl 群 $W(\Psi)$ に一致し, ルート系 R は被約である.

証明. まず, 重要な補題 6.3.2 より, $\alpha^\vee \in (X^\vee \otimes_\mathbb{Z} \mathbb{R})$ は $\alpha^\vee \in X^\vee$ をみたすことに注意しておく. Weyl 群については定理 6.3.1 より従う.

$\alpha \mapsto \alpha^\vee$ が $1:1$ 対応であること,すなわち,$\alpha^\vee = \beta^\vee \Rightarrow \alpha = \beta$ であることを示そう.$\alpha^\vee = \beta^\vee$ とすると,

$$\begin{aligned}
s_\alpha s_\beta(x) &= s_\alpha(x - \langle x, \beta^\vee \rangle \beta) \\
&= (x - \langle x, \beta^\vee \rangle \beta) - \langle x - \langle x, \beta^\vee \rangle \beta, \alpha^\vee \rangle \alpha \\
&= x - \langle x, \beta^\vee \rangle \beta - \langle x, \alpha^\vee \rangle \alpha + \langle x, \beta^\vee \rangle \langle \beta, \alpha^\vee \rangle \alpha \\
&= x - \langle x, \alpha^\vee \rangle (\alpha + \beta) + \langle x, \beta^\vee \rangle \langle \beta, \beta^\vee \rangle \alpha \\
&= x - \langle x, \alpha^\vee \rangle (\alpha + \beta) + \langle x, \alpha^\vee \rangle 2\alpha \\
&= x + \langle x, \alpha^\vee \rangle (\alpha - \beta).
\end{aligned}$$

そこで,$s_\alpha s_\beta$ の固有値を λ,固有ベクトルを $x \neq 0$ とする.$s_\alpha s_\beta x = \lambda x$ より,$\lambda x = x + \langle x, \alpha^\vee \rangle (\alpha - \beta)$.ゆえに,$\lambda \langle x, \alpha^\vee \rangle = \langle x, \alpha^\vee \rangle + \langle x, \alpha^\vee \rangle \langle \alpha - \beta, \alpha^\vee \rangle$.ここで,$\langle \alpha - \beta, \alpha^\vee \rangle = \langle \alpha, \alpha^\vee \rangle - \langle \beta, \alpha^\vee \rangle = \langle \alpha, \alpha^\vee \rangle - \langle \beta, \beta^\vee \rangle = 2 - 2 = 0$ ゆえ,$\lambda \langle x, \alpha^\vee \rangle = \langle x, \alpha^\vee \rangle$.従って,$\langle x, \alpha^\vee \rangle = 0$ ならば,$s_\alpha s_\beta x = x$ より,$\lambda = 1$,$\langle x, \alpha^\vee \rangle \neq 0$ ならば,やはり $\lambda = 1$.すなわち,$s_\alpha s_\beta$ の固有値はすべて 1 で,Weyl 群は有限だから,$s_\alpha s_\beta$ は有限位数で半単純.よって,$s_\alpha s_\beta = e$.すなわち,$s_\alpha = s_\beta$.従って,R^1 の定義の後の注意 (2) から $\alpha = \pm \beta$.符号については,$\alpha^\vee = \beta^\vee$ より,$+$ が対応しているとしてよいから.$\alpha \mapsto \alpha^\vee$ は $1:1$ である.

最後に,ルート $\alpha \in R$ について $c\alpha \in R\ (c \in \mathbb{Q})$ とすると,$G_\alpha = G_{c\alpha}$,すなわち,$s_\alpha = s_{c\alpha}$,よって同じ注意から,$c = \pm 1$. □

警告.以下,ルート系 R の記号を 6.1 節の冒頭で定義した "ルートの集合" $R(G, T)$ ではなく,本節で定義した $R = R^1(G, T)$ に代えたことに注意されたい.記号の簡略化のためと,以後主に扱う簡約群の場合 $R = R^1$ となるからである(後述の系 6.4.3 (4)).

本節の冒頭で導入したように,ルート系 $R \subset X$ に対して $V_0 := \mathbb{R}R \subset V := X \otimes_\mathbb{Z} \mathbb{R}$ に W 不変な内積 $(\cdot \mid \cdot)$ を入れて,ペアリング $\langle \cdot, \cdot \rangle$ によって双対空間との同一視 $V_0 \simeq V_0^\vee \subset V^\vee := X^\vee \otimes_\mathbb{Z} \mathbb{R}$ を行い,これらをユークリッド空間と見なす.$H_\alpha := \{v \in V_0 \mid (\alpha \mid v) = 0\} = \alpha^\perp$ とおき,$V_0 \setminus \bigcup_{\alpha \in R} H_\alpha$ の連

結成分を（Weyl の）部屋（chamber）という．1 つの部屋 C の点 $v_0 \in C$ に対し，$R^+ = R^+(C) := \{\alpha R \mid (\alpha \mid v_0) > 0\}$ を部屋 C に対する正のルート系（positive root system）（あるいは単に正系）とよび，次の性質が確かめられる．

$R = R^+ \sqcup -R^+$ で，R^+ は加法で閉じている，すなわち，$(R^+ + R^+) \cap R \subset R^+$．ある $\lambda_0 \in X^\vee$ に対し，$R^+ = \{\alpha \in R \mid \langle \alpha, \lambda_0 \rangle > 0\}$ と書くこともできる．また，R^+ が R の正のルート系ならば，$(R^+)^\vee := \{\alpha^\vee \mid \alpha \in R^+\}$ が $R^\vee$ の正のルート系になることも明らかであろう．

また，正のルート系と $1:1$ に対応する概念としてルート系の基がある．R^+ を 1 つの正のルート系とするとき，2 つの正のルートの和に書けないルートを単純ルート（simple root）といい，単純ルートのなす集合 $\Pi(\subset R^+)$ をルート系の基（base）という．正のルートは単純ルートの正整数の和で一意的に書け，正のルート系と基は $1:1$ に対応する（付録 B）．

さて，B を T を含む Borel 部分群とする．このとき，ルート系のルート $\alpha \in R := R^1(G,T)$ について，$B_\alpha := (G_\alpha \cap B)/(R_u G_\alpha \cap B)$ は簡約群 $\overline{G_\alpha} := G_\alpha/R_u G_\alpha$ の Borel 部分群であるから，その Lie 環 $\mathrm{Lie}\, B_\alpha$ は $\overline{G_\alpha}$ のルート $\pm\alpha$ のどちらかのルート空間 $\mathfrak{g}_{\pm\alpha}$ を含む（$G_\alpha = G_{-\alpha}$）．そこで改めて $\mathfrak{g}_\alpha \subset \mathrm{Lie}\, B_\alpha$ と仮定してよい．このとき，$\alpha \in R^+(B)$ と定義し，ルート α は B に対する正のルートであるという．

$$R^+(B) = \{\alpha \in R \mid \mathfrak{g}_\alpha \subset \mathrm{Lie}\, B_\alpha\}$$

とも書ける．（$\alpha \in R$ に対して，$\mathfrak{g}_\alpha \not\subset \mathrm{Lie}\, B_\alpha$ ならば，$\mathfrak{g}_{-\alpha} \subset \mathrm{Lie}\, B_\alpha = \mathrm{Lie}\, B_{-\alpha}$ である．）以上，補題 6.2.5 参照．

これらの言葉を正当化するのは次の命題である．

命題 6.3.5. $R^+(B)$ は R の正のルート系である．

証明． Chevalley-Borel 実現定理 4.1.4 によって，$\phi : G \to GL(U)$ を $B = \{g \in G \mid \phi(g)u_0 \in k u_0\}$ となる $u_0 \in U$ があるように選んでおく．このとき，ある $\chi \in X = X^*(T)$ に対して，$\phi(b)u_0 = \chi(b)u_0$ $(b \in B)$ となる．$l \in U^\vee = \mathrm{Hom}_k(U, k)$ に対し，$F \in k[G]$ を $F(g) := l(\phi(g)u_0)$ $(g \in G)$ と定

義すると, $F(gb) = \chi(b)F(g)$ $(g \in G, b \in B)$ をみたす.

さて, ルート $\alpha \in R$ に対して, $G_\alpha \subset G$ に F を制限した $F|G_\alpha \in k[G_\alpha]$ を考えると, 冪単根基 $R_u G_\alpha$ は u_0 を固定するから, $\overline{G_\alpha} = G_\alpha / R_u G_\alpha$ 上の正則関数 $F' \in k[\overline{G_\alpha}]$ を与えており, 従って命題 6.3.3 より, $\langle \chi, \alpha^\vee \rangle \geq 0$ が成り立つ. もしここで, $\langle \chi, \alpha^\vee \rangle = 0$ とすると, $F|G_\alpha$ はすべての l に対して定数となり, これは $\phi(G_\alpha) u_0 = u_0$ を意味し ϕ の取り方に矛盾する.

よって, $\langle \chi, \alpha^\vee \rangle > 0$ $(\alpha \in R^+(B))$ となり, $(R^\vee)^+ := \{\alpha^\vee \mid \alpha \in R^+(B)\}$ が余ルート系 $R^\vee$ の正ルート系となる. これはまた, $R^+(B)$ が正ルート系であることと同値で, 命題が証明された. □

6.4 古 典 群

この節では, 古典群のルート・データを列挙しよう.

(I) (A_{n-1} 型). $G = GL_n(k) \triangleright G_1 = SL_n(k), G_2 = PGL_n(k)$ とおくと, $G_1 = [G, G], G_2 = G/Z$ ($Z := \{c 1_n \mid c \in k^\times\}$) である.

$$T = \boldsymbol{D}_n = \left\{ t = \mathrm{diag}(t_1, \ldots, t_n) := \begin{pmatrix} t_1 & & 0 \\ & \ddots & \\ 0 & & t_n \end{pmatrix} \,\middle|\, t_i \in k^\times \right\}$$

は G の極大トーラスである. その指標群は $X = \sum_{i=1}^n \mathbb{Z} \epsilon_i$ ($\epsilon_i(t) := t_i$ $(t \in T)$) である.

$\mathrm{Lie}\,G = \mathfrak{gl}_n(k)$ の基として基本行列 e_{ij} ((i,j) 成分のみ 1 で他は 0 の行列) を選んでおくと, $\mathrm{Ad}(t) e_{ij} = t e_{ij} t^{-1} = (t_i t_j^{-1}) e_{ij} = \epsilon_i(t) \epsilon_j(t^{-1}) e_{ij} = (\epsilon_i - \epsilon_j)(t) e_{ij}$ $(i \neq j)$ (加法表記に注意) ゆえ, (G, T) に関するルート系は $R = \{\alpha_{ij} = \epsilon_i - \epsilon_j \mid 1 \leq i, j \leq n, i \neq j\}$ である.

$B = \boldsymbol{T}_n$ (上 3 角群) は T を含む Borel 部分群で, それに対応する正系は $R^+ = \{\alpha_{ij} \mid i < j\}$ である ($\mathfrak{g}_{\alpha_{ij}} = k e_{ij}$). $\Pi = \{\alpha_{i, i+1} \mid 1 \leq i \leq n-1\}$ が対応する基である. 双対については, 余指標群を $X^\vee = \sum_{i=1}^n \mathbb{Z} \epsilon_i^\vee$ ($\epsilon_i^\vee(c) = \mathrm{diag}(1, \ldots, 1, c, 1, \ldots, 1) \in T$) ($i$ 行目のみ $c \in k^\times$ 他は 1 なる対角行列) とおくと, $\langle \epsilon_j, \epsilon_i^\vee \rangle = \delta_{ji}$ で, $\alpha_{ij}^\vee = \epsilon_i^\vee - \epsilon_j^\vee$ $(i \neq j)$ として, 余ルート系 $R^\vee \subset X^\vee$

も同様に定義される. この $(X, R, X^\vee, R^\vee)$ が $G = GL_n(k)$ のルート・データである.

$T_1 = T \cap G_1 = \{t \in T \mid \det t = 1\}$ は $G_1 = SL_n(k)$ の極大トーラスで,制限写像 $\rho: X \to X^*(T_1)$ の核は $\operatorname{Ker} \rho = \{m \sum_{i=1}^n \epsilon_i \mid m \in \mathbb{Z}\} = (\mathbb{Z}R^\vee)^\perp = (R^\vee)^\perp$ で, $X_1 := X^*(T_1) \simeq X/\mathbb{Z}(\sum_{i=1}^n \epsilon_i)$ が G_1 の指標群であり, $R_1 = \rho(R) \simeq R$ となる. 双対性より, 余指標群は $X_1^\vee = \{\sum_{i=1}^n m_i \epsilon_i^\vee \in X^\vee \mid \sum_{i=1}^n m_i = 0\} = (\sum_{i=1}^n \epsilon_i)^\perp$ であるが, 等号 $X_1^\vee = \mathbb{Z}R^\vee$ が成り立ち, $G_1 = SL_n(k)$ のルート・データは $(X_1, R_1, \mathbb{Z}R^\vee, R^\vee)$ で与えられる.

さらに, $G_2 = PGL_n(k)$ の極大トーラス $T_2 = T/Z$ に関するルート・データはその双対 $(\mathbb{Z}R^\vee, R^\vee, X_1, R_1)$ で与えられ, この意味で, PGL_n を SL_n の (Langlands) 双対群 (dual group) という.

(II) (**2 次形式**). 直交群は 2 次形式を不変にする線型群であるが, 2 次形式の取り方によって具体的な形は変わる. 通常最初に挙げる $O_n \supset SO_n$ の定義式は, 2 次形式として対角型 ${}^t v v = \sum_{i=1}^m \xi_i^2$ $(v = {}^t(\xi_1, \ldots, \xi_m))$ をとったものであるが, 極大トーラスの形, ルート系の定義, および, 標数 2 の場合には不便なので, いわゆる双曲型を選ぶ.

Q を代数閉体 k 上のベクトル空間 V 上の 2 次形式とする. すなわち, $Q(v) \in k$ $(v \in V)$ で, $Q(cv) = c^2 Q(v)$ $(c \in k)$, $B(u, v) := Q(u+v) - Q(u) - Q(v)$ は V 上の対称双線型形式とする.

$\operatorname{char} k \neq 2$ の代数閉体のとき, 対称形式を $B(u, v) = {}^t u S v$ $(S = {}^t S)$, 階数を $\operatorname{rank} S = r$ とすると, S を対角化して, ${}^t g S g = \begin{pmatrix} 1_r & 0 \\ 0 & 0 \end{pmatrix}$ となる $g \in GL(V)$ がある (S は $\begin{pmatrix} 1_r & 0 \\ 0 & 0 \end{pmatrix}$ に同値であるといい, 記号 $\sim$ で表す). よって, 始めから $r = m = \dim V$ と仮定しておく. このとき, 階数 m の偶奇によって同値な双曲型は次のようになる.

(イ) $m = 2n$ のとき, S は n 個の 2 次行列 $\begin{pmatrix} 0 & 1 \\ 1 & 0 \end{pmatrix}$ を対角形に並べたもの

に同値，または，$S \sim J := \begin{pmatrix} 0 & 1_n \\ 1_n & 0 \end{pmatrix}$．

(ロ) $m = 2n+1$ のとき，$S \sim \begin{pmatrix} 2 & 0 \\ 0 & J \end{pmatrix}$ （後の都合で左上対角成分を 2 とした）．

$\operatorname{char} k \neq 2$ のときは，$Q(v) = \frac{1}{2}B(v,v)$ であるから，2 次形式の標準形として次を得る（[佐 1；pp.184〜]）．

(イ) $Q(v) = \frac{1}{2}{}^t v J v = {}^t v J_0 v$ $\left(J_0 := \begin{pmatrix} 0 & 1_n \\ 0 & 0 \end{pmatrix} \ J = J_0 + {}^t J_0 \right)$,

(ロ) $Q(v) = \frac{1}{2}{}^t v \begin{pmatrix} 2 & 0 \\ 0 & J \end{pmatrix} v = {}^t v \begin{pmatrix} 1 & 0 \\ 0 & J_0 \end{pmatrix} v$．

ところで，(イ)，(ロ) で $Q(v)$ を与える最終項 ${}^t v J_0 v$ は，$\operatorname{char} k = 2$ でも 2 次形式を与えており，これを双曲型の標準形といおう．すなわち，

$$Q(v) = {}^t v J_0 v = {}^t \xi \eta = \sum_{i=1}^n \xi_i \eta_i \quad (v = {}^t(\xi, \eta)\ (\xi = (\xi_i), \eta = (\eta_i) \in k^n))$$

である．

Q に関する**直交群**（orthogonal group）と特殊直交群を次のように定義する．
$O(Q) := \{g \in GL(V) \mid Q(gv) = Q(v)\ (v \in V)\} \supset SO(Q) := O(Q) \cap SL(V)$．

命題 6.4.1. $\operatorname{char} k \neq 2$, $m \geq 3$ とする．$SO(Q)$ は $O(Q)$ の単位成分で，$\dim SO(Q) = \dim O(Q) = \frac{1}{2}m(m-1)$．

証明．$\operatorname{char} k \neq 2$ のときは，階数 m の対称行列の標準形は J または $\begin{pmatrix} 2 & 0 \\ 0 & J \end{pmatrix}$（または単位行列 1_m）ゆえ，m 次対称行列全体の空間 Sym_m は標準形の $GL_m(k)$ 軌道 $\{{}^t g J g \mid g \in GL_m(k)\}$（または ${}^t g \begin{pmatrix} 2 & 0 \\ 0 & J \end{pmatrix} g$）を稠密開集合として含む．その固定化部分群が $O(Q)$ であるから，

$$\dim GL_m(k) - \dim O(Q) = \dim \mathrm{Sym}_m = \frac{1}{2}m(m+1).$$

よって $O(Q)$ の次元が求まる.

$SO(Q)$ の連結性については，いわゆる"移換 (transvection)" によって生成されることから分かる ([鈴；§古典群])．または，Cayley 変換

$$SO(Q) \ni g \mapsto (1-g)(1+g)^{-1} = X \in \{X \in M_m(k) \mid {}^t X J + J X = 0\}$$

によって互いの稠密開集合が同型に移ることからも導かれる（次元公式もこれから分かる）． □

(III)（交代形式）．V 上の双線型形式 $B(u,v)$ $(u,v \in V = k^m)$ が $B(v,v) = 0$ $(\forall v \in V)$ をみたすとき，**交代形式** (alternating (symplectic) form) という.

補題 6.4.2. 行列 A に対して，

${}^t v A v = 0 \quad (\forall v \in V)$

$\iff A + {}^t A = 0$（かつ，$(\mathrm{char}\, k = 2$ のときは$)$ A のすべての対角成分が 0）.

□

このことに注意すると，補題の条件をみたす交代行列 $A \in M_m(k)$ に対し，交代形式は $B(u,v) = {}^t u A v$ と書ける.

さて，$\mathrm{rank}\, A = m$ とすると，$m = 2n$（偶数）で，$A \sim J := \begin{pmatrix} 0 & 1_n \\ -1_m & 0 \end{pmatrix}$
と標準形がとれる ([佐1；同上], (II) の J とは異なる)．この交代形式を不変にする群を**斜交群** (symplectic group) といい，$Sp_{2n}(k) := \{g \in GL_{2n}(k) \mid B(gu, gv) = B(u,v) (\Leftrightarrow {}^t g J g = J)\}$ と書く.

命題 6.4.3. $Sp_{2n}(k)$ は連結で，$\dim Sp_{2n}(k) = n(2n+1)$.

証明． 補題 6.4.1 と同様，$M_{2n}(k)$ の中での $GL_{2n}(k)$ 軌道 $GL_{2n}(k).J = \{{}^t g J g \mid g \in GL_{2n}(k)\}$ は階数 $2n$ の交代行列全体に等しく，これは交代行列全体の集合 Alt_{2n} の稠密開集合である．J の固定化部分群が $Sp_{2n}(k)$ であるから，

$$\dim GL_{2n}(k) - \dim Sp_{2n}(k) = \dim \mathrm{Alt}_{2n} = n(2n-1).$$

これより，$Sp_{2n}(k)$ の次元が求まる．

連結性は一般の場合（斜交）移換から生成されることから分かる（[鈴；同上]）．（Lie 群の場合 4 元数球面を用いる方法もおもしろい [C1]．） □

斜交群の Lie 環とルート・データ．

双対数 $k[\epsilon]$ について $1 + X\epsilon \in Sp_{2n}(k[\epsilon])$ ($\epsilon^2 = 0$, $X \in M_{2n}(k)$) とすると，${}^t(1 + X\epsilon)J(1 + X\epsilon) = J$ より，${}^tXJ + JX = 0$. 従って，

$$\mathfrak{g} := \left\{ X = \begin{pmatrix} x & y \\ u & -{}^tx \end{pmatrix} \;\middle|\; x, y, u \in M_n(k), \; y = {}^ty, \; u = {}^tu \right\}$$

とおくと，$\dim \mathfrak{g} = n^2 + 2n(n-1) = n(2n+1) = \dim Sp_{2n}(k)$ となり，$\mathfrak{g} =: \mathfrak{sp}_{2n}(k)$ は $Sp_{2n}(k)$ の Lie 環である．

$$T := \left\{ \begin{pmatrix} t & 0 \\ 0 & t^{-1} \end{pmatrix} \;\middle|\; t \in \boldsymbol{D}_n \right\}$$ は極大トーラスで，$\mathfrak{g}$ の元

$$\begin{pmatrix} e_{ij} & 0 \\ 0 & -e_{ji} \end{pmatrix}, \begin{pmatrix} 0 & e_{ij}+e_{ji} \\ 0 & 0 \end{pmatrix}, \begin{pmatrix} 0 & 0 \\ e_{ij}+e_{ji} & 0 \end{pmatrix}, \begin{pmatrix} 0 & 0 \\ e_{ii} & 0 \end{pmatrix}, \begin{pmatrix} 0 & e_{ii} \\ 0 & 0 \end{pmatrix},$$

$(1 \leq i < j \leq n$, $1 \leq i \leq n$, $e_{ij} \in M_n(k)$ は (i,j) 基本行列)

を考えると，これらは T に関するルート空間の基となる．極大トーラスの元 $\begin{pmatrix} t & 0 \\ 0 & t^{-1} \end{pmatrix} \in T$ の $X = \begin{pmatrix} x & y \\ u & -{}^tx \end{pmatrix}$ に対する作用は，$x \mapsto txt^{-1}$, $y \mapsto tyt$, $u \mapsto t^{-1}ut^{-1}$ となることに注意して，次のようにルート・データが得られる．

$$X = \sum_{i=1}^n \mathbb{Z}\,\epsilon_i \quad \left(\epsilon_i \begin{pmatrix} t & 0 \\ 0 & t^{-1} \end{pmatrix} = t_i \right),$$

$$R = \{ \pm 2\epsilon_i, \; \pm\epsilon_i \pm \epsilon_j \mid 1 \leq i \neq j \leq n \} \subset X,$$

$$X^\vee = \sum_{i=1}^n \mathbb{Z}\,\epsilon_i^\vee, \; \langle \epsilon_i, \epsilon_j^\vee \rangle = \delta_{ij},$$

ただし，$\epsilon_i^\vee(c) = \begin{pmatrix} t(i,c) & 0 \\ 0 & t(i,c^{-1}) \end{pmatrix}$, $t(i,c) \in \boldsymbol{D}_n$ $(c \in k^\times)$ は $t(i,c)_i = c$, $t(i,c)_j = 1$ $(j \neq i)$ なる元,
$R^\vee = \{\pm \epsilon_i^\vee, \pm \epsilon_i^\vee \pm \epsilon_j^\vee \mid 1 \leq i \neq j \leq n\} \subset X^\vee$.

ルートの基と正ルート系としては,
$$\Pi = \{\epsilon_i - \epsilon_{i+1} \ (1 \leq i < n), 2\epsilon_n\}$$
$$\subset R^+ = \{\epsilon_i \pm \epsilon_j \ (1 \leq i < j \leq n), 2\epsilon_i \ (1 \leq i \leq n)\}$$

がとれる．いわゆる (C_n) 型ルート系である．

(IV)．再び，2 次形式と直交群 (II) に戻る．

(イ) (D_n) 型．偶数階数 $2n$ の 2 次形式 $Q(v) = {}^t v J_0 v$ に対する直交群の単位成分 $G = SO(Q)$ を考える．(III) と同様に，$T := \left\{ \begin{pmatrix} t & 0 \\ 0 & t^{-1} \end{pmatrix} \middle| t \in \boldsymbol{D}_n \right\}$ は極大トーラスである．以下，$\operatorname{char} k \neq 2$ とすると，$Q(v) = \frac{1}{2} {}^t v J v$ $(J = J_0 + {}^t J_0)$, $O(Q) = \{g \in GL_{2n}(k) \mid {}^t g J g = J\}$ より，(II) と同様に，条件 ${}^t X J + J X = 0$ から
$$\mathfrak{g} := \left\{ X = \begin{pmatrix} x & y \\ u & -{}^t x \end{pmatrix} \middle| x, y, u \in M_n(k), y + {}^t y = 0, u + {}^t u = 0 \right\}$$
について，$\dim \mathfrak{g} = n(2n-1)$ である．命題 6.4.1 より，$\dim G = \dim SO(Q) = n(2n-1) = \dim \mathfrak{g}$ だから，$\mathfrak{g}$ は G の Lie 環である．

(III) と同様に，T に関するルート空間の基
$$\begin{pmatrix} e_{ij} & 0 \\ 0 & -e_{ji} \end{pmatrix}, \begin{pmatrix} 0 & e_{ij} - e_{ji} \\ 0 & 0 \end{pmatrix}, \begin{pmatrix} 0 & 0 \\ e_{ij} - e_{ji} & 0 \end{pmatrix}, \quad (1 \leq i \neq j \leq n)$$
をとると，ルート・データは (III) と同じ記号で
$$X = \sum_{i=1}^n \mathbb{Z} \epsilon_i \supset R = \{\pm \epsilon_i \pm \epsilon_j \mid 1 \leq i \neq j \leq n\},$$

$$X^\vee = \sum_{i=1}^n \mathbb{Z} \epsilon_i^\vee \supset R^\vee = \{\pm \epsilon_i^\vee \pm \epsilon_j^\vee \mid 1 \leq i \neq j \leq n\}$$

となる．このように，対 X, R と $X^\vee, R^\vee$ を交換しても同じ形をしているルート・データを自己双対であるという．

(ロ) (B_n) 型．階数 $2n+1$ の 2 次形式 $Q(v) = {}^t v \begin{pmatrix} 1 & 0 \\ 0 & J_0 \end{pmatrix} v = v_0^2 + Q_0(v_1)$ $(Q_0(v_1) = {}^t v_1 J_0 v_1,\ (v_0 \in k, v_1 \in k^{2n}))$ に対する直交群の単位成分 $G = SO(Q)$ を考える．$\mathrm{char}\, k \neq 2$ とすると，(III) と同様に，
$T := \left\{ \begin{pmatrix} 1 & 0 \\ 0 & \tilde{t} \end{pmatrix} \in \boldsymbol{D}_{2n+1} \middle| \tilde{t} = \begin{pmatrix} t & 0 \\ 0 & t^{-1} \end{pmatrix}, t \in \boldsymbol{D}_n \right\}$ は極大トーラスである．
$\widetilde{J} = \begin{pmatrix} 2 & 0 \\ 0 & J \end{pmatrix}$ (J は (イ) と同じ) とおくと，$Q(v) = \frac{1}{2} {}^t v \widetilde{J} v\ (v \in k^{2n+1})$ ゆえ，(イ) と同じ論法で G の Lie 環

$$\mathfrak{g} := \left\{ X = \begin{pmatrix} 0 & -{}^t w J \\ w & X_0 \end{pmatrix} \middle| X_0 \in M_{2n}(k),\ {}^t X_0 J + J X_0 = 0,\ w \in k^{2n} \right\}$$

が求まり，ルート空間の基も同様に選ぶと，ルート・データが次のように得られる．

$$X = \sum_{i=1}^n \mathbb{Z} \epsilon_i \supset R = \{\pm \epsilon_i,\ \pm \epsilon_i \pm \epsilon_j \mid 1 \leq i \neq j \leq n\},$$
$$X^\vee = \sum_{i=1}^n \mathbb{Z} \epsilon_i^\vee \supset R^\vee = \{\pm 2\epsilon_i^\vee,\ \pm \epsilon_i^\vee \pm \epsilon_j^\vee \mid 1 \leq i \neq j \leq n\}$$

($\langle \epsilon_i, \epsilon_j^\vee \rangle = \delta_{ij}$ ゆえ，ルート $\alpha_i = \epsilon_i$ の余ルートが $\alpha_i^\vee = 2\epsilon_i^\vee$)．

基と正系として，

$$\Pi = \{\epsilon_i - \epsilon_{i+1},\ \epsilon_n\ (1 \leq i < n)\} \subset R^+ = \{\epsilon_i,\ \epsilon_i \pm \epsilon_j,\ (1 \leq i < j \leq n)\}$$

が選べる．

ルート・データ $(X, R, X^\vee, R^\vee)$ を転置した $(X^\vee, R^\vee, X, R)$ が (III) の Sp_{2n} のルート・データに同型である (ϵ_i と $\epsilon_i^\vee$ の同一視)．この意味で，Sp_{2n} と階数 $2n+1$ の 2 次形式の直交群 $SO(Q) \subset O(Q)$ は互いに他の双対群であるという．

(V) (標数 2 の場合の直交群).

(イ) Q を奇数階数 $2n+1$ $(n \geq 1)$ の双曲型の標準形, すなわち,

$$Q(v) = {}^tv \begin{pmatrix} 1 & 0 \\ 0 & J_0 \end{pmatrix} v = \xi_0^2 + {}^tw J_0 w = \xi_0^2 + \sum_{i=1}^n \xi_i \eta_i$$

$({}^tv = (\xi_0, w), {}^tw = (\xi, \eta)\, (\xi_0 \in k, \xi, \eta \in k^n))$

とする. 直交群の元を

$$g = \begin{pmatrix} a & {}^tb \\ c & h \end{pmatrix} \quad (a \in k,\, b, c \in k^{2n},\, h \in M_{2n}(k))$$

とおくと, $g \begin{pmatrix} \xi_0 \\ w \end{pmatrix} = \begin{pmatrix} a\xi_0 + {}^tbw \\ c\xi_0 + hw \end{pmatrix}$ より,

$$\begin{aligned}
Q(gv) &= (a\xi_0 + {}^twb)(a\xi_0 + {}^tbw) + ({}^tc\xi_0 + {}^tw{}^th)(J_0 c\xi_0 + J_0 hw) \\
&= \xi_0^2(a^2 + {}^tcJ_0 c) + a\xi_0({}^twb + {}^tbw) + \xi_0({}^tcJ_0 hw + {}^tw{}^thJ_0 c) \\
&\quad + {}^tw(b{}^tb + {}^thJ_0 h)w \\
&= \xi_0^2(a^2 + {}^tcJ_0 c) + \xi_0{}^tw({}^th{}^tJ_0 + {}^thJ_0)c + {}^tw(b{}^tb + {}^thJ_0 h)w
\end{aligned}$$

$({}^twb = {}^t({}^twb) = {}^tbw$ より, ${}^twb + {}^tbw = 0$ $(\mathrm{char}\, k = 2))$. 従って, $Q(gv) = Q(v)\,(v \in k^{2n+1})$ なるためには,

$$a^2 + {}^tc J_0 c = 1 \tag{1}$$

$${}^th\,({}^tJ_0 + J_0)\,c = 0 \tag{2}$$

$${}^tw\,(b{}^tb + {}^th\,J_0\,h)\,w = {}^tw\,J_0\,w \quad (\forall w \in k^{2n}) \tag{3}$$

でなければならない.

(3) 式より, ${}^tw\,(b{}^tb + {}^thJ_0 h - J_0)w = 0\,(\forall w)$ ゆえ, 補題 6.4.2 より

$${}^th\,J_0\,h - J_0 = {}^t({}^th\,J_0\,h - J_0) = {}^th{}^tJ_0 h - {}^tJ_0 \iff {}^th\,J\,h = J$$

$(J = J_0 + {}^tJ_0$ に注意), かつ, ${}^thJ_0 h - J_0$ の i 番目の対角成分は b_i^2 ($b{}^tb$ の i 番目の対角成分) に等しくなければいけない. よって, ${}^thJh = J (\Leftrightarrow h \in Sp_{2n}(k))$ をまず選んで, それから $b = (b_i)_{1 \leq i \leq 2n}$ を唯 1 つ決めることができる.

次に (2) 式 ${}^t h J c = 0$ より，h, J は正則行列だから $c = 0$ となり，さらに (1) 式より $a = 1$ となる．

以上のことから，$O(Q)$ の元は，$g = \begin{pmatrix} 1 & {}^t b \\ 0 & h \end{pmatrix}$ $(h \in Sp_{2n}(k), b \in k^{2n}$ は h から唯 1 つ決まる) となり，逆に，上の形の元は $O(Q)$ の元であることは明らかである．

まとめると次を得る．

命題 6.4.4. (char $k = 2$ 特有の) 準同型射 $\varphi : O(Q) \to Sp_{2n}(k)$ $(\varphi(g) = h)$ は全単射である (代数群の同型ではない)．とくに，$\dim O(Q) = \dim Sp_{2n}(k) = n(2n+1)$．

証明． φ が全射であることは，上の議論から分かる．$\mathrm{Ker}\,\varphi$ は $h = 1$, $b_i^2 = 0$ $(1 \leq i \leq 2n)$ をみたす元だから，抽象群としては $b_i = 0$ で，$\mathrm{Ker}\,\varphi$ は自明 ($b_i^2 = 0$ という条件は標数 2 の場合，群スキームとしては自明ではないことに注意)．□

(**標数 2 の**) **直交群の Lie 環とルート・データ．**

Lie 環は条件 $1 + X\epsilon \in O(Q)$ $(X \in M_{2n+1}(k))$ を書き下すと，

$$Q((1 + X\epsilon)v) = Q(v + (Xv)\epsilon) = B(v, (Xv))\epsilon + Q(v) = Q(v)$$

($\epsilon^2 = 0$ に注意) より，$B(v, Xv) = 0$．また，$(1 + X\epsilon)e_0 = e$ より $Xe_0 = 0$ $(e_0 := {}^t(1, 0, \ldots, 0) \in k^{2n+1})$．従って，$B(u, v) = {}^t u \begin{pmatrix} 0 & 0 \\ 0 & J \end{pmatrix} v$ だから，$v = \begin{pmatrix} \xi_0 \\ w \end{pmatrix}$ とすると，$X = \begin{pmatrix} 0 & {}^t z \\ 0 & X_0 \end{pmatrix}$ $(z \in k^{2n})$ とおいて ${}^t w J X_0 w = 0$．補題 6.4.2 より JX_0 が対称で，かつすべての対角成分が 0 という条件 $(\star)$ が導かれる．そこで，

$$\mathfrak{g}_0 := \{X_0 \in M_{2n}(k) \mid JX_0 \text{ が条件 } (\star) \text{ をみたす}\}$$

とおくと，これは $\dim \mathfrak{g}_0 = n(2n-1)$ の Lie 環になることが分かる (実は次に示す $2n$ 次直交群の Lie 環である)．よって，

$$\mathfrak{g} := \left\{ \begin{pmatrix} 0 & {}^t z \\ 0 & X_0 \end{pmatrix} \middle| z \in k^{2n},\, X_0 \in \mathfrak{g}_0 \right\}$$

とおくと, $\dim \mathfrak{g} = \dim \mathfrak{g}_0 + \dim k^{2n} = n(2n-1) + 2n = n(2n+1) = \dim O(Q)$ となり, $\mathfrak{g}$ が直交群 $O(Q)$ の Lie 環であることが示された.

極大トーラスとしては (IV)(ロ) と同様に

$$T = \left\{ \begin{pmatrix} 1 & 0 \\ 0 & \tilde{t} \end{pmatrix} \middle| \tilde{t} = \begin{pmatrix} t & 0 \\ 0 & t^{-1} \end{pmatrix},\, t \in \boldsymbol{D}_n \right\}$$

が選べる.

結局, $\mathfrak{g}_0$ の部分は (IV)(イ) ($\operatorname{char} k \neq 2$ の場合の $2n$ 次直交群) のときと同じ形のルート空間の基, および $z \in k^{2n}$ の部分は単位ベクトルがルート空間の基に選べて, ルート・データは (IV)(ロ) $\operatorname{char} k \neq 2$ の場合の $2n+1$ 次直交群と同じ形になる.

(ロ) Q が偶数階数 $2n$ ($n \leq 2$) の場合, すなわち,

$$Q(v) = {}^t v\, J_0\, v = {}^t \xi\, \eta \quad \left(v = \begin{pmatrix} \xi \\ \eta \end{pmatrix},\, \xi, \eta \in k^{2n} \right)$$

とする.

対応する直交群を $G := O(Q) = \{g \in GL_{2n}(k) \mid Q(gv) = Q(v)\, (v \in k^{2n})\}$ とおき, (イ) で与えた階数 $2n+1$ の 2 次形式を $\widetilde{Q}(\tilde{v}) := \xi_0^2 + Q(v)$ ($\tilde{v} = {}^t(\xi_0, {}^t v) \in k^{2n}$) とすると, $\psi : O(Q) \to O(\widetilde{Q})$ ($\psi(g) = \begin{pmatrix} 1 & 0 \\ 0 & g \end{pmatrix} \in O(\widetilde{Q})$) は閉部分群への埋め込みを与える. ここで, $O(\widetilde{Q})$ の k^{2n+1} への右作用を

$${}^t e_0 \begin{pmatrix} 1 & {}^t b \\ 0 & h \end{pmatrix} = (1, {}^t b) \quad ({}^t e_0 = (1, 0, \ldots, 0),\, b \in k^{2n})$$

と定義すると, ${}^t e_0$ の固定化部分群の元は

$$\begin{pmatrix} 1 & 0 \\ 0 & h \end{pmatrix} \in O(\widetilde{Q}) \iff h \in O(Q)$$

となり，$\operatorname{Im}\psi$ が固定化部分群である．ゆえに，$\operatorname{Im}\psi\backslash O(\widetilde{Q}) \stackrel{\sim}{\to} k^{2n}$ となり，
$$\dim O(Q) = \dim O(\widetilde{Q}) - \dim k^{2n} = n(2n+1) - 2n = n(2n-1)$$
を得，これは $\operatorname{char} k \neq 2$ の場合と同じである．

従って，$O(Q)$ の Lie 環は (イ) の
$$\mathfrak{g}_0 = \{X \in M_{2n}(k) \mid B(v, Xv) = {}^t v(JX)v = 0 \; (v \in k^{2n})\}$$
$$= \left\{ \begin{pmatrix} x & y \\ u & {}^t x \end{pmatrix} \middle| x, y, u \in M_n(k), \; y, u \text{ は対角成分が } 0 \text{ の対称行列} \right\}$$
に等しく，極大トーラス，ルート空間の基も $\operatorname{char} k \neq 2$ の場合と同じ形にとれて，結局ルート・データも (IV)(イ)(D_n) 型と同じになる．

コメント．以上で，古典群については直交群の場合，標数 2 のとき群と Lie 環の形が異なることはあっても，ルート・データは k の標数によらず一定であることが分かった．

6.5　冪単根基

G を連結代数群，T をその極大トーラス，$\mathcal{B}^T$ を T を含む Borel 部分群のなす集合とする．$C := (\bigcap_{B \in \mathcal{B}^T} B_u)^0$（$B_u = R_u B$ は Borel 部分群 B の冪単元がなす閉部分群で B の冪単根基に等しい）とおく．この節の目標は，$R_u G = C$ を示すことである．

まず次の補題を証明する．

補題 6.5.1. 　ルート $\alpha \in R^1(G, T)$ に対し，G の部分群 $C_\alpha := (\bigcap_{B \in \mathcal{B}^T, R^+(B) \ni \alpha} B_u)^0$ を考える（$R^+(B)$ は B に対応する正のルート系）．このとき，C は C_α の余次元 1 の正規部分群である．

証明． $\mathfrak{g}_\alpha \subset \operatorname{Lie} B_u$ を α のルート空間とすると，$\operatorname{Lie} C_\alpha = \operatorname{Lie} C \oplus \mathfrak{g}_\alpha$ と見なせることを示そう．（$\operatorname{Lie} G_\alpha \twoheadrightarrow \operatorname{Lie} G_\alpha / R_u G_\alpha \supset \operatorname{Lie}(G_\alpha \cap B / R_u G_\alpha \cap B) \supset \mathfrak{g}_\alpha$ に注意．）すると，$\dim C_\alpha / C = \dim \mathfrak{g}_\alpha = 1$ で，冪単群の連結閉部分群が余次元 1 ならば正規であるから補題が証明される．

さて，定義によって $\operatorname{Lie} C \subset \operatorname{Lie} C_\alpha$ は共に T の随伴作用で保たれているから，ウェイト空間 $\mathfrak{g}_\beta$ ($\beta \in R(G,T)$: ルートの集合) で張られている．$\gamma \in R(G,T)$ に対して，$R_u G_\gamma \subset B_u$ ($\forall B \in \mathcal{B}^T$) ゆえ，$\operatorname{Lie} R_u G_\gamma \subset \operatorname{Lie} C$. 従って，

$$\operatorname{Lie} C_\alpha \subset \operatorname{Lie} C \oplus \sum_{\beta \in R^1(G,T)} \mathfrak{g}_\beta.$$

ここで，$\mathfrak{g}_\beta \subset \operatorname{Lie} C_\alpha$ ($\beta \in R^1(G,T)$) とすると，
($\star$) "$\alpha \in R^+(B)$ となるすべての $B \in \mathcal{B}^T$ に対して，$\beta \in R^+(B)$"
である．そこで，$\alpha \in R^+(B_0)$ となる B_0 を1つ固定して，$R^+ := R^+(B_0)$ (正ルート系) とおく．任意の $B \in \mathcal{B}^T$ はある Weyl 群の元 $w \in W$ によって $B = {}^{w^{-1}} B_0$ と書けるから，$w\beta \in R^+$. すなわち，($\star$) より $w\alpha \in R^+$ なる任意の $w \in W$ に対して，$w\beta \in R^+$ が成り立つ．とくに，$w = e$ とおいて，$\alpha, \beta \in R^+$ を得る．

いま $\alpha \neq \beta$ とすると，α と $-\beta$ は1次独立である．従って，2つのルートについての性質 (付録；系 B.4.2(2)) より，$w\alpha, -w\beta \in R^+$ となる $w \in W$ が存在する．一方このような w に対しては，上に記したことから $w\beta \in R^+$ の筈だったから $\pm w\beta \in R^+$ となって矛盾．よって，$\alpha = \beta$ となり $\mathfrak{g}_\alpha \subset \operatorname{Lie} C_\alpha$, すなわち，$\operatorname{Lie} C_\alpha = \operatorname{Lie} C \oplus \mathfrak{g}_\alpha$ がいえた．　□

定理 6.5.2. 記号設定は補題 6.5.1 のとおりとして，$R_u G = C$.

証明． C は冪単で，$R_u G = (\bigcap_{B \in \mathcal{B}} B_u)^0 \subset C$ ゆえ，C が G の正規部分群であることを示せばよい．命題 6.1.1 より，G は G_γ ($\gamma \in R(G,T)$) で生成され，G_γ はその Borel 部分群らで生成されるから，G_γ の Borel 部分群が C を正規化することをいえばよい．

次の2つの場合が考えられる．
ケース (1) 任意の $B \in \mathcal{B}^T$ に対して，$B \cap G_\gamma = G_\gamma$ すなわち $G_\gamma \subset B$.
ケース (2) $B \cap G_\gamma \neq G_\gamma$ なる $B \in \mathcal{B}^T$ がある．

(1) ならば，G_γ 自身 Borel 部分群ゆえ TC の部分群である．(2) ならば，$G_\gamma = G_\alpha$ となるルート $\alpha \in R^1(G,T)$ があり，$B \cap G_\alpha \subset TC_\alpha$. よって，補題 6.5.1 より TC は TC_α の正規部分群ゆえ，示された．

いずれも G_γ の Borel 部分群は C を正規化することがいえた．　□

系 6.5.3. G を連結簡約群 T をその極大トーラスとする.

(1) T の部分トーラス S に対して, $Z_G(S)$ も連結簡約群である.

(2) $Z_G(T) = T$, すなわち, Cartan 部分群は極大トーラスである.

(3) G の中心 $Z(G)$ は任意の極大トーラスの部分群である.

(4) (G,T) のルート系 $R^1(G,T)$ はルートの集合 $R(G,T)$ に一致する. すなわち, 前の記号で

$$R(G,T) = R^0(G,T) = R^1(G,T).$$

証明. (1) $R_u(Z_G(S)) = (\bigcap_{T \subset B_{Z_G(S)}} B_{Z_G(S),u})^0 \subset (\bigcap_{T \subset B} B_u)^0 = \{e\}$.

(2) Cartan 部分群 $Z_G(T)$ は冪零群であった. さらに, $Z_G(T)$ は連結ゆえ, $Z_G(T)$ はその Borel 部分群で T を含む. (1) より簡約だから $Z_G(T)_u = R_u(Z_G(T)) = \{e\}$. よって, $Z_G(T) = T$.

(3) 任意の極大トーラス T' に対して $Z(G) \subset Z_G(T') = T'$.

(4) (1) より, 前の記号で, $\alpha \in R(G,T)$ に対して $G_\alpha = Z_G((\mathrm{Ker}\,\alpha)^0)$ 達はすべて連結簡約ゆえ, G_α 自身半単純階数が 1 の簡約部分群となり, ルート系の定義から $\alpha \in R^1(G,T)$ である.

なお, その Lie 環について $\mathfrak{g} = \mathrm{Lie}\,G \supset \mathrm{Lie}\,G_\alpha = \mathrm{Lie}\,T \oplus \mathfrak{g}_\alpha \oplus \mathfrak{g}_{-\alpha}$ となるから, $\mathfrak{g} = \mathrm{Lie}\,T \oplus \bigoplus_{\alpha \in R(G,T)} \mathfrak{g}_\alpha = \mathrm{Lie}\,T \oplus \bigoplus_{\alpha \in R^1(G,T)} \mathfrak{g}_\alpha$ である. □

第7章 簡約群

7.1 簡約群の構造

以下断らない限り，G は連結簡約代数群とする．極大トーラス T を1つ固定し，そのルート・データを $\Psi(G,T) := (X, R, X^\vee, R^\vee)$ とする．前章の結果から次が成立する．

定理 7.1.1. (1) ルート $\alpha \in R = R(G,T) = R^1(G,T)$ に対して，閉部分群 $U_\alpha \subset G$ で次の性質をみたすものが唯1つ存在する．群同型 $u_\alpha : \mathbb{G}_a \xrightarrow{\sim} U_\alpha$ で，$t\, u_\alpha(x)\, t^{-1} = u_\alpha(\alpha(t)x)$ $(t \in T,\, x \in \mathbb{G}_a)$ をみたすものが $\mathbb{G}_a$ の定数倍を除いて唯1つ存在する．ここで，Lie 環については $\operatorname{Im} d u_\alpha = \operatorname{Lie} U_\alpha = \mathfrak{g}_\alpha$, $\dim U_\alpha = \dim \mathfrak{g}_\alpha = 1$ である．

(2) G は T と U_α $(\alpha \in R)$ らで生成される．

(3) G の中心は $Z(G) = \bigcap_{\alpha \in R} \operatorname{Ker} \alpha$ である．

(4) B を T を含む Borel 部分群とすると，
$$\alpha \in R^+(B) \iff U_\alpha \subset B \iff \mathfrak{g}_\alpha \subset \operatorname{Lie} B$$

(5)
$$\operatorname{Lie} B = \operatorname{Lie} T \oplus \bigoplus_{\alpha \in R^+(B)} \mathfrak{g}_\alpha, \quad \dim B = r + \frac{1}{2}\#R, \quad \dim G = r + \#R.$$

(ただし，$r = \dim T = \operatorname{rank} G$ は G の階数.)

証明. (1) 系 6.5.3 より $G_\alpha = Z_G((\operatorname{Ker} \alpha)^0)$ は G の半単純階数 1 の簡約部分群として唯 1 つ決まり，従って，その構造定理 6.2.3（および系 6.2.2）より，

(1) をみたす U_α, $\mathfrak{g}_\alpha$, $u_\alpha : \mathbb{G}_a \xrightarrow{\sim} U_\alpha$ が唯 1 つ決まる (u_α については $\mathbb{G}_a$ の同型を除いて).

(2) $T, U_{\pm\alpha} \subset G_\alpha$ に注意して, 補題 6.1.1 (2) より明らか.

(3) $Z := \bigcap_{\alpha \in R} \operatorname{Ker} \alpha (\subset T)$ とおくと, (1) より $z\, u_\alpha(x)\, z^{-1} = u_\alpha(\alpha(z)x) = u_\alpha(x)$ ($z \in Z, x \in \mathbb{G}_a$). よって, $Z \subset Z_G(U_\alpha)$ ($\forall \alpha \in R$). よって (2) より $Z \subset Z(G)$. $Z(G) \subset Z$ は明らか.

(4) $R^+(B)$ の定義において, G_α が簡約ゆえ $R_u G_\alpha = \{e\}$ で, $B_\alpha := (G_\alpha \cap B)/(R_u G_\alpha \cap B) = G_\alpha \cap B$ は G の部分群となり, $\operatorname{Lie} B_\alpha = \operatorname{Lie} T \oplus \mathfrak{g}_\alpha$ (または $\operatorname{Lie} T \oplus \mathfrak{g}_{-\alpha}$) は $\mathfrak{g}$ の部分環となる. 従って, $\alpha \in R^+(B) \Leftrightarrow \mathfrak{g}_\alpha \subset \operatorname{Lie} B_\alpha \cap \operatorname{Lie} B$ より分かる.

(5) (4) より, $\operatorname{Lie} B = \operatorname{Lie} T \oplus \bigoplus_{\alpha \in R^+(B)} \mathfrak{g}_\alpha$ で, 命題 6.3.5 より $R^+(B)$ は正系, すなわち $\#R^+(B) = \frac{1}{2} \# R$. また, $\mathfrak{g} = \operatorname{Lie} T \oplus \bigoplus_{\alpha \in R} \mathfrak{g}_\alpha$ から最後の式が出る. □

簡約群 G_α については, その半単純部分 $[G_\alpha, G_\alpha] \triangleleft G$ は分類定理によって, $SL_2(k)$ か $PGL_2(k)$ に同型であった. 今一度, 例として確認しておこう.

例. $G = SL_2(k)$ とする.

$$T = \left\{ \alpha^\vee(t) = \begin{pmatrix} t & 0 \\ 0 & t^{-1} \end{pmatrix} \,\middle|\, t \in k^\times \right\}, \ \alpha(\alpha^\vee(t)) = t^2,$$

$$u_\alpha : \mathfrak{g}_\alpha = \left\{ \begin{pmatrix} 0 & x \\ 0 & 0 \end{pmatrix} \,\middle|\, x \in k \right\} \to U_\alpha = \left\{ u_\alpha(x) = \begin{pmatrix} 1 & x \\ 0 & 1 \end{pmatrix} \,\middle|\, x \in k \right\},$$

$$\alpha^\vee(t) u_\alpha(x) \alpha^\vee(t)^{-1} = u_\alpha(t^2 x),$$

$$B = T U_\alpha, \ R^+(B) = \{\alpha\}, \ R = \{\pm\alpha\},$$

$$U_{-\alpha} = \left\{ u_{-\alpha}(x) = \begin{pmatrix} 1 & 0 \\ x & 1 \end{pmatrix} \,\middle|\, x \in k \right\},$$

$$u_\alpha(x) u_{-\alpha}(-x^{-1}) u_\alpha(x) = \begin{pmatrix} 0 & x \\ -x^{-1} & 0 \end{pmatrix} = \alpha^\vee(x)\, n_\alpha \ (x \neq 0),$$

ただし, $n_\alpha := \begin{pmatrix} 0 & 1 \\ -1 & 0 \end{pmatrix}$ とおいた. $n_\alpha \in N_G(T)$ は $s_\alpha = n_\alpha T \in N_G(T)/T = W$ の代表元で, $X = X^*(T) = \mathbb{Z}\chi$ ($\chi(\alpha^\vee(t)) := t$) とおくと,

$$\chi(n_\alpha \alpha^\vee(t) n_\alpha^{-1}) = \chi(\alpha^\vee(t^{-1})) = (-\chi)(\alpha^\vee(t))$$

(X の加法記法に注意) すなわち, $s_\alpha \chi = -\chi$. さらに, $n_\alpha^2 = \alpha^\vee(-1)$, $n_{-\alpha} = n_\alpha^{-1}$ などにも注意 (補題 6.3.2 参照).

$PGL_2(k)$ ($SL_2(k)$ の全準同型像) においても, 同様のことが成立し, 一般の場合に次が導かれる.

補題 7.1.2. (G, T) を一般の簡約群における対, $R = R(G, T)$ をそのルート系とする.

(1) $\alpha \in R$ に対し, u_α を次のように選べる.

$$n_\alpha = u_\alpha(1) u_{-\alpha}(-1) u_\alpha(1) \in N_{G_\alpha}(T) \subset N_G(T)$$

は Weyl 群の元 $s_\alpha \in W = W(G, T) = N_G(T)/T$ の 1 つの代表元を与える. このとき,

$$u_\alpha(x) u_{-\alpha}(-x^{-1}) u_\alpha(x) = \alpha^\vee(x) n_\alpha \quad (x \in k^\times)$$

が成り立つ.

(2) $n_\alpha^2 = \alpha^\vee(-1)$, $n_{-\alpha} = n_\alpha^{-1}$.

(3) $u \in U_\alpha \setminus \{e\}$ に対し $u u' u \in N_G(T)$ となる唯 1 つの $u' \in U_{-\alpha}$ が存在する.

(4) $(u'_\alpha)_{\alpha \in R}$ を定理 7.1.1 (1) と上の (1) の性質をもつ同型の族とすると,

$$u'_\alpha(x) = u_\alpha(c_\alpha x), \quad c_\alpha c_{-\alpha} = 1 \quad (\alpha \in R, \, x \in k)$$

となる $(c_\alpha \in k^\times)_{\alpha \in R}$ がとれる.

証明. 上の例と補題 6.3.2 から容易に導かれる. □

ルート $\alpha \in R$ から決まる 1 次元閉部分群 $U_\alpha \subset G$ を α のルート部分群 (root subgroup), $u_\alpha: \mathbb{G}_a \xrightarrow{\sim} U_\alpha$ をその実現 (realization) という. 補題 7.1.2 (1)

より，実現からも余ルート $\alpha^\vee$ が定まる．

注意． ルート系 $R \subset X$ が生成する部分群 $Q := \mathbb{Z}R$ をルート格子（root lattice）というが，これを**ルート群**（root group）ということもあるので注意されたい．文脈から判断して誤解の恐れはないと思うが．

定理 7.1.3. G を連結半単純群とする．
(1) G は U_α $(\alpha \in R)$ らで生成される．
(2) $G = [G, G]$．
(3) G_1 を G の連結閉正規部分群とすると，これは半単純であり，G_1 に対して同様の性質をもつ部分群 G_2 で，$[G_1, G_2] = \{e\}$，$G_1 \cap G_2$ は有限，$G = G_1 G_2$ なるものが存在する．
(4) (3) の性質をもつ極小な部分群達は有限個で，$G_1, G_2, \ldots, G_r$ をそのようなもの全体とすると，$[G_i, G_j] = \{e\}$ $(i \neq j)$，$G_i \cap \prod_{j \neq i} G_j$ は有限で，$G = G_1 G_2 \cdots G_r$．

証明． (1) 定理 7.1.1 (3) より G の中心は $Z = \bigcap_{\alpha \in R} \mathrm{Ker}\, \alpha$ で，$Z^0 \subset RG = \{e\}$ ゆえ，Z は有限群．このことより，$Q := \mathbb{Z}R (\subset X)$ をルート格子とすると，X/Q は有限群になる．（実は，$X^*(Z) \simeq (X/Q)_{p'}$ ($p = \mathrm{char}\, k$ と互いに素な元のなす部分群）．）同様に $Q^\perp = 0 (\subset X^\vee)$ で，$Q^\vee := \mathbb{Z}R^\vee$ も $X^\vee$ で有限指数ゆえ，$\mathrm{Im}\, \alpha^\vee = \alpha^\vee(\mathbb{G}_a) (\subset T)$ $(\alpha^\vee \in R^\vee)$ らは T を生成する．従って，補題 7.1.2 (1),(2) の式から，U_α $(\alpha \in R)$ が生成する群は T を含み，定理 7.1.1 (2) より，(1) がいえる．

(2) $[t, u_\alpha] = u_\alpha((\alpha(t) - 1)x)$ $(t \in T, x \in k)$ より $U_\alpha \subset [G, G]$ となり，(1) より従う．

(3) G_1 は G で正規ゆえ，G_1 の Borel 部分群 B に対して gBg^{-1} $(g \in G)$ はまた G_1 の Borel 部分群．よって，$g(RG_1)g^{-1} = (\bigcap_{B \in \mathcal{B}_{G_1}} gBg^{-1})^0 = (\bigcap_{B \in \mathcal{B}_{G_1}} B)^0 = RG_1$ （$\mathcal{B}_{G_1}$ は G_1 の Borel 部分群全体の集合）．すなわち，RG_1 は G の正規部分群になり，G が半単純ゆえ，$RG_1 \subset RG = \{e\}$，すなわち $RG_1 = \{e\}$ を得，G_1 も半単純である．

次に G_1 は自明でないと仮定してよい．G_1 の極大トーラス $T_1 \subset T$ をとる

と, $\alpha \in R$ に対して,

$$T_1 \subset \operatorname{Ker} \alpha \Leftrightarrow U_\alpha \not\subset G_1$$

が成り立つ ((2) の証明中の式, および系 6.5.3 (2) $Z_{G_1}(T_1) = T_1$ より). そこで, $R_1 = \{\alpha \in R \mid U_\alpha \subset G_1\}$, $R_2 = R \setminus R_1$ とおくと, 非自明の仮定より $R_1, R_2 \neq \emptyset$. このとき, $[U_\alpha, U_\beta] = \{e\}$ ($\alpha \in R_1, \beta \in R_2$) となることを示せば, (1), (2) より, $G_1 = \langle U_\alpha \mid \alpha \in R_1 \rangle$, $G_2 = \langle U_\beta \mid \beta \in R_2 \rangle$ とおいて, $G = G_1 G_2$, $[G_1, G_2] = \{e\}$ が導かれる. また, $U_\gamma \not\subset G_1 \cap G_2$ ($\forall \gamma \in R$) だから, これは有限な正規部分群である.

そこで, $\alpha \in R_1, \beta \in R_2$ に対し U_α と U_β が可換になることを示そう. いま, $x, y \in k$ に対して $u_y(x) := u_\beta(y) u_\alpha(x) u_\beta(-y)$ とおく. 正規性から $u_y(x) \in G_1$ で, $t u_y(x) t^{-1} = u_y(\alpha(t)x)$ ($t \in T_1$) ゆえ, 定理 7.1.1 (1) より, $u_y(x) = u_\alpha(f(y)x), f(y) \neq 0$ ($\forall y \in k$) となる多項式関数 f がある筈である. しかし, これは $f(0) = 1$ なる定数関数でなければならず $u_\alpha(x)$ は $u_\beta(y)$ と可換である.

(4) (3) より帰納的に明らか. □

系 7.1.4. G を連結簡約群とすると, $G = R(G) [G, G]$ で, $[G, G]$ は最大の連結半単純部分群である.

証明. $G/R(G)$ は半単純ゆえ, 定理 7.1.3 (2) より, $[G/R(G), G/R(G)] = G/R(G)$. ところが, $[G/R(G), G/R(G)] = [G, G] R(G)/R(G)$. これが $G/R(G)$ に等しいから $G = [G, G] R(G)$. 命題 6.2.4 より $[G, G] \cap R(G)$ は有限群で, $G/R(G) \simeq [G, G]/([G, G] \cap R(G))$ ゆえ $[G, G]$ も半単純. G_1 を G の連結閉半単純部分群とすると, やはり $G_1 \cap R(G)$ は有限だから $G_1 \subset [G, G]$ となる. □

次に, ルート・データと簡約群の構造との関連を考えるが, その前に, 記号の復習と定義をしておく.

X を有限階数自由アーベル群, $X^\vee$ をその双対とする. $A \subset X$ に対し, $A^\perp := \{y \in X^\vee \mid \langle a, y \rangle = 0 \ (a \in A)\}$, 同様に $A' \subset X^\vee$ に対し, $(A')^\perp := \{x \in X \mid \langle x, a \rangle = 0 \ (a \in A')\}$ と記す. A が X の部分群のとき,

$$\widetilde{A} := \mathbb{Q}A \cap X = \{x \in X \mid \mathbb{Z}x \cap A \neq \{0\}\}$$

($\mathbb{Q}A \subset X \otimes_{\mathbb{Z}} \mathbb{Q}$ と見なす) とおく．$\widetilde{A}$ は X の中での A の有理閉包 (rational closure) であり，$\widetilde{A}/A$ は X/A の捩れ部分 (torsion part) である．$X^{\vee}$ についても同様の記号を用いる．このとき，次に注意しておく．

補題 7.1.5. $\widetilde{A} = (A^{\perp})^{\perp}$.

証明． A が X の直和因子のときは，X/A は自由であるから，その捩れ部分について $\widetilde{A}/A = \{0\}$ ゆえ，$\widetilde{A} = A$ となり成り立つ．一般には，$\widetilde{\widetilde{A}} = \widetilde{A}$ ゆえ，$X/\widetilde{A}$ の捩れ部分について，$\widetilde{\widetilde{A}}/\widetilde{A} = \{0\}$．従って，$X/\widetilde{A}$ は自由で，$\widetilde{A}$ は直和因子．よって，$\widetilde{A}^{\perp\perp} = \widetilde{A}$ となり，$\widetilde{A}^{\perp} = A^{\perp}$ に注意すれば示される． □

次の命題によって，簡約群の根基 RG や半単純部分 $[G,G]$ がルート・データから記述できる．

命題 7.1.6. 連結簡約群の組 (G,T) のルート・データを $(X,R,X^{\vee},R^{\vee})$ とし，$Q := \mathbb{Z}R \subset X$ ($Q^{\vee} := \mathbb{Z}R^{\vee} \subset X^{\vee}$) を (余) ルート格子とする．このとき，次が成立する．

(1) 根基 RG は $\mathrm{Im}\,\xi$ ($\xi \in Q^{\perp}$) で生成される T の部分群で，(余) 指標群について同型 $X^*(RG) \simeq X/\widetilde{Q}$ (等号 $X_*(RG) = Q^{\perp}$) が成立する．

(2) $\mathrm{Im}\,\alpha^{\vee}$ ($\alpha \in R$) が生成する T の部分トーラス T_1 は半単純部分 $[G,G]$ の極大トーラスで，同型 $X^*(T_1) \simeq X/(Q^{\vee})^{\perp}$, $X_*(T_1) = \widetilde{(Q^{\vee})}$ が成り立つ．

(3) 半単純部分 $([G,G], T_1)$ のルート・データは，$(X/(Q^{\vee})^{\perp}, R, \widetilde{(Q^{\vee})}, R^{\vee})$ で与えられる．ここで，$R \hookrightarrow X \twoheadrightarrow X/(Q^{\vee})^{\perp}$ は単射ゆえ，$R \subset X/(Q^{\vee})^{\perp}$ と見なした．

証明． (1) 定理 7.1.1 (3) より中心は $Z(G) = \bigcap_{\alpha \in R} \mathrm{Ker}\,\alpha \subset T$ で，$RG = Z(G)^0$ であった．従って，余指標群 $X_*(RG) \subset X_*(T) = X^{\vee}$ について，$\xi \in X_*(RG) \Leftrightarrow \langle \alpha, \xi \rangle = 0$ ($\alpha \in R$) $\Leftrightarrow \xi \in Q^{\perp}$ となる．よって，$X_*(RG) = Q^{\perp} (\subset X^{\vee})$ となり，$X^*(RG) = (Q^{\perp})^{\vee}$ を得る．ところが，可換群の双対性から $(Q^{\perp})^{\vee} \simeq X/Q^{\perp\perp}$ で，前補題 7.1.5 より $Q^{\perp\perp} = \widetilde{Q}$ となり，$X^*(RG) \simeq X/\widetilde{Q}$ がいえる．

(2) まず，定義によって $X_*(T_1) = Q^\vee$ で，$U_\alpha \subset [G,G]$ ゆえ，補題 7.1.2 (1) の式より，T_1 は半単純群 $[G,G]$ の部分トーラスである．通常のように，$V = X \otimes \mathbb{R}$ に Weyl 群不変な内積を入れて $V^\vee = X^\vee \otimes \mathbb{R}$ と同一視し，$\alpha^\vee = 2\alpha/\|\alpha\|^2 \in V$ などとすると，$Q^\perp \otimes \mathbb{R}$ と $Q^\vee \otimes \mathbb{R}$ は互いに他の直交補空間になっている．(1) の結果からかんがみて，$T = T_1 RG$ で，$T_1 \cap RG$ は有限であることが分かり，$\dim T_1 = \dim T/RG = \operatorname{rank} G/RG = \operatorname{rank}[G,G]$ を得，T_1 は $[G,G]$ の極大トーラスとなる．可換群の双対性から，$X^*(T_1) \simeq X/(Q^\vee)^\perp$，前補題から $X_*(T_1) = (Q^\vee)^{\perp\perp} = \widetilde{(Q^\vee)}$ が導かれる．

(3) (2) から直ちに導かれる． □

注意． 系 7.1.4 より $G = RG[G,G]$ であったので，積による全射準同型 $RG \times [G,G] \twoheadrightarrow G$ がある ($RG = Z(G)^0$ に注意)．よって，上の命題によって，指標群の単射 $X \to X/(Q^\vee)^\perp \oplus X/\widetilde{Q}(= X^*(T_1 \times RG))$ が得られる．この像は $\{(x + (Q^\vee)^\perp, y + \widetilde{Q}) \mid x - y \in (Q^\vee)^\perp \oplus \widetilde{Q}\}$ に等しいことに注意しておく．

系 7.1.7.
(1) G が連結半単純群 $\iff Q^\perp = 0 \iff X = \widetilde{Q}$．
(2) G が連結半単純群のとき，$X^*(Z(G)) \simeq (X/Q)_{p'} \simeq Z(G)$ (ただし，群 Γ に対し，$\Gamma_{p'}$ は素数 p と互いに素な位数の元がなす部分群，ここで $p = \operatorname{char} k$).

証明． (1) は命題 7.1.6 (1) より．

(2) 制限写像 $\rho : X \to X^*(Z(G))$ ($\rho(\chi) = \chi|Z(G)$) について，$Z(G) = \bigcap_{\alpha \in R} \operatorname{Ker} \alpha$ より $R \subset \operatorname{Ker} \rho$．従って，$Q \subset \operatorname{Ker} \rho$．ゆえに全射 $X/Q \twoheadrightarrow X^*(Z(G))$ を得る．さらに，$\bar{\xi} \in X/Q$ を位数が p の冪の元とすると $\bar{\xi}|Z(G) = 0$ ($k^\times$ の位数が p の冪の元は 1 のみ)．これより，$(X/Q)_{p'} \xrightarrow{\sim} X^*(Z(G))$ を得る．有限アーベル群の双対性より，$X^*(Z(G)) \simeq Z(G)$ (非自然) に注意すれば最後の結果も得る． □

定義． $R \subset V = \mathbb{R}R$ をルート系，$R^\vee \subset V^\vee$ を余ルート系とする．このとき，$P := \{\chi \in V \mid \langle \chi, R^\vee \rangle \subset \mathbb{Z}\}$ とおくと，P は R を含む V の格子となり，$P \supset Q = \mathbb{Z}R$ である．ルート格子 Q に対し，P をウェイト格子 (weight lattice)

とよぶ（「格子」の代わりに，「群」ということもある）．$\operatorname{rank} Q = \operatorname{rank} P = \dim_{\mathbb{R}} V$ ゆえ，P/Q は有限群で $P = \widetilde{Q}$ となる．

連結半単純群 G の指標群は，$\langle X, R^\vee \rangle \subset \mathbb{Z}$ をみたすから，$V = X \otimes_{\mathbb{Z}} \mathbb{R}$ としたとき $Q \subset X \subset P$ となる．すなわち，X の可能性は有限個しかない．両極端の場合，$X = Q$ のとき G を**随伴群**（adjoint group），$X = P$ のとき，G を**単連結群**（simply connected group）という．P/Q を G の**基本群**（fundamental group）ともいうが，このように，位相幾何の言葉が用いられていることについては下のコメントを参照．また，系 7.1.7 (2) に関連して，有限群 X/Q を G の**余中心**（cocenter）（中心 $Z(G)$ の"双対群"）という．

コメント． 上の言葉は，Lie 群論（標数 0）の慣用から来ている．すなわち，複素数体上の半単純 Lie 群 G について，X/Q は中心の双対群であり，従って，

$$X = Q \iff Z(G) = \{e\} \iff G \text{ は随伴群}$$
$$\overset{\text{定義}}{\iff} G = \operatorname{Ad}(G) = \operatorname{Ad} \mathfrak{g} \subset GL(\mathfrak{g}).$$

また，一般に連結半単純複素 Lie 群 G の普遍被覆群を $\widetilde{G}$，随伴群を $\operatorname{Ad} G = \operatorname{Ad} \mathfrak{g}$ とすると，列 $\widetilde{G} \to G \to \operatorname{Ad} G$ において，$G/Z(G) \overset{\sim}{\to} \operatorname{Ad} G$，その基本群についての列 $\{e\} = \pi_1(\widetilde{G}) \subset \pi_1(G) \subset \pi_1(\operatorname{Ad} G)$ の Galois 理論から，$\pi_1(\operatorname{Ad} G)/\pi_1(G) \simeq Z(G)$．とくに，$Z(\widetilde{G}) \simeq \pi_1(\operatorname{Ad} G) \simeq P/Q$ となり，最大の中心をもつ場合と最小の基本群をもつ場合（単連結）が同値，すなわち，$X = P$ の場合である．（多くの Lie 群の教科書では，コンパクト群について述べてある．G の極大コンパクト群を K とすると，Cartan 分解または岩澤分解より位相空間として G は K とユークリッド空間との直積だから，上の事柄はコンパクト Lie 群についても同じである．）（参考書：岩堀 [岩 1], Helgason[He] など）

なお，一般標数の場合，群スキーム $\boldsymbol{\mu}_n$ などの導入によって，系 7.1.7 は精密化される．（例えば，$Z(SL_n(k)) = \operatorname{Spec} k[t]/(t^n - 1) =: \boldsymbol{\mu}_n$ と定義するとどうなるか考えてみよ．）

例． 記号設定は 6.4 節 (I) のとおりとする．$G = GL_n(k) \rhd G_1 = SL_n(k), G_2 = PGL_n(k)$ とおく．$T = \boldsymbol{D}_n$ を G の極大トーラスとし，その指標群を $X = \sum_{i=1}^n \mathbb{Z}\,\epsilon_i$ $(\epsilon_i(t) := t_i \ (t \in T))$，ルート系を $R = \{\alpha_{ij} = \epsilon_i - \epsilon_j \mid$

$1 \leq i, j \leq n, i \neq j$ とすると，ルート格子は $Q = \{\sum_{i=1}^{n}(m_i - m_{i-1})\epsilon_i \mid m_i \in \mathbb{Z}, m_0 = m_n = 0\} = \mathbb{Z}R$ である．$X^\vee = \sum_{i=1}^{n} \mathbb{Z}\epsilon_i^\vee$, $\langle \epsilon_j, \epsilon_i^\vee \rangle = \delta_{ji}$ で，$\alpha_{ij} = \epsilon_i^\vee - \epsilon_j^\vee$ $(i \neq j)$ として，$R^\vee \subset Q^\vee$ も R, Q と同様に定義される．この $(X, R, X^\vee, R^\vee)$ が $G = GL_n(k)$ のルート・データであった．

$T_1 = T \cap G_1 = \{t \in T \mid \det t = 1\}$ は $G_1 = SL_n(k)$ の極大トーラスで，制限写像 $\rho : X \to X^*(T_1)$ の核は $\mathrm{Ker}\,\rho = \{m\sum_{i=1}^{n} \epsilon_i \mid m \in \mathbb{Z}\} = (Q^\vee)^\perp = (R^\vee)^\perp$ で，$X_1 := X^*(T_1) \simeq X/\mathbb{Z}(\sum_{i=1}^{n} \epsilon_i)$ が G_1 の指標群であり，$R_1 = \rho(R) \simeq R$ となる．双対性より，余指標群は $X_1^\vee = (\sum_{i=1}^{n} \epsilon_i)^\perp$ であるが，等号 $X_1^\vee = \widetilde{(Q^\vee)} = Q^\vee$ が成り立ち，$G_1 = SL_n(k)$ のルート・データは $(X_1, R_1, Q^\vee, R^\vee)$ で与えられた．

さらに，$G_2 = PGL_n(k)$ のルート・データはその双対 $(Q^\vee, R^\vee, X_1, R_1)$ で与えられ，この意味で，PGL_n と SL_n の双対群といった．

さて，半単純群 G_1, G_2 について，その中心は $Z(G_1) \simeq (X_1/Q_1)_{p'}$ $(Q_1 = \mathbb{Z}R_1)$, $Z(G_2) \simeq Q^\vee/Q^\vee = \{e\}$ で与えられるが，単因子の計算によって，$X_1/Q_1 = X/(\mathbb{Z}(\sum_{i=1}^{n} \epsilon_i) + Q) \simeq \mathbb{Z}/\mathbb{Z}n$ (n 次巡回群) となり，明らかに $(\mathbb{Z}/\mathbb{Z}n)_{p'} \simeq \{c \in k^\times \mid c^n = 1\}$ $(\mathrm{char}\,k = p)$ である．

すなわち，$G_1 = SL_n(k)$ は単連結で，$G_2 = PGL_n(k)$ が随伴群である． □

6.4 節の他の古典群についても，基本群などを求めてみることを演習として残しておこう（岩堀 [岩 1] など参照）．

7.2 Borel 部分群の表示

前節に続いて G は連結簡約群，B をその Borel 部分群，T を B に含まれる極大トーラスとする．$R^+(B) = \{\alpha \in R \mid \mathfrak{g}_\alpha \subset \mathrm{Lie}\,B\}$ を B が定める正のルート系，$U_\alpha \subset B$ $(\mathrm{Lie}\,U_\alpha = \mathfrak{g}_\alpha)$ を α のルート部分群とする（定理 7.1.1）．このとき，冪単部分 B_u は U_α らの積で一意的に表示できる．すなわち，次の命題が成り立つ．

命題 7.2.1. $R^+(B)$ に任意の順序を入れて，$\alpha_1, \alpha_2, \ldots, \alpha_d$ $(d = \#R^+(B) = \dim B_u)$ とする．このとき，射

$$\phi : \mathbb{G}_a^d \to B_u, \quad \phi(x_1, x_2, \ldots, x_d) = u_{\alpha_1}(x_1) u_{\alpha_2}(x_2) \cdots u_{\alpha_d}(x_d)$$

は多様体の同型を与える．

証明は設定を一般化した次の補題から明らか．

補題 7.2.2. H を連結可解代数群，S をその極大トーラスとする．H の閉部分群への同型 $v_i : \mathbb{G}_a \xrightarrow{\sim} \operatorname{Im} v_i \subset H$ $(1 \leq i \leq d)$ の族で，次をみたすものが存在するとする．

(i) 各 v_i に対し，自明でない指標 $\beta_i \in X^*(S)$ で $s\, v_i(x)\, s^{-1} = v_i(\beta_i(s)x)$ $(x \in k, s \in S, 1 \leq i \leq d)$ をみたし，β_i 達のどの 2 つも 1 次従属ではない．

(ii) β_i の $\mathfrak{h} = \operatorname{Lie} H$ におけるウェイト空間 $\mathfrak{h}_{\beta_i}$ は 1 次元で $\operatorname{Lie} H_u$ を張る．

このとき，射 $\psi : \mathbb{G}_a^d \to H_u$, $\psi(x_1, x_2, \ldots, x_d) = v_1(x_1) v_2(x_2) \cdots v_d(x_d)$ は多様体の同型を与える．

証明． d についての帰納法による．$d = 1$ のとき，$\mathfrak{h}_{\beta_1} = \operatorname{Lie} H_u$ より $H_u = v_1(\mathbb{G}_a)$ で明らか．$d > 1$ のとき，補題 5.2.4 より H の正規部分群 $N \triangleleft H$ で，$N \subset Z(H_u)$（冪単部分 H_u の中心），かつ $\mathbb{G}_a$ に同型なものが存在する．$\operatorname{Lie} N$ は S で保たれるから，ある β_j に対して $\operatorname{Lie} N = \mathfrak{h}_{\beta_j}$ となる筈である．ここで H の部分群 $Z_H((\operatorname{Ker}\beta_j)^0)$ を考えると，系 4.3.7 からその Lie 環は $\mathfrak{z}_\mathfrak{h}((\operatorname{Ker}\beta_j)^0)$ となり，この冪単部分は $\mathfrak{h}_{\beta_i}$ たちで張られる筈だが，他の β_i $(i \neq j)$ はすべて β_j と独立だから，結局 $Z_H((\operatorname{Ker}\beta_j)^0)$ の冪単根基は $N = \operatorname{Im} v_j$ でなければならない．$i \neq j$ に対し，$w_i : \mathbb{G}_a \xrightarrow{v_i} H \twoheadrightarrow H/N$ とおくと，H/N の極大トーラス $\overline{S} = SN/N$ について，w_i 達は補題の仮定をみたす．なぜなら，$i \neq j$ のとき β_i, β_j は独立だから，$\operatorname{Im} v_i \cap \operatorname{Im} v_j = \{e\}$ ゆえ w_i は単射で，条件 (ii) から dw_i も単射，よって $w_i : \mathbb{G}_a \to \operatorname{Im} w_i$ は分離的な全単射で同型である（命題 4.1.1）．よって，帰納法の仮定から $w_i, H/N$ について補題は成立しているとしてよい．

N は中心に入るから，ψ は単射である．次に，原点 $0 \in \operatorname{Lie} \mathbb{G}_a^d (\simeq k^d)$ における接写像を考えると，$d\psi_0 : k^d \xrightarrow{\sim} \operatorname{Lie} H_u = \sum_i \mathfrak{h}_{\beta_i}$ は全射ゆえ，ψ は双有理な全単射で Zariski の主定理により結局 ψ は同型になる． $\square$

B_u の群構造を考えるためには交換関係式が重要である．これについては次がある．

命題 7.2.3. $\alpha \neq \pm\beta$ をルート R の元とする．このとき，交換子について，
$$[u_\alpha(x), u_\beta(y)] = \prod_{i\alpha+j\beta \in R,\, i,j>0} u_{i\alpha+j\beta}(c_{\alpha,\beta;i,j} x^i y^j) \quad (x, y \in k))$$
となる定数 $c_{\alpha,\beta;i,j} \in k$ が決まる．なお，積の順序は R で決めておく．

証明. 付録系 B.4.2 より，$w \in W$ で $w^{-1}\alpha, w^{-1}\beta \in R^+$ なるものがあるから，始めから wR^+ を正系とおいて $\alpha, \beta \in R^+$ としてよい．さらに，$n \in N_G(T)$ を $w \in W$ の代表元とすると，$n u_\alpha(x) n^{-1} = u_{w\alpha}(cx)$ となる定数 $c \in k^\times$ があることにも注意しておこう．

さて，命題 7.2.1 より射
$$\mathbb{G}_a^2 \ni (x,y) \mapsto [u_\alpha(x), u_\beta(y)] \in \prod_{\gamma \in R^+} u_\gamma(P_\gamma(x,y)) \in \prod_{\gamma \in R^+} U_\gamma = B_u$$
をみたす 2 不定元多項式 $P_\gamma \in k[X, Y]$ が存在する．$t \in T$ の内部自己同型を施すと，$t[u_\alpha(x), u_\beta(y)]t^{-1} = [u_\alpha(\alpha(t)x), u_\beta(\beta(t)y)] = \prod_{\gamma \in R^+} u_\gamma(\gamma(t) P_\gamma(x,y))$ でなければいけないから，$P_\gamma(\alpha(t)x, \beta(t)y) = \gamma(t) P_\gamma(x,y)$ $(x,y \in k, t \in T)$ が成り立つ．指標の 1 次独立性から，このためには，$\gamma = i\alpha + j\beta$ $(i,j \geq 0)$ で，P_γ は x について i 次，y について j 次の単項式でなければいけない．すなわち，$P_\gamma(x,y) = c_{\alpha,\beta;i,j} x^i y^j$ $(\gamma = i\alpha + j\beta$ のとき) である．

あと，$i, j > 0$ を示せばよい．もし，$j = 0$ とすると，$i\alpha \in R^+$ より，$i = 1$（ルートの被約性）．このとき，$[u_\alpha(x), u_\beta(y)] = u_\alpha(cx) \prod_{i\alpha+j\beta, i,j>0} u_{i\alpha+j\beta}(c_{\alpha,\beta;i,j} x^i y^j)$ のような式が得られるが，$y = 0$ とおくと，$e = [u_\alpha(x), e] = u_\alpha(cx)$ となり $c = 0$ でなければいけない．従って，$\prod$ に現れるルートは $i\alpha + j\beta$ $(i,j > 0)$ の形をしている． $\square$

さて，ここでルート系，とくに正系と基，Weyl 群などの性質に対応する Borel 部分群の性質をまとめておこう．

系 5.3.8 で，$\mathcal{B}^T = \{T$ を含む Borel 部分群 $\}$ とすると，全単射 $W = N_G(T)/Z_G(T) = N_G(T)/T \xrightarrow{\sim} \mathcal{B}^T$ $(nT \mapsto nBn^{-1}$ $(n \in N_G(T)))$ を得た．ま

た，Weyl 群 W と正系の間には $1:1$ 対応 $W \ni w \mapsto w R^+$ があり，正系とルート系 R の基，および (Weyl の) 部屋も $1:1$ に対応していた (付録定理 B.2.1, 系 B.4.2). まとめると次の命題を得る.

命題 7.2.4. 連結簡約群 G とその極大トーラス T を固定し，ルート系を $R = R(G,T)$, $W = N_G(T)/T$ を Weyl 群, $\mathcal{B}^T$ を T を含む Borel 部分群の集合とする. $B \in \mathcal{B}^T$ に対して正系 $R^+(B) \subset R$ が 1 つ定まった. この設定で次が成り立つ.

(1) $R^+(B) = \{\alpha \in R \mid U_\alpha \subset B\} = \{\alpha \in R \mid \mathfrak{g}_\alpha \subset \mathrm{Lie}\, B\}$ は $R^+(nBn^{-1}) = w R^+(B)$ $(n \in N_G(T))$ は $w \in W$ の代表元) をみたし,

$$W \stackrel{\sim}{\to} \mathcal{B}^T \stackrel{\sim}{\to} \{R^+(B) \mid R \text{ の正系}\}$$

はすべて全単射である.

(2) $B = T \prod_{\alpha \in R^+(B)} U_\alpha = \langle T, U_\alpha \mid \alpha \in R^+(B)\rangle$.

(3) $B_1, B_2 \in \mathcal{B}^T$ が $\dim(B_1 \cap B_2) = d + r - 1$ $(r = \dim T, d = \# R^+, \dim B_i = d + r)$ をみたすとき，B_1 と B_2 は隣接する (adjacent) という. このとき，次は同値である.

(i) B_1 と B_2 が隣接.
(ii) $R_1^+ = R^+(B_1)$ と $R_2^+ = R^+(B_2)$ が隣接 ($\stackrel{\text{定義}}{\iff} \# R_1^+ \cap R_2^+ = d - 1$).
(iii) $s_\alpha R_1^+ = R_2^+$ となる $\alpha \in R_1^+$ がある.
(iv) 上で α は単純ルート，すなわち R_1^+ の基 Π_1 に属する.
(v) R_i^+ または基 Π_i を定める部屋を C_i とすると，C_1 と C_2 が隣接する ($\stackrel{\text{定義}}{\iff} \overline{C_1} \cap \overline{C_2}$ が壁である，すなわち，余次元 1 である).

(4) Π をルート系の (1 つの) 基とすると，群 G は T とルート部分群 $U_{\pm\alpha}$ $(\alpha \in \Pi)$ らによって生成される.

証明. (1)〜(3) は命題 7.2.1 とルート系の性質 (付録 B.5; 隣接関係, Weyl の部屋の隣接関係, $\# R^+ \cap w^{-1}(-R^+) = 1 \iff w$ は単純鏡映 s_α (α は単純ルート) など) から.

(4) は $G_1 = \langle T, U_{\pm\alpha} \mid \alpha \in \Pi\rangle \subset G$ とおくと，$G_1 \supset G_\alpha = Z_G((\mathrm{Ker}\,\alpha)^0) = \langle T, U_{\pm\alpha}\rangle$, $W(G_\alpha, T) = \langle s_\alpha\rangle$ で，$\{s_\alpha \mid \alpha \in \Pi\}$ は $W = W(G, T)$ を生成す

る (付録 B.4.1). 従って, $nT = w \in W$ とすると, $nU_\alpha n^{-1} = U_{w\alpha}$ であったから, $R = W\Pi$ より, $G_1 \supset U_\alpha (\forall \alpha \in R)$. よって, 定理 7.1.1 (2) より $G_1 = G$. □

7.3 Bruhat 分解とその応用

ルート系について, さらにいくつかの記号, 性質などを準備する. これらはすべて付録 B から引用する.

ルート系 R とその 1 つの正系 R^+ に関して, 負系を $R^- = -R^+$ と書き, Weyl 群の元 $w \in W$ に対して,

$$R(w) := \{\alpha \in R^+ \mid w\alpha \in R^-\} = R^+ \cap w^{-1}R^-$$

とおく. R^+ を決める基を Π とするとき, 単純ルート $\alpha \in \Pi$ に関する鏡映 $s_\alpha \in W$ を**単純鏡映** (simple reflection) という.

このとき, 次が成立する (付録 B 補題 B.5.1 他 B.5, B.6 参照).

(1) $R(s_\alpha) = \{\alpha\}$ $(\alpha \in \Pi)$,

(2) $\alpha \in \Pi$ に対し,

$$R(ws_\alpha) = \begin{cases} s_\alpha R(w) \cup \{\alpha\} & (w\alpha \in R^+ \text{のとき}) \\ s_\alpha(R(w) \setminus \{\alpha\}) & (w\alpha \in R^- \text{のとき}) \end{cases}.$$

記号の簡略化のため, 基 Π に対応する単純鏡映の集合を $S := \{s_\alpha \mid \alpha \in \Pi\}$ とおき, $w \in W$ の**最短表示** (minimal expresion) $w = s_1 s_2 \cdots s_h$ $(s_i \in S)$ を $\boldsymbol{s} = (s_1, s_2, \ldots, s_h)$ と書いたりする. $h =: l(w)$ を w の**長さ** (length) という. Weyl 群 W はこの生成系 S によって, **Coxeter** 系をなす.

このとき, $R(w)$ についてさらに次が成立する.

(3) $s_i = s_{\alpha_i}$ $(\alpha_i \in \Pi)$ とおき, $\boldsymbol{s} = (s_1, s_2, \ldots, s_h)$ を w の 1 つの最短表示とすると,

$$R(w) = \{\alpha_h, s_h \alpha_{h-1}, \ldots, s_h \cdots s_2 \alpha_1\}.$$

(4) $l(w) = h = \#R(w)$.

(5) $\alpha \in \Pi$ について,
$$l(ws_\alpha) = \begin{cases} l(w)+1 & (w\alpha \in R^+ \text{のとき}) \\ l(w)-1 & (w\alpha \in R^- \text{のとき}) \end{cases}.$$
($s_\alpha w$ についても同じ.)

(6) $\alpha \in \Pi$, $w\alpha \in R^-$ ならば, s_α を最後の項とする w の最短表示 $w = \cdots s_\alpha$ がある.

(7) $w = s_1 s_2 \cdots s_h = s'_1 s'_2 \cdots s'_h$ を共に w の最短表示とすると,
$$s_1 s_2 \cdots s_{i-1} \widehat{s_i} s_{i+1} \cdots s_h = s'_1 s'_2 \cdots s'_{h-1}$$
となる $1 \leq i \leq h$ がある. ただし, $\widehat{s_i}$ は s_i を抜いた積で, 両辺の長さは $l(w) - 1$ となる.

これらのことから, Borel 部分群のルート部分群表示について次の命題が得られる.

命題 7.3.1. G を連結簡約群, $T \subset B$ を極大トーラス T とそれを含む Borel 部分群, $R^+ = R^+(B)$ を B が定める正のルート系, ルート系や Weyl 群は (G, T) が定めるものとし, あと上の記号に従う. この設定で, Weyl 群の元 $w \in W$ に対し, 次が成り立つ.

(1) $U_w := \prod_{\alpha \in R(w)} U_\alpha$ （積の順序は任意）は T が作用する G の部分群である.

(2) $w_0 \in W$ を最長の元 ($l(w_0) = d = \#R^+$, $w_0 R^+ = R^-$) とすると, $R(w_0 w) = R^+ \setminus R(w)$ で, 積写像
$$U_w \times U_{w_0 w} \xrightarrow{\sim} U_w U_{w_0 w} = U (= B_u)$$
は多様体の同型である.

(3) $w = s_1 s_2 \cdots s_h$ ($s_i = s_{\alpha_i}$ ($\alpha_i \in \Pi$)) を w の最短表示とすると,
$$\phi : \mathbb{A}^h \times B \to G,$$
$$\phi(x_1, x_2, \ldots, x_h; b) := u_{\alpha_1}(x_1) \dot{s}_1 u_{\alpha_2}(x_2) \dot{s}_2 \cdots u_{\alpha_h}(x_h) \dot{s}_h \cdot b$$
$$(x_i \in \mathbb{A} = \mathbb{G}_a = k, b \in B)$$

($\dot{s}_i, \dot{w} \in N_G(T)$ は $s_i, w \in W$ などの代表元) は多様体の同型

$$\phi : \mathbb{A}^d \times B \xrightarrow{\sim} C(w) := B\dot{w}B \subset G$$

を与える．ただし，$C(w)$ は G の中の $B \times B$（両側）軌道として局所閉多様体の構造をもつ．

(4) $U_{w^{-1}} \times B \xrightarrow{\sim} C(w)$ $((u, b) \mapsto u\dot{w}b)$ は多様体の同型を与える．

証明．(1) U_w は連結閉集合で，$\alpha, \beta \in R(w), i\alpha + j\beta \in R^+$ ($i, j \leq 0$) とすると，$i\alpha + j\beta \in R(w)$ ゆえ，命題 7.2.3 の交換関係より部分群になる．

(2) 命題 7.2.1 より明らか．

(3) (1), (2) より，$C(w) = B\dot{w}B = U\dot{w}B = U_{w^{-1}}U_{w_0 w^{-1}}\dot{w}B = U_{w^{-1}}\dot{w}(\dot{w}^{-1}U_{w_0 w^{-1}}\dot{w})B = U_{w^{-1}}\dot{w}B$ ($w^{-1}R(w_0 w^{-1}) \subset R^+$ より $\dot{w}^{-1}U_{w_0 w^{-1}}\dot{w} \subset U$). 次に，前記 (3) より，$R(w^{-1}) = \{\alpha_1, s_1\alpha_2, \ldots, s_1 \cdots s_{h-1}\alpha_h\}$ ゆえ，

$$U_{w^{-1}} = U_{\alpha_1}\dot{s}_1(U_{\alpha_2} \cdots U_{s_2 \cdots s_{h-1}\alpha_h})\dot{s}_1^{-1}$$
$$= U_{\alpha_1}(\dot{s}_1 U_{w^{-1}s_1}\dot{s}_1^{-1}).$$

よって，

$$C(w) = U_{w^{-1}}\dot{w}B = U_{\alpha_1}\dot{s}_1 U_{w^{-1}s_1}\dot{s}_1^{-1}\dot{w}B$$
$$= U_{\alpha_1}\dot{s}_1 U_{w^{-1}s_1}(\dot{s}_1^{-1}\dot{w})B$$
$$= U_{\alpha_1}\dot{s}_1 C(s_1 w).$$

($h = l(w)$ についての帰納法を用いる．$l(s_1 w) = l(w) - 1$ に注意．) あとは明らかであろうから略．

(4) (3) より $U_{w^{-1}} \times B \to C(w)$ は全射で，$U_{w^{-1}} \times B \xrightarrow{\sim} (\dot{w}^{-1}U_{w^{-1}}\dot{w}) \times B = \dot{w}^{-1}C(w) \xrightarrow{\sim} C(w)$ の接射を考えると分離的ゆえ，同型． □

定義．両側剰余類 $C(w) = BwB = U_{w^{-1}}wB$ を **Bruhat 胞体**（Bruhat cell）という．

補題 **7.3.2** (Tits 公理)．$w \in W, s \in S$ に対し,

$$C(s)\,C(w) = \begin{cases} C(sw) & (l(sw) = l(w)+1 \text{ のとき}) \\ C(w) \cup C(sw) & (l(sw) = l(w)-1 \text{ のとき}) \end{cases}.$$

証明.命題 7.3.1 (4) より,$s = s_\alpha\ (\alpha \in \Pi)$ とすると,$C(s) = U_\alpha \dot{s} B$. よって,$C(s)\,C(w) = U_\alpha \dot{s}\, C(w)$. $l(sw) = l(w)+1$ ならば,(3) よりこれは $C(sw)$ に等しい.

次に $l(sw) = l(w)-1$ とすると,$l(w) = l(sw)+1$ ゆえ,$C(s)C(w) = C(s)(C(s)C(sw)) = (C(s)C(s))C(sw)$. 従って,$C(s)C(s) = C(e) \cup C(s)$ を示せば,$C(s)C(w) = C(e)C(sw) \cup C(s)C(sw) = C(sw) \cup C(w)$ となり証明終.

ところが,$C(e) \cup C(s) = B \cup BsB = B \cup U_\alpha s_\alpha B = G_\alpha\,(= Z_G((\operatorname{Ker}\alpha)^0))$ で,半単純階数 1 の簡約群 G_α の場合に帰する.$G_\alpha/RG_\alpha \simeq SL_2(k)$ または $PGL_2(k)$ であったから(因みに $RG_\alpha = (\operatorname{Ker}\alpha)^0$),階数 1 の半単純群の場合に考えればよい.このとき,分解 $G_\alpha/B \simeq \mathbb{P}^1 = \mathbb{A}^1 \cup \{\infty\}$ に対応するのが上の分解である.これから容易に主張が確かめられる. □

次が本節の目標である.

定理 **7.3.3**(**Bruhat 分解**(Bruhat decomposition)).$G = \bigsqcup_{w \in W} C(w)$ (直和).

証明.G の部分集合 $G_1 := \bigcup_{w \in W} C(w)$ を考える.補題 7.3.2 より,$C(s)\,G_1 = G_1\,C(s) = G_1\ (s \in S)$,すなわち,$G_1$ は $T, U_{\pm\alpha}\ (\alpha \in \Pi)$ の両側からの作用で保たれている.命題 7.2.4 (4) より,G はこれらの部分群で生成されているから,$G_1 = G$.

次に,直和であることを示す.$C(w) \cap C(w') \neq \emptyset$ とすると $C(w) = C(w')$ であることは,Bruhat 胞体が両側剰余類であることから明らか.よって,このとき $w = w'$ であることを示す.命題 7.3.1 (4) より $\dim C(w) = l(w) + \dim B$. ゆえに,$l(w) = l(w')$.$w$ の長さについての帰納法を用いる.$l(sw) = l(w)-1$ となる $s \in S$ をとり,補題 7.3.2 を用いると,

$$C(sw) \subset C(s)\,C(w) = C(s)\,C(w') \subset C(w') \cup C(sw').$$

ゆえに，$C(sw) = C(w')$ または $C(sw')$．帰納法の仮定より，$sw = w'$ または $sw = sw'$．ところが，$l(sw) \neq l(w')$ ゆえ $sw = sw'$，すなわち $w = w'$． □

系 7.3.4. G の元 g は，$g = u\dot{w}b$ $(u \in U_{w^{-1}}, w \in W, b \in B)$ と一意的に表示できる．

証明. 定理 7.3.3 と命題 7.3.1 (4) より． □

系 7.3.5. 任意の 2 つの Borel 部分群は共通の極大トーラスを含む．

証明. B, B' を Borel 部分群とする．共役性定理 5.1.6 より $B' = gBg^{-1}$ となる $g \in G$ がある．系 7.3.4 の如く $g = u\dot{w}b$ とすると，$B' = u\dot{w}B(u\dot{w})^{-1}$．ところで，$T \subset B \cap \dot{w}B\dot{w}^{-1}$ より $uTu^{-1} \subset B \cap B'$ で，勿論 uTu^{-1} は極大トーラスである． □

コメント． 上の系の命題「任意の 2 つの Borel 部分群は極大トーラスを含む」は，Bruhat 分解と同値な命題である（Steinberg[St1; p.72, 2.14 Bruhat lemma] の後のコメント）．

$w_0 \in W$ を最長元（$l(w_0) = d = \dim B_u$）とすると，$C(w_0)$ は最大次元で（$\dim C(w_0) = d + \dim B = \dim G$）で，$G$ の稠密な開集合である．大胞体（big cell）ということもある．

次に Bruhat 分解の幾何的な側面について考えよう．

商多様体 G/B は Borel 部分群の正規化群定理 5.3.7 によって，1 つの Borel 部分群を固定すると Borel 部分群全体のなす集合 $\mathcal{B}$ と同一視でき（$G/B \xrightarrow{\sim} \mathcal{B}$（$gB \mapsto gBg^{-1}$）），これを旗多様体といった．$\pi: G \twoheadrightarrow \mathcal{B}$ を自然な射影とするとき，Bruhat 胞体 $C(w)$ の像 $\pi(C(w)) =: X(w) \simeq C(w)/B = U_{w^{-1}}\dot{w}B/B$ $(w \in W)$ は旗多様体の局所閉部分多様体であるが，これを **Schubert 胞体**（Schubert cell），$\mathcal{B}$ の中での閉包 $\overline{X(w)}(\subset \mathcal{B})$ を **Schubert 多様体**（Schubert variety）という．

$X(w)$ は B 等質ゆえ滑らかであるが，$\overline{X(w)}$ は一般には特異射影多様体である．次のことに注意しておく．

命題 **7.3.6.**

(1) $\mathcal{B} = \bigsqcup_{w \in W} X(w)$ ($\mathcal{B}$ の B 軌道分解).

(2) $X(w) = U_{w^{-1}} \dot{w} B/B \simeq U_{w^{-1}} \simeq \mathbb{A}^{l(w)}$.

(3) 射影 $\pi: G \to \mathcal{B} \simeq G/B$ は Zariski 位相で局所自明, すなわち, $\mathcal{B}$ の開集合 $\mathcal{U}$ があって, 多様体としての同型 $\pi^{-1}(\mathcal{U}) \simeq \mathcal{U} \times B$ があり, $\pi|\pi^{-1}(\mathcal{U}) = \text{pr}_{\mathcal{U}}$ となる. すなわち, Zariski 位相で π は主 B 束である.

(4) $x_w := \dot{w}B/B$ が $X(w)$ の唯 1 つの T 固定点である.

(5) 余指標 $\lambda \in X^{\vee} = \text{Hom}(\mathbb{G}_m, T)$ で, $\lim_{a \to 0} \lambda(a) x = x_w$ $(x \in X(w))$ となるものがある.

証明. (1)〜(4) は Bruhat 分解定理 7.3.3 より明らか ((3) は $\mathcal{B}$ の開集合である大胞体 $\mathbb{A}^d \simeq X(w_0)$ 上で自明であるから, G 移動して全体で成り立つ).

(5) の意味は, $\phi_x: \mathbb{G}_m \to G/B$, $\phi_x(a) = \lambda(a)x$ $(a \in \mathbb{G}_m)$ が $\mathbb{G}_m \subset \mathbb{A}^1 \xrightarrow{\widetilde{\phi_x}} G/B$ に拡張できて, $\widetilde{\phi_x}(0) x B/B = x_w$ となるということである (G/B が完備だから拡張がある). $\lambda \in X^{\vee}$ を $\langle \alpha, \lambda \rangle > 0$ $(\forall \alpha \in R^+(B))$ と選ぶと, $\lambda(a) u_\alpha(b) \lambda(a)^{-1} = u_\alpha(a^{\langle \alpha, \lambda \rangle} b)$ となり, $a \to 0$ のときこれは $u_\alpha(0) = e$ に近づくから, $X(w)$ の "原点" x_w に近づく. □

定義. Weyl 群 W の元の間に (半) 順序 $v \leq w$ $(v, w \in W)$ を Bruhat 胞体の閉包関係 $C(v) \subset \overline{C(w)}$ で定義し, **Bruhat** 順序 (Bruhat order) という. 明らかに, これは Schubert 胞体 (多様体) の閉包 (包含) 関係 $X(v) \subset \overline{X(w)}$ ($\Leftrightarrow$ $\overline{X(v)} \subset \overline{X(w)}$) と同値である. Bruhat 順序は Borel 部分群 $B \supset T$ の取り方によっていることに注意しておく.

命題 **7.3.7.** Bruhat 順序について次は同値である. なお, W の Coxeter 生成系 S は, Borel 部分群 B が定める正系 $R^+(B)$ ($\supset \Pi \simeq S$) から定まるものをとる.

(1) $v \leq w$.

(2) w の任意の最短表示 $w = s_1 s_2 \cdots s_h$ に対して, 部分列 $(s_{i_1}, s_{i_2}, \ldots, s_{i_m})$ $(1 \leq i_1 < i_2 < \cdots, i_m \leq h)$ がとれて, $v = s_{i_1} s_{i_2} \cdots s_{i_m}$ となる.

(3) w のある最短表示に対して (2) が成り立つ.

証明. (1) $\Rightarrow$ (2) $\boldsymbol{s} = (s_1, s_2, \ldots, s_h)$ を w の最短表示とする. $P_i := C(e) \cup C(s_i)$ ($1 \leq i \leq h$) とおくと, 補題 7.3.2 よりこれは B を含む放物型部分群である. 積集合 $P_1 P_2 \cdots P_h \subset G$ は, 既約多様体 $P_1 \times P_2 \times \cdots \times P_h$ の像であるから G の既約閉集合であり, 補題 7.3.2 を繰り返して用いることにより, Bruhat 胞体の和

$$\bigcup_{u = s_{i_1} s_{i_2} \cdots s_{i_m}} C(u)$$

(ただし, 和は最短表示をなす部分列 $(s_{i_1}, s_{i_2}, \ldots, s_{i_m}) \subset \boldsymbol{s}$ を亘る)

に等しい. これは既約閉多様体の分解ゆえ, 最大次元の胞体 $C(w)$ の閉包 $\overline{C(w)}$ に等しい. よって, $\overline{C(w)} = P_1 P_2 \cdots P_h = \bigcup_{u: 上の如く} C(u)$ となり, $C(v) \subset \overline{C(w)}$ ならば, v は上の和のどれかに等しく, $v = s_{i_1} s_{i_2} \cdots s_{i_m}$ の如く部分列の積になる.

(2) $\Rightarrow$ (3) は明らか.

(3) $\Rightarrow$ (1) は (1) $\Rightarrow$ (2) の証明と同様. □

コメント. 上の命題により, Weyl 群のなす Coxeter 系 (W, S) に対して, 最短表示についての同値な性質 (2), (3) によって, W の元の順序を定義することができる. すなわち, 元の最短表示の取り方によらず Bruhat 順序が定義できる. このことは Bruhat 胞体を用いず組み合わせ群論的にも証明でき, また, 一般の Coxeter 系でも複雑にはなるが同様の議論ができる. Bourbaki[Bou2; Chap IV], Hiller[Hi; I, §6] などを参照されたい.

最後に, 放物型部分群について要約しておく. 以下の議論は, 殆ど Bruhat 分解をもつ Tits 系に対しても同様に可能であることは察せられるであろう.

さて, 放物型部分群は Borel 部分群を含む部分群のことであった (定理 5.1.6). いま, $T \subset B$ を固定しているが, 任意の放物型部分群は B の共役を含むから, B を含む部分群 P を考えればよい. このような放物型部分群を (固定した Borel 部分群 B に対して) 標準的 (standard) ということがある. P は両側からの B 作用で保たれるから, $P = \bigcup_{w \in W_P} C(w)$ となる W の部分集合 W_P がある. ところが P は群であるから, W_P も W の部分群である. このとき次が成立する.

命題 7.3.8. $P \subset B$ を放物型とし, 記号と設定は上のとおりとする.
(1) $S_P := W_P \cap S$ とおくと, $W_P = \langle S_P \rangle$.
(2) $P = \overline{C(w_P)}$ となる唯 1 つの元 $w_P \in W_P$ が存在する.

証明. (2) から先に示す. P は G の既約閉部分多様体ゆえ, 命題 7.3.7 の証明と同様に $w_P \in W_P$ ($l(w_P) \geq l(w)$ ($\forall w \in W_P$)) が唯 1 つあって $C(w) \subset \overline{C(w_P)} = P$ ($\forall w \in W_P$).

次に (1) を示す. $\boldsymbol{s} = (s_1, s_2, \ldots, s_h)$ を (2) の w_P の最短表示とすると, 命題 7.3.7 より $P \supset C(w)$ なる $w (\in W_P)$ は $w = s_{i_1} s_{i_2} \cdots s_{i_m}$ ($\boldsymbol{s}$ の部分列から). よって, $s \in S_P = S \cap W_P$ ならば, $\boldsymbol{s}$ の中のある s_i に対して $C(s) = C(s_i)$. 従って, $S_P = \{s_1, s_2, \ldots, s_h\}$ ($\boldsymbol{s}$ に現れる s_i 達) で, $W_P = \langle S_P \rangle$. ($w \in W_P \iff C(w) \subset \overline{C(w_P)} \iff w \in \langle S_P \rangle$.) □

コメント. 一般の Tits 系についても, $W_P = \langle W_P \cap S \rangle$ が証明できるが, 少し厄介である (Bourbaki[Bou2; Ch.IV, p.19]).

命題 7.3.8 とは対照的に, B に対するルートの基 Π の部分集合 $I \subset \Pi$ に対して, $S_I := \{s_\alpha \mid \alpha \in I\} \subset S$, $W_I = \langle S_I \rangle \subset W$, $P_I := \bigcup_{w \in W_I} C(w)$ と定義すると, P_I は $S_{P_I} = S_I$ となる放物型部分群となり, 次が成立する.

命題 7.3.9. 基本ルートの集合 $I \subset \Pi$ に対し, 放物型部分群 P_I を上のように定義する. I を基とするルートの部分系を $R_I := R \cap \sum_{\alpha \in I} \mathbb{Z}\alpha$ とし, 対応する簡約部分群を $L_I := T \prod_{\alpha \in R_I} U_\alpha = Z_G(T_I)$ ($T_I := (\bigcap_{\alpha \in I} \operatorname{Ker} \alpha)^0 \subset T$) とすると, $L_I \subset P_I$, $R_u(P_I) = \prod_{\beta \in R^+ \setminus R_I} U_\beta$, $L_I \cap R_u(P_I) = \{e\}$ で, 積 $L_I \times R_u(P_I) \to P_I = L_I R_u(P_I)$ は多様体の同型を与える.

このように, $2^\Pi \ni I \mapsto P_I \in \{B$ を含む放物型部分群$\}$ は $1:1$ 対応を与える.

証明. 命題 7.2.1, 7.2.3, 7.3.8 などから, 命題 7.2.4 の証明と同様にルート系の性質から導かれる. □

定義. 命題の L_I のように, 一般に放物型部分群 P の閉部分群 L が積写像 $L \times R_u(P) \to L R_u(P) = P$ によって多様体の同型を与えるとき, L を P の **Levi** 部分群 (Levi subgroup) といい, $P = L R_u(P)$ を **Levi** 分解 (Levi decomposition) という.

上の命題によって，放物型部分群 P の極大トーラス T を 1 つ固定すると，ルート系 $R(G,T)$ が決まり，$T \subset B \subset P$ なる Borel 部分群を 1 つ選ぶと（これは唯 1 つとは限らぬ）対応する正系と基 $R^+ \supset \Pi$ が決まり，$P = P_I$ となる $I \subset \Pi$ が唯 1 つ決まり，その T を含む Levi 部分群は L_I でなければならない．すなわち，次がいえる．

系 7.3.10. 放物型部分群の極大トーラスを決めるとそれを含む Levi 部分群は唯 1 つである．

命題 7.3.11. $\lambda : \mathbb{G}_m \to G$ を余指標とし，
$$P(\lambda) := \{x \in G \mid \lim_{a \to 0} \lambda(a)\, x\, \lambda(a)^{-1} \text{が存在する}\}$$
とおくと，これは放物型部分群で，任意の放物型部分群はこの形をしている．

証明. 極大トーラス T を選んで，$\lambda : \mathbb{G}_m \to T$ ($\lambda \in X_*(T) = X^\vee$) と仮定してよい．$\lambda$ が自明なときは $P(\lambda) = G$ で成り立つから，自明ではないとする．$\{\alpha \in R \mid \langle \alpha, \lambda \rangle > 0\} \subset R^+ = R^+(B)$ となる Borel 部分群 B を選んでおくと，$U_\alpha \subset P(\lambda)$ ($\alpha \in R^+$) となり（命題 7.3.6 (5) の証明参照）$B \subset P(\lambda)$，すなわち放物型である．

逆に $I \subset \Pi (\subset R^+)$ に対して，$\lambda \in X^\vee$ を $I = \{\alpha \in \Pi \mid \langle \alpha, \lambda \rangle = 0\}$ と選ぶと $P_I = P(\lambda)$. $\square$

例. $G = GL_n(K)$ ($SL_n(k), PGL_n(k)$ でも同様)．

$T = \boldsymbol{D}_n, \ X = \sum_{i=1}^n \mathbb{Z} \chi_i \ (\chi_i(t) = t_i, t \in \boldsymbol{D}_n)$

$R = \{\alpha_{ij} := \chi_i - \chi_j \mid i \neq j\} \supset R^+ = \{\alpha_{ij} \mid i < j\}$
$\hspace{4cm} \supset \Pi = \{\alpha_i := \alpha_{i,i+1} \mid 1 \leq i < n\}$

$B = \boldsymbol{T}_n$ (上 3 角行列), $(R^+ = R^+(B))$

$W = \{\dot{w} \mid \text{置換行列}\} \simeq S_n$ (n 次対称群)

$S = \{s_i = (i, i+1) \mid 1 \leq i < n\}$ Π に対応

$$P_i = \left\{ \begin{pmatrix} * & * \\ 0 & * \end{pmatrix} \in GL_n(k) \right\} \ (1 \leq i < n,\ 左下の\ 0\ は\ (n-i) \times i\ 零行列)$$

P_i は極大標準放物型, $P_i = P_{J(i)}$ $(J(i) := \Pi \setminus \{\alpha_i\})$

$$P_I = \bigcap_{\alpha_i \notin I} P_i \quad (I \subset \Pi), \quad B = \bigcap_{i=1}^{n-1} P_i.$$

Bruhat 胞体

$g = (g_{ij}) \in GL_n(k)$ が属する $C(w) = BwB$ の決め方:$(i_1, i_2, \ldots, i_n)$(相異なる $1 \sim n$ の組,すなわち順列)を次のように決めていく.

(1) i_1 は $g_{i_1,1} \neq 0$ なる最大の数,

(2) $i_1, i_2, \ldots, i_{h-1}$ まで決まったとき,i_h は $\det(g_{i_p,q})_{1 \leq p,q \leq h} \neq 0$ なる最大の数.

このとき,置換 $w \in S_n$ を $w(h) = i_h$ と定める.

旗多様体

$\mathcal{B} = G/B \simeq \{F = (V_i) \mid V_1 \subset V_2 \subset \cdots \subset V_{n-1} \subset k^n,\ \dim V_i = i\}$.

$F_0 = (V_i^0)$ を $V_i^0 = \sum_{j=1}^i k\boldsymbol{e}_j$ ($\boldsymbol{e}_j \in k^n$ は j 番目の自然基底)とすると,$\mathcal{B} \ni gB \mapsto gF_0$ が全単射を与える.

$G/P_i \simeq \{V_i \subset k^n \mid \dim V_i = i\}$ が古典的な Grassmann 多様体であった(系 4.2.2 の後の例).Schubert 胞体(多様体)という言葉は,この場合の胞体分割から来ている.

注意. Grassmann 多様体のような放物型部分群による商 G/P を**一般旗多様体**とよぶ.文献によっては,これを単に旗多様体とよび,その場合 G/B は完全旗多様体(full flag variety)という.

演習. $I, J \subset \Pi$ に対する標準放物型部分群を P_I, P_J,その Weyl 群を $W_I, W_J \subset W$ とすると,両側剰余類分解は $G = \bigsqcup_{\dot{w} \in W_I \backslash W / W_J} P_I \dot{w} P_J$ である.

7.4 分 類 定 理

この章を閉じるにあたって，代数閉体 k 上の簡約代数群は，体 k によらず，ルート・データによって分類できることを紹介しておく．

2 つの連結簡約群 G, G_1 の間の全準同型射 $\varphi : G \to G_1$ の核 $\operatorname{Ker} \varphi$ が有限のとき，同種 (isogeny) であるという．連結群の有限正規部分群は中心に含まれ ($x \in \operatorname{Ker} \varphi$ に対して $G \ni g \mapsto gxg^{-1} \in \operatorname{Ker} \varphi$ は一定)，系 6.5.4 よりそれは任意の極大トーラスに含まれる．従って，T を G の極大トーラスとすると，$T_1 := \varphi(T)$ は G_1 の極大トーラスである．

よって，同種射 φ は T, T_1 の（余）指標群に準同型 $f_\varphi : X_1 \to X$，および $f_\varphi^\vee : X^\vee \to X_1^\vee$ を引き起こす．ここで，

$$f_\varphi(\chi) := \chi \circ \varphi, \quad f_\varphi^\vee(\lambda) = \varphi \circ \lambda$$
$$\langle \chi, f_\varphi^\vee(\lambda) \rangle = \langle f_\varphi(\chi), \lambda \rangle \quad (\chi \in X_1, \lambda \in X^\vee).$$

また，f_φ は単射で，$f_\varphi(X_1)$ は X の中で有限位数であることに注意しておく．

次に，f_φ によって，ルートがどう移るか見る．$\alpha \in R \subset X$ を (G, T) に関するルート，そのルート部分群を $U_\alpha = \operatorname{Im} u_\alpha$ ($u_\alpha : \mathbb{G}_a \to G, t\, u_\alpha(x)\, t^{-1} = u_\alpha(\alpha(t)x)$ $(x \in \mathbb{G}_a, t \in T)$) とする．$\varphi(U_\alpha)$ は G_1 の 1 次元冪単部分群で，T_1 で正規化されるから，G_1 の T_1 に関するルート部分群となり，G_1 のあるルート $\alpha_1 \in R_1 (\subset X_1)$ に対して，$\varphi(U_\alpha) = U_{\alpha_1}$ となる．ルートの対応 $\alpha \mapsto \alpha_1$ を $b_\varphi : R \to R_1$ ($b_\varphi(\alpha) = \alpha_1$) と書くと，$b_\varphi$ は全単射である．

さらに，$\varphi \circ u_\alpha : \mathbb{G}_a \to U_{\alpha_1}$ は加法群の準同型射を与えるから，$\varphi(u_\alpha(x)) = u_{\alpha_1}(h(x))$ ($h : \mathbb{G}_a = k \to k$) とすると，$h$ は $h(\alpha(t)x) = \alpha_1(\varphi(t))h(x)$ ($t \in T, x \in k$) をみたす斉次多項式で，$h(x + y) = h(x) + h(y)$．よって，p を k の指標数とすると，定数倍を除いて，$h(x) = x^q$ ($q = p^n$ $(n \in \mathbb{N})$) と書ける．q はルート α により決まるから，$q = q_\alpha$ とかくと，

$$f_\varphi(\alpha_1) = q_\alpha \alpha, \quad f_\varphi^\vee(\alpha^\vee) = q_\alpha (\alpha_1)^\vee$$

となる．

すべての q_α ($\alpha \in R$) が 1 となるとき，φ を中心的同種射（central isogeny）という（標数 0 ならばそうである）．

これらの条件をみたすものとしてルート・データの間の射を定義しよう．

定義. 2つのルート・データ $\Psi = (X, R, X^\vee, R^\vee)$, $\Psi_1 = (X_1, R_1, X_1^\vee, R_1^\vee)$ に関して，3つ組 $\mu = (f, b, q) : \Psi_1 \to \Psi$ が p 射であるとは，次をみたすときをいう．

(i) $f : X_1 \to X$ は X の指数有限の部分群の上への同型写像で，$f^\vee : X^\vee \to X_1^\vee$ はその双対である．

(ii) $b : R \to R_1$ は次をみたす全単射である：
$$f(b(\alpha)) = q_\alpha \alpha, \quad f^\vee(\alpha^\vee) = q_\alpha b(\alpha)^\vee \quad (\alpha \in R)$$
ただし，$q_\alpha = p^{n_\alpha}$ ($n_\alpha \in \mathbb{N}$)．

例（Frobenius 射）．連結簡約群 G が有限体 $\mathbb{F}_q$ 上定義されているとする（ここでは，素朴に G が $GL_n(k)$ の中で，$\mathbb{F}_q$ 係数の定義式の零点として与えられているとしてよい）．Frobenius 準同型射 F は $F(g) = g^{(q)}$ ($g = (g_{ij}) \in GL_n(k)$ として $g^{(q)} := (g_{ij}^q)$（行列成分の q 乗））である．極大トーラス T が $\mathbb{F}_q$ 上対角型 $\boldsymbol{D}_r$ に同型（"$\mathbb{F}_q$ 上分裂する" という）ならば，$F : G \to G$, $F(t) = t^q$ ($t \in T$), $f_F(\chi) = q\chi$, $b_F(\alpha) = q\alpha$ ($\forall \alpha \in R$) となり，F に対する p 射 ($q = p^n$) $\mu(F) : \Psi \to \Psi$ が定義される．また，一般の $\mathbb{F}_q$ 上定義される極大トーラスに対してもルート系 R のある置換 σ があって，$b_F(\alpha) = q\sigma(\alpha)$ と書ける（f_F も同様）．

上にみたように，指標数 p の連結簡約群の同種射 $\varphi : G \to G_1$ に対して，極大トーラス $T, T_1 = \varphi(T)$ に対するルート・データを Ψ, Ψ_1 とすると，$f = f_\varphi : X_1 \to X$ はルート・データの p 射 $\mu = \mu(\varphi)$ を引き起こす．f が同型で，$q_\alpha = 1$ ($\forall \alpha \in R$) のとき，$b = f^{-1}|R$ で，このとき，$\mu = (f, b, q)$ はルート・データの同型であるという．明らかに，φ が代数群の同型射であれば，$\mu(\varphi)$ はルート・データの同型を与えている．逆に次が成立する．

定理 7.4.1（同型定理）．Ψ, Ψ_1 を連結簡約群 G, G_1 のルート・データと

し,同型 $\mu : \Psi_1 \xrightarrow{\sim} \Psi$ があるとする.このとき,$\mu = \mu(\varphi)$ となる代数群の同型 $\varphi : G \xrightarrow{\sim} G_1$ ($\varphi(T) = T_1$) が存在する.なお,一意性については,$\mu(\varphi) = \mu(\varphi')$ とすると,$\varphi'(g) = \varphi(t_0 g\, t_0^{-1})$ ($g \in G$) となる $t_0 \in T$ が存在する. □ (Springer[Sp1; 9.6.2 Th] など.)

一般の p 射については,次が成立する.

定理 7.4.2(同種定理).Ψ, Ψ_1 を指標数 p の連結簡約群 G, G_1 のルート・データ,$\mu : \Psi_1 \to \Psi$ を p 射とする.このとき,$\mu = \mu(\varphi)$ となる同種射 $\varphi : G \to G_1$ ($\varphi(T) = T_1$) が存在する.また,一意性については,同型定理と同様に,$\mu(\varphi) = \mu(\varphi')$ ならば,$\varphi'(g) = \varphi(t_0 g\, t_0^{-1})$ ($g \in G$) となる $t_0 \in T$ が存在する. □ (Springer[Sp1; 9.6.5 Th])

以上,ルート・データが簡約群をある意味一意的に定めることを述べたが,逆に,任意のルート・データに対して連結簡約群の同型類が存在することがいえて,ルート・データの役割が完結する.

定理 7.4.3(存在定理).ルート・データ Ψ に対して,代数閉体 k 上の連結簡約群 G で,その極大トーラス T に関するルート・データ $\psi(G,T)$ が Ψ に同型なものが存在する. □ (Springer[Sp1; 10.1.1 Th])

同型定理 7.4.1 によってこの G は同型を除いて一意的である.

例 1.$GL_n(k)$ の自己同型射 $\varphi(g) = {}^t g^{-1}$ が引き起こすルート・データの同型射は次のようになる.
$$X = \sum_{i=1}^{n} \mathbb{Z}\, \epsilon_i \quad (\epsilon_i(t) = t_i\ (t \in T = \boldsymbol{D}_n)), \quad R = \{\alpha_{ij} = \epsilon_i - \epsilon_j \mid i \neq j\}$$
に対して,$f_\varphi(\epsilon_i) = -\epsilon_i,\ b_\varphi(\alpha_{ij}) = -\alpha_{ij}$,すなわち,$-1$ 倍($SL_n(k)$ でも同様).

例 2.$\operatorname{char} k = 2$ とする.同種射の列
$$SL_2(k) \xrightarrow{\pi} PGL_2(k) = GL_2(k)/Z \xrightarrow{\phi} SL_2(k)$$
(π は自然な射,$\phi(g Z) = (\det g)^{-1} F(g),\ F(g) = g^{(2)}$ (Frobenius 射)) におい

て，$\phi \circ \pi = F$．ルート・データは

$SL_2 : X = \mathbb{Z}\epsilon \supset R = \{\pm\alpha = \pm 2\epsilon\}$

$PGL_2 : X' = \mathbb{Z}\epsilon' \supset R' = \{\pm\alpha' = \pm\epsilon'\}$ $\left(\epsilon\begin{pmatrix} t & 0 \\ 0 & 1 \end{pmatrix} = t \, (t \in k^\times)\right)$

であった (6.1 節の例 Ex.6.1.1 (1))．π, ϕ が引き起こすルート・データの射は

$f_\pi : X' \to X \quad (f_\pi(\epsilon') = \epsilon' \circ \pi = 2\epsilon, \ b_\pi(\alpha') = \alpha)$

$f_\phi : X \to X' \quad (f_\phi(\epsilon) = \epsilon', \ b_\phi(\alpha) = 2\alpha')$

なる 2 射 $(p=2)$ である．さらに，$f_\pi \circ f_\phi = f_{\phi\pi} = f_F$ は $\epsilon \mapsto 2\epsilon, \ \alpha \mapsto 2\alpha$．

例 3 (6.4 節 (V) 命題 6.4.4 参照)．$\operatorname{char} k = 2$，階数 $2n+1$ の 2 次形式 Q の直交群 $O(Q)$ から斜交群 Sp_{2n} への準同型 $\varphi : O(Q)(k) \to Sp_{2n}(k)$ は全単射の同種射であった（いわゆる "非分離同種射" である）．それぞれのルート・データを 6.4 節 (V) の如く，

$X_O = \sum_{i=1}^n \mathbb{Z}\epsilon_i \supset R_O = \{\pm\epsilon_i (=: \pm\alpha_i), \pm\epsilon_i \pm \epsilon_j \mid i \neq j\}$

$X_{Sp} = \sum_{i=1}^n \mathbb{Z}\epsilon'_i \supset R_{Sp} = \{\pm 2\epsilon'_i (=: \pm\alpha'_i), \pm\epsilon'_i \pm \epsilon'_j \mid i \neq j\}$

とする．このとき，$f_\varphi(\epsilon'_i) = \epsilon_i, b_\varphi(\alpha'_i) = 2\alpha_i$ で，他のルートに対しては同一視する 2 射である．

存在定理に関するコメント．

随伴型 $(X = Q = \mathbb{Z}R)$ の場合，まず，Chevalley[C2] が複素半単純 Lie 環 $\mathfrak{g}$ の中に次のような $\mathbb{Z}$ 格子 $\mathfrak{g}_\mathbb{Z}$ を構成した．

$\mathfrak{g}_\mathbb{Z} = \sum_{i=1}^r \mathbb{Z}h_i + \sum_{\alpha \in R} \mathbb{Z}e_\alpha \subset \mathfrak{g}$

($\{h_i\}$ は Cartan 部分環の基，$e_\alpha \in \mathfrak{g}_\alpha$)．

ここで，この基に関して結合係数はすべて整数で，さらに冪零変換 $\operatorname{ad} e_\alpha \in \operatorname{End} \mathfrak{g}$ について $\frac{(\operatorname{ad} e_\alpha)^m}{m!}$ $(m \in \mathbb{N})$ は $\mathfrak{g}_\mathbb{Z}$ を保つようにとれる（Chevalley 基）．

従って，t を不定元として，$\exp t \operatorname{ad} e_\alpha = \sum_m \frac{(t \operatorname{ad} e_\alpha)^m}{m!}$ とおくと，これは

$(\mathrm{End}_{\mathbb{Z}}\mathfrak{g}_{\mathbb{Z}}) \otimes_{\mathbb{Z}} \mathbb{Z}[t]$ の元,すなわち整係数行列環を与えている($\mathrm{ad}\,e_\alpha$ は冪零であることに注意).

このようにして,任意の体 F を固定したとき,$t \in F$ に対して $\exp t\,\mathrm{ad}\,e_\alpha \in GL(\mathfrak{g}_F)$ ($\mathfrak{g}_F := \mathfrak{g}_{\mathbb{Z}} \otimes_{\mathbb{Z}} F$) となるから,これらが生成する群

$$G(F) := \langle \exp t\,\mathrm{ad}\,e_\alpha \mid \alpha \in R, t \in F \rangle \subset GL(\mathfrak{g}_F)$$

が得られる.

とくに $F = \mathbb{C}$ のときは $G(\mathbb{C}) = \mathrm{Ad}\,\mathfrak{g}$($\mathfrak{g}$ に対する随伴群)で,一般の閉体 k に対しても $G(k)$ はルート・データが $G(\mathbb{C})$ のそれと一致する半単純代数群を与えている.**Chevalley 群**(Chevalley group)とよばれる群で,とくに F が有限体のときは例外型のルート・データに対しては $G(F)$ が新しい有限群の系列を与えたことで歴史的であった(Lie 型の単純群とよばれる).

さらに,一般の半単純型($\mathbb{Z}R$ が X で指数有限)に対しても,随伴表現 ad ではなく適当な $\mathfrak{g}$ の表現から表現空間の中に類似の $\mathbb{Z}$ 格子を構成して,一般の体上に対応する半単純代数群を得ることができる(鈴木 [鈴], Steinberg[St2]).

このように見ると,個別の体 k に対して群 $G(k)$ をつくっていくよりも,出発点が環 $\mathbb{Z}$ に対して構成されているから,いっそ代数群を定義する座標環 $k[G]$ を $\mathbb{Z}$ 上構成してしまう方が理論的には筋が通るだろう.

すなわち,ルート・データ Ψ から直接 $\mathbb{Z}$ 上の環 $\mathcal{O}_\Psi$ を構成し,任意の体 k に対してその特殊化 $\mathcal{O}_\Psi \otimes_{\mathbb{Z}} k$ がルート・データを Ψ とする k 上の簡約群 $G_\Psi(k)$ の座標環 $k[G_\Psi]$ を与えているようにしたい.言い換えれば,Ψ から直接 $\mathbb{Z}$ 上の"群スキーム $G_\Psi = \mathrm{Spec}\,\mathcal{O}_\Psi$"をつくってしまうのである.

実際,まず Chevalley 自身 [C5] において半単純型の $\mathbb{Z}$ 群スキームを与えている.しかし,これには些か瑕疵もあったようで, Tits, Verma らが(随伴型でないときは)good reduction をもたない素数があることを指摘している(Borel[B3; p.161 脚注]).続く SGA3 (Demazure-Grothendieck) によって一般のルート・データに対して望むべき環 $\mathcal{O}_\Psi$ の存在が証明された.

しかし,最も望ましいのは Ψ から直接明示的に $\mathcal{O}_\Psi$ が構成されることであろう.Kostant [K] は,Lie 環だけではなく普遍展開環 U の中に Chevalley 基が示唆する $\mathbb{Z}$ 格子 $U_{\mathbb{Z}}$ をつくり,その"制限"双対空間として $\mathbb{Z}$ 群スキームの

座標環 $\mathcal{O}_\Psi$ が与えられることを示した．上にも注意した "微妙な部分"（good reduction うんぬん）すなわち，"$\mathbb{Z}$ 上有限生成整域 $\mathcal{O}_\Psi$ は幾何学的にも整域である（任意の体 k に対して $\mathcal{O}_\Psi \otimes_\mathbb{Z} k$ も整域）" ことはアナウンスされているのみである．

この点も込めて，Lusztig[L3] が最終的に "量子化された展開環" の枠組みの中で一般的に証明を与えている．

第8章 不変写像とSpringerファイバー

8.1 線型代数統論

8.1.1 不変写像と軌道

代数的閉体 k 上の n 次元ベクトル空間 V 上の線型変換 $x \in \mathrm{End}_k V \simeq M_n(k)$ の特性多項式を $p_x(T) := \det(T1_n - x) = \sum_{i=0}^{n} \chi_i(x) T^{n-i}$ とする.

$$\chi_0(x) = 1, \quad \chi_1(x) = -\mathrm{Trace}\, x, \ldots,$$
$$\chi_i(x) = (-1)^i \mathrm{Trace}\, \wedge^i x, \ldots, \chi_n(x) = (-1)^n \det x$$

である $(\wedge^i x \in \mathrm{End}_k(\bigwedge^i V))$.

以下,簡単のため,後の一般の場合の記号を援用して,$G := GL(V) \simeq GL_n(k)$, $\mathfrak{g} := \mathrm{End}_k V$ とおく.G は $G \subset \mathfrak{g}$ に内部自己同型 $x \mapsto gxg^{-1}$ $(g \in G, x \in \mathfrak{g})$ として働き,この作用で $p_x(T)$,従って係数 $\chi_i(x)$ は不変である.すなわち,$p_{gxg^{-1}}(T) = p_x(T)$, $\chi_i(gxg^{-1}) = \chi_i(x)$.

$G \subset \mathfrak{g}$ 上の G 不変関数環をそれぞれ $k[G]^G \supset k[\mathfrak{g}]^G$ と記すと,$\chi_i \in k[\mathfrak{g}]^G$ であり,$(-1)^n \chi_n = \det$ ゆえ,さらに

$$k[G]^G = k[\mathfrak{g}]^G [\chi_n^{-1}] (\supset k[\mathfrak{g}]^G)$$

である $(k[G] = k[\mathfrak{g}]_{\det} := k[\mathfrak{g}][\det^{-1}]$ に注意$)$.

$\chi = (\chi_1, \ldots, \chi_n)$ が定義する写像(射)

$$\chi : \mathfrak{g} \longrightarrow k^n = \mathbb{A}^n \quad (\chi(x) := (\chi_1(x), \ldots, \chi_n(x))),$$
$$\chi\,|\,G : G \longrightarrow k^{n-1} \times k^\times \simeq \mathbb{A}^{n-1} \times \mathbb{G}_m$$

を不変写像（invariant map）という．χ の G 作用に関する不変性から，χ は $\mathfrak{g}$ および G の G 軌道の上で一定（不変）であるゆえこの名称がある．

さて，x の固有値を $(\lambda_1, \lambda_2, \ldots, \lambda_n) \in k^n$ とすると，$\chi_i(x) = (-1)^i \sigma_i(\lambda_1, \lambda_2, \ldots, \lambda_n)$（$\sigma_i$ は i 次基本対称式）である．従って，固有値の集合 k^n/S_n（S_n は k^n に働く対称群）を $\sigma := ((-1)^i \sigma_i)$ の値と同一視して，不変写像は $\chi : \mathfrak{g} \longrightarrow k^n \xleftarrow{\sim} k^n/S_n$ とも見なせる．

さらに詳しく，V の基を適当に定めて，$D(\subset \mathfrak{g} = M_n(k))$ を対角行列のなす部分空間とすると，

$$\begin{array}{ccc} \mathfrak{g} & \xleftarrow{\supset} & D \\ \chi \downarrow & & \sigma \downarrow \\ \mathbb{A}^n & \xleftarrow{\sim} & D/S_n \end{array}.$$

不変写像をスキーム論的な射と考えるために，次の命題に注意する．

命題 **8.1.1.1.**
$$k[\mathfrak{g}]^G = k[\chi_1, \ldots, \chi_n], \quad k[G]^G = k[\chi_1, \ldots, \chi_n, \chi_n^{-1}].$$

ここで，$\chi_1, \ldots, \chi_n$ は k 上代数的独立である．

証明．$f \in k[\mathfrak{g}]^G$ とする．対角行列の空間 $D \subset \mathfrak{g}$ に制限した $f \mid D \in k[D]^{S_n} = k[\sigma_1, \ldots, \sigma_n]$ を考えると，$\sigma_i = (-1)^i \chi_i \mid D$ であったから，ある $\tilde{f} \in k[\chi_1, \ldots, \chi_n]$ があって，$\tilde{f} \mid D = f \mid D$．$h := f - \tilde{f} \in k[\mathfrak{g}]^G$ とおくと $h \mid D = 0$．ところが，${}^G D := \{gxg^{-1} \mid g \in G, x \in D\}$ は $\mathfrak{g} = M_n(k)$ の対角化可能元（半単純元）がなす部分集合ゆえ，$\mathfrak{g}$ で稠密である（固有値がすべて相異なる元の集合は開集合である）．よって，$h \mid {}^G D = 0$ より $h = 0$，すなわち，$f = \tilde{f} \in k[\chi_1, \ldots, \chi_n]$．群 G 上の場合もこれから分かる． □

系 **8.1.1.2.** 不変写像はスキームの射として
$$\chi : \operatorname{Spec} k[\mathfrak{g}] \longrightarrow \operatorname{Spec} k[\mathfrak{g}]^G \simeq \mathbb{A}^n$$
$$\chi \mid G : \operatorname{Spec} k[G] \longrightarrow \operatorname{Spec} k[G]^G \simeq \mathbb{A}^{n-1} \times \mathbb{G}_m.$$

□

次に不変写像のファイバーを考えよう. $\chi : \mathfrak{g} \to k^n$ において, $a = (a_1, \ldots, a_n) \in k^n$ のファイバー $\chi^{-1}(a)$ は特性多項式が $p_x(T) = \sum_{i=0}^{n} a_i T^{n-i}$ となる $x \in \mathfrak{g}$ のなす集合である. 従って, 1 つのファイバーの軌道分解は特性多項式が一定の Jordan 標準形に帰着する.

$$p_x(T) = \prod_{i=1}^{r}(T-\lambda_i)^{n_i} \quad (\lambda_i \neq \lambda_j \ (i \neq j))$$

と分解すると, x の固有値の集合が

$$\{\overbrace{\lambda_1, \ldots, \lambda_1}^{n_1}, \ldots, \overbrace{\lambda_r, \ldots, \lambda_r}^{n_r}\} \quad (\lambda_i \text{の重複度が} n_i)$$

である. x の Jordan 分解を $x = x_s + x_n$ ($[x_s, x_n] = 0$, x_s: 半単純, x_n: 冪零) とすると, ファイバーは $\chi^{-1}(a) = \{x \in \mathfrak{g} \mid p_x(T) = p_{x_s}(T) = \sum_{i=0}^{n} a_i T^{n-i}\}$ で, x_s の固有値の集合が上記のようなものである. x_s を対角化しておくと, その中心化群 $Z_G(x_s)$ は重複度 $(n_1, \ldots, n_r)$ に従ってブロック分けされていて

$$\begin{pmatrix} G_{n_1} & & 0 \\ & \ddots & \\ 0 & & G_{n_r} \end{pmatrix} \quad (G_{n_i} := GL_{n_i})$$

となり, 冪零部分 x_n もそのブロック分けに応じて, $x_n \in \prod_{i=0}^{r} (\mathfrak{g}_{n_i})_{\mathrm{nilp}}$ (右辺の各項は $\mathfrak{g}_{n_i} = M_{n_i}$ の冪零元のなす集合) となる. こうして x の Jordan 標準形がサイズ n_i の M_{n_i} ($\sum_i n_i = n$) の冪零型に帰着する.

従って, ファイバー $\chi^{-1}(a)$ は有限個の G 軌道からなる. とくに, すべての固有値が相異なる場合 (重複度 1) は, $x = x_s$ でファイバーは唯 1 つの軌道からなる.

さらに詳しく見るために, 固有値が唯 1 つ (重複度 n) の場合を考える. このとき, Jordan 標準形は $\lambda 1_n + x_n$ で冪零部分 x_n は n の分割で定まる. 今, フル分割 (n) に対する冪零行列

$$\begin{pmatrix} 0 & 1 & & & \\ & \ddots & \ddots & & \\ & & \ddots & 1 \\ & & & 0 \end{pmatrix}$$

を仮にフル (full) 冪零とよぶことにすると, x_n がフルならば, その中心化群 $Z_G(x_n) := \{g \in G \mid g x_n g^{-1} = x_n\}$ は

$$C := \left\{ \begin{pmatrix} c_1 & c_2 & \cdots & c_n \\ & \ddots & \ddots & \vdots \\ & & \ddots & c_2 \\ & & & c_1 \end{pmatrix} \,\middle|\, c_1 \in k^\times, c_i \in k \ (i \geq 2) \right\}$$

の形の群に同型であることがチェックできる.

フルとは限らぬ一般の場合は $C \subset Z_G(x_n)$ となることが分かる (x_n の成分 1 を t におき替え $t \to 0$ などとする).

このことから, x の G 軌道 $O_G(x) \simeq G/Z_G(x)$ の次元について, $\dim O_G(x) \leq n^2 - n$ となり, 等号は x_n がフルの場合 (またそのときのみ) 成立する.

固有値が一般の場合, すなわち λ_i の重複度が n_i のときも, 同じ次元公式が成立する. このとき, $Z_G(x) = Z_{Z_G(x_s)}(x_n) \simeq \prod_{i=1}^r Z_{G_{n_i}}(J_{n_i}(\lambda_i))$ ($J_{n_i}(\lambda_i)$ は M_{n_i} での固有値 λ_i に対するサイズ n_i の Jordan 型) であるから, $\dim Z_G(x) = \sum_{i=1}^r \dim Z_{G_{n_i}}(J_{n_i}(\lambda_i)) \geq \sum_{i=1}^r n_i = n$. 等号は, 冪零部分 $J_{n_i}(0)$ がすべてフルのとき成立する.

仮の言葉. 変換 x の Jordan 型が, 上記ブロック分けに従ってその冪零部分 $J_{n_i}(0)$ がすべてフルのとき, x をフルという. x がフルということと, x の最小多項式 $m_x(T)$ が特性多項式 $p_x(T)$ に一致するということが同値であることに注意しておこう.

なお, この節で使った "フル" という言葉は, 代数群の術語では "正則 (regular)" というが, 線型代数での "正則変換" ($GL(V)$ の元) との混同を避けるため用いている.

命題 8.1.1.3. 不変写像 $\chi: \mathfrak{g} \to \mathbb{A}^n$ のファイバー $\chi^{-1}(a)$ は有限個の G 軌道からなり，そのフルな元からなる部分集合は次元 $n^2 - n$ の唯1つの（開）G 軌道をなす．他の軌道はすべてその閉包に含まれ，次元は $n^2 - n$ より小さい．すなわち，$\chi^{-1}(a)$ は次元 $n^2 - n$ の既約部分集合である．

証明．閉包関係については Jordan 型で適当な 1 をパラメーター t に変え極限 $t \to 0$ をとれ． □

次のことにも注意しておこう．

補題 8.1.1.4. G 軌道の次元はすべて $n^2 - n$ 以下の偶数である．

証明．(Kostant-Kirillov；本来，任意の Lie 群の Lie 環の双対空間での軌道について成立する方法である．) $\mathfrak{g} = M_n(k)$ 上の双線型形式を $(y, z) := \mathrm{Trace}\,(yz)$ と定義すると，非退化で G（または $\mathfrak{g}$）不変である．すなわち，

$$(gyg^{-1}, gzg^{-1}) = (y, z) \qquad (g \in G),$$
$$([x, y], z) + (y, [x, z]) = 0 \qquad (x \in \mathfrak{g}).$$

$x \in \mathfrak{g}$ の G 軌道 $O_G(x)$ の x における接空間を $T_x O_G(x)$ と記すと，これは

$$T_x O_G(x) \simeq \mathfrak{g}/\mathfrak{z}_\mathfrak{g}(x) \xleftarrow{\sim} [\mathfrak{g}, x] \subset \mathfrak{g} \quad (\mathfrak{z}_\mathfrak{g}(x) := \{y \in \mathfrak{g} \mid [y, z] = 0\})$$

によって $\mathfrak{g}$ の線型部分空間と見なせる．

そこで，$T_x O_G(x)$ 上の双線型形式を

$$\psi_x(\bar{y}, \bar{z}) := (x, [y, z]) \quad (\bar{y} := y \bmod \mathfrak{z}_\mathfrak{g}(x), \, \bar{z} := z \bmod \mathfrak{z}_\mathfrak{g}(x))$$

によって定義すると，$\mathfrak{g}$ 不変性から $\mathfrak{g}/\mathfrak{z}_\mathfrak{g}(x) \simeq T_x O_G(x)$ 上 well-defined で非退化交代形式である．よって，軌道は斜交多様体で偶数次元である． □

本節の基本定理は次である．

定理 8.1.1.5. $\mathfrak{g}_{\mathrm{full}}$ を $\mathfrak{g}$ のフルな元がなす部分集合，すなわち

$$\mathfrak{g}_{\mathrm{full}} := \{x \in \mathfrak{g} \mid \dim Z_G(x) = \dim \mathfrak{z}_\mathfrak{g}(x) = n (\Leftrightarrow m_x(T) = p_x(T))\}$$

とおくと，不変写像 $\chi : \mathfrak{g} \to \mathbb{A}^n$ に関して

$$\mathfrak{g}_{\mathrm{full}} = \{x \in \mathfrak{g} \mid 微分 (d\chi)_x が全射 (\chi が x で滑らか)\}$$
$$= \{x \in \mathfrak{g} \mid x がファイバー \chi^{-1}(\chi(x)) の非特異点\}$$
$$= \{x \in \mathfrak{g} \mid \dim O_G(x) = \dim \chi^{-1}(\chi(x)) = n^2 - n\}$$

が成り立つ.

証明. $a = (a_i)$ $(a_i \in k, 1 \leq i \leq n)$ に対して, (コンパニオン) 行列を

$$\sigma(a) = \begin{pmatrix} 0 & & & & -a_n \\ 1 & \ddots & & & \vdots \\ & \ddots & \ddots & & \vdots \\ & & 1 & 0 & -a_2 \\ & & & 1 & -a_1 \end{pmatrix}$$

とおく. このとき, $p_{\sigma(a)}(T) = \sum_{i=0}^n a_i T^{n-i}$ $(a_0 = 1)$ に注意しておく.

従って, 不変写像 $\chi : \mathfrak{g} \to \mathbb{A}^n$ に対して, σ は切断 $\sigma : \mathbb{A}^n \to \mathfrak{g}$ ($\chi \circ \sigma = \mathrm{Id}_{\mathbb{A}^n}$) を与えている. 両辺の微分をとると, $d\chi \circ d\sigma = \mathrm{Id}_{T_{(a)}\mathbb{A}^n}$ ゆえ, $(d\chi)_{\sigma(a)}$ は全射となり, χ は $\sigma(a) \in \mathfrak{g}$ において滑らかである.

さて一方, 行列 $\sigma(a)$ はフルで, かつ, フルなものはある $\sigma(a)$ の軌道に属する. 実際, $\sigma(a)$ は基本ベクトル e_i に対し,

$$\sigma(a)e_1 = e_2, \sigma(a)e_2 = e_3, \ldots, \sigma(a)e_{n-1} = e_n,$$
$$\sigma(a)^n e_1 = \sigma(a)e_n = -\sum_{i=1}^n a_{n+1-i} e_i$$

と表せるから, $\sigma(a)^i$ $(0 \leq i \leq n-1)$ は 1 次独立で $\sum_{i=0}^n (a_i \sigma(a)^{n-i}) e_1 = 0$ $(a_0 = 1)$. 従って, $\sigma(a)$ の最小多項式は $m_{\sigma(a)}(T) = \sum_{i=0}^n a_i T^{n-i} = p_{\sigma(a)}(T)$. よって, $\sigma(a)$ はフルであり, 結局,

$$\mathfrak{g}_{\mathrm{full}} = \{g\sigma(a)g^{-1} \mid g \in G, a \in k^n\} \subset \{x \in \mathfrak{g} \mid (d\chi)_x が全射\}$$

となる.

従って, $\sigma(a)$ の G 軌道 $O_G(\sigma(a))$ がファイバー $\chi^{-1}(a)$ の稠密開集合で, その非特異点をなし, さらに, $\chi^{-1}(a) \setminus O_G(\sigma(a))$ は特異点集合になることも分

かる（証明できる）． $\square$

最後に，不変写像のスキーム論的性質についてまとめておく．

命題 8.1.1.6. $\chi : \mathfrak{g} \to \mathbb{A}^n \simeq D/S_n$ を不変写像とする．

(1) χ は平坦．

(2) （スキーム論的）ファイバー $\chi^{-1}(a) = \operatorname{Spec} k[\mathfrak{g}] \otimes_{k[\mathbb{A}^n]} k_a$ は被約で完全交叉（$k_a = k[\mathbb{A}^n]/\mathfrak{m}_a$, $\mathfrak{m}_a$ は $a \in \mathbb{A}^n$ に対する極大イデアル）．

(3) ファイバー $\chi^{-1}(a)$ は正規多様体．

証明．(1)（付録 A.3.2, 最後のコメント）$\mathfrak{g}$ は Cohen-Macaulay だから，ファイバー次元は一定 $(n^2 - n)$ より，χ は平坦．実は，$k[D]$ は $k[D]^{S_n} \simeq k[\mathbb{A}^n]$ 加群として自由で，さらに $k[\mathfrak{g}] \simeq k[D] \otimes_k k[\mathfrak{g}/D]$ は $k[D]$ 上自由ゆえ，$k[\mathfrak{g}]$ は $k[D]^{S_n} \simeq k[\mathbb{A}^n]$ 上も自由である．

(2) 定理 8.1.1.5 よりスキーム論的ファイバー $\chi^{-1}(a)$ は非特異点をもち（性質 (R_0)），既約 $n^2 - n$ 次元で n 個のイデアル生成元 $\chi_1, \ldots, \chi_n$ で定義されているから，完全交叉（性質 (S_n) $(n \geq 1)$）．よって，Serre の判定条件（$(R_0) + (S_1)$）より被約．

(3) 補題 8.1.1.4 より，ファイバーの特異点集合は余次元 2 以上（性質 (R_1)），よって，Serre の判定条件（$(R_1) + (S_2)$）より正規（[Ma; Th.39, p.125]）． $\square$

注意． 群 $G = GL_n(k) = M_n(k)_{\det}$ 上の不変写像 $\chi|G : G \to \mathbb{A}^{n-1} \times \mathbb{G}_m$ についても，$G = \chi^{-1}(\mathbb{A}^{n-1} \times \mathbb{G}_m)$ ゆえ，基変換により全く同様のことが成立する．このとき，不変写像 $\chi|G$ は，$x \in G$ の乗法的 Jordan 分解を $x = x_s x_u$ （x_u:冪単）とするとき，$\chi(x) = \chi(x_s) = \{x$ の固有値の集合$\} \in \mathbb{D}_n/S_n$ （$\mathbb{D}_n$ は対角行列のなす乗法群）と考えられる（x がフル $\Leftrightarrow x_u - 1_n = x_s^{-1} x_n$ がフル）．

8.1.2 不変写像のファイバーの特異点解消

k 上の n 次元ベクトル空間 V に対する旗多様体を $\mathcal{B} := \{(V_i) \mid V_i \subset V_{i+1}, \dim V_i = i\}$ とする．$\mathfrak{g} = M_n(k)$ に対して，

$$\phi : \widetilde{\mathfrak{g}} := \{(x, (V_i)) \in \mathfrak{g} \times \mathcal{B} \mid xV_i \subset V_i\} \longrightarrow \mathfrak{g} \quad (\phi := \operatorname{pr}_1|\widetilde{\mathfrak{g}})$$

を考える．さらに，対角行列の空間 D に対し，$\theta : \widetilde{\mathfrak{g}} \to D$ を次で定義する．$(x, (V_i)) \in \widetilde{\mathfrak{g}}$ ならば，$xV_i \subset V_i \ (\forall i)$ ゆえ $x_i : V_i/V_{i-1} \to V_i/V_{i-1}$ を引き起こし，$x_i \in k$ はスカラーで $(x_1, \ldots, x_n)$ は x の（順序も込めた）固有値の集合で D の元を与える．そこで，$\theta((x, (V_i))) := (x_1, \ldots, x_n) \in D$ とおく．

以上の設定の下，可換な 4 角形

$$\begin{array}{ccc} \widetilde{\mathfrak{g}} & \xrightarrow{\phi} & \mathfrak{g} \\ \theta \downarrow & & \chi \downarrow \\ D & \longrightarrow & D/S_n \end{array}$$

を得る．

上に現れる写像について，いくつかの注意をする．まず，$\pi := \mathrm{pr}_2 | \mathcal{B} : \widetilde{\mathfrak{g}} \to \mathcal{B}$ はファイバーを $\pi^{-1}((V_i)) \simeq \{ x \in \mathfrak{g} \mid xV_i \subset V_i \ (\forall i) \} = \mathfrak{b}_{(V_i)}$（$(V_i)$ が定める Borel 部分環（上 3 角行列のなす Lie 環に共役））とするベクトル束である．

次に，θ について，$t = (t_i) \in D \simeq k^n$ に対して，
$$\begin{aligned} \theta^{-1}(t) &= \{ (x, (V_i)) \in \widetilde{\mathfrak{g}} \mid x \mid V_i \bmod V_{i-1} = t_i \} \\ &= \{ (x, (V_i)) \in \widetilde{\mathfrak{g}} \mid x = x_s + x_n, \ x_s | V_i \bmod V_{i-1} = t_i, \ x_n V_i \subset V_{i-1} \} \\ &\simeq \{ (x, (V_i)) \in \widetilde{\mathfrak{g}} \mid x \in t + \mathfrak{n}_{(V_i)} \}. \end{aligned}$$

ここで，$\mathfrak{n}_{(V_i)}$ は Borel 部分環 $\mathfrak{b}_{(V_i)}$ の冪零根基（上 3 角冪零行列のなす Lie 環に共役）で $t + \mathfrak{n}_{(V_i)}$ はその対角成分を t とおいたものの共役である（$n(n-1)/2$ 次元のアフィン空間）．実際，$\pi | \theta^{-1}(t) : \theta^{-1}(t) \to \mathcal{B}$ によって，これは $\mathcal{B}$ 上のアフィン空間束で $n^2 - n$ 次元の滑らかな多様体である．

最後に，$t \in D \subset \mathfrak{g}$ に対して，$\phi | \theta^{-1}(t) : \theta^{-1}(t) \to \chi^{-1}(\chi(t))$ は特異点の解消を与える．8.1.1 項より，不変写像のファイバー $\chi^{-1}(\chi(t))$ は $x_s = t$ となるようなフルな元 x の軌道の閉包 $\overline{O_G(x)}$ で，その非特異点の集合がフル元の軌道であった．実際，$\theta^{-1}(t)$ の部分集合 $\{(x, (V_i)) \in \widetilde{\mathfrak{g}} \mid x \in \mathfrak{g}_{\mathrm{full}}, (x_s)_i = t_i\}$ は ϕ で $O_G(x)$ に同型に写る．（x がフルのとき，$xV_i \subset V_i$ となる $(V_i) \in \mathcal{B}$ は唯 1 つ！）

定理 8.1.2.1. $\phi|\theta^{-1}(t) : \theta^{-1}(t) \twoheadrightarrow \chi^{-1}(\chi(t))$ は任意の $t \in D$ に対して特異点解消を与える． □

8.1.3 Springer ファイバー

定義． $x \in \mathfrak{g}$ に対して，ファイバー $\phi^{-1}(x) = \{(x,(V_i)) \in \widetilde{\mathfrak{g}}\} \simeq \{(V_i) \in \mathcal{B} \mid xV_i \subset V_i\ (\forall i)\} =: \mathcal{B}^x \subset \mathcal{B}$ を **Springer** ファイバー（Springer fiber）という．

$x = x_s + x_n \in \mathfrak{g}$ を Jordan 分解とすると，

$$\mathcal{B}^x = \{(V_i) \in \mathcal{B} \mid x_i = x | V_i \bmod V_{i-1} = (x_s)_i,\ x_n V_i \subset V_{i-1}\} = (\mathcal{B}^{x_s})^{x_n}.$$

ここで，$p_x(T) = p_{x_s}(T) = \prod_{j=1}^r (T - t_j)^{n_j}$（$t_j$ の重複度が n_j）とすると，$\mathcal{B}^{x_s} \simeq \prod_{j=1}^r \mathcal{B}_{n_j}$（$\mathcal{B}_{n_j}$ は k^{n_j} に対する旗多様体）である．従って，初めから $x_s = t \in D \subset \mathfrak{g} = M_n(k)$ と対角化しておくと，$x_n \in \mathfrak{z}_\mathfrak{g}(x_s) = \mathfrak{z}_\mathfrak{g}(t) = \prod_{j=1}^r M_{n_j}(k)$ と見なせる．このとき，$x_n = \sum_{j=1}^r (x_n)_j$（$(x_n)_j$ は $M_{n_j}(k)$ の冪零元）と分解しておくと，$\mathcal{B}^x \simeq \prod_{j=1}^r (\mathcal{B}_{n_j})^{(x_n)_j}$ となり，問題は $M_{n_j}(k)$ の冪零元 $(x_n)_j$ に対する Springer ファイバーを調べることに帰着する．

以下，簡単のため，初めから x は冪零元とする．すなわち，$x \in \mathrm{End}_k V \simeq M_n(k)$ を位数 r の冪零変換，$x^r = 0, x^{r-1} \neq 0$ とする．$W^i := x^{i-1}(\mathrm{Ker}\,x^i)$ $(1 \leq i \leq r+1)$ とおくと，V のフィルター付け

$$(W^*): 0 = W^{r+1} \subsetneq W^r = x^{r-1}V \subset \cdots \subset W^2 \subset W^1 \subset W^0 := V$$

を得る．$w^i = \dim W^i$ とおくと，$(w^1 \geq w^2 \geq \cdots \geq w^r \neq 0)$ は n の分割 $\lambda'(x) = \sum_{i=1}^r w^i$ を与える．分割 $\lambda'(x)$ の双対分割を $\lambda(x)$ とすると，$\lambda(x) = (1^{m_1} 2^{m_2} \cdots r^{m_r})$ $(m_i := w^i - w^{i+1})$ である（$n = \underbrace{1 + \cdots + 1}_{m_1} + \cdots + \underbrace{r + \cdots + r}_{m_r}$）．$\lambda(x)$ を x に対応する分割型といおう．

次は分割を視覚化して，Young 図形で表した例である（右 $\lambda = (1^2 2^0 3^1 4^2) = (4, 4, 3, 1, 1)$ は，左 $\lambda' = (5, 3, 3, 2)$ の転置）．

　この例では，冪零変換 x は，V の元 e_1, e_2, e_3, e_4, e_5 を選び，$xe_1 = xe_2 = 0$, $x^3 e_3 = 0$, $x^4 e_4 = x^4 e_5 = 0$ で，$e_1 e_2, e_3, xe_3, x^2 e_3, x^i e_j$ ($0 \le i \le 3, j = 4, 5$) が V の基をなすようにできる．

　さて，x に対する Springer ファイバー $\mathcal{B}^x = \{(V_i) \in \mathcal{B} \mid V_1 \subset \cdots \subset V_n = V, xV_i \subset V_{i-1} (1 \le i \le n)\}$ を調べる．

　旗多様体 $\mathcal{B}$ から V の直線がなす射影空間 $\mathbb{P}(V)$ への射影を $\pi : \mathcal{B} \to \mathbb{P}(V)$ ($\pi((V_i)) := [V_1] \in \mathbb{P}(V)$) とすると，$(V_i) \in \mathcal{B}^x$ に対しては，$x(V_1) = 0$. すなわち，$V_1 \subset W^1 = \operatorname{Ker} x$ ゆえ，$\pi(\mathcal{B}^x) \subset \mathbb{P}(W^1) \subset \mathbb{P}(V)$ と見なせ，$\pi(\mathcal{B}^x) = \mathbb{P}(W^1)$ である．

　$\pi : \mathcal{B}^x \to \mathbb{P}(W^1)$（全射）のファイバーについては，同型

$$\pi^{-1}([V_1]) \simeq \{(V_i/V_1) \in \mathcal{B}_{n-1} \mid \bar{x}(V_i/V_1) \subset V_{i-1}/V_1\} \simeq \mathcal{B}_{n-1}^{\bar{x}}$$

（$\mathcal{B}_{n-1}$ は V/V_1 の旗多様体，$\bar{x} \in \operatorname{End}_k V/V_1$ は x が引き起こす V/V_1 の冪零変換）が成り立ち，これは 1 次元低い冪零変換 $\bar{x}$ の型に応じて変化する．いま，x が定めるフィルター (W^*) に対して，$V_1 \subset W^i, V_1 \not\subset W^{i+1}$ とすると，V/V_1 上の変換 $\bar{x}$ に対応するフィルターは，W^i/W^{i+1} の部分が 1 次元下がる．

　そこで，x に対応する分割型 $\lambda = \lambda(x) = (1^{m_1} 2^{m_2} \cdots i^{m_i} \cdots)$ に対して $m_i \ge 1$ ($\Leftrightarrow w_{i+1} < w_i$) だから，

$$\lambda_i := (1^{m_1} 2^{m_2} \cdots (i-1)^{m_{i-1}+1} i^{m_i - 1} \cdots)$$

と定義する．Young 図形でいえば，角（コーナー）にある □ を 1 つ外す操作である．

例．左から順に $\lambda = (1^2 2^0 3^1 4^2)$ の角 ⊠ を 1 つ外したものが $\lambda_1, \lambda_3, \lambda_4$ である．

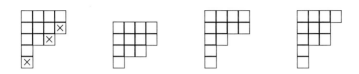

以上の操作の下に，ファイバー $\mathcal{B}_{n-1}^{\bar{x}}$ は，$\bar{x} \in \mathrm{End}_k(V/V_1)$ の分割型が，分割型 $\lambda(\bar{x}) = \lambda_i$ に対応するものになる．

さらに次のことが証明される．

定理 8.1.3.1 (Spaltenstein[Spa1])．冪零変換 $x \in \mathrm{End}_k V$ に対するフィルター (W^*) に対して，射影 $\pi : \mathcal{B}^x \to \mathbb{P}(W^1)$ ($\pi((V_i)) = [V_1] \in \mathbb{P}(W^1)$) を考える．

$m_i = w_i - w_{i+1} \geq 1$ のとき，任意の l 次元アフィン空間 $\mathbb{A}^l \subset \mathbb{P}(W^i) \backslash \mathbb{P}(W^{i+1})$ の逆像は，$\pi^{-1}(\mathbb{A}^l) \simeq \mathbb{A}^l \times \mathcal{B}_{n-1}^{x_i}$．ただし，$\mathcal{B}_{n-1}$ は $n-1$ 次元ベクトル空間に対応する旗多様体で，x_i は x の分割型 $\lambda(x)$ に対して，分割型 $\lambda(x_i) = \lambda_i$ をもつ冪零変換である．

□ 証明は初等的であるが省略する．

代数多様体が，閉部分多様体でフィルター付けられていて，その差集合がなす局所閉部分多様体がすべてアフィン空間に同型であるとき，アフィン空間で**舗装**されている（paved）という．

系 8.1.3.2. Springer ファイバー $\mathcal{B}^x$ はアフィン空間で舗装されていて，その Poincaré 多項式は帰納的に次で与えられる．

$$P_{\mathcal{B}^x}(t) = \sum_{m_i \geq 1} (t^{w_i-1} + t^{w_i-2} + \cdots + t^{w_{i+1}}) P_{\mathcal{B}^{x_i}}(t).$$

証明. $m_i \geq 1$ のとき，$\mathbb{P}(W^{i+1}) \subset \mathbb{P}_1 \subset \mathbb{P}_2 \subset \cdots \subset \mathbb{P}_{m_i} = \mathbb{P}(W^i)$，$(\mathbb{P}_{m_i} \backslash \mathbb{P}_{m_i-1} \simeq \mathbb{A}^{w_i-1}, \ldots, \mathbb{P}_1 \backslash \mathbb{P}(W^{i+1}) \simeq \mathbb{A}^{w_{i+1}})$ となるフィルターを選んでおくと，定理 8.1.3.1 より導かれる． □

注意. なお同じ方法で補集合 $\mathcal{B} \setminus \mathcal{B}^x$ もアフィン空間で舗装されていることが証明できる.

アフィン空間で舗装された X の Poincaré 多項式とは $P_X(t) := \sum_{l \geq 0} a_l t^l$ ($a_l = \#\{l$ 次元アフィン空間$\}$) のことで, X が複素多様体のときは, $P_X(t^2)$ が X のホモロジー群の Betti 数を表す Poincaré 多項式 $\sum_{i \geq 0} b_i t^i$ に一致する.

例. $P_{\mathcal{B}^x}(t)$ は x の分割型 λ で決まるから $P_\lambda(t)$ と書こう.
(1) フル $\lambda = (n)$: $P_{(n)}(t) = t^0 P_{(n-1)}(t) = \cdots = 1$.
(2) $\lambda = (n-1, 1)$: $P_{(n-1,1)}(t) = t P_{(n-1)} + P_{(n-2,1)}(t) = \cdots = (n-1)t + 1$ ($P_{\mathbb{P}^1}(t) = P_{(1^2)}(t) = t+1$).
(3) $P_{(2,2)}(t) = (t+1) P_{(2,1)}(t) = (t+1)(2t+1) = 2t^2 + 3t + 1$.

系 8.1.3.3. Springer ファイバー $\mathcal{B}^x$ は連結で, その既約成分の次元はすべて $n(\lambda) := \sum_{i=1}^{r} \binom{w_i}{2}$ (等次元) である. さらに, 既約成分の個数は, 分割型 λ を台にもつ標準盤の個数に等しい.

証明. 連結性と等次元性は定理の全射 $\pi : \mathcal{B}^x \to \mathbb{P}(W^1)$ から読みとれる. アフィン空間による舗装によって, 最大次元のアフィン空間の閉包が既約成分を与え, その個数は系 8.1.3.2 の Poincaré 多項式の帰納的公式から読みとれる. すなわち, Poincaré 多項式の次数が次元であり, 最高次の係数が成分の個数である.

$$P_{\mathcal{B}^x}(t) = \sum_{m_i \geq 1} (t^{w_i - 1} + t^{w_i - 2} + \cdots + t^{w_{i+1}}) P_{\mathcal{B}^{x_i}}(t).$$

ゆえ, 帰納法の仮定 $\dim \mathcal{B}_{n-1}^{x_i} = n(\lambda_i)$ から $\dim \mathcal{B}^x = \sum_{m_i \geq 1}(w_i - 1 + n(\lambda_i)) = \sum_{i=1}^{r}((w_i - 1) + (w_i - 2) + \cdots + 2 + 1) = \sum_{i=1}^{r} \binom{w_i}{2} = n(\lambda)$ を得る (最初の和における条件 $m_i \geq 1$ は, $n(\lambda_i)$ の代入によって, すべての i について変わる).

次に, 最高次 $t^{n(\lambda)}$ の係数は, 帰納的公式において, λ に対応する Young 図形の角をとる操作の回数に一致する. 標準盤は角をとり尽くす順番を与えるので, その個数が $t^{n(\lambda)}$ の係数を与えることになる. □

例. 標準盤と角の除去.

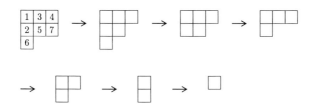

8.2 不変写像と軌道（簡約群の場合）

この節では，前節で一般線型群について論じた事柄を簡約群の場合に拡張する．基本的な文献として，Steinberg[St1], Slodowy[Sl1] がある．

G を代数的閉体 k 上の連結簡約群とし，極大トーラス T を 1 つ固定する．G の G 自身への内部自己同型作用 $i(g)x = gxg^{-1}$ $(x, g \in G)$ についての不変式環を

$$k[G]^G := \{f \in k[G] \mid f(gxg^{-1}) = f(x) \, (x, g \in G)\}$$

とおく．（不変式 $f \in k[G]$ を類関数（class function）ともいう．）類関数 f を極大トーラス T に制限すると，$f(ntn^{-1}) = f(t)$ $(t \in T, n \in N_G(T))$ ゆえ，$f|T$ は Weyl 群 $W(= N_G(T)/T)$ 不変な T 上の関数になり，環準同型 $r : k[G]^G \to k[T]^W$ $(r(f) := f|T)$ を与える（$k[T]^W := \{f \in k[T] \mid f(^w t) = f(t) \, (t \in T, w \in W, {}^w t := ntn^{-1} \, (w := nT \in W))\}$）．

このとき，8.1 節の GL_n, SL_n と同様に次が成り立つ．

定理 8.2.1 (Steinberg[St1; 3.4, Th.2]). 連結簡約群 G に対して，制限写像 $r : k[G]^G \to k[T]^W$ は k 代数の同型を与える．

さらに，G が単連結半単純群ならば，不変式環 $k[T]^W$ は k 上の $\dim T = \operatorname{rank} G$ 変数多項式代数に同型である．

詳しい証明は [St1] を参照して頂くことにし，ここでは概略を語るに留める．まず，写像 r は単射であることに注意しよう．G_s を G の半単純元からなる

部分集合とすると，$G_s = \bigcup_{g \in G} gTg^{-1}$ である．従って，$f \in k[G]^G$ について $r(f) = 0$ とすると，$f|G_s = 0$．ところが，定理 5.3.4 (3) および系 6.5.3 (2) より G_s は G で稠密ゆえ，$f = 0$．

次に全射をいうために，表現の指標を援用する．

表現と指標． V を k 上の有限次元ベクトル空間とし，代数群としての準同型 $\rho : G \to GL(V)$ を（有理）表現といったが，このときトレースが与える G 上の関数 $\chi_\rho(x) := \mathrm{Trace}\, \rho(x)$ $(x \in G)$ を ρ の指標（character）という．明らかに，指標は G 上の類関数である．

さて，T は半単純元からなる連結群であるから，$k[T]$ は k 上 T の指標群 $X(T)$ で k 上張られるベクトル空間である（命題 2.3.2 (3))．いま，$\lambda \in X(T)$ に対して，$[\lambda] := \sum_{\mu \in W\lambda} \mu \in X(T)$ とおくと，これは W 不変である（$W\lambda = \{w\lambda \mid w \in W\}$ は λ の W 軌道）．すなわち，$[\lambda] \in X(T)^W \subset k[T]^W$．指標の 1 次独立性（補題 2.3.1）より，$[\lambda]$ らは $k[T]^W$ を張ることが容易に示せ，W 軌道の中から代表元を選ぶことによって基を与えることができる．

$X(T)$ の W 軌道から代表元を選ぶ標準的な方法が，"支配的" という設定である．このためには，T を含む Borel 部分群 $B \supset T$ を 1 つ固定し，6.3 節に従って B が定める (G, T) の正ルート系を $R^+ := R^+(B) = \{\alpha \in R(G, T) \mid \mathfrak{g}_\alpha \subset \mathrm{Lie}\, B\}$ とする．(G, T) のルート・データを $(X, R, X^\vee, R^\vee)$ $(X = X(T))$ とすると，R^+ は $R^\vee$ の正系 $(R^\vee)^+$ も定める．

この設定で，$\lambda \in X$ が $\langle \lambda, \alpha^\vee \rangle \geq 0$ $(\alpha^\vee \in (R^\vee)^+)$ をみたすとき，λ を支配的（dominant）という．$X(T)$ の W 軌道には唯 1 つ支配的な元が存在し，$X(T)^+ := \{\lambda \in X \mid \langle \lambda, \alpha^\vee \rangle \geq 0 \ (\alpha^\vee \in (R^\vee)^+)\}$ と書くと，$X(T)^+$ と W 軌道が 1 対 1 に対応し，$\{[\lambda] \in X(T)^W \mid \lambda \in X(T)^+\}$ が $k[T]^W$ の基を与える．

さらに，正系 R^+ は X に（半）順序

$$\lambda \geq \mu \overset{\text{定義}}{\Longleftrightarrow} \lambda - \mu \in \mathbb{N} R^+ \quad (\text{正のルートの（0 倍を含む）和})$$

を定義する．

G の表現 $\rho : G \to GL(V)$ が与えられたとき，G 加群 V は，極大トーラス T の指標に従って直和分解 $V = \bigoplus_{\mu \in X} V_\mu$ を与えるが，$V_\mu \neq 0$ のとき，μ を表

現 ρ（または G 加群 V）のウェイト（weight）という．上に定義した X の順序 $\geq$ に関して，もし最大のウェイトがあれば，それを最高（highest）ウェイトという．

ここで，次の既約表現（V が単純 G 加群のこと）に関する古典的な定理（Chevalley）を紹介する．

定理 8.2.2. 連結簡約群 G の極大トーラスと Borel 部分群 $T \subset B$ を固定しておく．

(1) 既約表現 $\rho : G \to GL(V)$ のウェイトの集合には唯 1 つ最高ウェイト λ が存在し，λ は支配的で，その重複度 $\dim V_\lambda$ は 1 である．

(2) 2 つの既約表現は，その最高ウェイトが一致すれば同値である．

(3) 支配的なウェイト $\lambda \in X(T)^+$ に対して，λ を最高ウェイトとする既約表現が同値を除いて唯 1 つ存在する． □

コメント．証明の代わりに注釈を加えておく．

(1) (ρ, V) を G の既約表現とするとき，B に制限した表現 $\rho|B$ は唯 1 つの 1 次元部分 B 加群 V_λ をもち，そのウェイトが最高ウェイト λ である．B の冪単根基 U は V_λ に自明に作用し，このことは $\lambda + \alpha$ $(\alpha \in R^+)$ が ρ のウェイトではない（$V_{\lambda+\alpha} = 0$）を意味する．$B^- = TU^-$ を B の反対 Borel 部分群（$R^+(B^-) = -R^+$）とするとき，ρ の既約性から，V は U^- 加群として V_λ によって生成される（Bruhat 分解より）．すなわち，ρ のウェイトは $\lambda - \sum_{\alpha \in R^+} n_\alpha \alpha$ $(n_\alpha \geq 0)$ の形をしており，R^+ が定める順序に関して λ は最大である．

(2) (Borel-Weil 構成). 一般に，指標 $\mu \in X(T)$ に対して，$\Gamma(\mu) := \{f \in k[G] \mid f(xb) = \mu(b)^{-1} f(x) \, (b \in B, x \in G)\}$ とおく（$B \to T = B/U \xrightarrow{\mu} \mathbb{G}_m$ によって，μ を B の指標とも見なす）．$\Gamma(\mu)$ は左 G 作用 $(l(g)f)(x) = f(g^{-1}x)$ $(g, x \in G)$ によって G 加群をなす．このとき，既約表現を実現する次の定理が成立する．

定理 8.2.3 (Borel-Weil). λ が支配的なとき，$\Gamma(-\lambda) \neq 0$ で，$\Gamma(-\lambda)$ は唯 1 つの既約な剰余 G 加群 $L(-\lambda)$ をもち，その最低ウェイトが $-\lambda$ である．すなわち，双対加群 $\Gamma(-\lambda)^\vee$ は唯 1 つの既約な部分 G 加群 $L(-\lambda)^\vee$ をもち，その

最高ウェイトが λ である. □

言葉. $\Gamma(\mu)$ は旗多様体上の B 主束 $G \to G/B \simeq \mathcal{B}$ に付随する直線束 $\mathcal{L}_\mu := G \times^B V_\mu$ (V_μ は指標 μ に対する 1 次元 B 加群) の大域切断の空間 $\Gamma(\mathcal{B}, \mathcal{L}_\mu)$ のことである. λ が支配的なとき, $\Gamma(-\lambda) \neq 0$ を Weyl 加群ということもあり, その理由はこの指標が "Weyl の公式" で与えられるからである. なお, k の標数が 0 のときは, $\Gamma(-\lambda)$ そのものが既約になる.

さて, 定理 8.2.1 の解説に戻ろう. G の表現 (ρ, V) が与えられたとき, その指標 $\chi_\rho(x) = \mathrm{Trace}\,\rho(x)$ は G の類関数, すなわち, $k[G]^G$ の元を与えている. とくに, ρ_λ が最高ウェイトを λ とする既約表現ならば, その指標を χ_λ と書くと, $\chi_\lambda | T \in X(T)^W$ は, ρ_λ のウェイトの和だから,

$$\chi_\lambda | T = [\lambda] + \sum_{\mu < \lambda} n_\mu [\mu] \quad (n_\mu \geq 0)$$

の形をしている. ところが, μ の W 軌道の和 $[\mu]$ には唯 1 つ支配的な元が含まれるから, 定理 8.2.2 (3) より, 上式は逆に解けて, 任意の支配的な λ に対して,

$$[\lambda] = \chi_\lambda | T + \sum_{\mu : \text{支配的}} m_\mu \chi_\mu | T \quad (m_\mu \in \mathbb{Z})$$

と書ける. すなわち, $k[T]^W$ の生成元 $[\lambda]$ は $\chi_\mu \in k[G]^G$ の T への制限として表され, 制限写像 $r : k[G]^G \to k[T]^W$ は全射であることが示される.

なお, 単連結群については, 指標群 $X(T)$ の基として, いわゆる基本ウェイトの集合 $\{\lambda_i \in X(T)^+ \mid \langle \lambda_i, \alpha_j^\vee \rangle = \delta_{ij}\, (1 \leq j \leq r)\}$ ($\alpha_j^\vee\, (1 \leq j \leq r)$ は $(R^\vee)^+$ の基 (単純余ルート)) がとれ, $\{\chi_{\lambda_i}\}$ は k 上代数的独立な $k[G]^G$ の生成系を与えることが証明される.

例. $\mathrm{char}\,k \neq 3$ とする. $\chi : SL_3(k) \to \mathbb{A}^2$ を不変写像とする. $\sigma_1 = \chi_1, \sigma_2 = \chi_2$ は $T = \mathbb{D}_3 \cap SL_3(k)$ の基本対称式であった (8.1 節). 単連結でない場合: $PSL_3(k) = PGL_3(k) = SL_3(k)/\mu_3$ ($\mu_3 = \langle \zeta \rangle, \zeta^3 = 1$) のとき, $k[T]^{S_3} = k[\mathbb{A}^2] = k[\sigma_1, \sigma_2]$ とすると, $PSL_3(k)$ の極大トーラス T_1 については, $k[T_1]^{S_3} = k[\mathbb{A}^2/\mu_3] = k[\sigma_1, \sigma_2]^{\mu_3}$. ここで, $\mathbb{A}^2$ への μ_3 作用は, $\zeta(\sigma_1, \sigma_2) = (\zeta\sigma_1, \zeta^2\sigma_2)$ ゆえ, $k[\sigma_1, \sigma_2]^{\mu_3} = k[\sigma_1^3, \sigma_2^3, \sigma_1\sigma_2] \simeq k[X, Y, Z]/(XY - Z^3)$. す

なわち，T_1/S_3 は曲面 $XY = Z^3$ で，原点 O を特異点にもつ．

定理 8.2.1 から導かれる事柄を列挙しよう．

系 8.2.4. G を連結簡約群とする．

(1) 類関数の環 $k[G]^G$ は k は k 上既約表現の指標で張られる．

(2) $k[G] \hookleftarrow k[G]^G \simeq k[T]^W$ は，代数多様体の射 $G \to T/W$ を与える．この射を χ と書いて**不変写像** (invariant map) とよぶ．

$x \in G$ の Jordan 分解を $x = x_s x_u$ (x_s：半単純部分，x_u：冪単部分) とするとき，$\chi(x) = O_G(x_s) \cap T = O_W(t) \in T/W$ ($t \in O_G(x_s) \cap T$ で，O_G, O_W はそれぞれの G 軌道，W 軌道) である．

なお，G が単連結のとき，$T/W \simeq \mathbb{A}^r$．

(3) χ のファイバー $\chi^{-1}(\bar{t})$ ($\bar{t} \in T/W$) は，半単純部分 x_s が $t \in T$ に共役な元からなる閉集合，すなわち，そのような元の G 軌道の（共役類）の和集合である．

(4) 冪単元のなす集合はファイバー $\chi^{-1}(\bar{e})$ ($e \in T$) である．

(5) G 軌道が閉であるためには，それが半単純元の軌道であることが必要十分である．

(6) 不変写像 χ のファイバーは既約である．

証明． (1) 定理の証明の概略中に述べた．

(2) 一般に，アフィン多様体 V に有限群 Γ が働いているとき，不変式環 $k[V]^\Gamma$ が与える代数多様体について $\mathrm{Hom}_{k\,代数}(k[V]^\Gamma, k) \simeq \mathrm{Specm}\,k[V]^\Gamma \simeq V/\Gamma$ を示す．

まず，$k[V]$ が $k[V]^\Gamma$ 上有限拡大であるから，上昇 (going-up) 定理 ([堀; p.85]) より，$V = \mathrm{Specm}\,k[V] \to \mathrm{Specm}\,k[V]^\Gamma$ は全射である．

次に，$x_1, x_2 \in V$ について，$O_\Gamma(x_1) \cap O_\Gamma(x_2) = \emptyset$ のとき，$1 = f_1 + f_2$ ($f_i \in I(O_\Gamma(x_i))$) ととり，$f := \prod_{\gamma \in \Gamma} \gamma.f_1 \in k[V]^\Gamma$ とおくと，$f(x_1) = 0$, $f(x_2) = 1$ ゆえ，$k[V]^\Gamma$ の元で，異なる Γ 軌道上値を分離するものがある．よって，$k[V]^\Gamma$ は（集合）V/Γ 上の関数環と見なせ，$k[V]^\Gamma \hookrightarrow k[V]$ は多様体の商射 $V \to V/\Gamma$ を与えている．

次に,$f(x) = f(x_s)$ $(x \in G, f \in k[G]^G)$ が成り立つ.なぜなら,(1) より f は既約指標 $\chi_\rho = \mathrm{Trace}\,\rho$ で張られ,$\chi_\rho(x) = \chi_\rho(x_s)$ であるから.従って,不変写像 χ は,$O_G(x_s) = O_G(y_s)$ となるとき,$\chi(x) = \chi(y)$ が成り立ち,χ のファイバーは G 軌道の和集合であるから (2) の残りの命題と (3), (4) が導かれる.

(5) 一般の代数群についても半単純元の軌道は閉である.$t \in T$ の G 軌道 $O_G(t)$ を考える.$T \subset Z(t)^0$ ゆえ,Borel 部分群 $B = TU$ の冪単部分について,$O_B(t) = O_U(t)$ である.アフィン多様体への冪単群の軌道は閉 (命題 2.2.4) ゆえ,$O_B(t)$ は閉である.ところが,G/B は完備だから,$O_G(t) = \bigcup_{g \in G} gO_B(t)g^{-1}$ も閉である.

逆は略 (Jordan 分解より,冪単軌道は単位元のみが閉,よって閉軌道は半単純であることを推察せよ).

(6) まず,冪単元のなす部分集合 $\chi^{-1}(\bar{e}) = G_u$ は Borel 部分群の冪単根基を U とすると,$G_u = \bigcup_{g \in G} gUg^{-1}$ と書け,これは $G \times U \twoheadrightarrow G_u$ $((g,u) \mapsto gug^{-1})$ によって,既約集合の像であるから既約である.

次に,$\bar{t} \in T/W$ のファイバー $\chi^{-1}(\bar{t})$ については,$\chi^{-1}(\bar{t}) = \{gtvg^{-1} \mid v \in Z_G(t)_u = Z_G(t)_u^0, g \in G\}$ であり,冪単集合 $Z_G(t)_u^0$ の既約性から同様の理由でまた既約である. □

8.3 軌道と正則元

前節で,簡約群に対する不変写像 $\chi: G \to T/W$ のファイバーは,その半単純部分が共役な G 軌道の和集合であることを示したが,この節ではさらにそれが有限個の軌道の和で,唯 1 つの稠密開な軌道 (正則という) をもつことなどをいおう.

まず次の定理が基本的である.

定理 8.3.1 (Lusztig[L4]).簡約群の冪単類は有限個である. □

コメント.ここでは証明を与えない.標数が 0 の場合,または大きいときは Lie 環の冪零類と 1 対 1 に対応し,初等的な証明 (Richardson) が知られていた

が，一般的な証明は Lusztig がいわゆる Deligne-Lusztig 指標を用いて与えた．

また，Lie 環の冪零類についても個別の分類によって有限性が知られている (Spaltenstein など)．

次に，一般の元の軌道と半単純・冪単部分の軌道を比較するために，半単純元の中心化群について次の命題を準備する．

命題 8.3.2. G を連結簡約群とし，その極大トーラス T を固定する．ルート $\alpha \in R$ に対し，U_α をルート部分群とする ($u_\alpha : \mathbb{G}_a \xrightarrow{\sim} U_\alpha$)．このとき，$t \in T$ の中心化群 $Z_G(t)$ は簡約群で，

$Z_G(t) = \langle U_\alpha, T, n_w \in N_G(T) \mid \alpha(t) = 1, {}^w t = t \rangle$,
$Z_G(t)^0 = \langle U_\alpha, T \mid \alpha(t) = 1 \rangle$ (${}^w t = n_w t n_w^{-1}$ ($w = n_w \in W = N_G(T)/T$)).

証明. $t u_\alpha(c) t^{-1} = u_\alpha(\alpha(t) c)$ ($c \in k$) より，$\alpha(t) = 1 \Rightarrow U_\alpha \subset Z_G(t)^0$. ゆえに，右辺 ⊂ 左辺．逆に，$x \in Z_G(t)$ とし，$T \subset B = TU$ に関する Bruhat 分解により，$x = u n_w b \in U_{w^{-1}} n_w B$ ($w \in W$, $U_{w^{-1}} := U \cap n_w U^- n_w^{-1}$ ($U^- := \prod_{\alpha \in R^+} U_{-\alpha}$)) とする（この表示は一意的である（系 7.3.4）).
${}^x t (= xtx^{-1}) = t$ より，${}^t x = x$. ゆえに，${}^t u \, {}^t n_w \, {}^t b = {}^t (u n_w b) = u n_w b$. 表示の一意性から ${}^t u = u, {}^t n_w = n_w, {}^t b = b$. ${}^t n_w = n_w \Rightarrow {}^w t = t, {}^t u = u, \Rightarrow u \in Z_G(t)^0 \cap U_{w^{-1}} \Rightarrow u \in \prod_{\alpha(t)=1, \alpha>0, w^{-1}\alpha<0} U_\alpha \subset$ 右辺．${}^t b = b \Rightarrow b = t' u', t' \in T, u' \in \prod_{\alpha(t)=1, \alpha>0} U_\alpha$. よって，$x = u n_w b \in$ 右辺．($Z_G(t)^0$ については，$u \in U_{w^{-1}} \Rightarrow {}^{w^{-1}} u \in U^-$ ゆえ，${}^w t = t$ の条件不要.) □

補題 8.3.3（軌道の Jordan 分解）．$x = x_s x_u \in G$ を Jordan 分解とする．このとき，$O_G(x) \to O_G(x_s)$ ($gxg^{-1} \mapsto g x_s g^{-1}$ ($g \in G$)) はファイバー束で，ファイバーは $Z_G(x_s)$ の冪単軌道 $O_{Z_G(x_s)}(x_u)$ に同型である．すなわち，$O_G(x)$ は $Z_G(x_s)$ 主束 $G \to O_G(x_s) \simeq G/Z_G(x_s)$ に付随するファイバー束 $G \times^{Z_G(x_s)} O_{Z_G(x_s)}(x_u)$ に同型である（$(g, v) \mapsto g x_s v g^{-1}$ ($g \in G, v \in Z_G(x_s)^0_u$)). □

命題 8.3.2, 補題 8.3.3 によって，一般元の軌道の問題は簡約群の冪単軌道の

問題に帰着する.

まず,冪単軌道の有限性から(定理 8.3.1),不変写像 χ のファイバーは有限個の軌道の和集合となり,その最大次元の軌道は唯 1 つで,その閉包に等しい(系 8.2.5 (6) ファイバーの既約性).最大次元の軌道について次を注意する.

補題 8.3.4. r を G の階数とすると,$\dim Z_G(x) \geq r$.

証明. 今までどおりの設定で,$x \in B = TU$ とする.$O_B(x)x^{-1} = \{bxb^{-1}x^{-1} \mid b \in B\} \subset [B,B] \subset U$. ゆえに,$\dim O_B(x) \leq \dim U$. 従って,$\dim B - \dim Z_B(x) \leq \dim U$. ゆえに,$\dim Z_G(x) \geq \dim Z_B(x) \geq \dim B - \dim U = \dim T = r$. □

定義. $\dim Z_G(x) = r$ となる元を G の正則 (regular) 元という.正則元 x の軌道 $O_G(x) \simeq G/Z_G(x)$ を正則軌道という.正則軌道は最大次元の軌道である.

極大トーラス T には,$Z_G(t) = T$ となる元があるから,正則元は存在する.

命題 8.3.5. 不変写像 $\chi : G \to T/W$ のファイバーの次元は $\dim G - r$ で唯 1 つの正則軌道を含む.

証明. $\bar{t} \in T/W$ $(t \in T)$ について,t が正則 $\Leftrightarrow \dim Z_G(t) = r \Leftrightarrow Z_G(t)^0 = T \Leftrightarrow \alpha(t) \neq 1$ $(\alpha \in R)$. T_{reg} を T の正則元がなす集合とすると,これは T で稠密開で,T_{reg}/W 上 χ のファイバーは唯 1 つの正則閉軌道からなる (G/T で被覆される).

多様体の一般論より,一般のファイバー $\chi^{-1}(\bar{t})$ の次元は $\dim G - \dim T/W = \dim G - r$ に等しいか大.ところが,補題 8.3.4 より軌道の最大次元は $\dim G - r$ ゆえ,既約集合 $\chi^{-1}(\bar{t})$ の次元は $\dim G - r$ で,唯 1 つの正則軌道を含む(稠密開). □

系 8.3.6. 冪単集合 $\chi^{-1}(\bar{e}) = G_u$ の正則元の集合は唯 1 つの軌道からなる. □

例. 8.1 節で $SL_n(k) \subset GL_n(k) \subset M_n(k) = \mathfrak{g}$ の元について,フル (full)

とよんだものが正則元である.

ここまで，不変写像 χ について，そのファイバー $\chi^{-1}(\bar{t})$ といえば，代数多様体としての G の閉部分集合 $\{x \in G \mid \chi(x) = \bar{t}\}$ のことと考えてきた．しかし，以前にも注意したように，射 χ のファイバーは，スキーム $\chi^{-1}(\bar{t}) := \bar{t} \times_{T/W} G = \operatorname{Spec} k[\bar{t}] \otimes_{k[T/W]} k[G]$ $(k[\bar{t}] = k[T/W]/\mathfrak{m}_{\bar{t}})$ と考えなければいけないこともある．このとき，今まで考えてきたファイバーはスキーム $\chi^{-1}(\bar{t})$ の被約化 $\chi^{-1}(\bar{t})_{\mathrm{red}}$ のことである．

この点について，8.1 節で紹介した $SL_n(k) \subset GL_n(k)$ の場合と同じく次のことが Steinberg によって証明されている．

定理 8.3.7 (Steinberg[St1; 3.8. Th.7]). G を単連結な半単純群とする．このとき，不変写像 $\chi : G \to T/W \simeq \mathbb{A}^r$ のスキーム論的ファイバーは被約で正規多様体になり，χ は平坦である．

さらに，正則点がなす集合を $G_{\mathrm{reg}} := \{x \in G \mid \dim Z_G(x) = r\}$ と書くとき，次は同値である：

(1) $x \in G_{\mathrm{reg}}$,
(2) x における微分 $(d\chi)_x$ は全射，
(3) χ は $x \in G$ で滑らか，
(4) x はファイバー $\chi^{-1}(\chi(x))$ の非特異点 (正則点).

コメント．8.1 節でのコンパニオン行列のように，χ にうまい切断 $\sigma : \mathbb{A}^r \to G_{\mathrm{reg}}$ $(\chi \circ \sigma = \operatorname{Id}_{\mathbb{A}^r})$ がとれることをいっている．

また，射 $\chi | G_{\mathrm{reg}}$ の滑らかさの判定は，「群論的正則性」と「代数幾何的正則性」が同値であることをいっている．

複素数体 $\mathbb{C}$ 上，Lie 環 $\mathfrak{g}$ において随伴軌道を議論するときも同様の性質が成り立つことがもっと以前に Kostant によって証明されていた ([城崎]).

$SL_n(k)$ は単連結なので，この場合は定理 8.1.1.5 で示されていた．

コメント．一般の簡約群の場合，被約化したファイバー $\chi^{-1}(\bar{t})_{\mathrm{red}}$ は唯 1 つの正則軌道の閉包になっているから，$G_{\mathrm{reg}} \cap \chi^{-1}(\bar{t})_{\mathrm{reg}}$ は $\chi^{-1}(\bar{t})_{\mathrm{reg}}$ の非特異点の集合に含まれる．

8.4　正則軌道の閉包の特異点解消

連結簡約代数群 G の極大トーラスと Borel 部分群 $T \subset B$ を固定しておく. 従って, Borel 部分群全体のなす集合（旗多様体）$\mathcal{B}$ と G/B は同型である $(G/B \xrightarrow{\sim} \mathcal{B}\ (gB \mapsto gBg^{-1}\ (g \in G)))$. さらに, $\widetilde{G} := \{(x, B') \in G \times \mathcal{B} \mid x \in B'\}$ とおくと, これは, B の B 自身への内部自己同型作用を考えたときの B 主束 $G \to G/B = \mathcal{B}$ に付随するファイバー束 $G \times^B B$ に同型である. ここで, $G \times^B B = (G \times B)/\sim_B\ ((xb, b') \sim_B (x, bb'b^{-1})\ (x \in G, b, b' \in B))$ で, $G \times^B B \xrightarrow{\sim} \widetilde{G}$ は, $(x, b) \mapsto ({}^x b, {}^x B)$ によって与えられる. $\widetilde{G}$ の多様体構造は, $G \times \mathcal{B}$ の閉多様体 $(G \times \mathcal{B} \xrightarrow{\psi} \mathcal{B} \times \mathcal{B}\ (\psi(x, B') = ({}^x B', B')))$ とすると $\widetilde{G} = \psi^{-1}(\Delta_{\mathcal{B}})$), またはファイバー束 $G \times^B B$ のそれとして考えられる.

射 $\phi: \widetilde{G} \to G\ (\phi(x, B') = x\ (x \in G))$ は $(x, b) \in G \times^B B$ に対しては $\phi(x, b) = {}^x b$ である.

次に, 自然な射影 $\tau: B \to T \simeq B/U$ について, $\tau({}^{b'}b) = \tau(b)\ (b, b' \in B)$ ゆえ, $G \times B \to T\ ((x, b) \mapsto \tau(b))$ は B の右作用で割り切れ, $\theta: \widetilde{G} = G \times^B B \to T\ (\theta(x, b) = \tau(b))$ を引き起こす.

命題 8.4.1. 上の設定で射の 4 角形

$$
\begin{array}{ccc}
\widetilde{G} & \xrightarrow{\phi} & G \\
\theta \downarrow & & \chi \downarrow \\
T & \xrightarrow{\pi} & T/W
\end{array}
\qquad (\pi(t) = \bar{t} = O_W(t))
$$

は可換図式をなし, $t \in T$ に対し, $\theta^{-1}(t)$ は既約で非特異である. また,

$$\phi \mid \theta^{-1}(t) \twoheadrightarrow \chi^{-1}(\bar{t})$$

は全射で, $\dim \theta^{-1}(t) = \dim \chi^{-1}(\bar{t}) = \dim G - r,\ \phi, \pi$ は固有射である.

証明. θ は射影 $B \to T$ が引き起こす滑らかな射で, ファイバー $\theta^{-1}(t) \simeq G \times^B (t \times U)$ (B の作用は $t \times U \simeq tU \subset B$ を保つ) は $\mathcal{B}$ 上の $t \times U$ 束ゆえ, 非特異である.

可換性は定義から明らか．ファイバー次元については，$\dim \theta^{-1}(t) = \dim \mathcal{B} + \dim U = d + d = 2d = \dim G - r$ ($d := \dim U = \dim \mathcal{B}$) と命題 8.3.5 から導かれる．

ϕ の固有性は $\widetilde{G} \hookrightarrow G \times \mathcal{B} \to G$ において，$\widetilde{G}$ は $G \times \mathcal{B}$ の閉集合，G への射影は $\mathcal{B}$ が完備ゆえ固有であることから分かる． □

定義． 命題の 4 角形を **Grothendieck の 4 角形**，ϕ のファイバー $\phi^{-1}(x) \simeq \mathcal{B}^x := \{B' \in \mathcal{B} \mid x \in B'\}$ ($x \in G$) を **Springer ファイバー** (Springer fiber) とよぶ．

G の $\mathcal{B}$ への作用において，$x \in B' \Leftrightarrow xB'x^{-1} = B'$ ゆえ，Springer ファイバー $\mathcal{B}^x$ は x の固定点集合で $\mathcal{B}$ の閉集合である．

さて，正則半単純元 $t_0 \in T_{\mathrm{reg}}$ は定義によって $Z_G(t_0)^0 = T$ であったから，$B' \in \mathcal{B}^{t_0} \Leftrightarrow T \subset B' \Leftrightarrow B' = {}^{n_w}B$ ($w = n_wT \in W$). よって，$\mathcal{B}^{t_0} = \{{}^{n_w}B \mid w \in W\}$ となり，t_0 の Springer ファイバーは Weyl 群の位数 $\#W$ 個の点からなる．

一般の元についても次が成立する．

命題 8.4.2. $x \in G$ が正則 $\iff \mathcal{B}^x$ が有限集合．

証明． $\Rightarrow$) $x \in G$ に対し，$t \in T, \bar{t} = \chi(x)$ とおく．$\phi_t = \phi \vert \theta^{-1}(t) \to \chi^{-1}(\bar{t})$ において，x が正則ならば，$O_G(x)$ は $\chi^{-1}(\bar{t})$ の唯 1 つの開軌道で，$\dim O_G(x) = 2d = \dim \theta^{-1}(t)$. よって，$\phi_t^{-1}(O_G(x)) \to O_G(x)$ は有限射で，ファイバーは有限集合 ($O_G(x)$ の G 等質性を用いる)．すなわち，$\phi_t^{-1}(y)$ ($y \in O_G(x)$) とくに $\phi_t^{-1}(x)$ は有限集合．$\mathcal{B}^x = \phi^{-1}(x) = \bigcup_{w \in W} \phi_{w t}^{-1}(x)$ ゆえ，$\mathcal{B}^x$ は有限集合．

$\Leftarrow$) $x = x_s x_u$ を Jordan 分解，$x \in B' \in \mathcal{B}$ とすると，$x_s, x_u \in B'$. ゆえに，$B' \in \mathcal{B}^{x_s}$. ここで，$G_0 := Z_G(x_s)^0$ とおくと，命題 8.3.2 より，G_0 は簡約群，$B' \cap G_0$ は G_0 の Borel 部分群で，$B' \cap G_0 \in (\mathcal{B}_{G_0})^{x_u}$ ($\mathcal{B}_{G_0}$ は G_0 の旗多様体)．写像 $\mathcal{B}^x \ni B' \mapsto B' \cap G_0 \in (\mathcal{B}_{G_0})^{x_u}$ について，ファイバー $\{B' \in \mathcal{B}^{x_s} \mid B' \cap G_0 = B_0\}$ は G_0 の極大トーラス $T_0 (\subset B_0)$ を含むから有限個 (高々 $\#W$ 個) である．

ここで，証明の途中であるが次の補題に注意しておく．

補題 8.4.3. Jordan 分解 $x = x_s x_u$ について, x が正則であることと, 冪単部分 x_u が $Z_G(x_s)^0$ で正則であることは同値である.

証明. 軌道の Jordan 分解 (補題 8.3.3) より, $\dim O_G(x) = \dim G/Z_G(x_s) + \dim O_{Z_G(x_s)}(x_u) = \dim G - \dim Z_{Z_G(x_s)^0}(x_u)$. G と $Z_G(x_s)^0$ は同階数ゆえ, 補題がいえる. □

命題 8.4.2 の証明に戻る. x が正則ならば, 補題より冪単元 x_u は G_0 で正則. 従って, 冪単元について命題がいえれば, $(\mathcal{B}_{G_0})^{x_u}$ は有限集合で, 上の注意から $\mathcal{B}^x$ も有限集合になり命題が証明される. □

実は, 冪単元についてはさらに強く次の重要な定理が成立する.

定理 8.4.4. $x \in G$ を冪単元とすると, 次は同値.

(1) x は正則.

(2) $\mathcal{B}^x$ は 1 点.

(3) $\mathcal{B}^x$ は有限集合.

(4) $B = TU$ を Borel 部分群とし, $x = \prod_{\alpha \in R^+} u_\alpha(c_\alpha)$ とルート部分群表示するとき, $c_\alpha \neq 0 \ (\forall \alpha \in \Pi : R^+ \text{の基})$.

証明. (1)⇒(3) は命題 8.4.2 で済. (2)⇒(3) は自明.

(3)⇒(4): ある $\alpha_0 \in \Pi$ について, $c_{\alpha_0} = 0$ とする. このとき, $R_1^+ := (R^+ \setminus \{\alpha_0\}) \cup \{-\alpha_0\}$ は正系をなし, $s_{\alpha_0}(R_1^+ \setminus \{-\alpha_0\}) = R_1^+ \setminus \{-\alpha_0\}$. よって, ルート部分群 $U_{-\alpha_0}$ は $\prod_{\alpha \in R^+ \setminus \{\alpha_0\}} U_\alpha$ を正規化する, すなわち, $x \in yBy^{-1} \ (y \in U_{-\alpha_0} (\simeq \mathbb{G}_a))$ となり, x は無限個の Borel 部分群に含まれる.

(4)⇒(1): $U' := \{\prod_{\alpha \in R^+} u_\alpha(c_\alpha) \in U \mid c_\alpha \neq 0 \ (\alpha \in \Pi)\} (\simeq (\mathbb{A} \setminus \{0\}) \times \mathbb{A}^{d-r})$ は $U (\simeq \mathbb{A}^d)$ の稠密開集合. 正則冪単元のなす集合 $(G_u)_{\text{reg}}$ は G_u の中で唯 1 つの $2d$ 次元 G 軌道をなすから, $(G_u)_{\text{reg}} \cap U$ も U 中で稠密. 従って, $U' \cap (G_u)_{\text{reg}} \neq \emptyset$.

ところが, U' は唯 1 つの B 軌道からなる. なぜならば, $t u_\alpha(c_\alpha) t^{-1} = U_\alpha(\alpha(t) c_\alpha) \ (t \in T)$ により, $\alpha \in \Pi$ 部分については一致させることができ, さらに, $R^+ \setminus \Pi$ 部分については, 交換関係式 (命題 7.2.3) より U 作用でつな

がる（詳しくは [St1; p.112]）．よって，$x \in U' \subset (G_u)_{\mathrm{reg}} = O_G(x)$.

(1)⇒(2)：(1)⇒(4) は示せているから，$x \in U'$ ととってよい．$x \in gBg^{-1}$ ($g \in G$)($\Leftrightarrow g^{-1}xg \in U$) とする．このとき，$g \in B$ なることを示せばよい．Bruhat 分解より，$g^{-1} = vn_w b \in U_{w^{-1}} WB$ ($U_{w^{-1}} := U \cap n_w U^- n_{w^{-1}}$) とすると，$b = e$ と仮定してよい．$vn_w x n_w^{-1} v^{-1} \in U$ より，$n_w x n_w^{-1} \in U$. ゆえに，$x \in \prod_{\alpha \in R^+} U_{w^{-1}\alpha}$. 従って，$c_\alpha \neq 0$ ($\alpha \in R^+$) に対して $w\alpha > 0$ でなければならず，とくに $w\Pi = \Pi$. これは $w = e$, すなわち，$g \in B$ を意味する． □

系 8.4.5 (Springer). G を単連結半単純群とすると，$\phi_e = \phi|\theta^{-1}(e) \to \chi^{-1}(\bar{e}) = G_u$ は冪単多様体 G_u の特異点解消を与える．

ここで，G_u は正規で，非特異点のなす開集合は正則点の集合 $(G_u)_{\mathrm{reg}}$ で唯 1 つの正則軌道である．さらに，$\theta^{-1}(e) \simeq G \times^B U$ ($B = TU$ は Borel 部分群) で，$G \times^B U_{\mathrm{reg}} \xrightarrow{\sim} (G_u)_{\mathrm{reg}}$ と見なせる．

証明．定理 8.3.7 より，$\chi^{-1}(\bar{e}) = G_u$ は被約かつ正規で唯 1 つの正則軌道 $O_G(x_0)$ を非特異点集合として含む．定理 8.4.4 により，$x \in O_G(x_0)$ の Springer ファイバーは 1 点，すなわち，$\phi_e^{-1}(O_G(x_0)) \to O_G(x_0)$ は全単射である．ところで，$O_G(x_0) = G/Z_G(x_0)$ は商ゆえ，普遍性から多様体の同型を与えている．従って，固有射 ϕ_e は双有理的で特異点解消を与える． □

次の事実も重要である．

系 8.4.6. 冪単元 $x \in G_u$ の Springer ファイバー $\mathcal{B}^x$ は連結である．

証明．G が単連結のときは，Zariski の連結性定理（付録；定理 A.4.3.2）より導かれる（正規多様体の特異点解消のファイバーは連結）．一般の簡約群の場合も，連結性は位相的性質ゆえ，被約化した多様体で考えればよい．なお，Spaltenstein[Spa2] では，直接具体的に証明されている． □

一般の正則元 x の軌道の閉包 $\overline{O_G(x)} = \chi^{-1}(\chi(x))$ についても，次が成立する．

定理 8.4.7 (Grothendieck). G が単連結半単純群のとき，Grothendieck の

4角形は不変写像 χ のファイバーを（同時に）特異点解消する．

すなわち，$t \in T$ について，$\phi_t : \theta^{-1}(t) \to \chi^{-1}(\bar{t})$ ($\bar{t} = O_W(t) \in T/W$) は，正規多様体 $\chi^{-1}(\bar{t})$ の特異点解消を与える． □

コメント． 補題 8.3.3 より，系 8.4.5 の冪単元の場合に帰着する（Slodowy[Sl1] 参照）．

なお，$t \in T$ が正則半単純元の場合，$\chi^{-1}(\bar{t}) \simeq G/T$ (G: 単連結）ですでに非特異である．

また，冪単多様体の場合でも（被約化したファイバーが）特異点をもつとは限らない．例えば，標数 2 で，$G = PGL_2(k)$ に対して，$\chi^{-1}(\bar{e})$ は被約ではなく，被約化した $\chi^{-1}(\bar{e})_{\mathrm{red}} = G_u$ は非特異多様体 $\{(x : y : z) \in \mathbb{P}^2 \mid x^2 + yz \neq 0\} \simeq (GL_2(k))_u Z/Z$ (Z は $GL_2(k)$ の中心）に同型である（[Sl1]）．

なお，標数 0 の簡約群の場合は Lie 環上に設定を移して，特異点解消定理が成り立つことを注意しておく．

言葉． 8.4.7 を **Grothendieck** の同時（simultanious）特異点解消，特別な場合 8.4.5 を **Springer** の特異点解消という．歴史的順序かと思われる．

8.5 　軌道と Springer ファイバーの次元

この節では，連結簡約群 G の元 x の軌道 $O_G(x)$ と Springer ファイバー $\mathcal{B}^x$ の次元について述べる．前節の記号で $\phi : \widetilde{G} = \{(x, B') \in G \times \mathcal{B} \mid x \in B'\} \to G$ ($\phi(x, B') = x$) とすると，$O_G(x) = \{gxg^{-1} \mid g \in G\}$, $\mathcal{B}^x = \{B' \in \mathcal{B} \mid x \in B'\} \simeq \phi^{-1}(x)$ であり，$\phi^{-1}(O_G(x)) \simeq G \times^{Z_G(x)} \mathcal{B}^x$ は $O_G(x)$ 上のファイバーを $\mathcal{B}^x$ とする束であった．

$\widetilde{G}$ を改変して，さらに，

$$Z := \{(x, B', B'') \in G \times \mathcal{B}^2 \mid x \in B' \cap B''\} \simeq \widetilde{G} \times_G \widetilde{G}$$

とおき，射影をそれぞれ $\psi : Z \to G$ ($\psi(x, B', B'') = x$), $p : Z \to \mathcal{B}^2$ ($p(x, B', B'') = (B', B'')$) とする．($Z$ を **Steinberg** の 3 つ組 (Steinberg triple) という．)

Borel 部分群 B とその極大トーラス T を固定し，$W = N_G(T)/T$ を Weyl 群とする．G を $\mathcal{B}^2$ に対角的に働かせたとき，Bruhat 分解より軌道分解

$$\mathcal{B}^2 = \bigsqcup_{w \in W} O_w \quad (O_w := \{({}^g B, {}^{gw} B) \mid g \in G\} = O_G(B, {}^w B))$$

を得る（$g = b n_w b'$（$b, b' \in B$, $w = n_w T$）としてチェックせよ）．これに対して，次が成り立つ．

命題 8.5.1. $Z_u := \psi^{-1}(G_u) \subset Z$（$G_u$ は冪単多様体），$p_u := p | Z_u : Z_u \to \mathcal{B}^2$ とおくと，

$$Z_u = \bigcup_{w \in W} \overline{p_u^{-1}(O_w)} \subset Z = \bigcup_{w \in W} \overline{p^{-1}(O_w)}$$

はそれぞれの既約分解で，既約成分の次元はそれぞれ $\dim G - r$, $\dim G$（$r = \dim T$）である．

証明. $O_w \simeq G/B \cap {}^w B$ で，$p^{-1}(O_w) \simeq G \times^{(B \cap {}^w B)} (B \cap {}^w B)$（$B \cap {}^w B$ は自身へ内部自己同型で働く）は O_w 上の $B \cap {}^w B$ 束ゆえ，次元は $\dim G/(B \cap {}^w B) + \dim(B \cap {}^w B) = \dim G$ で，その閉包 $\overline{p^{-1}(O_w)}$ は $\dim G$ 次元の既約成分である．Z_u についても同様に $p_u^{-1}(O_w) \simeq G \times^{(B \cap {}^w B)} (U \cap {}^w U)$（$B = TU$）ゆえ，次元は $\dim G/(B \cap {}^w B) + \dim(U \cap {}^w U) = \dim G - r$． □

冪単軌道（または冪零軌道）の分類から次のことが分かっている．

補題 8.5.2 (Bala-Carter 他)**.** 冪単類の有限性（定理 8.3.1）より，$w \in W$ に対し，冪単群 $U \cap {}^w U$ と稠密に交わる冪単軌道 $O(w) \subset G_u$ が唯 1 つ存在する．この記号の下で，W から冪単軌道の集合 $G_u / \sim_G$ への写像 $w \mapsto O(w)$ は全射である． □

命題 8.5.3 (Springer-Steinberg)**.**
(1) $x \in G$ の軌道 $O_G(x)$ と Springer ファイバー $\mathcal{B}^x$ の次元について，次が成り立つ．

$$\dim \mathcal{B}^x = d - \frac{1}{2} \dim O_G(x) \quad (d = \dim \mathcal{B}).$$

(2) 冪単元 $x \in G_u$ に対しては，

$$\dim O_G(x) \cap U = \frac{1}{2} \dim O_G(x).$$

証明．(1) 冪単元 $x \in G_u$ に対しては，$\psi_u = \psi \,|\, Z_u : Z_u \to G_u$ について，ファイバー束 $\psi_u^{-1}(O_G(x))$ のファイバーは $(\mathcal{B}^x)^2$ に同型ゆえ，$\dim \psi_u^{-1}(O_G(x)) = \dim O_G(x) + 2\dim \mathcal{B}^x \leq \dim Z_u = \dim G - r = 2d$（命題 8.5.1）．

ところで，補題 8.5.2 より，$O_G(x) = O(w)$ なる $w \in W$ がある．この w に対して，$\mathcal{B}^2$ の Bruhat 分解で対応する $\mathcal{B}^2$ の G 軌道 O_w を考えると，$p_u^{-1}(O_w) \simeq G \times^{(B \cap {}^w B)} (U \cap {}^w U)$ で，$\psi_u^{-1}(O_G(x)) \cap p_u^{-1}(O_w)$ は $p_u^{-1}(O_w)$ の中で稠密である．従って，$\dim \psi_u^{-1}(O_G(x)) = \dim p_u^{-1}(O_w) = \dim Z_u = 2d$ となり，冪単元については等号が明示された．

一般の $x = x_s x_u \in G$ に対しては，軌道の Jordan 分解（補題 8.3.3）により，$\dim O_G(x) = \dim O_G(x_s) + \dim O_{Z_G(x_s)}(x_u)$．一方，$\mathcal{B}^x = \{B' \in \mathcal{B} \,|\, x \in B'\} = \{B' \in \mathcal{B} \,|\, x_s, x_u \in B'\} \to \{B'' \in \mathcal{B}_{Z_G(x_s)^0} \,|\, x_u \in B''\} = (\mathcal{B}_{Z_G(x_s)^0})^{x_u}$ $(B' \mapsto B' \cap Z_G(x_s)^0 \in \mathcal{B}_{Z_G(x_s)^0})$ は有限射であったから，すでに証明した簡約群の冪単元に対する等式によって，$\dim \mathcal{B}^x = \dim (\mathcal{B}_{Z_G(x_s)^0})^{x_u} = \dim \mathcal{B}_{Z_G(x_s)^0} - \frac{1}{2} \dim O_{Z_G(x_s)^0}(x_u)$．ゆえに，$\dim \mathcal{B}_{Z_G(x_s)^0} = d - \frac{1}{2} \dim O_G(x_s)$ に注意すると，上に述べた Jordan 分解の等式から $\dim \mathcal{B}^x = d - \frac{1}{2} \dim O_G(x)$．

(2) $\phi : \widetilde{G} \to G$ において，$\phi^{-1}(G_u) \to G_u$ を考える．ファイバー束 $\phi^{-1}(O_G(x)) \to O_G(x)$ のファイバーが $\mathcal{B}^x$ ゆえ，$\dim \phi^{-1}(O_G(x)) = \dim O_G(x) + \dim \mathcal{B}^x$．また，$\phi^{-1}(G_u) \simeq G \times^B U \to G/B = \mathcal{B}$ も $\mathcal{B}$ 上のファイバー束ゆえ，$\dim \phi^{-1}(O_G(x)) = \dim \mathcal{B} + \dim(U \cap O_G(x))$．よって，(1) より $\dim U \cap O_G(x) = \frac{1}{2} \dim O_G(x)$. □

一般に Springer ファイバーの既約成分はすべて同じ次元（等次元）であることが証明されている (Spaltenstein[Spa2])．x の中心化群 $Z_G(x)$ は $\mathcal{B}^x$ に働くが, その連結成分 $Z_G(x)^0$ は各既約成分を保つ．従って，有限群 $A(x) := Z_G(x)/Z_G(x)^0$ は，$\mathcal{B}^x$ の既約成分のなす有限集合 $I(\mathcal{B}^x)$ へ働く．このとき，命題の系として次が導かれる．

系 8.5.4. 冪単元 $x \in G_u$ に対して，$A(x)$ の $I(\mathcal{B}^x)^2$ への対角作用を考える

と，その軌道の集合 $I(\mathcal{B}^x)^2/A(x)$ について Weyl 群との 1 対 1 対応

$$\bigsqcup_x I(\mathcal{B}^x)^2/A(x) \simeq W$$

を得る．ただし，x は冪単軌道 $G_u/\sim_G$ の代表元を動く．

証明．命題 8.5.1 の射 $\psi_u : Z_u \to G_u$ は $O_G(x) \subset G_u$ 上ではファイバー束 $G \times^{Z_G(x)} (\mathcal{B}^x)^2 \to G/Z_G(x) \simeq O_G(x)$ を与えている．従って，$\psi_u^{-1}(O_G(x))$ の既約成分の集合は $G \times (\mathcal{B}^x)^2$ の既約成分の $Z_G(x)$ 軌道と対応しており，これは $I(\mathcal{B}^x)^2/A(x)$ と 1 対 1 に対応する．

一方，$\mathcal{B}^x$ は等次元であるから，$\psi_u^{-1}(O_G(x))$ も等次元で，命題 8.5.3 より $\overline{\psi_u^{-1}(O_G(x))}$ の既約成分は Z_u の既約成分を与え，逆に Z_u の既約成分はある冪単軌道 $O_G(x)$ に対する $\psi^{-1}(O_G(x))$ の既約成分になっている．□

例（$G = GL_n(k), SL_n(k)$ の場合）．系 8.1.3.3 より，冪単元（↔ 冪零元）x に対応する分割型を λ とすると，$I(\mathcal{B}^x)$ は λ を台にもつ標準盤の集合 $\mathrm{St}(\lambda)$ と 1 対 1 に対応していた．またこの場合，有限群 $A(x)$ はすべて自明で，その作用は無視される．従って，系 8.5.4 の対応は，対称群 S_n と標準盤の集合との 1 対 1 対応

$$S_n \simeq \bigsqcup_\lambda \mathrm{St}(\lambda)^2$$

を表している．

この対応はまた，Robinson-Schensted 対応という名で知られている（Knuth "The Art of Computer Programming" Vol.3, Addison-Wesley 1973；堀田 "加群十話" 第 8 話）．

8.6　Weyl 群の Springer 表現

第一話　**Springer 表現とは何か**

これまで，Springer ファイバー $\mathcal{B}^x$ について詳しく調べてきたが，その理由はこの奇妙な特異多様体が簡約群とそれに関連する様々な対象の表現論に深く

関わっていて，いわば "ubiquitous" といえるものであるからである．

そのデビューは，有限簡約群の指標の理論の中で出現した Weyl 群の Springer 表現であった．本書では，もう紙数も尽きかけており本格的な紹介はできないが，その雰囲気だけでも触れておこう．興味ある読者は原論文 Springer[Sp2]，Slodowy[Sl2], Lusztig[L1], および紹介記事加藤・堀田 [城崎], 庄司 [庄], [Sh], Jantzen[Jan2], Kiehl-Weissauer[KW] などを参照されたい．とくに，表現論への応用上重要な具体的な結果が庄司俊明氏などにより得られており，それらについても上記に多く挙げられている．

Springer 表現とは，$\mathcal{B}^x$ の（コ）ホモロジー群（基礎体 k が複素数体の場合は古典的な，正標数の場合はエタール）上に構成される Weyl 群 W の "自然な" 表現のことである．困難な点は，一般には W が直接 $\mathcal{B}^x$ に作用していないことである．

まず，特別な場合を見てみよう．x が半単純正則のとき，$x \in B \in \mathcal{B}$ を 1 つ固定すると，$\mathcal{B}^x = \{{}^w B \mid w \in W\} \simeq W$ であり，この場合は W が点集合 W 自身へ（左右から）働いている．次に，x が冪単正則元のときは，$\mathcal{B}^x$ は 1 点で自明な作用はある．

最後に，単位元 $x = e$ のときは，旗多様体自身 $\mathcal{B}^x = \mathcal{B}$ で，この場合は古くから次の作用が知られていた．極大トーラスと Borel 部分群 $T \subset B$ を固定しておく．自然な射影 $p: G/T \to G/B \simeq \mathcal{B}$ は $\mathcal{B}$ 上の $U (= B_u \simeq \mathbb{A}^d)$ 束で，G/T には Weyl 群 $W = N_G(T)/T$ が右から働く $((gT)w := gn_w T \ (n_w T = w \in W))$．アフィン空間束 G/T （位相的にはベクトル束）は $G/B \simeq \mathcal{B}$ に可縮であるから，そのコホモロジー群について同型 $H^*(G/T, \mathbb{Q}) \simeq H^*(\mathcal{B}, \mathbb{Q})$（正標数のときは l 進 $\mathbb{Q}_l$ 係数のエタールコホモロジー群）が得られ，$H^*(\mathcal{B}, \mathbb{Q})$ は W 加群となる．

この場合は，以前から詳しく調べられていて，例えば次のような結果がある．

命題 8.6.1（Borel 他）．記述の簡単のため $k = \mathbb{C}$ とする．

(1) 命題 7.3.6 により，Schubert 多様体 $\overline{X(w)} \subset \mathcal{B}$ は $H_{2l(w)}(\mathcal{B}, \mathbb{Z})$ のホモロジー基を与える $(l(w) = \dim X(w))$．従って，これは Poincaré 双対性によって，コホモロジー $H^{2d-2l(w)}(\mathcal{B}, \mathbb{Z})$ の基も与え，$H^*(\mathcal{B}, \mathbb{Z})$ は階数 $\#W$ の自由

加群になる.

(2) G を単連結とし, T の指標 $\lambda \in X(T)$ が $\mathcal{B} = G/B$ 上に与える直線束を $\mathcal{L}_\lambda$ とする. $c_1(\mathcal{L}_\lambda) \in H^2(\mathcal{B}, \mathbb{Z})$ を $\mathcal{L}_\lambda$ の Chern 類とするとき, コホモロジー環 $H^*(\mathcal{B}, \mathbb{Z})$ は $\{c_1(\mathcal{L}_\lambda)\}_{\lambda \in X(T)}$ とくに λ として基本ウェイトをとったもので生成される.

(3) $\mathfrak{t} := \operatorname{Lie} T$ を T の Lie 環 (Cartan 部分環) とする. $\mathfrak{t}$ は自然な W 作用をもち, $\mathfrak{t}$ 上の多項式環 $\mathbb{C}[\mathfrak{t}]$ は W 加群である. このとき, 余不変式環 $\mathbb{C}[\mathfrak{t}]/I(\mathbb{C}[\mathfrak{t}]_+^W)$ は W 加群として $H^*(\mathcal{B}, \mathbb{C})$ に (次数込みで) 同型である ($I(\mathbb{C}[\mathfrak{t}]_+^W)$ は次数正の W 不変式環 $\mathbb{C}[\mathfrak{t}]_+^W$ が生成するイデアル). とくに, $H^*(\mathcal{B}, \mathbb{C})$ は W の正則表現を与える. □

結論からいってしまうと, 以上の 3 つの例が与える W 加群 $H^*(\mathcal{B}^x, \mathbb{Q})$ を一般の元 $x \in G$ に対しても構成したのが Springer 表現である.

まず, 安直に考えて, 一般に $\mathcal{B}^x$ は $\mathcal{B}$ の閉部分多様体で W の作用では保たれないが, コホモロジー群に関しては自然な射 $H^*(\mathcal{B}, \mathbb{Q}) \to H^*(\mathcal{B}^x, \mathbb{Q})$ があるので, $H^*(\mathcal{B}, \mathbb{Q})$ の W 加群構造から $H^*(\mathcal{B}^x, \mathbb{Q})$ のそれを引き出せないであろうか?

x が正則半単純元の場合は, $\mathcal{B}^x \simeq W$ で, それ自身左右の作用をもち正則表現 $H^0(\mathcal{B}^x, \mathbb{Q}) \simeq \mathbb{Q}[W]$ を与えるが, 射 $H^0(\mathcal{B}, \mathbb{Q}) \to H^0(\mathcal{B}^x, \mathbb{Q})$ は自明な部分への像をもち, とくにおもしろいものではない.

ところが, A 型 (GL_n, SL_n) の場合は, Spaltenstein の分解 (定理 8.1.3.1 とその系) により冪単元 x に対しては連結な $\mathcal{B}^x$ および $\mathcal{B} \setminus \mathcal{B}^x$ はアフィン空間で舗装されていて, コホモロジーは奇数次で消え偶数次で短完全列

$$0 \to H^{2l}_c(\mathcal{B} \setminus \mathcal{B}^x, \mathbb{Q}) \to H^{2l}(\mathcal{B}, \mathbb{Q}) \to H^{2l}(\mathcal{B}^x, \mathbb{Q}) \to 0$$

が成り立つことが分かっている ($0 \leq l \leq d = \dim \mathcal{B}$).

ここで, もし $H^{2l}_c(\mathcal{B} \setminus \mathcal{B}^x, \mathbb{Q})$ が W 加群 $H^{2l}(\mathcal{B}, \mathbb{Q})$ の部分空間として W の作用で保たれているならば, 剰余空間 $H^{2l}(\mathcal{B}^x, \mathbb{Q})$ は W 剰余加群としての構造をもち, 一応の目的はこの場合は果される.

実際, 一般の場合にも, 射 $H^*(\mathcal{B}, \mathbb{Q}) \to H^*(\mathcal{B}^x, \mathbb{Q})$ は (全射とは限らない

が）Springer 表現として W 加群の射になることが証明されていて，応用上も重要である（Hotta-Springer[HS]，特殊化定理）．

例えば，系 8.1.3.3 で見たように，冪単元 x（または対応する冪零元）の分割型を λ とすると，$\dim \mathcal{B}^x = n(\lambda)$ で，既約成分は λ を台にもつ標準盤の集合 $\mathrm{St}(\lambda)$ に対応していた．従って最高次のコホモロジー群 $H^{2n(\lambda)}(\mathcal{B}^x, \mathbb{Q})$ の次元は $\#\mathrm{St}(\lambda)$ に等しく，Springer 表現はそこでは $\#\mathrm{St}(\lambda)$ 次の対称群 S_n の表現を与えている．

有限群の表現論を学んだ読者は，対称群の既約表現の同値類は n の分割 λ と 1 対 1 に対応し，その次数は $\#\mathrm{St}(\lambda)$ である，という定理を思い出すであろう．

Springer 表現の一般論の展開の中で，Weyl 群の既約表現の実現に関しては次が得られている．

定理 8.6.2（Springer[Sp2, Sp3]）．複素数体上の連結簡約群 G に対し，$T \subset B$, $\mathcal{B} \simeq G/B$, $W = N_G(T)/T$ を上の設定のとおりとする．

冪単元 $x \in G_u$ に対し，$d(x) := \dim \mathcal{B}^x = d - \frac{1}{2}\dim O_G(x)$, $A(x) := Z_G(x)/Z_G(x)^0$ とおくと，$Z_G(x)$ の $\mathcal{B}^x$ への作用で有限群 $A(x)$ は $\mathcal{B}^x$ の既約成分の置換を引き起こし，連結群 $Z_G(x)^0$ はコホモロジー群へ自明に働くから，$A(x)$ は $H^*(\mathcal{B}^x, \overline{\mathbb{Q}})$ へ働く．このとき，次が成り立つ．

(1) W と $A(x)$ の $H^*(\mathcal{B}^x, \overline{\mathbb{Q}})$ への作用は可換で，$A(x)$ の既約表現類 $\varpi \in A(x)^\vee$ の最高次 $H^{2d(x)}(\mathcal{B}^x, \overline{\mathbb{Q}})$ での ϖ 同変成分 $H^{2d(x)}(\mathcal{B}^x, \overline{\mathbb{Q}})_\varpi := \mathrm{Hom}_{A(x)}(V_\varpi, H^{2d(x)}(\mathcal{B}^x, \overline{\mathbb{Q}}))$（$V_\varpi$ は ϖ の表現空間）は 0 でなければ W の既約表現を与える．

(2) W の既約表現の同値類は，唯 1 つの冪単類 $O_G(x)$ と $\varpi \in A(x)^\vee$ に対して，最高次の Springer 表現 $H^{2d(x)}(\mathcal{B}^x, \overline{\mathbb{Q}})$ の ϖ 成分として一意的に実現される．

(3)（Hotta-Springer[HS]）自然な射 $H^*(\mathcal{B}, \mathbb{Q}) \to H^*(\mathcal{B}^x, \mathbb{Q})$ は W 同変で，最高次に関しては，$H^{2d(x)}(\mathcal{B}, \mathbb{Q})$ の像は $A(x)^\vee$ の自明部分 $H^{2d(x)}(\mathcal{B}^x, \mathbb{Q})^{A(x)}$ に等しい．□

この Weyl 群の既約表現の統一的構成から，有限群 $A(x)$ の分類を用いて次の系が導かれる．

系 8.6.3. Weyl 群の絶対既約表現（$\overline{\mathbb{Q}}$ 上既約）は $\mathbb{Q}$ 上定義される．すなわち，$\mathbb{Q}$ 上既約な表現は $\overline{\mathbb{Q}}$ 上でも既約である．

証明．G が単純随伴群のとき，冪単元 x に対する $A(x)$ は自明でなければ位数 2 の群の直積か，3, 4, 5 次の対称群に同型であることが分類によって知られている（水野賢三）．従って，$A(x)$ の絶対既約表現は $\mathbb{Q}$ 上定義されており，定理 (2) によって，$H^{2d(x)}(\mathcal{B}^x, \overline{\mathbb{Q}})$ の ϖ 成分も $\mathbb{Q}$ 上定義されている． □

系の事実は，以前から W の既約表現の case-by-case による分類によって知られていたが，Springer 表現により「統一的」証明が得られたわけである．とはいっても，冪単元に対する $A(x)$ のヘビーな case-by-case チェックに基づいているわけだが．

第二話　Slodowy の構成

Springer 表現の構成の歴史的順序は，Springer[Sp2](1976), Slodowy[Sl2] (1980), Lusztig[L1] (1981) であるが，[Sp2] では，正標数特有の議論（Artin-Schreier 被覆など）を用いており，[L1] は偏屈層や交叉コホモロジーなどを導来圏の手法で扱う．[L1] の方法が最も本質的で応用上も柔軟性に富むが，予備知識の獲得に相当の準備を要するので，ここではまず古典的な位相幾何にのみ基づく素朴な議論で行われる Slodowy の構成 [Sl2] を紹介しよう．

Grothendieck-Springer の特異点解消の Lie 環版を舞台とする．G を複素数体 $\mathbb{C}$ 上の半単純随伴群，$\mathfrak{g}$ をその Lie 環，極大トーラスとそれを含む Borel 部分群 $T \subset B$ を固定し，$\mathfrak{t} \subset \mathfrak{b}$ をその Lie 環とする．旗多様体 $\mathcal{B} = \{{}^g B \mid g \in G\} \simeq \{\mathrm{Ad}(g)\mathfrak{b} \mid g \in G\} \simeq G/B$ は群の場合と同じで，$\widetilde{\mathfrak{g}} := \{(x, \mathfrak{b}') \in \mathfrak{g} \times \mathcal{B} \mid x \in \mathfrak{b}'\} \simeq G \times^B \mathfrak{b}$（$B$ は $\mathfrak{b}$ に随伴作用），$\phi : \widetilde{\mathfrak{g}} \to \mathfrak{g}$ $(x, \mathfrak{b}') = x$ と定義する．不変写像 $\chi : \mathfrak{g} \to \mathfrak{t}/W$ は，Chevalley の定理による同型 $\mathbb{C}[\mathfrak{g}]^G \xrightarrow{\sim} \mathbb{C}[\mathfrak{t}]^W = \mathbb{C}[\mathfrak{t}/W]$ によって定義され，$\theta : \widetilde{\mathfrak{g}} \to \mathfrak{t}$ は射影 $\mathfrak{b} \to \mathfrak{t}$ が引き起こす写像 $G \times^B \mathfrak{b} \to \mathfrak{t}$ である．この Lie 環上の設定で 8.4 節と同様に次が成立する．

定理 8.6.4. 射の 4 角形

$$\begin{CD} \widetilde{\mathfrak{g}} @>\phi>> \mathfrak{g} \\ @V\theta VV @VV\chi V \\ \mathfrak{t} @>>\pi> \mathfrak{t}/W \end{CD}$$

は可換図式をなし，$\theta^{-1}(t) \twoheadrightarrow \chi^{-1}(\bar{t})$ $(t \in \mathfrak{t}, \bar{t} = O_W(t) \in \mathfrak{t}/W)$ は特異点の解消を与える．□

Slodowy のアイデアは，冪零元 $x \in \mathfrak{g}_n (:= \mathfrak{g}$ の冪零多様体 $\simeq G_u)$ に対して，x を原点とする $\mathfrak{g}$ のアフィン部分空間 S で，$\chi | S : S \to \mathfrak{t}/W$ のファイバーの同時特異点解消を与えるものを構成したことである．

$x \neq 0$ なる冪零元に対し，$\langle x, h, y \rangle$ を $\mathfrak{sl}_2$ 3 つ組とする．すなわち，$y \in \mathfrak{g}_n, h$ は半単純元で，$[x, y] = h, [h, x] = 2x, [h, y] = -2y$ なるものがとれる (Jacobson-Morozov[Jac; p.98])．3 つ組は $\mathfrak{sl}_2(\mathbb{C})$ に同型な Lie 環を張り，x, y は冪零である．$\mathfrak{z}_\mathfrak{g}(y) := \{z \in \mathfrak{g} \mid [z, y] = 0\}$ を y の中心化環とし，$S := x + \mathfrak{z}_\mathfrak{g}(y) \subset \mathfrak{g}$ とおく．

このとき，$\mathfrak{g} = \mathfrak{z}_\mathfrak{g}(x) \oplus [\mathfrak{g}, x]$（線型空間の直和）で，冪零軌道 $O_G(x)$ の接空間は $T_x(O_G(x)) \simeq [\mathfrak{g}, x]$ ゆえ，アフィン空間 $S \subset \mathfrak{g}$ は x で $O_G(x)$ と横断的に交わっていることが示される（$\mathfrak{sl}_2$ の表現を用いる）．

この設定で次が成立する．

定理 8.6.5 (Slodowy).

(1) $\widetilde{S} := \phi^{-1}(S) \in \widetilde{\mathfrak{g}}$ とおくと，

$$\begin{CD} \widetilde{S} @>\phi_S>> S \\ @V\theta_S VV @VV\chi_S V \\ \mathfrak{t} @>>\pi> \mathfrak{t}/W \end{CD} \quad (\phi_S = \phi | \widetilde{S}, \chi_S = \chi | S, \theta_S = \theta | \widetilde{S})$$

において，$\widetilde{S}_t := \theta_S^{-1}(t)$ $(t \in \mathfrak{t})$ はファイバー $S_{\bar{t}} := \chi_S^{-1}(\bar{t})$ の特異点解消を与える．

(2) $\theta_S : \widetilde{S} \to \mathfrak{t}$ は，$\mathfrak{t}(\simeq \mathbb{C}^r)$ 上の自明な C^∞ ファイバー束である．

(3) $0 \in \mathfrak{t}$ のファイバー $\widetilde{S}_0$ は $\phi_S^{-1}(x) \simeq \mathcal{B}^x$ に（位相的に）可縮である．□

(2), (3) の性質は，$\mathfrak{sl}_2$ 3 つ組の表現空間である $\mathfrak{z}_\mathfrak{g}(y)$ に半単純元 h による斉次作用素が定義され，それが x を固定する S への乗法群 $\mathbb{G}_m = \mathbb{C}^\times$ の作用を引き起こすことから導かれる．技術的なポイントはここにある．例えば，(3) について粗っぽくいえば，$\mathcal{B}^x \subset D \subset \widetilde{S}_0$ となるコンパクト集合 D について，$t \in \mathbb{R}^\times \subset \mathbb{C}^\times$ の作用を tD と書くと，$\lim_{t \to 0} tD = \mathcal{B}^x$ と見なせるだろう．

S は **Slodowy** の薄片（slice）とよばれていて，ここで論ずる Springer 表現以外でも重要な働きをしている．

$\dim S - r = 2 \dim \mathcal{B}^x$ $(r = \dim \mathfrak{t})$ に注意しておこう．とくに，x が正則冪零元のとき，$\dim S = r$ で，$\chi_S : S \xrightarrow{\sim} \mathfrak{t}/W \simeq \mathbb{C}^r$ は χ の切断 $\mathfrak{t}/W \xrightarrow{\sim} S \subset \mathfrak{g}$ を与えている（Kostant の切断；$\mathfrak{g}$ の正則元の集合を $\mathfrak{g}_{\text{reg}}$ とすると $\mathfrak{g}_{\text{reg}} = (\text{Ad}\,G)S$）．

さて，Slodowy の構成は，$\chi_S : S \to \mathfrak{t}/W$ から得る "モノドロミー表現" として与えるのである．一般論を復習しよう．

モノドロミー表現

$p : Y \to X$ を C^∞ 多様体の（局所自明な）C^∞ ファイバー束とする．点 $x \in X$ のファイバーを $Y_x := p^{-1}(x)$ とし，$\gamma : [0,1] \to X$ $(\gamma(0) = \gamma(1) = x)$ を x を基点とする閉曲線とする．γ による Y の引き戻し $\gamma^{-1}Y$ は閉区間 $[0,1]$ 上の自明なファイバー束ゆえ，同型 $\gamma^{-1}Y \xrightarrow{\sim} F \times [0,1]$（$F$ は標準ファイバー）を与える．$\bar{\gamma} : Y_x \xrightarrow{\sim} (\gamma^{-1}Y)_0 = F \times 0 \xrightarrow{\sim} F \times 1 = (\gamma^{-1}Y)_1 \xrightarrow{\sim} Y_x$ は γ が与えるファイバー多様体 Y_x の自己同型であるが，これは γ のホモトピー類に関してホモトープである．従って，基本群の元 $[\gamma] \in \pi_1(X, x)$ はホモロジー群の同型 $\bar{\gamma}_* \in \text{Aut}\,H_*(Y_x, \mathbb{Q})$ を引き起こし，表現

$$\pi_1(X, x) \longrightarrow \text{Aut}\,H_*(Y_x, \mathbb{Q})$$

を与える．この表現をファイバー束 $Y \to X$ のモノドロミー表現という．

なお，ホモロジーの代わりに，コホモロジーやコンパクト台をもつコホモロジー，係数も任意の環にとれる．また，直接多様体 X 上の局所系（局所的に自明な有限次元ベクトル空間の定数層）に対して定義してもよい，X 上の $R^i p_! \mathbb{Q}_Y$ などがその例である．（p が固有でないときは直像 $R^i p_*$ の扱いは要注意！）

さて, 我々の場合, Cartan 部分環 $\mathfrak{t}$ の正則元を $\mathfrak{t}_{\text{reg}}$ ($t \in \mathfrak{t}_{\text{reg}} \Leftrightarrow \dim \mathfrak{z}_\mathfrak{g}(t) = r$) とすると, $\mathfrak{t}_{\text{reg}} \to \mathfrak{t}_{\text{reg}}/W$ は Galois 群を W とする Galois 被覆であり, $\chi_S : S \to \mathfrak{t}/W$ の $\mathfrak{t}_{\text{reg}}/W$ への制限 $\chi_S^{-1}(\mathfrak{t}_{\text{reg}}/W) =: S_{\text{reg}} \to \mathfrak{t}_{\text{reg}}/W$ はファイバー束になっており, $\pi_{\text{reg}} : \mathfrak{t}_{\text{reg}} \to \mathfrak{t}_{\text{reg}}/W$ で引き戻した $\phi_S^{-1}(S_{\text{reg}}) \to \mathfrak{t}_{\text{reg}}$ は定理 8.6.5 (2) より自明になる.

このことから, ファイバー束 $S_{\text{reg}} \to \mathfrak{t}_{\text{reg}}/W$ に対するモノドロミー表現 $\pi_1(\mathfrak{t}_{\text{reg}}, \bar{t}) \to \operatorname{Aut} H_*(S_{\bar{t}}, \mathbb{Q})$ は準同型 $\pi_1(\mathfrak{t}_{\text{reg}}, \bar{t}) \twoheadrightarrow W = \operatorname{Gal}(\mathfrak{t}_{\text{reg}}/(\mathfrak{t}_{\text{reg}}/W))$ の核では自明になり, ホモロジー群上での Weyl 群の表現

$$W \longrightarrow \operatorname{Aut} H_*(S_{\bar{t}}, \mathbb{Q})$$

を与える.

さらに, 定理 8.6.4 (2), (3) より, ファイバーの同型 $\widetilde{S}_0 \simeq S_{\bar{t}}$ とホモロジー群の同型 $H_*(\widetilde{S}_0, \mathbb{Q}) \simeq H_*(\mathcal{B}^x, \mathbb{Q})$ が得られるから, 結局 Weyl 群の Springer 表現

$$W \longrightarrow \operatorname{Aut} H_*(\mathcal{B}^x, \mathbb{Q})$$

が冪零元 $x \in \mathfrak{g}_n$ に対して得られる.

この表現は, x の共役類の取り方にはよらない (ただし, Springer 表現一般について, (同値ではあるが) $T \subset B$ の取り方にはよる).

なお, コホモロジー群 $H^*(\mathcal{B}^x, \mathbb{Q})$ は $\mathcal{B}^x$ がコンパクトであるから, ホモロジー群の双対と考えればよい.

第三話　**Lusztig の構成－偏屈層と交叉コホモロジー**

技術的に正確なことは殆ど述べる余裕はないが, 最も一般的かつ自然で応用上も重要な関手的方法である Lusztig の構成に触れざるを得ない.

第二話の如く, Lie 環上でも構成できるが, 標数に制限が不要な群上で設定しよう. 8.4 節の射 $\phi : \widetilde{G} \to G$ において, G_{rs} を G の正則半単純元のなす開集合とする. $\widetilde{G}_{\text{rs}} := \phi^{-1} G_{\text{rs}}$ を ϕ による逆像とすると, $\widetilde{G}_{\text{rs}} = \{(x, B') \in G_{\text{rs}} \times \mathcal{B} \mid x \in B'\}$ は G_{rs} 上の Galois 被覆で, Galois 群は Weyl 群に同型である. $T \subset B \in \mathcal{B}$ を固定しておくと, $T_{\text{reg}} := T \cap G_{\text{rs}}$ について, $T_{\text{reg}} \times G/T \ni (t, xT) \mapsto ({}^x t, {}^x B) \in$

$\widetilde{G}_{\mathrm{rs}}$ は同型で,$\widetilde{G}_{\mathrm{rs}} \xrightarrow{\sim} T_{\mathrm{reg}} \times G/T \to G_{\mathrm{rs}}\ ((t, xT) \mapsto {}^x t)$ が $\phi^0 := \phi|\widetilde{G}_{\mathrm{rs}}$ に等しく,これは,$T_{\mathrm{reg}} \times G/T$ への W の右作用 $(t, xT)w = (^{w^{-1}}t, xwT)$ により商である.

ここで,位相幾何に移る.基礎体 k が $\mathbb{C}$ の場合は多様体の位相は(複素多様体としての)古典位相,正標数の場合はエタール位相での l 進コホモロジー理論で考える.記号として,古典位相で係数体を $\mathbb{Q} \subset \overline{\mathbb{Q}} \subset \mathbb{C}$ と書いてあるところでは,エタール位相では $\mathbb{Q}_l \subset \overline{\mathbb{Q}}_l$ と読んでもらう ($l \neq \mathrm{char}\, k$).

Galois 被覆 $\phi^0 : \widetilde{G}_{\mathrm{rs}} \to G_{\mathrm{rs}}$ に対して,$\widetilde{G}_{\mathrm{rs}}$ 上の定数層 $\mathbb{Q}_{\widetilde{G}_{\mathrm{rs}}}$ の直像 $\phi^0_* \mathbb{Q}_{\widetilde{G}_{\mathrm{rs}}}$ は G_{rs} 上の局所系で茎は Weyl 群 W の群環 $\mathbb{Q}[W]$ に同型である.$\mathbb{Q}[W]$ は W の左右の作用をもつが,右作用が $\phi^0_* \mathbb{Q}_{\widetilde{G}_{\mathrm{rs}}}$ のモノドロミー表現に対応し,左作用は局所系 $\phi^0_* \mathbb{Q}_{\widetilde{G}_{\mathrm{rs}}}$ への作用,すなわち定数層 $\mathbb{Q}_{\widetilde{G}_{\mathrm{rs}}}$ への W 同変作用が引き起こした作用と見なせる.このように局所系 $\phi^0_* \mathbb{Q}_{\widetilde{G}_{\mathrm{rs}}}$ の茎は W 加群(この場合正則表現)を与えている.

さて,Springer 表現は,ϕ^0 の拡張 $\phi : \widetilde{G} \to G$ のファイバー $\phi^{-1}(x) \simeq \mathcal{B}^x$ のコホモロジー群上に"自然な" W の表現を構成しようということであった.

直ちに思い浮かぶのは,ϕ_* の右導来関手 $R^i \phi_* \mathbb{Q}_{\widetilde{G}}$ である.ϕ は固有射であるから,基底変換定理によって,その茎は $(R^i \phi_* \mathbb{Q}_{\widetilde{G}})_x \simeq H^i(\phi^{-1}(x), \mathbb{Q}) \simeq H^i(\mathcal{B}^x, \mathbb{Q})$ ($x \in G$) である.$\widetilde{G}$ の稠密開集合 $\widetilde{G}_{\mathrm{rs}}$ へ制限した $R^\bullet \phi_* \mathbb{Q}_{\widetilde{G}} | \widetilde{G}_{\mathrm{rs}} \simeq \phi^0_* \mathbb{Q}_{\widetilde{G}_{\mathrm{rs}}}$ は W 作用をもつ層であるから,何とかその延長である $R^\bullet \phi_* \mathbb{Q}_{\widetilde{G}}$ に W 作用が得られないか,というのが問題である.

直像関手 $R^\bullet \phi_*$ は,いわば,ϕ^0 をタテから見た延長であるが,ϕ^0 をヨコから見た延長というものがあって,それが交叉コホモロジー関手,または極小延長という関手である.そのためには,層の導来圏とその部分圏である偏屈層の圏というものを設定しなければいけない.

本格的なオリジナルの文献は Beilinson-Bernstein-Deligne[BBD],解説記事は Kiehl-Weissauer[KW], Hotta-Takeuchi-Tanisaki[HTT] などにある.以下「さわり」のみ述べる.最初に注意したように,複素多様体の場合は古典位相,正標数の場合はエタール位相での層を考える.

代数多様体 X 上の $\mathbb{Q}$ ベクトル空間の層がなす Abel 圏 $\mathcal{F}(X)$ の導来圏を

$D(X)$ とする.すなわち,その対象は,$\mathcal{F}(X)$ の複体

$$K : \cdots \to K^{i-1} \xrightarrow{d_{i-1}} K^i \xrightarrow{d_i} K^{i+1} \to \cdots,$$

射 $\mathrm{Hom}(K, L)$ は複体の射にホモトピー同値を入れ,さらに擬同型同値で割ったものと定義される.複体 K のコホモロジーを $\mathcal{H}^i(K) = \mathrm{Ker}\, d_i/\mathrm{Im}\, d_{i-1}$ とするとき,擬同型とは $\mathcal{H}^i(K)$ の同型を引き起こす複体の(ホモトピー同値の間の)射のことである.

代数多様体 X の場合,有限次元 $\mathbb{Q}$ ベクトル空間の層 F について(Zariski 位相での)局所閉部分多様体の分割 $X = \bigsqcup_\alpha X_\alpha$ が存在して $F\,|\,X_\alpha$ が局所系になるとき,F を構成可能 (constructible) な層という.有界な複体 ($K^i = 0\ (\pm i \gg 0)$) で,各 $\mathcal{H}^i(K)$ が構成可能になるものがなす充満部分圏を $D_c^b(X)\,(\subset D(X))$ と記す.さらに $D_c^b(X)$ の充満部分圏 $\mathrm{Perv}(X)$ を,次の台条件をみたす複体からなるものとする.すなわち,$K \in \mathrm{Perv}(X)$ とは,

$$\dim \mathrm{Supp}\, \mathcal{H}^{-i}(K) \leq i,$$
$$\dim \mathrm{Supp}\, \mathcal{H}^{-i}(\mathbb{D}(K)) \leq i \quad (\forall i \in \mathbb{Z}).$$

ただし,構成可能な層 F に対して,$\mathrm{Supp}\, F := \{x \in X \mid F_x \neq 0\}$ は F の台で X の局所閉な部分多様体.ここでは詳しくは述べられないが,関手 $\mathbb{D} : D_c^b(X) \to D_c^b(X)$ は,Poincaré双対性を拡張した Verdier 双対作用素とよばれる包合的関手である.

$\mathrm{Perv}(X)$ の対象を偏屈層 (perverse sheaf) という(1個の層ではなく,複体である).上のコホモロジーの次数の正規化では,偏屈層 K およびその双対 $\mathbb{D}(K)$ の消えないコホモロジー $\mathcal{H}^i(K)$ は $i \leq 0$ にのみ現れることに注意しておこう.複体 K に対して次数のシフト $K[d]\ (d \in \mathbb{Z})$ は,$K[d]^i = K^{i+d}$ によって定義される.例えば,X 上の局所系 $\mathcal{L}$ を 0 次のみに $\mathcal{L}$ がある複体と考えると $\mathcal{L} \in D_c^b(X)$ であるが,X が滑らかなときは次数シフトした $\mathcal{L}[\dim X] \in \mathrm{Perv}(X)\ (-\dim X$ 次のみに $\mathcal{L}$ がある)が偏屈層と思える.

これで極小延長を定義する準備が整った.U を X の滑らかな稠密開集合とし,$\mathcal{L}$ を U 上の局所系とするとき $\mathcal{L}[d]\ (d = \dim X)$ の極小延長 K を次をみたす偏屈層とする.

$$\mathcal{H}^{-i}(K) = 0 \quad (i > d), \quad K\,|\,U \simeq \mathcal{L}[d],$$
$$\dim \operatorname{Supp} \mathcal{H}^{-i}(K) < i \quad (i < d),$$
$$\dim \operatorname{Supp} \mathcal{H}^{-i}(\mathbb{D}(K)) < i \quad (i < d).$$

K は $\mathcal{L}[d]$ から唯 1 つ関手的に決まるもので，$K = {}^\pi\mathcal{L}[d]$ と書く．実際，一般に関手として ${}^\pi : \operatorname{Perv}(U) \to \operatorname{Perv}(X)$ が定まる．

${}^\pi\mathcal{L}[d]$ を $\mathcal{L}[d]$ の極小延長（minimal extension）といい，便宜上 $\operatorname{IC}(\mathcal{L}) := ({}^\pi\mathcal{L}[d])[-d]$ を $\mathcal{L}$ の交叉コホモロジー複体 (intersection cohomology complex) という（$\operatorname{IC}(\mathcal{L})\,|\,U \simeq \mathcal{L}$）．

IC の関手性から，$\mathcal{L}$ が群の作用をもてば，（シフトした）偏屈層 $\operatorname{IC}(\mathcal{L})$ にもその作用が引き継がれる．

コメント．滑らかな複素多様体 X に対しては，正則ホロノミー D_X 加群のなす Abel 圏 $M_{\mathrm{rh}}(D_X)$ と複素ベクトル空間の層に関する偏屈層の圏 $\operatorname{Perv}(X)$ が de Rham 関手 $M \mapsto \operatorname{DR}_X M := \Omega_X \otimes_{D_X}^L M \simeq \Omega_X^\bullet \otimes_{\mathcal{O}_X} M$ によって圏同値になり，$\operatorname{Perv}(X)$ はこれによって Abel 圏をなす（柏原-Mebkhout；Hotta-Takeuchi-Tanisaki[HTT] など参照）．[BBD] は一般の場合（正標数も込めて）にも $\operatorname{Perv}(X)$ は Abel 圏をなし，層の如き貼り合わせ性質をもつことを示した．これが偏屈 "層" という命名の由縁である．

極小延長 ${}^\pi : \operatorname{Perv}(U) \to \operatorname{Perv}(X)$ は D 加群のそれ $M_{\mathrm{rh}}(D_U) \to M_{\mathrm{rh}}(D_X)$ に対応している．

以上の構成を，$U = G_{\mathrm{rs}} \hookrightarrow G = X$ に適用すると，G_{rs} 上の W 作用をもつ局所系 $\phi_*^0 \mathbb{Q}_{\widetilde{G}_{\mathrm{rs}}}$ の極小延長をシフトした G 上の交叉コホモロジー複体 $\operatorname{IC}(\phi_*^0 \mathbb{Q}_{\widetilde{G}_{\mathrm{rs}}})$ は W 作用をもつことになる．

このままでは，このシフトした偏屈層の構造は分かり難いが，8.5 節で詳しく解析した $\phi : \widetilde{G} \to G$ のファイバー $\mathcal{B}^x = \phi^{-1}(x)$ と軌道 $O_G(x)$ についての情報から次が得られる．

定理 8.6.6. （シフトした）偏屈層として，次の同型が成り立つ．
$$R\phi_*\mathbb{Q}_{\widetilde{G}} \simeq \mathrm{IC}(\phi^0_*\mathbb{Q}_{\widetilde{G}_{\mathrm{rs}}}).$$
□

証明は，8.5 節の知識を用いて $R\phi_*\mathbb{Q}_{\widetilde{G}}$ が交叉コホモロジー複体がみたすべき条件を備えていることをチェックする．

この過程を経て得られた $R\phi_*\mathbb{Q}_{\widetilde{G}}$ の W 作用を Springer 表現の源泉というべきであろう．

固有射 ϕ による茎が $(R^i\phi_*\mathbb{Q}_{\widetilde{G}})_x \simeq H^i(\mathcal{B}^x, \mathbb{Q})$ であるから，Springer ファイバーのコホモロジー群 $H^i(\mathcal{B}^x, \mathbb{Q})$ への W 作用が得られることになる．

最後に，この構成によって定理 8.6.2 で述べたように W の既約表現が冪単元 x に対する最高次のコホモロジー群 $H^{2d(x)}(\mathcal{B}^x, \overline{\mathbb{Q}})$ によってすべて得られる仕組みについて説明しておこう．既約分解を行う都合上，係数体は閉体 $\overline{\mathbb{Q}}$ まで拡張しておく．

G_{rs} 上の局所系 $\phi^0_*\overline{\mathbb{Q}}_{\widetilde{G}_{\mathrm{rs}}}$ は群環 $\overline{\mathbb{Q}}[W]$ から構成されていたから，W 両側加群としての直和分解 $\overline{\mathbb{Q}}[W] \simeq \bigoplus_{\rho \in W^\vee} V_\rho \otimes V_\rho^*$ に対応して，局所系の直和分解
$$\phi^0_*\overline{\mathbb{Q}}_{\widetilde{G}_{\mathrm{rs}}} \simeq \bigoplus_{\rho \in W^\vee} V_\rho \otimes \mathcal{V}_\rho$$
を得る．ただし，V_ρ は W の既約加群で類 $\rho \in W^\vee$ に対するもの，$\mathcal{V}_\rho$ は G_{rs} 上のモノドロミー表現が V_ρ^* （ρ の双対）で与えられるもので，単純局所系である．W の局所系への作用は V_ρ で与えているとする．

関手 IC によって，単純対象はまた単純対象に移るから同型
$$\mathrm{IC}(\phi^0_*\overline{\mathbb{Q}}_{\widetilde{G}_{\mathrm{rs}}}) \simeq \bigoplus_{\rho \in W^\vee} V_\rho \otimes \mathrm{IC}(\mathcal{V}_\rho)$$
という単純対象への直和分解と，V_ρ が与える W 作用が得られる．

一方，定理 8.6.6 によって，直像 $R\phi_*\overline{\mathbb{Q}}_{\widetilde{G}}$ も上の分解をもつ．

ここで，G_u を冪単多様体とし，$\phi_u = \phi|\phi^{-1}(G_u)$ ($\phi^{-1}(G_u) \simeq G \times^B U =: \widetilde{G}_u$) とすると，基底変換によって
$$R(\phi_u)_*\overline{\mathbb{Q}}_{\widetilde{G}_u} = R\phi_*\overline{\mathbb{Q}}_{\widetilde{G}}|G_u \simeq \bigoplus_{\rho \in W^\vee} V_\rho \otimes \mathrm{IC}(\mathcal{V}_\rho)|G_u$$

となり，$\mathrm{IC}(\mathcal{V}_\rho)|G_u$ の様子が判明すれば，冪単元上の Springer 表現が分かる．

ファイバー空間 $\phi_u : \widetilde{G}_u \to G_u$ は，いわゆる "semi-small resolution" になっていることから Beilinson-Bernstein-Deligne[BBD] の分解定理によって，$\mathrm{IC}(\mathcal{V}_\rho)|G_u$ は G_u 上の偏屈層のシフトになっていることが分かる．これは，冪単多様体 G_u の軌道分解 (有限個) 上局所自明であるから，冪単軌道 $O_G(x) \subset G_u$ とその上の局所系 $\mathcal{L}_\varpi$ ($\varpi \in A(x)^\vee$) の極小延長の適当なシフト $\mathrm{IC}(\mathcal{L}_\varpi)[n_x]$ に同型である．ただし，$\mathcal{L}_\varpi$ は $\rho \in W^\vee$ に対して決まる冪単軌道 $O_G(x)$ 上の $\varpi \in A(x)^\vee$ による局所系で，$n_x \in \mathbb{Z}$ は $\dim O_G(x)$ から決まるシフトである．

こうして，**Springer** 対応

$$W^\vee \longrightarrow \{(O_G(x), \varpi) \mid x \in G_u, \varpi \in A(x)^\vee\}$$

が得られ，これを $x \in G_u$ における茎の言葉で表すと，$H^{2d(x)}(\mathcal{B}^x, \overline{\mathbb{Q}})$ の ϖ 成分が W の既約表現を与えているという第一話の結果 (定理 8.6.2) が得られる．

なお，上の Springer 対応は単射であるが全射とは限らない．すなわち，対 $(O_G(x), \varpi)$ で，$W^\vee$ に対応しないものもあり得る．詳しくは，Lusztig の文献の他，庄司 [庄] などを見られたい．

これら様々な Springer 表現の構成が Springer の最初のもの [Sp2] に符号表現を乗じたものと一致することについては，Hotta[Ho1], Jantzen[Jan2] などを見られたい．

第四話　制限 **Lie** 環の表現に関する **Lusztig** 予想

最後に，Weyl 群の表現ではないが，こんなところにも Springer ファイバーが！という話を紹介しよう．正標数の Lie 環の表現論に関するもので，既約表現類の分類とその構造を決める Lusztig の予想である．正標数の Lie 環の表現については，一般にはまだ馴染みが薄いと思われるので基本事項をまとめておく．

正標数の **Lie** 環の表現

Lie 環の表現を考えるとき必須になるのが (普遍) 包絡環 (universal enveloping algebra)（または，(普遍) 展開環ともいう）である．詳しいことは参考書 [松島 1], [谷], [Bou1], [C3], [Se2], [Hu2] などを見て頂くことにして，次

のように定義される．

$\mathfrak{g}$ を体 k 上の Lie 環とするとき，k 上の結合代数 $U(\mathfrak{g})$ で，交換子積 $[x,y] := xy - yx$ によってこれを Lie 環とみたとき準同型 $i: \mathfrak{g} \to U(\mathfrak{g})$ が存在するようなもののうち普遍的なものを包絡環という．言い換えれば，Lie 環の表現 $\rho: \mathfrak{g} \to \operatorname{End}_k V$ が与えられたとき，唯 1 つ結合代数の表現 $\tilde{\rho}: U(\mathfrak{g}) \to \operatorname{End}_k V$ が存在し，$\rho = \tilde{\rho} \circ i$ となるようなものである．すなわち，Lie 環の表現を結合代数の表現に帰着させるものである．

$U(\mathfrak{g})$ はテンソル代数 $T(\mathfrak{g}) := \bigoplus_{n \geq 0} \mathfrak{g}^{\otimes n}$ ($\mathfrak{g}^{\otimes n} := \overbrace{\mathfrak{g} \otimes_k \cdots \otimes_k \mathfrak{g}}^{n}$) を両側イデアル ($x \otimes y - y \otimes x - [x,y] \mid x, y \in \mathfrak{g}$) で割ったものである (存在)．$U(\mathfrak{g})$ は k ベクトル空間のフィルター $F_n = \langle x_1 x_2 \cdots x_n \mid x_i \in \mathfrak{g} \rangle_k$ をもち，$F_n F_m \subset F_{n+m}$, $[F_n, F_m] \subset F_{n+m-1}$ ($[u,v] = uv - vu \in F_{n+m-1}$ ($u \in F_n, v \in F_m$)) をみたす．従って，このフィルターによる次数化 $\operatorname{gr}_F U(\mathfrak{g}) := \bigoplus_{n \geq 0} F_n/F_{n-1}$ は可換代数であるが，これは $\mathfrak{g}$ の対称代数 $S(\mathfrak{g}) := \bigoplus_{n \geq 0} S^n(\mathfrak{g})$ ($S^n(\mathfrak{g})$ は $\mathfrak{g}$ の n 個の対称テンソル積) に同型である (Poincaré-Birkhoff-Witt の定理).

言い換えれば，$\mathfrak{g}$ の k 基を $\{x_j\}_{j \in J}$ とすると，$U(\mathfrak{g})$ の k 基として，$x_{j_1} x_{j_2} \cdots x_{j_n}$ ($j_1 \leq j_2 \leq \cdots \leq j_n$) ($J$ に全順序を入れておく) がとれる．系として，$i: \mathfrak{g} \to U(\mathfrak{g})$ は単射であることや，$\mathfrak{g} = \mathfrak{g}_1 \oplus \cdots \oplus \mathfrak{g}_r$ を部分 Lie 環の線型直和とするとき，線型空間としての k 同型 $U(\mathfrak{g}) \simeq U(\mathfrak{g}_1) \otimes_k \cdots \otimes_k U(\mathfrak{g}_r)$ が成り立つことが分かる．

以下，k を正標数 p とし，$\mathfrak{g}$ を有限次元制限 Lie 環，$x \mapsto x^{[p]}$ ($x \in \mathfrak{g}$) を p 作用とする (3.3 節)．また必ずしも必要ではないが，k は代数的閉体としておく．以下にまとめることの詳細は Jantzen[Jan3] などを参照されたい．

$U(\mathfrak{g})$ の元として，$\xi(x) := x^p - x^{[p]} \in U(\mathfrak{g})$ を考えると $\xi(x)$ は $U(\mathfrak{g})$ の中心 $Z(\mathfrak{g})$ の元である．実際，任意の $y \in \mathfrak{g}$ に対して，$U(\mathfrak{g})$ の元として $[x^p, y] = (\operatorname{ad} x)^p y$ が成り立つ．なぜなら，$[x^p, y] = (l_{x^p} - r_{x^p})y = (l_x^p - r_x^p)y = (l_x - r_x)^p y = (\operatorname{ad} x)^p y$ (l_x, r_x は x の左右からの乗法，$[l_x, r_x] = 0$ に注意)．ところが，3.3 節，定義 (ii) より $(\operatorname{ad} x)^p = \operatorname{ad}(x^{[p]})$. すなわち，$[\xi(x), y] = 0$ ($x, y \in \mathfrak{g}$), ゆえに $\xi(x) \in Z(\mathfrak{g})$.

さらに，定義 (i), (iii) より ξ は半線型，すなわち，$\xi(ax + by) = a^p \xi(x) +$

$b^p \xi(y)$ $(a, b \in k)$ なることがいえる.

実は逆に, $\xi(x) = x^p - x^{[p]}$ が上の 2 条件をみたすことと, 3.3 節の制限 Lie 環の定義は同値である.

$Z_0(\mathfrak{g})$ を $\xi(x)$ $(x \in \mathfrak{g})$ で生成される中心 $Z(\mathfrak{g})$ の部分環とする (**Frobenius 中心**という). Poincaré-Birkhoff-Witt の定理より, $\{x_i\}_{1 \leq i \leq n}$, $(n = \dim \mathfrak{g})$ を $\mathfrak{g}$ の基とすると, $Z_0(\mathfrak{g})$ は $\{\xi(x_i)\}_{1 \leq i \leq n}$ で生成される k 代数で, これらは代数的に独立である. さらに, $U(\mathfrak{g})$ は $Z_0(\mathfrak{g})$ 上階数 p^n の (左または右) 自由加群である ($x_1^{m_1} \cdots x_n^{m_n}$ $(0 \leq m_i < p)$ が $Z_0(\mathfrak{g})$ 上の自由基). とくに, 中心 $Z(\mathfrak{g})$ は k 上有限生成代数で, $U(\mathfrak{g})$ は $Z(\mathfrak{g})$ 上有限生成加群である.

以下, 制限 Lie 環の表現について知られている事実をいくつか述べておく.

(1) $\mathfrak{g}$ の既約表現の次元は p^n を超えない.

(2) その最大数 $M(\mathfrak{g})$ は p の冪である.

(3) $M(\mathfrak{g})$ について Weisfeiler-Kac の予想 (1971) がある. 余随伴軌道が現れる点興味深いので述べておこう. $\mathfrak{g}$ の双対空間 $\mathfrak{g}^*$ の元 $\chi \in \mathfrak{g}^*$ に対して, $\mathfrak{g}_\chi := \{x \in \mathfrak{g} \mid {}^t(\mathrm{ad}\, x)\chi = 0\}$ (${}^t(\mathrm{ad}\, x)\chi = 0 \Leftrightarrow \chi([x, \mathfrak{g}]) = 0$) とおくと, これは制限部分 Lie 環になる. $\mathfrak{g}/\mathfrak{g}_\chi$ 上には非退化交代形式が定義されるので, 偶数次元である. $r(\mathfrak{g}) := \min\{\dim \mathfrak{g}_\chi \mid \chi \in \mathfrak{g}^*\}$ とおくと, $\dim \mathfrak{g} - r(\mathfrak{g})$ が $\mathfrak{g}/\mathfrak{g}_\chi$ の最大次元を与える. このとき, 予想は

$$M(\mathfrak{g}) = p^{(\dim \mathfrak{g} - r(\mathfrak{g}))/2}$$

というものである.

$\mathfrak{g}_\chi$ がトーラス的 ($\mathfrak{g}_\chi$ が可換で p 作用が $\mathfrak{g}_\chi$ 上で全単射) であるような $\chi \in \mathfrak{g}^*$ をもてば, 上の予想は正しい (Mil'ner, Premet, Skryabin). 例えば, トーラス代数群の制限 Lie 環は上の意味でトーラス的であるので, 簡約群の Lie 環については上の予想は成立している.

さて, V を $\mathfrak{g}$ (同じことであるが $U(\mathfrak{g})$) の単純加群 (既約表現の空間) とすると, 有限次元であるから中心 $Z(\mathfrak{g})$ はスカラーで働く. とくに, $\xi(x) = x^p - x^{[p]} \in Z_0(\mathfrak{g})$ は $v \in V$ に対して, $\xi(x)v = \widetilde{\chi}_V(x)v$ $(v \in V)$, ただし $\widetilde{\chi}_V$ は $\mathfrak{g}$ 上半線型 $\widetilde{\chi}_V(ax) = a^p \widetilde{\chi}_V(x)$, $\widetilde{\chi}_V(x+y) = \widetilde{\chi}_V(x) + \widetilde{\chi}_V(y)$ $(a \in k, x, y \in \mathfrak{g})$ となる

ものがある. $\chi_V(x) = \widetilde{\chi}_V(x)^{p-1}$ とおくと, $\chi_V \in \mathfrak{g}^*$ で,
$$\xi(x)v = (x^p - x^{[p]})v = \chi_V(x)^p v \quad (x \in \mathfrak{g}, v \in V)$$
が成り立つ.

$\chi_V \in \mathfrak{g}^*$ を単純加群（既約表現）の **p 指標**（p-character）とよぶ.

一般に $\chi \in \mathfrak{g}^*$ に対して, 包絡環の剰余環を $U_\chi(\mathfrak{g}) := U(\mathfrak{g})/(\xi(x) - \chi(x)^p 1 \mid x \in \mathfrak{g})$ と定義する（割るイデアルは ( ) 内に書かれた元で生成される両側イデアル）. このとき, χ を p 指標とする $\mathfrak{g}$ 加群と $U_\chi(\mathfrak{g})$ 加群は 1 対 1 に対応するから, 単純 $\mathfrak{g}$ 加群は唯 1 つの $\chi \in \mathfrak{g}^*$ に対して単純 $U_\chi(\mathfrak{g})$ 加群に対応する. $U_\chi(\mathfrak{g})$ を p 指標 χ に対応する**被約包絡環**（reduced enveloping algebra）といい, これは k 上 $p^{\dim \mathfrak{g}}$ 次元の結合代数である. こういうわけで, 有限次元制限 Lie 環の表現論は特別な有限次元結合代数の表現論に帰着する.

$\mathfrak{g}$ が連結代数群 G の Lie 環であるとき, これらのデータと $\mathfrak{g}^*$ における余随伴軌道との対応は明らかであろう. また, $\mathfrak{g}$ 加群 V が群 G の表現（G 加群）から与えられている場合（微分加群）は, $x^p \in U(\mathfrak{g})$ の作用は $x^{[p]}$ に等しいから p 指標は $\chi = 0$ であることに注意しておく（$\rho : G \to GL(V)$, $d\rho : \mathfrak{g} \to \mathrm{End}_k V$ において $d\rho(x)^p = d\rho(x^{[p]})$（3.3 節））.

さて, これからこの話の主題である $\mathfrak{g}$ が連結簡約群 G の Lie 環である場合を考える. 極大トーラス T とそれを含む Borel 部分群 B を固定し, $\mathfrak{t} \subset \mathfrak{b}$ をそれぞれの Lie 環とする. $X := X(T)$ を T の指標群, $R \subset X$ をルート系, $R^+ = R(B)$ を B が定める正系とする. $\mathfrak{g}_\alpha$ を $\alpha \in R$ に対するルート空間とし, $\mathfrak{n}^\pm := \sum_{\pm \alpha \in R^+} \mathfrak{g}_\alpha$ とおくと, $\mathfrak{n}^+ = \mathrm{Lie}\, R_u B$, $\mathfrak{b} = \mathfrak{t} + \mathfrak{n}^+$, $\mathfrak{g} = \mathfrak{n}^- + \mathfrak{t} + \mathfrak{n}^+$ である.

このとき, p 作用に関して $x_\alpha \in \mathfrak{g}_\alpha$ ($\alpha \in R$) に対しては, $x_\alpha^{[p]} \in \mathfrak{g}_{p\alpha} = 0$ ゆえ $x_\alpha^{[p]} = 0$. また, $\mathfrak{t}$ はトーラス T の Lie 環だから, $h_i^{[p]} = h_i$ となる基 $\{h_i\}$ をもつ.

以下, 種々の理由で次の仮定をおく.

(1) G の導来群 $DG = [G, G]$ は単連結.

(2) 標数 p は G に関して "良い"（例えば, 古典群の場合 $p > 0$, 例外群の場合 $p > 5$）.

(3) $\mathfrak{g}$ は随伴作用に関して, G 不変な非退化双線型形式をもつ.

本質的な結果を得るためには, さらに標数についての条件を付すことが多い (p が十分大きいなど).

条件 (3) より, 双対空間 $\mathfrak{g}^*$ についても対応する $\mathfrak{g}$ の元を考えることによって, Jordan 分解を定義することができる. 任意の元 $\chi \in \mathfrak{g}^*$ には, $g\chi(\mathfrak{n}^+) = 0$ となる $g \in G$ がとれ, $\chi(\mathfrak{b}) = 0$ ($\chi \in \mathfrak{b}^\perp$) なる元の G 軌道に属する元が冪零元である (非退化形式 $(\,,\,)$ に関して, $(\mathfrak{n}^\pm, \mathfrak{n}^\pm) = 0$ などに注意).

一般の χ に対する $U_\chi(\mathfrak{g})$ 加群を考える定番の手法として, 放物型部分環を経由して Levi 部分環から誘導する方法がある (Harish-Chandra 誘導, 環においては Verma 加群). これによって, 一般の場合の研究は冪零元 $\chi \in \mathfrak{g}^*$ の場合に帰着する.

さらに, 我々の場合, G 不変な包絡環の元のなす部分環 $U(\mathfrak{g})^G$ は $U(\mathfrak{g})$ の中心 $Z(\mathfrak{g})$ の部分環である (標数 0 の場合は $Z(\mathfrak{g})$ に一致する (Harish-Chandra); この理由でこの不変式部分環を "Harish-Chandra 中心" とよぶ). 正標数の場合, $Z(\mathfrak{g})$ は Frobenius 中心 $Z_0(\mathfrak{g})$ と Harish-Chandra 中心 $U(\mathfrak{g})^G$ によって生成される可換環である. Harish-Chandra の定理によって同型 $U(\mathfrak{g})^G \xrightarrow{\sim} U(\mathfrak{t})^{W.} = S(\mathfrak{t})^{W.}$ ($W.$ は Weyl 群 W のシフト作用) が知られているので, 単純 $U_\chi(\mathfrak{g})$ 加群上では, 中心指標 $\psi : Z(\mathfrak{g}) \to k$ は, Frobenius 中心では $\psi|Z_0(\mathfrak{g}) = \chi$, Harish-Chandra 中心では $\psi|U(\mathfrak{g})^G = \text{cen}_\lambda$ となる $\lambda \in \mathfrak{t}^*$ が $W.$ 軌道を除いて決まる. すなわち, cen_λ は, Harish-Chandra の同型より $\text{Hom}_{k\,代数}(U(\mathfrak{g})^G, k) \simeq \text{Hom}_{k\,代数}(S(\mathfrak{t})^{W.}, k) \simeq \mathfrak{t}^*/W.$ が与える $\bar{\lambda} \in \mathfrak{t}^*/W.$ に対応する $U(\mathfrak{g})^G$ 上の指標である.

このとき,
$$\lambda(h)^p - \lambda(h^{[p]}) = \chi(h)^p \quad (h \in \mathfrak{t})$$
であるが, χ が冪零 ($\chi(\mathfrak{b}) = 0$) のとき, $h \in \mathfrak{b}$ ゆえ, $\lambda(h)^p - \lambda(h^{[p]}) = 0$ である. 従って, $\mathfrak{t}$ の基の元 h_i に対して $\lambda(h_i)^p = \lambda(h_i)$ であり, これをみたす $\lambda \in \mathfrak{t}^*$ は p^r ($r = \dim \mathfrak{t}$) 個存在する.

さて, $\lambda \in \mathfrak{t}^*$ が整, すなわち, T の指標 X の微分になっているときは,

$p\lambda = 0$ ゆえ,このような元は $\Lambda_0 = X/pX \simeq \mathbb{F}_p^r$ と同一視できる.このときさらに,いわゆる "移動原理" という過程によって,中心指標が $(\chi, \mathrm{cen}_\lambda)$ の表現,$U_\chi^\lambda(\mathfrak{g}) := U_\chi(\mathfrak{g})/(z - \mathrm{cen}_\lambda(z) \mid z \in U(\mathfrak{g})^G)$ 加群の理論は $\lambda = 0$ の場合 $U_\chi^0(\mathfrak{g})$ 加群の場合に帰着されることが分かる(block 理論).

これらの準備の下,紹介したかったのは次の定理である.

定理 8.6.7(Bezrukavnikov-Milković-Rumynin[BMR]).*$p > h$, $\chi \in \mathfrak{g}^*$ は冪零とする.このとき,単純 $U_\chi^0(\mathfrak{g})$ 加群(中心指標を (χ, cen_0) とする $\mathfrak{g}$ の既約表現)の同型類の個数は Springer ファイバー $\mathcal{B}^\chi = \{\mathfrak{b}' \in \mathcal{B} \mid \chi(\mathfrak{b}') = 0\}$ の Euler 数に等しい.*

ここで,h は Coxeter 数,$\mathcal{B}^\chi$ のトポロジーは l 進コホモロジーで考えるが,Euler 数などの位相不変量は複素数体上での対応物と同じである.□

コメント. Coxeter 数とは,R^+ の基を Π としたとき,元 $c := \prod_{\alpha \in \Pi} s_\alpha$(順序に関わらず共役)の位数のことで,ルート系,Weyl 群に関する重要な不変量である.

Springer ファイバー $\mathcal{B}^\chi$ は冪零元 χ に対応する冪単元を x とすると $\mathcal{B}^x$ と同型で,奇数次元のコホモロジーは消え,従って Euler 数は $\sum_{i \geq 0} \dim H^i(\mathcal{B}^x)$ に等しい.

上の定理は,さらに詳細な Lusztig 予想とよばれるものの一部で,$\chi = 0$ のときは,群 G のモジュラー表現に関する linkage 問題によって知られていた.また,いくつかの特別な場合,例えば $\mathfrak{g} = \mathfrak{gl}_n$ のときは,χ に対応する n の分割を I とすると,8.1 節の例により,$\mathcal{B}^\chi$ の Euler 数は S_n/S_I(S_I は I に対応する対称群の直積)の位数に等しく,この場合も以前から知られていた.

最後に,この定理がどのように導かれるのか,大筋を紹介して話を終わろう.

方針は,標数 0 の場合に Kazhdan-Lusztig 予想の解決を導いた Beilinson-Bernstein, Brylinski-柏原による $U(\mathfrak{g})$ 加群の $\mathcal{B}$ 上での局所化の類似を試みる([HTT] など参照).

一般に滑らかな多様体 X 上の "crystalline" 微分作用素環 D_X を,X 上の接層 Θ_X の($\mathcal{O}_X$ 上の)包絡環 $D_X = U(\Theta_X)$ と定義する.D_X から $\mathcal{E}nd_k \mathcal{O}_X$

への微分作用素としての準同型 $D_X \to \mathcal{E}nd_k \mathcal{O}_X$ があるが,正標数の場合これは単射ではない ($\partial^p f = 0$ となる ∂ がある).

我々の場合,$\mathfrak{g}$ と旗多様体 $\mathcal{B}$ に関して $U^0(\mathfrak{g}) := U(\mathfrak{g})/(z - \mathrm{cent}_0(z) \mid z \in U(\mathfrak{g})^G)$ (Harish-Chandra 中心上で中心指標が 0) とおくと,標数 p が "良い" ときは,標数 0 と同様に,

$$U^0(\mathfrak{g}) \xrightarrow{\sim} H^0(\mathcal{B}, D_\mathcal{B}), \quad H^i(\mathcal{B}, D_\mathcal{B}) = 0 \quad (i > 0)$$

が成立する.しかし,標数 0 の場合のように,準連接 $D_\mathcal{B}$ 加群 $\mathcal{M}$ に対する "D-affinity" $H^i(\mathcal{B}, \mathcal{M}) = 0$ $(i > 0)$ は一般には成立しない ($i > \dim \mathcal{B}$ については消える).

そこで,導来圏にまで拡げればどうか?という話になる.実際,次が成り立つ.

定理 8.6.8 (Bezrukavnikov-Milković-Rumynin[BMR]).$\mathrm{mod}_{\mathrm{coh}}(D_\mathcal{B})$ を連接 $D_\mathcal{B}$ 加群のなす Abel 圏,$\mathrm{mod}_{\mathrm{fg}}(U^0(\mathfrak{g}))$ を有限生成 $U^0(\mathfrak{g})$ 加群のなす Abel 圏とする.このとき,$p > h$ ならば,それぞれの有界導来圏の同値

$$D^b(\mathrm{mod}_{\mathrm{coh}}(D_\mathcal{B})) \xrightarrow{\sim} D^b(\mathrm{mod}_{\mathrm{fg}}(U^0(\mathfrak{g}))),$$

$$\mathcal{M} \longmapsto R\Gamma(\mathcal{B}, \mathcal{M})$$

$$D_\mathcal{B} \otimes^L_{U^0(\mathfrak{g})} M \longleftarrow M$$

が成り立つ.□

この同値をもとにして,各 p 指標 χ に分解した場合どうなるかを調べる.そのとき,$\mathcal{B}$ の余接束 $T^*\mathcal{B}$ にまで持ち上げると巧くゆくことが分かる (超局所化?).

一般の滑らかな多様体 X に戻って,Frobenius twist $X^{(1)}$ を考える.構造層の Frobenius 射 $\mathcal{O}_X \to \mathcal{O}_X$ ($f \mapsto f^p$) の像 $\mathcal{O}_X^p (\subset \mathcal{O}_X)$ に対して,k 上のスキーム $X^{(1)}$ を $\mathcal{O}_{X^{(1)}} = \mathcal{O}_X^p$ によって定義すると,$af^p = (a^{p^{-1}}f)^p$ $(a \in k, f \in \mathcal{O}_X)$ ゆえ,$\mathcal{O}_{X^{(1)}} = \mathcal{O}_X^p \hookrightarrow \mathcal{O}_X$ が与える射 $F : X \to X^{(1)}$ は k スキームの射になる.$T^*X^{(1)}$ を twist $X^{(1)}$ の余接束とすると,射 $X \xrightarrow{F} X^{(1)} \xleftarrow{\pi} T^*X^{(1)}$ を得る.

ところで,crystalline 微分作用素環 D_X の中心は $Z(D_X) = \mathcal{O}_X^p[\partial^p - \partial^{[p]} \mid \partial \in \Theta_X]$ で与えられる.($X = \mathrm{Spec}\, k[X]$ のときは,$k[f^p, \partial^p - \partial^{[p]} \mid f \in$

$k[X], \partial \in \mathrm{Der}_k(k[X])]$.)

このことから，同型
$$F_*Z(D_X) \simeq \pi_*\mathcal{O}_{T^*(X^{(1)})}$$
を得る (TX 上の $\partial^p - \partial^{[p]}$ に対し，$T^*(X^{(1)})$ の関数 $\xi(\partial) := \partial^p - \partial^{[p]}$ を対応させよ).

この同型によって，$Z(D_X)$ 代数 D_X は，連接 $\mathcal{O}_{T^*X^{(1)}}$ 代数 $\widetilde{D}_{X^{(1)}}$ に局所化され，D_X 加群 $\mathcal{M}$ は $\widetilde{D}_{X^{(1)}}$ 加群 $\widetilde{\mathcal{M}}$ ($\widetilde{D}_{X^{(1)}}$ の中心が $\mathcal{O}_{T^*X^{(1)}}$) と局所化される．ここで，次が成り立つ．

(1) $\mathrm{mod}_{\mathrm{coh}} D_X \simeq \mathrm{mod}_{\mathrm{coh}} \widetilde{D}_{X^{(1)}}$.

(2) $\widetilde{D}_{X^{(1)}}$ は $\mathcal{O}_{T^*X^{(1)}}$ 上の東屋代数で，階数 $p^{2\dim X}$ の局所自由層 ($\widetilde{D}_{X^{(1)}}(\xi) \simeq M_{p^{2\dim X}}(k)$，後者は ξ における（幾何学的）茎で k 上の行列環).

以上の設定を旗多様体 $\mathcal{B}$ に適用する.

$\mathcal{B}$ の余接束は，次の記述をもつ．$T^*\mathcal{B} = \{(\chi, \mathfrak{b}') \in \mathfrak{g}^* \times \mathcal{B} \mid \chi(\mathfrak{b}') = 0\} \simeq G \times^B \mathfrak{b}^{\perp}$ ($\mathfrak{b} = \mathrm{Lie}\, B$ は固定した Borel 部分環). 射影を $\pi: T^*\mathcal{B} \to \mathcal{B}$，モーメント写像を $\mu: T^*\mathcal{B} \to \mathfrak{g}^*$ (μ は第 1 成分への射影，$\mathrm{Im}\,\mu$ は $\mathfrak{g}^*$ の冪零元の集合) とする．このとき，次が成り立つ．

定理 8.6.9 (Bezrukavnikov-Milković-Rumynin[BMR]). 標数についての仮定は今までどおりとする．東屋代数 $\widetilde{D}_{\mathcal{B}^{(1)}}$ は Springer ファイバー $\mu^{-1}(\chi)^{(1)} = \mathcal{B}^{\chi} (\subset \mathcal{B}^{(1)})$ 上で分裂 (正確にはその形式的近傍で) する．すなわち，$\mu^{-1}(\chi)^{(1)}$ 上の階数 p^d ($d = \dim \mathcal{B}$) の局所自由層 $\mathcal{V}$ が存在して，
$$\widetilde{D}_{\mathcal{B}^{(1)}} \mid \mu^{-1}(\chi)^{(1)} \simeq \mathrm{End}_{\mathcal{O}_{\mu^{-1}(\chi)^{(1)}}}(\mathcal{V}).$$
従って，
$$\mathrm{mod}_{\mathrm{coh}}(\widetilde{D}_{\mathcal{B}^{(1)}} \mid \mu^{-1}(\chi)^{(1)}) \simeq \mathrm{mod}_{\mathrm{coh}}(\mathcal{O}_{\mu^{-1}(\chi)^{(1)}}).$$
□

この定理の下，我々の目標が達成される．$\chi \in \mathfrak{g}^*$ を冪零 ($\chi(\mathfrak{b}) = 0$) とする．$U_\chi^0(\mathfrak{g}) = U^0(\mathfrak{g})/(\xi(x) - \chi(x)^p \mid x \in \mathfrak{g})$ であったが，$F_*: Z(U^0(\mathfrak{g})) = k[\xi(\partial) \mid \partial \in \mathfrak{g}] \xrightarrow{\sim} S(\mathfrak{g}^{(1)}) (\simeq k[(\mathfrak{g}^*)^{(1)}])$ ($x \in \mathfrak{g}$ を ∂ と書いた．$\mathfrak{g}^{(1)}$ はベク

トル空間の Frobenius twist；k 作用を $a.x := a^{p^{-1}}x$ で定義）を局所化すると，$F_*(Z(D_\mathcal{B})) \simeq \pi_* \mathcal{O}_{T^*\mathcal{B}^{(1)}}$ となる．

このことから，"D-affinity" が成り立たないため，加群の圏レベルでの同値は得られないが，導来圏での対応

$$\begin{aligned}
D^b(\mathrm{mod}_{\mathrm{fg}}(U^0_\chi(\mathfrak{g}))) &\simeq D^b(\mathrm{mod}_{\mathrm{coh}}(\widetilde{D}_{\mathcal{B}^{(1)}} \mid \mu^{-1}(\chi)^{(1)})) \\
&\simeq D^b(\mathrm{mod}_{\mathrm{coh}}(\mathcal{O}_{\mu^{-1}(\chi)^{(1)}})) \\
&\simeq D^b(\mathrm{mod}_{\mathrm{coh}}(\mathcal{O}_{\mu^{-1}(\chi)})) \quad \text{(Frobenius twist なし)} \\
&\simeq D^b(\mathrm{mod}_{\mathrm{coh}}(\mathcal{O}_{\mathcal{B}^\chi}))
\end{aligned}$$

を得る．これらは，考えている加群ないし層の台が $\xi(\partial) = \chi(\partial)^p \Leftrightarrow \bar{\partial} = \chi(\bar{\partial})$ ($\bar{\partial} \in T^*\mathcal{B}^{(1)} \simeq \mathfrak{b}^\perp$ で）にあるという直感的観察とマッチする．

Grothendieck 群 K をとって，同型

$$K(\mathrm{mod}_{\mathrm{fg}}(U^0_\chi(\mathfrak{g}))) \simeq K(\mathrm{mod}_{\mathrm{coh}}(\mathcal{O}_{\mathcal{B}^\chi}))$$

を得る．これは，Chern 指標 ch によって，コホモロジー群 $H^*(\mathcal{B}^\chi, \mathbb{Q}_l)$ に同型であるが，また，複素数体上で考えたものと同次元であり最初に述べた既約表現の個数に関する定理 8.6.7 を得る．

さらに大切な問題としては，Abel 圏 $\mathrm{mod}_{\mathrm{fg}}(U^0_\chi(\mathfrak{g}))$ の構造を決めること，例えば，その射影加群やその単純成分への分解などがあり，これも "Lusztig 予想" として詳細が定式化されている（標数 0 や，正標数の群の場合の（$\chi = 0$）(Kazhdan-)Lusztig 予想に対応するもの）．

このためには，$D^b(\mathrm{mod}_{\mathrm{fg}}(U^0_\chi(\mathfrak{g})))$ の芯 (heart) である $\mathrm{mod}_{\mathrm{fg}}(U^0_\chi(\mathfrak{g}))$ に対応する $D^b(\mathrm{mod}_{\mathrm{coh}}(\mathcal{O}_{\mathcal{B}^\chi}))$ の t 構造を定めて，その芯をなす Abel 圏が $\mathrm{mod}_{\mathrm{fg}}(U^0_\chi(\mathfrak{g}))$ に同値になるものを求めたい．すなわち，Kazhdan-Lusztig 予想の場合の偏屈層にあたるものである．Bezrukavnikov-Milcović[BM] は，そのような t 構造を "exotic t-structure" とよんで，十分大きな標数 p に対して，Lusztig 予想を解決している．

付　　録

付録 A　スキームと代数多様体

　本文では実質的に古典的な（代数的に閉な）体上の代数多様体しか扱わないが，読者の今後の発展のため，また最近の教科書や参考書の参照のためにもスキーム（概型）の理論から始める．実際，古典的な多様体の話をする場合でも，例えば定義体の問題や，環上で考える必要があるとき，単に一般化のためのみならず，諸概念の導入自身もそのようにした方が見通しが明晰になるのである．（本文では，スキーム論の知識を必要とするわけではない．）

　我々に必要なのは，その最も基本的な部分で，教科書ならば Mumford[Mu1]（以下 RedBook とよぶ）で十分である．和書でも，もっと高級な教科書として永田・宮西・丸山[永宮丸]，上野[上]，松村[松村] などがあり，そのごく一部を必要とするだけであるが，さらなる学習のためにも，随時進んだ事柄のコメントも入れることがある．堀田[堀]，[松村；始めの部分]，Atiyah-Macdonald[AM] 他の可換環に関する入門事項は仮定する．

A.1　スキーム

A.1.1　環のスペクトル

　A を可換環（乗法単位元 1 をもつもの，以下，環といえば可換環のことをいう），$\mathrm{Spec}\, A$ を A の素イデアル全体のなす集合とし，A のスペクトル（spectrum）という．$A \neq 0 (\Leftrightarrow 1 \neq 0)$ ならば $\mathrm{Spec}\, A \neq \emptyset$ である．

　$\mathrm{Spec}\, A$ の **Zariski** 位相を次で定義する．A のイデアル I に対し，

$$V(I) := \{\mathfrak{p} \in \mathrm{Spec}\, A \mid I \subset \mathfrak{p}\}$$

を閉集合と定義する（I は単に A の部分集合でもよい）．

このとき，次の閉集合の公理をみたすことに注意：

(i) $V(0) = \mathrm{Spec}\, A$, $V(1) = \emptyset$,

(ii) $\bigcap_i V(I_i) = V(\bigcup_i I_i)$,

(iii) $V(I) \cup V(J) = V(I \cap J) = V(IJ)$.

I の根基を $\sqrt{I} := \{f \in A \mid f^n \in I \ (n \gg 0)\}$ とすると，$V(I) = V(\sqrt{I})$ である．

このとき開集合は $\mathrm{Spec}\, A \setminus V(I) = \mathrm{Spec}\, A \setminus (\bigcap_{f \in I} V(f)) = \bigcup_{f \in I} \mathrm{Spec}\, A \setminus V(f)$ と書けるが，$f \in A$ に対して，$D(f) := \mathrm{Spec}\, A \setminus V(f) = \{\mathfrak{p} \mid f \notin \mathfrak{p}\}$ とおくと，開集合は A の部分集合 I に対して $\bigcup_{f \in I} D(f)$ と書ける．すなわち，$\{D(f) \mid f \in A\}$ は $\mathrm{Spec}\, A$ の開集合の基をなす．$D(f)$ を（唯 1 つの f から決まるから）**主開集合** (principal open set) という．次のことに注意しておこう．

(1) $\mathfrak{p}$ が閉点，すなわち 1 点 $\{\mathfrak{p}\}$ が閉集合 $\iff$ $\mathfrak{p}$ が極大イデアル．

(2) 一般に，空でない位相空間が 2 つの空でない真閉部分集合の和に書けないとき，**既約** (irreducible) という．

$\mathrm{Spec}\, A$ の閉部分集合 Z が既約であるためには，ある $x \in Z$（これは唯 1 つ）があって，$Z = \overline{\{x\}}$（閉包）と書けることが必要十分である．この $x \in Z$ を Z の**生成点** (generic point) という．

$\mathfrak{p} \in \mathrm{Spec}\, A$ に対し，$V(\mathfrak{p})$ は既約で $\mathfrak{p}$ が $V(\mathfrak{p})$ の生成点である．また，既約な閉部分集合は必ずこの形に書ける．

(3) (Hausdorff とは限らない) 位相空間で，任意の開被覆がその有限個の開集合を選んで被覆できるとき，**準コンパクト** (quasi-compact) という．$\mathrm{Spec}\, A$ は準コンパクトである．

A が Noether 環ならば，$\mathrm{Spec}\, A$ の開部分集合もまた準コンパクトであるが，一般にはそうではない．ただし，主開集合は $D(f) = \mathrm{Spec}\, A_f$ ($A_f = A[f^{-1}]$) と書けるので準コンパクトである．

さて，$\mathrm{Spec}\, A$ の上に局所環を茎とする環の層を構成しよう．まず，基である主開集合の族 $\{D(f)\}_{f \in A}$ の上に環を対応させる関手 P を

$$P(D(f)) = A_f \quad (f \in A)$$

で定義すると，これは包含関係 $D(g) \subset D(f)$ があるとき，制限（restriction）写像

$$\rho_{D(g)}^{D(f)} : A_f \to A_g$$

を次のように定義できて，P は開集合の基の上の前層（presheaf）を定義する．
すなわち，

$$D(g) \subset D(f) \iff \sqrt{g} \subset \sqrt{f} \iff g \in \sqrt{f} \iff \text{ある } n \text{ に対して } g^n = fh$$

ゆえ，自然な環準同型

$$A_f \longrightarrow A_f[h^{-1}] = A_{fh} = A_{g^n} = A_g \quad (af^{-i} \mapsto ah^i(g^{-in}))$$

が定義される．

前層 P から，次のように層（sheaf）^aP が構成できる（^aP を P の層化（sheafification）という）．点 $x = \mathfrak{p}_x \in \operatorname{Spec} A$ に対して，茎 P_x を

$$P_x := \varinjlim_{f \notin \mathfrak{p}_x} A_f = A_{\mathfrak{p}_x}$$

($A_{\mathfrak{p}_x} := S_{\mathfrak{p}_x}^{-1} A$ ($S_{\mathfrak{p}_x} = A \setminus \mathfrak{p}_x$) は A の $\mathfrak{p}_x$ における局所化）と定義すると，P_x は $\mathfrak{p}_x A_{\mathfrak{p}_x}$ を極大イデアルとする局所環である．

層空間 $\widetilde{P} = \bigsqcup_{x \in \operatorname{Spec} A} P_x$ に"切断"位相を入れて，$\pi : \widetilde{P} \to \operatorname{Spec} A$ の局所切断の環 $^aP(U) = \{s : U \to \widetilde{P} \mid \pi \circ s = \operatorname{Id}_U, s \text{ は連続}\}$ をとると，^aP は $\operatorname{Spec} A$ の環の層で，茎は局所環 $^aP_x \simeq P_x = A_{\mathfrak{p}_x}$ になる．（切断位相とは次のように定義される位相である．開集合 $U \subset \operatorname{Spec} A$ と切断 $s \in P(U)$ に対して，$P(U) \to P_x$ による s の像を s_x と記すとき，$\{s_x\}_{x \in U} \subset \widetilde{P}$ を開集合の基と定義するものである．詳しくは [永宮丸]，RedBook などを参照．）

コメント． このようにして A から構成した層 ^aP について，主開集合 $D(f)$ の切断の環が $^aP(D(f)) = A_f = P(D(f))$ になることが分かる．すなわち，前層 P は主開集合の上では層である．これは，次の補題による．

補題 A.1.1.1. 一般化して A 加群 M について述べる．$D(f) = \bigcup_i D(f_i)$ の

とき，
$$M_f \longrightarrow \prod_i M_{ff_i} \rightrightarrows \prod_{i,j} M_{ff_if_j}$$
は完全列である（すなわち，後ろの 2 本の矢印が一致する部分に前の矢印で M_f が同型に写る）．

なお，$M_f = M \otimes_A A_f$ は M の分数化，$M_f \to M_{ff_i} = (M_f)_{f_i}$ は自然な射，後ろの 2 本の矢印はそれぞれ，$M_{ff_i} \to M_{ff_if_j}$, $M_{ff_j} \to M_{ff_if_j}$ が引き起こす 2 つの射である．また，$D(f_i) = D(ff_i) = D(f) \cap D(f_i)$ などにも注意．

証明は略すが，$M = A$ のときは，次のことにあたる．$B = \prod_i A_{ff_i}$ は $C = A_f$ 上忠実平坦で，$\prod_{i,j} A_{ff_if_j} \simeq \prod_{i,j} A_{ff_i} \otimes_C A_{ff_j} \simeq B \otimes_C B$. これから C 加群 M_f についての完全列がでる．

かくして，**局所環付空間** (local-ringed space) $(\operatorname{Spec} A, {}^aP)$ が得られる．${}^aP$ を $\operatorname{Spec} A$ の**構造層** (structure sheaf) といい，${}^aP = \widetilde{A} = \mathcal{O}_{\operatorname{Spec} A}$ などとも書く．

A.1.2　（局所）環付空間

ここで，一般の（局所）環付空間の用語をまとめておく．

定義.　(1) 位相空間 X 上の群の前層 F, G について，射 $\alpha : F \to G$ とは，関手としての射，すなわち，各開集合 $U \subset X$ に対して，群準同型 $\alpha(U) : F(U) \to G(U)$ が定まっていて，それぞれの制限写像と可換，すなわち，

$$\begin{CD} F(U) @>{\alpha(U)}>> G(U) \\ @V{{}^F\rho_V^U}VV @VV{{}^G\rho_V^U}V \\ F(V) @>{\alpha(V)}>> G(V) \end{CD} \quad (V \subset U)$$

となるデータのことである（加群や環の層ならば，それぞれの圏での準同型の集まりである）．

F, G が層の場合も，層の射とは前層としての射のことである．

(2) 一般に，X 上に環の層 $\mathcal{O}_X$ が与えられたとき，$(X, \mathcal{O}_X)$ を**環付空間** (ringed

space) といい，$\mathcal{O}_X$ を構造層という．さらに，各点の茎 $\mathcal{O}_{X,x} = \varinjlim_{x \in U} \mathcal{O}_X(U)$ が局所環のとき，局所環付空間という．

X 上の加群の層 F が $\mathcal{O}_X$ 加群（の層）であるとは，各 U 上の切断の加群について，$\mathcal{O}_X(U)$ 加群としての射 $\mu(U) : \mathcal{O}_X(U) \times F(U) \to F(U)$ が与えられていて，制限写像と可換，すなわち，$\mu(U)$ が層の射になっていることである．

さらに，F, G が $\mathcal{O}_X$ 加群のとき，$\alpha : F \to G$ が $\mathcal{O}_X$ 加群の射であるとは，各 $\alpha(U)$ が $\mathcal{O}_X(U)$ 加群の射になっているときをいう．

(3) 2つの位相空間の間に連続写像 $\varphi : X \to Y$ があるとき，X 上の層 F に対して，Y 上にデータ $F(\varphi^{-1}(V))$（V は Y の開集合）を与えると，制限写像を $\varphi_*(\rho)_V^{V'} = \rho_{\varphi^{-1}(V)}^{\varphi^{-1}(V')} : F(\varphi^{-1}(V')) \to F(\varphi^{-1}(V))$ $(V \subset V')$ と定義することにより，Y 上の層 $\varphi_* F$ が得られる $((\varphi_* F)(V) = F(\varphi^{-1}(V)))$．$\varphi_* F$ を φ による F の直像 (direct image)（または順像）という．

直像に対応するものとして，逆像 (inverse image) がある．これは，Y 上の層 G から，X 上の層 $\varphi^* G$ をつくる操作であるが，もうひとつ複雑である．まず，X の開写像 U に対して，$(\varphi^{-1} G)(U) := \varinjlim_{\varphi(U) \subset V} G(V)$ とすると，制限写像は帰納極限として定義され，X 上の前層を得る．しかし一般には層にはならないので，$\varphi^{-1} G$ の層化 $({}^a(\varphi^{-1} G))$ を $\varphi^* G$ と書いて，G の逆像という．圏の言葉では，φ^* は φ_* の左随伴（後者は前者の右随伴）関手になっている（これで定義することもある）．

なお，G が $\mathcal{O}_Y$ 加群で φ が次で定義する環付空間の射であるときは，通常 $\mathcal{O}_X \otimes_{\varphi^* \mathcal{O}_Y} \varphi^* G$ なる $\mathcal{O}_X$ 加群の層が定義されて，これを $\varphi^* G$ と書くのが習慣である．このときは，上の意味の逆像は単に $\varphi^{-1} G$ とか $\varphi^\bullet G$ などと書かれる．

(4) 2つの環付空間の間の射 $(X, \mathcal{O}_X) \to (Y, \mathcal{O}_Y)$ とは，連続写像 $\varphi : X \to Y$ と環の層の射 $\psi : \mathcal{O}_Y \to \varphi_* \mathcal{O}_X$ の組のことである．

さらに，これらが局所環付空間のときは，$\varphi(x) = y$ に対して ψ が与える環準同型

$$\mathcal{O}_{Y,y} \xrightarrow{\psi_y} (\varphi_* \mathcal{O}_X)_y = \varinjlim_{y \in V} (\varphi_* \mathcal{O}_X)(V)$$
$$= \varinjlim_{y \in V} \mathcal{O}_X(\varphi^{-1}(V)) \xrightarrow{\mathrm{can}} \varinjlim_{x \in U} \mathcal{O}_X(U) = \mathcal{O}_{X,x}$$

が局所準同型,すなわち,$\mathrm{can}\circ\psi_y(\mathfrak{m}_y)\subset\mathfrak{m}_x$ ($\mathfrak{m}$ はそれぞれの極大イデアル)になっているときである.従って,局所環付空間は環付空間の充満部分圏とは限らない.

一見複雑のように見えるが,本文で扱う代数多様体の場合はこれらの構造層 $\mathcal{O}_X, \mathcal{O}_Y$ は k 値関数のなす環であるから,多様体の射 φ に対して自動的にみたされる(極大イデアル $\mathfrak{m}_x$ は $f(x)=0$ なる関数 f がなすイデアルだから).

例 (1). A.1.1 で構成した環のスペクトルの上の局所環付空間に同型な局所環付空間をアフィン・スキーム (affine scheme) という.アフィン・スキームをある環 A に対する $(\mathrm{Spec}\, A, \widetilde{A})$ と同一視する.一般に A 加群 M が与えられたとき,層 $\widetilde{A}$ を構成したときと同様に,$f\in A$ についての分数化 $M_f = M\otimes_A A_f$ を主開集合 $D(f)$ 上の切断の加群として,$\widetilde{M}(D(f)) = M_f$ なる層がつくられる.M_f は $A_f = \widetilde{A}(D(f))$ 加群ゆえ,$\widetilde{M}$ は $\widetilde{A}$ 加群の層をなす(補題 A.1.1.1 参照).環付空間で一般に定義される準連接 (quasi-coherent) 加群という層はアフィン・スキームの上ではこのような層 $\widetilde{M}$ に同型である.$\widetilde{A}$ 連接ならばさらに M は有限生成 A 加群であり,A が Noether 環ならば,逆もいえる.

(2). 環準同型 $\psi: A\to B$ があるとき,$\varphi = \psi^\bullet: \mathrm{Spec}\, B\to \mathrm{Spec}\, A$ ($\mathfrak{P}\in \mathrm{Spec}\, B$ に対し,$\varphi(\mathfrak{P}) = \psi^{-1}(\mathfrak{P}) =: \mathfrak{P}\cap A$) が定義され,これは連続である.この設定で,$\widetilde{B}$ の φ による直像 $\varphi_*\widetilde{B}$ は,(1) の構成で A 加群 B からつくった $\mathrm{Spec}\, A$ 上の $\widetilde{A}$ 加群(の層)としての $\widetilde{B}$ に等しい($\widetilde{B}(D(f)) = B_f = B\otimes_A A_f$ ($f\in A$),本来異なる記号 $\widetilde{B}^A \simeq \varphi_*\widetilde{B}$ とでも書くべきか).自然な射 $\widetilde{A}\to \varphi_*\widetilde{B}\simeq \widetilde{B}$ は環準同型 $A\to B$ が引き起こしたものである.

この構成 Spec は可換環の圏からアフィン・スキームの圏への圏同値を与えている.すなわち,

$$\mathrm{Hom}_{\text{環}}(A, B) \xrightarrow{\sim} \mathrm{Hom}_{\text{局所環付空間}}(\mathrm{Spec}\, B, \mathrm{Spec}\, A).$$

逆対応は $\widetilde{A}\to \varphi_*\widetilde{B}$ が引き起こす環準同型

$$A = \widetilde{A}(\mathrm{Spec}\, A)\to (\varphi_*\widetilde{B})(\mathrm{Spec}\, A) = \widetilde{B}(\mathrm{Spec}\, B) = B$$

である.

なお，点 $\mathfrak{P} \in \operatorname{Spec} B$, $\mathfrak{p} = \mathfrak{P} \cap A \in \operatorname{Spec} A$ の茎における局所環の準同型は，自然な射 $A_\mathfrak{p} \to B \otimes_A A_\mathfrak{p} \to B_\mathfrak{P}$ である．（$\mathfrak{P}$ が極大でも $\mathfrak{p}$ は極大とは限らぬので，Spec の代わりに極大イデアルの集合 Specm を考えたのでは，この構成は成り立たないことに注意しておく．）

スキームの定義． 局所環付空間 $(X, \mathcal{O}_X)$ が局所的にアフィン・スキームに同型なときスキーム（概型，scheme）という．すなわち，任意の点が開近傍 $U \subset X$ で $(U, \mathcal{O}_X|U)$ がアフィン・スキームになるものをもつときである．スキームの射は，局所環付空間としての射とする．すなわち，スキームは局所環付空間の圏の充満部分圏である．（因みに，EGA,I の初版では，代数多様体の用語に合わせて上の意味のスキームを前スキーム（préschéma）とよんでいた.）

A.1.3　スキームの積

スキーム S を固定したとき，S 上のスキーム X とは，射 $X \to S$ のことである．この射を構造射（structure morphism），S を基（底）（base）という．

例． 環の準同型 $A \to B$ があれば，$\operatorname{Spec} B \to \operatorname{Spec} A$ があり，アフィン・スキーム $\operatorname{Spec} B$ は $\operatorname{Spec} A$ 上のスキームである．このように，基のスキームがアフィンのとき，その環だけを記して，$\operatorname{Spec} B$ は A 上のスキームともいう．任意の環は有理整数環 $\mathbb{Z}$ 上の代数であるから，アフィン・スキームは $\mathbb{Z}$ 上のスキームであり，その貼り合わせである任意のスキームは自然に $\mathbb{Z}$ 上のスキームである．

S 上のスキーム X, Y に対して，射 $\varphi : X \to Y$ が構造射と可換

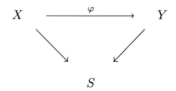

なとき，射 φ を S 上の射といい，このような射がなす集合を $\operatorname{Hom}_S(X, Y)$ と記そう．S 上のスキームの圏 (Sch/S) を $\operatorname{Hom}_S(X, Y)$ によって定義する．

S 上のスキームの圏は積 $X \times_S Y$ をもつ（ファイバー積（fiber product）と

もいう).すなわち,$X \times_S Y$ は圏 (Sch/S) から集合の圏 (Sets) への関手

$$(\text{Sch}/S) \ni Z \longmapsto \text{Hom}_S(Z, X) \times \text{Hom}_S(Z, Y) \in (\text{Sets})$$

を表現する対象のことである.くだいていうと,任意の射(可換図形)

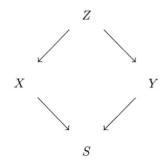

に対し,唯 1 つの射($Z \to X \times_S Y$)

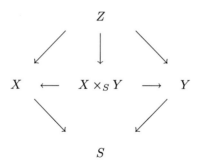

で,これらの矢印がすべて可換となる S 上のスキーム $X \times_S Y$ が存在する.普遍性からこのような積は(同型を除いて)唯 1 つである.

例.アフィン・スキームの圏は環の圏と(反対)同値ゆえ,例えば A, B を C 代数(準同型 $C \to A, C \to B$ が与えられている)とするとき,テンソル積の普遍性より任意の次の可換図形をみたす C 代数 D

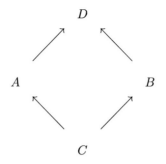

に対して，唯 1 つの準同型 $A \otimes_C B \to D$ で，

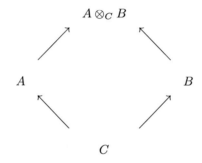

に写してすべての矢印を可換にするものがある．従って，スペクトルをとると，

$$\operatorname{Spec} D \longrightarrow \operatorname{Spec}(A \otimes_C B) = \operatorname{Spec} A \times_{\operatorname{Spec} C} \operatorname{Spec} B$$

である．一般のスキームについては，アフィン・スキームの貼り合わせであるから，アフィン・スキームの積を貼り合わせればよい．

A.1.4　部分スキーム，分離性，他

$(X, \mathcal{O}_X)$ をスキームとする．$\mathcal{I}$ を $\mathcal{O}_X$ の準連接イデアル（部分層）とするとき，$Y = \operatorname{Supp} \mathcal{O}_X/\mathcal{I}$ は X の閉集合であるが，$\mathcal{O}_Y := (\mathcal{O}_X/\mathcal{I})|Y$ とおいて，$(Y, \mathcal{O}_Y)$ を X の閉部分スキーム（closed subscheme）という．言い換えると，局所的に，開アフィン・スキーム $\operatorname{Spec} A \subset X$ をとったとき，A のイデアル I があって，$Y \cap \operatorname{Spec} A = V(I) (\simeq \operatorname{Spec} A/I)$, $(\mathcal{O}_X/\mathcal{I})|\operatorname{Spec} A \simeq \widetilde{(A/I)}$ (A 加群としての $\operatorname{Spec} A$ 上の層化）で，これは $V(I)$ の外では 0 ゆえ，閉部分スキーム $(Y \cap \operatorname{Spec} A, \mathcal{O}_Y|(Y \cap \operatorname{Spec} A))$ は $\mathcal{O}_Y|(Y \cap \operatorname{Spec} A) \simeq \widetilde{(A/I)}$（環 A/I の

$\operatorname{Spec} A/I$ 上での層化, 同型ゆえ同じ記号で書いた) となる. 準連接イデアル層 $\mathcal{I} \subset \mathcal{O}_X$ を Y の定義イデアルという.

開集合 $U \subset X$ に対しては, $\mathcal{O}_U := \mathcal{O}_X|U$ を構造層とする開部分スキーム (open subscheme) $(U, \mathcal{O}_U)$ が定義されるが, 一般の部分スキーム $Y \subset X$ は, ある開部分スキームの閉部分スキームとして定義される.

一般に, スキーム Y, X に対して, 射 $i : Y \to X$ が埋め込み (immersion) であるとは, $i(Y)$ が X の部分スキームとなり, $i : Y \xrightarrow{\sim} i(Y)$ が (スキームの) 同型を与えるときをいう. とくに $i(Y) \subset X$ が閉 (または開) のとき, 閉 (または開) 埋め込みという.

例. アフィンの場合繰り返すと, $\operatorname{Spec} A$ の閉部分スキームは剰余環 $B = A/I$ に対応するアフィン・スキーム $\operatorname{Spec} B$ で, $\widetilde{A}$ 加群として層化の完全列

$$0 \longrightarrow \widetilde{I} \longrightarrow \widetilde{A} \longrightarrow \widetilde{B} \longrightarrow 0$$

があり, $\widetilde{I} \subset \widetilde{A}$ が準連接イデアルで, $\operatorname{Spec} B$ の定義イデアルとなっている.

反例 **A.CEx.1.4.1** (埋め込みではない).

(1)
$$i : \mathbb{A}^1 \hookrightarrow C \subset \mathbb{P}^2$$
$$C : (x-y)(x+y) + x^3 = 0$$
$$i(t) = (t^{-1}(t^{-1}+2), t^{-1}(t^{-1}+2)(t^{-1}+1))$$
$$i(0) = \infty \in C, \ i(-1/2) = (0,0) = \mathbf{0}, \ i(t \to \infty) = \mathbf{0}$$

$\mathbf{0}$ が C の結節点で, i は C への全単射かつ双有理射であるが $\mathbb{P}^2$ の閉部分スキーム C への同型ではない. なお, i は 5.1 節警告 Wa.5.1.1 の φ と同じ射である.

(2) $\operatorname{char} k = p > 0$ のとき, $F : \mathbb{A}^1 \to \mathbb{A}^1 \subset \mathbb{A}^2$ $(F(x) = (x^p, 0))$ において, $\mathbb{A}^1 \ni x \mapsto x^p \in \mathbb{A}^1$ は全単射であるが同型ではないから F は埋め込みではない.

スキームの射について, いくつかの定義をしよう.

定義. $\varphi : X \to Y$ をスキームの射とする (構造層 $\mathcal{O}_X, \mathcal{O}_Y$ は省略).
(1) φ が局所的に有限型 (locally of finite type) とは,

$$Y = \bigcup_i V_i \quad (V_i = \operatorname{Spec} B_i)$$

$$\varphi^{-1}(V_i) = \bigcup_j U_{i,j} \quad (U_{i,j} = \operatorname{Spec} A_{i,j})$$

$$\varphi|U_{i,j} : U_{i,j} = \operatorname{Spec} A_{i,j} \to \operatorname{Spec} B_i = V_i$$

において,$A_{i,j}$ が有限生成 B_i 代数となるように,X, Y のアフィン被覆がとれるときをいう.

さらに,各 $\varphi^{-1}(V_i)$ が有限個の $U_{i,j}$ で被覆されているとき,単に有限型という.

(2) (1) でさらに強く,$A_{i,j}$ が B_i 代数として,有限表示にとれるとき,φ は局所的に有限表示 (locally of finite presentation) という.(1) と同様に,$\varphi^{-1}(V_i)$ が有限個の $U_{i,j}$ で被覆されているならば,単に有限表示という.

(3) Noether 環 A_i に対するアフィン・スキーム $\operatorname{Spec} A_i$ で被覆されるスキームを局所 **Noether** (的) (locally Noetherian) (スキーム) という.さらに準コンパクトなとき (例えば,有限被覆 $\bigcup_{i:\text{有限個}} \operatorname{Spec} A_i$ をもつとき),**Noether** (的) スキームという.Noether スキームでは閉集合の減少列が停まる (**Noether** 空間,逆は必ずしも成立しない).

$\varphi : X \to Y$ が (局所的に) 有限型で,Y が (局所的に) Noether 的ならば,X も (局所的に) Noether 的である (Hilbert の基底定理).またこのとき,φ は (局所的に) 有限表示になる.

(4) 任意のアフィン開部分スキーム $V \subset Y$ に対して,$\varphi^{-1}V$ も X のアフィン (開) 部分スキームになるとき,φ をアフィン射 (affine morphism) という.これは,アフィン被覆 $Y = \bigcup_i V_i$ に対して,$\varphi^{-1}V_i$ がアフィン・スキームになることと同値である.

(5) φ がアフィン射で $V_i = \operatorname{Spec} B_i$ に対し,$\varphi^{-1}V_i = \operatorname{Spec} A_i$ について,A_i が有限 B_i 代数 ($\stackrel{\text{定義}}{\Longleftrightarrow} B_i$ 加群として有限生成) のとき,φ を有限射 (finite morphism) という.(前出の「有限型」と混同しないこと.)

(6) 射 $\varphi : X \to Y$ が引き起こす積への対角射 $\Delta : X \to X \times_Y X$ ($\xrightarrow{p_i} X$ ($i = 1, 2$) を射影とするとき,$p_i \circ \Delta = \operatorname{Id}_X$) を考える.$\Delta$ が閉埋め込みのとき,φ を (または,X は Y 上) 分離的 (separated) という.Δ

が準コンパクト（$\stackrel{定義}{\Longleftrightarrow}$ 準コンパクトの逆像がまた準コンパクト）のとき，φ を準分離的（quasi-separated）という．

警告． 本文でよくでてくる（代数閉体 k 上の）既約な代数多様体の支配的射 $\varphi : X \to Y$ が分離的（separable）（$\stackrel{定義}{\Longleftrightarrow}$ 関数体の拡大 $k(X)/k(Y)$ が分離拡大）という概念とは全く無関係であることに注意しておく．

コメント． (1) 通常の位相空間論で，$X \times X$ に積位相を入れたとき，上の分離条件は X が Hausdorff 空間になることと同値である．代数幾何での Zariski 位相は積位相ではないから，スキームは Hausdorff 空間ではない（自明な場合を除いて）．

(2) 前にも注意したように，旧 EGA, I や RedBook では，スキームを前スキームといい，分離条件をみたすもの（例えば，$\mathbb{Z}$ 上で）をスキームとよんだ．

分離性について，いくつかの性質に注意しておく．

命題 A.1.4.1.
(1) アフィン射は分離的である．とくに，アフィン・スキームは $\mathbb{Z}$ 上分離的である．

(2) 分離射の合成は分離的．

(3) $X \to S$ が分離的なとき，X の部分スキームも S 上分離的．

(4) X が S 上分離的ならば，$S' \to S$ による基変換 $X_{S'} = X \times_S S' \to S'$ も分離的．

(5) $X \xrightarrow{\varphi} Y \xrightarrow{\gamma} Z$ において，$\gamma \circ \varphi$ が分離的ならば，φ も分離的．とくに，X が $\mathbb{Z}$ 上分離的ならば，すべてのスキーム上分離的．

証明． (1) のみ注意しておく．$X = \operatorname{Spec} A \to S = \operatorname{Spec} B$ とすると，$X \times_S X = \operatorname{Spec} A \otimes_B A$ で，$\Delta : X \hookrightarrow X \times_S X$ は $A \otimes_B A \to A$ $(a \otimes a' \mapsto a\,a')$ の核を I とするとき，$A \otimes_B A \twoheadrightarrow (A \otimes_B A)/I \xrightarrow{\sim} A$ が与える閉埋め込み $X \xrightarrow{\sim} \operatorname{Spec}(A \otimes_B A)/I \subset S$ である．他は射の性質から比較的容易に導かれる． □

A.1.5　射影スキーム，固有射

アフィン空間 $\operatorname{Spec}\mathbb{Z}[X_1, X_2, \ldots, X_n] = \mathbb{A}_{\mathbb{Z}}^n$ を $n+1$ 個貼り合わせて，射影空間 $\mathbb{P}_{\mathbb{Z}}^n$ をつくる（X_i は不定元）．通常，体 $\mathbb{R}$ や $\mathbb{C}$ 上の多様体で行っていることを $\mathbb{Z}$ 上で行う．

$n+1$ 個の n 次元アフィン空間のモデルを $U_i = \operatorname{Spec}\mathbb{Z}[X_{0i}, X_{1i}, \ldots, \widehat{X_{ii}}, \ldots, X_{ni}]$ （$\widehat{X_{ii}}$ は抜く記号）とおき，貼り合わせは $0 \leq i \neq j \leq n$ に対し

$$U_i \cap U_j \xrightarrow{\sim} \begin{cases} (U_i)_{X_{ji}} \subset U_i \\ (U_j)_{X_{ij}} \subset U_j \end{cases}$$

ただし，

$$(U_i)_{X_{ji}} = \operatorname{Spec}\mathbb{Z}[X_{0i}, X_{1i}, \ldots, \widehat{X_{ii}}, \ldots, X_{ni}, X_{ji}^{-1}]$$
$$(U_j)_{X_{ij}} = \operatorname{Spec}\mathbb{Z}[X_{0j}, X_{1j}, \ldots, \widehat{X_{jj}}, \ldots, X_{nj}, X_{ij}^{-1}]$$

を

$$X_{kj} = \frac{X_{ki}}{X_{ji}} \quad (0 \leq k \leq n,\ k \neq i, j), \quad X_{ij} = X_{ji}^{-1}$$

によって同一視する．こうして，$\mathbb{P}_{\mathbb{Z}}^n = \bigcup_{i=0}^n U_i$ を $\mathbb{Z}$ 上のスキームとして定義できる．

アフィン空間の貼り合わせの替わりに $n+1$ 個の不定元の斉次座標環 $\mathbb{Z}[X_0, X_1, \ldots, X_n]$ を用いて，$U_i = \operatorname{Spec}\mathbb{Z}[X_0/X_i, X_1/X_i, \ldots, X_n/X_i]$（$n$ 不定元）を $\mathbb{Z}[X_0/X_i, \ldots, X_n/X_i, X_i/X_j] = \mathbb{Z}[X_0/X_j, \ldots, X_n/X_j, X_j/X_i]$ によって同一視しても見やすい．

こうして，任意の環 A に対して，基変換 $\mathbb{P}_A^n := \mathbb{P}_{\mathbb{Z}}^n \times_{\operatorname{Spec}\mathbb{Z}} \operatorname{Spec} A =: \mathbb{P}_{\mathbb{Z}}^n \otimes_{\mathbb{Z}} A$ をとると，A 上の射影空間が得られる．（一般に，B 代数 A と B 上のスキーム X に対して，基変換を略記号 $X \otimes_B A := X \times_{\operatorname{Spec} B} \operatorname{Spec} A$ と書く習慣がある．）

任意の環について通常のように直線族を考えるには微妙な点があるが，体 k 上の射影空間 $\mathbb{P}_k^n$ については，その k 点（後述）のなす集合 $\mathbb{P}_k^n(k)$ は，次のようにベクトル空間 k^{n+1} の直線の集合と同一視される．

$U_i(k) \simeq \{(x_0/x_i, \ldots, x_n/x_i) \mid x_j \in k,\, x_i \neq 0\} \simeq k^n$ を貼り合わせて，写像
$$\pi : k^{n+1} \setminus \{0\} \longrightarrow \bigcup_{i=0}^{n} U_i(k) = \mathbb{P}_k^n(k),$$
$$(x_0 : \cdots : x_n) \longmapsto (x/x_i, \ldots, x_n/x_i) \in U_i(k) \quad (x_i \neq 0)$$

をつくると，$x \in \mathbb{P}_k^n$ の逆像は $\pi^{-1}(x) = k\tilde{x}$ $(\tilde{x} = (x_o : \cdots : x_n) \in \pi^{-1}(x))$．

命題 A.1.5.1. $\mathbb{P}_{\mathbb{Z}}^n$ は $\mathbb{Z}$ 上分離的である．従って，任意の環上分離的である．
□

$\mathbb{P}_A^n$ の閉部分スキームを A 上の射影（projective）スキーム，部分スキームを準射影（quasi-projective）スキームという．これらはいずれも分離的である（命題 A.1.4.1）．

定義． 射 $\varphi : X \to Y$ が有限型分離的で，かつ普遍的に閉写像のとき，固有射（proper morphism）という．すなわち，φ は有限型分離的で，任意の Y 上のスキーム $Z \to Y$ に対して基変換 $\varphi_Z : Z \times_Y X \to Z$ が閉写像になるときである．この条件は Z としてアフィン・スキームをとれば十分である．

コメント． 固有射は，Hausdorff 空間論においては，任意のコンパクト部分集合の逆像がまたコンパクトになるという条件に対応するものである．

先走るが，とくに X が代数的閉体 k 上の代数多様体で $X \to Y = \operatorname{Spec} k$ が固有射になるとき，X を（古典的な用語で）**完備**（complete）な多様体という．すなわち，任意の k 上の代数多様体（でよい）Z に対して Z への射影 $\varphi_Z : Z \times X (:= Z \times_k X) \to Z$ が閉写像になるときである．

固有射については次の定理が大切である．

定理 A.1.5.2. 局所 Noether スキーム Y 上 $\varphi : X \to Y$ が有限射であることと，φ がアフィンかつ固有射であることは同値である．
□ [永宮丸；定理 1.4.17] 他，いろいろヴァリエーションあり．

定理 A.1.5.3. 射影空間 $\mathbb{P}_{\mathbb{Z}}^n$ は $\mathbb{Z}$ 上固有，すなわち $\mathbb{P}_{\mathbb{Z}}^n \to \operatorname{Spec} \mathbb{Z}$ は固有射で

ある．従って，任意の環 A 上の射影空間 $\mathbb{P}^n_A$ およびその閉部分スキームである射影スキームも A 上固有である．

□ RedBook.

従って，体 k 上の射影空間 $\mathbb{P}^n_k$ およびその閉部分多様体は完備である．

古典的には，この定理は "複素射影空間 $\mathbb{P}^n(\mathbb{C})$ はコンパクトである"（$\mathbb{C}$ の Hausdorff 位相について）に対応している．なお代数幾何ではコンパクトといわずに「完備」というのは前述の「準コンパクト（被覆コンパクト性）」と混同しないようにであろう．

A.1.6 スキームにおける "点"

スキーム X について位相空間としての点 $x \in X$ があるが，これは例えば $X = \operatorname{Spec} A$ のとき，x はある素イデアル $\mathfrak{p}_x$ のことであった．

体上の射影空間 $\mathbb{P}^n_k$ でコメントした "点" $x \in \mathbb{P}^n_k(k)$ は素イデアルに対応するものではなく，"古典的な点" である．すなわち，

$$\mathbb{A}^n_k(k) = \{(x_1, \ldots, x_n) \mid x_i \in k\} \simeq k^n,$$
$$\mathbb{P}^n_k(k) = \{k(x_0 : \cdots : x_n) \mid x_i \in k, x_i \neq 0 \text{ なる } i \text{ あり }\}$$

などであった．これらをスキームの観点から復元しよう．

一般に，スキーム X, Y に対し，スキームとしての射

$$\varphi \in \operatorname{Hom}_{(\mathrm{Sch})}(Y, X) =: X(Y)$$

を X の Y に値をとる点（Y-valued point），略して Y 点，$X(Y)$ を Y 点集合という．基スキーム S を固定したときは，S 上のスキームの圏 (Sch$/S$) での射の集合とする．従って，S 上のスキーム X は，スキームの圏 (Sch$/S$) から集合の圏 (Sets) への関手 $h_X : (\mathrm{Sch}/S) \longrightarrow (\mathrm{Sets})\ (Y \mapsto h_X(Y) := X(Y))$ を与える．さらに，関手 $h : (\mathrm{Sch}/S) \longrightarrow \operatorname{Hom}((\mathrm{Sch}/S), (\mathrm{Sets}))\ (X \mapsto h_X)$ は "圏の埋め込み"（充満忠実関手）を与える（米田の補題）なお，圏の間の Hom は関手のなす圏を表す．）

いかにも唐突に見えるかもしれないが，これは古典的な代数的集合を復元している．A を環とし，アフィン空間 $\mathbb{A}^n_\mathbb{Z} = \operatorname{Spec} \mathbb{Z}[X_1, \ldots, X_n]$ の $\operatorname{Spec} A$

点（単に A 点という）とは，射 $\varphi : \operatorname{Spec} A \to \mathbb{A}_{\mathbb{Z}}^n$ だが，これは環準同型 $\varphi^* : \mathbb{Z}[X_1, \ldots, X_n] \to A$ のことだから，
$$a_i = \varphi^*(X_i) \quad (1 \leq i \leq n), \quad a = (a_i) \in A^n$$
で決まる．よって，$\mathbb{A}_{\mathbb{Z}}^n$ の A 点集合は，$\mathbb{A}_{\mathbb{Z}}^n(A) \xrightarrow{\sim} A^n$ となり通常のアフィン空間のイメージに一致する．なお，$Y = \operatorname{Spec} A$ のときは，$X(Y) = X(A)$ と書くのが習慣である．

例． さらに一般に I を $A[X_1, \ldots, X_n]$ のイデアルとし，$X = \operatorname{Spec} A[X_1, \ldots, X_n]/I \subset \mathbb{A}_A^n$ とする．A 代数 B に対して，X の B 点集合は
$$X(B) = \operatorname{Hom}_{A\text{代数}}(A[X_1, \ldots, X_n]/I, B)$$
$$\xrightarrow{\sim} \{b = (b_1, \ldots, b_n) \in B^n \mid f(b) = 0 \ (f \in I)\} \subset B^n = \mathbb{A}_A^n(B)$$
となりイデアル I に属する多項式 f の共通零点集合である．A が体の場合が古典的代数幾何の対象であった．

ここで，古典論とスキーム論との橋渡しをする Hilbert の零点定理を思い出そう．

定理 A.1.6.1 (弱形)．k を代数的閉体，A を k 上有限生成な代数とすると，
$$\operatorname{Hom}_{k\text{代数}}(A, k) \xrightarrow{\sim} \operatorname{Specm} A$$
ただし，$\operatorname{Specm} A$ は A の極大イデアルがなす集合で，対応は，$\varphi : A \to k$ に対して，$\operatorname{Ker} \varphi \in \operatorname{Specm} A$ を対応させる．□

注意． 左辺が k スキーム $\operatorname{Spec} A$ の k 点集合 $\operatorname{Spec} A(k)$ である．対応が単射であることは明らかであるが，全射になることは自明ではない（代数的閉体の条件）．(RedBook, [堀] その他．)

A.1.7 群スキーム

ここで，本書の主題である代数群とスキーム論の関係に触れておこう．
G を S 上のスキームで，S スキーム $Y \in (\operatorname{Sch}/S)$ に対して，点をとる関手
$$h_G : (\operatorname{Sch}/S) \longrightarrow (\operatorname{Sets}) \quad (h_G(Y) = G(Y))$$

が群のなす部分圏 (Gp) ⊂ (Sets) への関手を与えているとき，G を S 上の群スキーム（group scheme）という．h_G は群の圏への関手であるから，S スキームの射

$$m : G \times_S G \longrightarrow G$$
$$e : S \longrightarrow G \quad (G \to S \text{ の切断})$$
$$i : G \longrightarrow G$$

があって，群 $G(Y) = h_G(Y)$ へ引き起こす写像

$$m_Y : (G \times_S G)(Y) = G(Y) \times G(Y) \longrightarrow G(Y)$$
$$e_Y : S(Y) = \{1 \text{ 点}\} \longrightarrow G(Y)$$
$$i_Y : G(Y) \longrightarrow G(Y)$$

がそれぞれの群演算（乗法，単位元，逆元）を与えている．従って，射 m, e, i はそれぞれ Y に対して $(\star)_Y$ が関手的に結合則などの群の公理をみたすような条件が課されている（略，下のアフィンの場合参照）．

$S = \mathrm{Spec}\, A$ のとき，G を A 上の群スキームといい，これは A 代数 B に群 $G(B)$ を対応させる関手である．さらに，$G = \mathrm{Spec}\, C$（C は A 代数）のとき，アフィン群スキーム G は A 代数 B に群 $G(B) = \mathrm{Hom}_{A\text{代数}}(C, B)$ を対応させる関手である．この条件を，A 代数 C について書くと次のようになる．

$$m^* : C \longrightarrow C \otimes_A C$$
$$e^* : C \longrightarrow A$$
$$i^* : C \longrightarrow C$$

があって次の A 代数の可換図式をみたす．

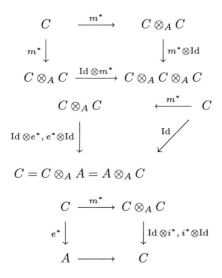

すなわち，アフィン群スキームは上の条件をみたす A 代数 C の圏と同値である．

例．(1) A 上の加法群 $\mathbb{G}_a = \operatorname{Spec} A[T]$ は，関手としては A 代数 B に対して，$\mathbb{G}_a(B) = B$, 乗法群 $\mathbb{G}_m = \operatorname{Spec} A[T, T^{-1}]$ は，$\mathbb{G}_m(B) = B^\times$. 一般線型群 $GL_n = \operatorname{Spec} A[T_{ij}, \det(T_{ij})^{-1}]$ ならば，$GL_n(B) = M_n(B)^\times$. これらは，通常の代数群を環上で考えたものと思えるが，次は"代数群"ではない（被約ではない）．

(2) 標数 $p > 0$ の体 k 上で，

$$\boldsymbol{\alpha}_p = \operatorname{Spec} k[T]/(T^p) \qquad \text{（加法群）}$$
$$\boldsymbol{\mu}_p = \operatorname{Spec} k[T]/(T-1)^p \qquad \text{（乗法群）}$$

とすると，k 代数 B に対して，

$$\boldsymbol{\alpha}_p(B) = \{x \in B \mid x^p = 0\} \subset \mathbb{G}_a(B) = B$$
$$\boldsymbol{\mu}_p(B) = \{x \in B \mid (x-1)^p = x^p - 1 = 0\}$$
$$= \{1 + y \mid y \in \boldsymbol{\alpha}_p(B)\} \subset \mathbb{G}_m(B) = B^\times.$$

これらは，$\boldsymbol{\alpha}_p(B) = \operatorname{Ker}(F \mid \mathbb{G}_a)$ ($F(t) = t^p$ は Frobenius 写像)，$\boldsymbol{\mu}_p(B) = \operatorname{Ker}(F \mid \mathbb{G}_m)$ と見なせ，B が冪零元 ($x^p = 0$) を含むときは，非自明である．

A.2　代数多様体

スキームは代数多様体という古典的概念を拡張したものである．通常，代数多様体は体上で定義されており，幾何学的取り扱いを円滑にするため，さらに代数的閉体上で考えることも多い．ページを節約するために，ここでは歴史に逆行して前節で準備したスキームの言葉で説明する．

A.2.1　体上有限型（代数型）のスキーム

X を体 k 上有限型のスキームとする．すなわち，X は k 上有限生成な代数 A_i のアフィン・スキーム $V_i = \operatorname{Spec} A_i$ 有限個のなす開被覆 $X = \bigcup_i V_i$ をもつ．従って，X は Noether 的である．$\bar{k}$ を k の代数閉包とするとき，基礎体 k の拡大 $\overline{X} := X \times_k \bar{k} = X \times_{\operatorname{Spec} k} \operatorname{Spec} \bar{k}$ はまた $\bar{k}$ 上の有限型スキームである．

$\overline{X}$ 上のすべての局所環 $\mathcal{O}_{\overline{X}, \bar{x}}$ ($\bar{x} \in \overline{X}$) が被約（冪零元をもたない）のとき，$\overline{X}$ を被約（reduced）という．$\overline{X}$ が被約なとき，X（または $\overline{X}$）を k 上定義された（または k 上の）（スキーム論的）前多様体（prevariety）という．またこのとき，X は幾何学的に被約（geometrically reduced）という（上の記号で，各 $\bar{k}$ 代数 $A_i \otimes_k \bar{k}$ が被約のときである）．

さらに，構造射 $X \to k$ が分離的（$\Leftrightarrow \Delta \hookrightarrow X \times_k X$ が閉埋め込み）のとき，k 上定義された（スキーム論的）多様体（variety）という．

さて，古典的には，代数多様体の定義としては，スキームそのものではなく，概念的には（圏としては）それと同値である環付空間として扱われた．本書でもそのような用法をとる．

記号・説明を簡単にするため，k は最初から代数的閉体とし，X を閉体 k 上有限型の分離的，被約なスキーム（すなわち，多様体）とする．X_0 を X の閉点のなす部分集合とし，X_0 に X からの相対位相をいれて位相空間と考える．このとき，Hilbert の零点定理 A.6.1 より，双方の開集合の対応 $U \mapsto U \cap X_0$（U は X の開集合）は全単射をなし，X_0 は X の中で稠密な部分集合になっている．従って，X_0 上に構造層 $\mathcal{O}_{X_0}$ を $\mathcal{O}_{X_0}(U \cap X_0) := \mathcal{O}_X(U)$ と定義すると，$(X_0, \mathcal{O}_{X_0})$ は局所環付空間である（$x \in X_0 \subset X$ に対して，$\mathcal{O}_{X_0, x} = \mathcal{O}_{X, x}$）．

これが"古典的な意味での" k 上の代数多様体である.

スキームと代数多様体の用語の橋渡しとして，次を述べておこう．本質的にアフィンの場合の Hilbert 零点定理である.

定理 A.2.1.1. k を代数閉体とするとき，上の対応は局所環付空間の部分圏として，次の圏同値を与える.

(S) k 上有限型の分離的, 被約なスキーム (すなわち, スキーム論的多様体),

(V) k 上の代数多様体.

□

射は共に k 上の局所環付空間のそれとするが，この場合さらに X_0 の構造層 $\mathcal{O}_{X_0}$ は，被約性から k 値関数のなす層であるから取り扱いが容易である.

アフィンの場合に見てみると次のようになる． k 上有限生成, 被約な代数 A に対するアフィン・スキームを $V = \operatorname{Spec} A$ とする．このとき，対応するアフィン多様体 $V_0 = \operatorname{Specm} A$ (極大イデアル全体のなす集合) において, V_0 の主開集合 $D_0(f) = \{x \in V_0 \mid f(x) \neq 0\}$ $(f \in A)$ 上で $\mathcal{O}_{V_0}(D_0(f)) = A_f = \mathcal{O}_V(D(f))$. ここに, Hilbert 零点定理 A.1.6.1 より, $V_0 = \operatorname{Specm} A = \operatorname{Hom}_{k \text{代数}}(A, k)$ で, $f \in A$ に対して, V_0 上の k 値関数 $f(x) = (f \mod \mathfrak{m}_x) \in k$ $(\mathfrak{m}_x \in \operatorname{Specm} A, A/\mathfrak{m}_x \xrightarrow{\sim} k)$ を対応させると, $A \subset \operatorname{Map}(V_0, k)$ $(:= V_0$ 上の k 値関数のなす集合).

従って, スキームの場合と同様に

$$\operatorname{Hom}_{k \text{多様体}}(\operatorname{Specm} A, \operatorname{Specm} B) = \operatorname{Hom}_{k \text{代数}}(B, A)$$

である．ここで，集合としての写像 $\varphi: X_0 \to Y_0$ が多様体としての射になるかどうかは, Y_0 上の (局所) 正則関数 f の引き戻し $f \circ \varphi$ が X_0 上正則になるかどうかの判定になり，これはしばしば定義によって明らかなことが多いので, 一般のスキームのような微妙さはない.

以降, 定理 A.2.1.1 によって, 代数多様体とスキーム論的多様体をしばしば, または，必要に応じて同一視, または, 混同する.

A.2.2　代数多様体（素朴な取り扱い）

本文では，代数多様体をスキーム論的ではなく古典的な形で扱うので，念のためここに繰り返し説明しておく．k は始めから代数的閉体とし，A を有限生成 k 代数とする．生成元 $x_1, x_2, \ldots, x_n$ を 1 つ定め，$A = k[x_1, x_2, \ldots, x_n]$ と書くと，k 上の多項式環からの全準同型 $\phi: k[X] := k[X_1, X_2, \ldots, X_n] \twoheadrightarrow A$ ($X_i \mapsto x_i$) が 1 つ定まる．このとき，$v \in V := \mathrm{Hom}_{k\text{代数}}(A, k)$ は n 次元アフィン空間の点 $(v(x_i))_{1 \leq i \leq n} \in k^n = \mathbb{A}^n(k)$ で定まるから，埋め込み $V \subset \mathbb{A}^n(k)$ を得る．

また，$V \ni v \mapsto v \circ \phi \in \mathrm{Hom}_{k\text{代数}}(k[X], k) = \mathbb{A}^n(k)$ において，$v \circ \phi \in \{\bar{v} \in \mathrm{Hom}_{k\text{代数}}(k[X], k) \mid \bar{v} \mid \mathrm{Ker}\,\phi = 0\}$ だから，上の埋め込みにおいて，
$$V \xrightarrow{\sim} \{a = (a_i) \in \mathbb{A}^n(k) \mid f(a) = 0\ (f \in \mathrm{Ker}\,\phi)\} \subset \mathbb{A}^n(k).$$

すなわち，V は多項式イデアル $\mathrm{Ker}\,\phi$ に対応する零点集合と見なせる（代数的集合といった）．

Hilbert の基底定理によって，$\mathrm{Ker}\,\phi$ は有限生成であるから，生成元 $f_j\ (1 \leq j \leq r)$ を選ぶと，$V \xrightarrow{\sim} \{a \in \mathbb{A}^n(k) \mid f_j(a) = 0\ (1 \leq j \leq r)\}$ と書ける．

しかし，k 代数 A の生成元 x_i を選ばなくても（$\mathbb{A}^n(k)$ への埋め込みによらなくても）k 代数としての準同型の集合として定義されることに注意しておこう．さらに，k が代数閉体であるから，Hilbert の零点定理 A.1.6.1 によって，同型 $V = \mathrm{Hom}_{k\text{代数}}(A, k) \xrightarrow{\sim} \mathrm{Specm}\,A$ ($v \mapsto \mathrm{Ker}\,v$) を得た．

スキーム論でやったと同様に，V には Zariski 位相が入る．A のイデアル I に対して，$V(I) := \{v \in V \mid v \mid I = 0\} \subset V$ とおくと，$\mathcal{V} := \{V(I)\}$ は V の閉集合の族の公理をみたす．すなわち，A のイデアル全体がなす集合を $\mathcal{I}d\,A$ と記すと，

(1) $V((1)) = \emptyset,\ V(0) = V$,
(2) $\bigcap_i V(I_i) = V((\bigcup_i I_i))\ (I_i \in \mathcal{I}d\,A)$,
(3) $V(I) \cup V(J) = V(I \cap J) = V(IJ)\ (I, J \in \mathcal{I}d\,A)$.

（註：(3) のみ，少し非自明．）

このようにして，全射 $\mathcal{I}d\,A \ni I \mapsto V(I) \in \mathcal{V}$ が得られるが，これは単射にはならない．しかし，逆方向の写像 $\mathcal{I}$ を $\mathcal{I}(V(I)) = \{f \in A \mid f \mid V(I) = 0\} \in \mathcal{I}d\,A$ と定義すると，$I \subset \mathcal{I}(V(I)),\ V(\mathcal{I}(V(I))) = V(I)$ は容易に分かる．k を代数

閉体と仮定した根本的理由は次の有名な定理による.

定理 A.2.2.1(Hilbert の零点定理(強形), RedBook, [堀] など). k は代数閉体とする. このとき, $\mathcal{I}(V(I)) = \sqrt{I} \,(:= \{f \in A \mid f^N \in I\,(N \gg 0)\})$.

系 A.2.2.2. 根基イデアル $I = \sqrt{I}$ 全体のなす集合を $\mathrm{Rad}\,\mathcal{I}d\,A$ とおくと, $\mathrm{Rad}\,\mathcal{I}d\,A \ni I \mapsto V(I) \in \mathcal{V}$ は全単射である.

系 A.2.2.3. $I \in \mathcal{I}d\,A$ に対して, $k[V(I)] := \{f\,|\,V(I)\}$ とおくと,
$$k[V(I)] \simeq A/\sqrt{I}\,(\subset \mathrm{Map}(V(I), k)).$$
とくに, $k[V] \simeq A/\sqrt{0}$($\sqrt{0}$ は冪零根基). よって, A が被約($\Leftrightarrow \sqrt{0} = 0$)ならば, $k[V]$ は V 上の k 値関数環の部分環である.

以上, 弱形と合わせてこれらの命題を Hilbert の零点定理とよんでしまう.

このようにして得られる Zariski 位相空間 V と, その**正則関数環**(ring of regular functions)(または単に**関数環**, **座標環**などという)$k[V]$ の組を古典的にはアフィン(代数)多様体とよんだのであるが, 今みたように, これは被約な k 上有限生成代数 A から一意的に定まるので, 前項 A.2.1 では, A から定まるアフィン・スキーム $\mathrm{Spec}\,A$ と概念的(圏論的)に同一視したのであった.

V 上の局所環の層も, 点 $v \in V$ に対応する極大イデアルを $\mathfrak{m}_v \in \mathrm{Specm}\,A$ とすると, $\mathfrak{m}_v$ における A の局所化 $A_{\mathfrak{m}_v}$ となり, 構造層を $\mathcal{O}_V$ と書くと, $\mathcal{O}_{V,v} = A_{\mathfrak{m}_v}$ となり, スキームでの定義と一致する.

なお, 本文ではアフィン多様体での議論が多いので, 層の議論を用いることは殆どなく専ら座標環 $k[V] = A$ での考察で済む.

一般の代数多様体も, スキーム的に行う方法と同様にアフィン多様体の貼り合わせでできる. (本文で扱うのは, 専ら準射影的多様体($\mathbb{P}^n(k)$ の局所閉集合)である.)

なお, 一般にスキーム X が与えられたとき, 構造層 $\mathcal{O}_X$ の冪零元がなすイデアルの部分層 $\mathcal{N} = \sqrt{0}$ は準連接で, $(\mathcal{O}_X)_{\mathrm{red}} := \mathcal{O}_X/\mathcal{N}$ は被約な局所環の層になるので, X 上にこれを構造層とするスキーム $(X, (\mathcal{O}_X)_{\mathrm{red}})$ が定義される. これを X_{red} と書き, X の**被約化**(reduction)とよぶ. $\mathcal{O}_X \twoheadrightarrow \mathcal{O}_X/\mathcal{N}$ が

引き起こす自然な射 $X_{\mathrm{red}} \to X$ が存在する.

X が代数的閉体 k 上の有限型分離的なスキームのとき, その被約化 X_{red} は k 上の代数多様体になる. 一般に, $\mathcal{O}_X$ の (準) 連接イデアルの層 $\mathcal{I}$ が与えられたとき, $\mathcal{I}$ が定義する閉部分スキーム $(Y, \mathcal{O}_Y := \mathcal{O}_X/\mathcal{I})$ は厳密な意味では多様体 X の部分多様体ではないが, 被約化 $(Y_{\mathrm{red}}, \mathcal{O}_X/\sqrt{\mathcal{I}})$ は閉部分多様体である.

例えば, アフィン空間 $\mathbb{A}^n(k)$ において, $F_1, \ldots, F_r \in k[X_1, \ldots, X_n]$ で定義されたアフィン多様体 $V = V(F_1, \ldots, F_r) = \{a = (a_i) \in \mathbb{A}^n(k) \mid F_j(a) = 0 \ (1 \leq j \leq r)\}$ というときは, $F_1, \ldots, F_r$ が定義する根基イデアル $\sqrt{(F_1, \ldots, F_r)}$ が定義するアフィン多様体のことを意味することが多い (本文でも然り). V の座標環は $\mathcal{O}_V(V) = k[V] = \{f|V \mid f \in k[X_1, \ldots, X_n]\} \simeq k[X_1, \ldots, X_n]/\sqrt{(F_1, \ldots, F_r)}$ である (Hilbert の零点定理).

しかし, 古典的代数多様体で議論する場合でも, 常に被約化を考えるわけではなく, とくに部分多様体の交わりや射のファイバー積を扱うときは, 被約化せずに (すなわちスキーム論的に) 扱わねばならないことが多いので注意を要する.

例えば, k 上の代数多様体の射 $\varphi : X \to Y$ に対して, Y の部分多様体 $Z \subset Y$ の逆像 $\varphi^{-1}(Z)$ というとき, 素朴に X の部分多様体 $\{x \in X \mid \varphi(x) \in Z\}$ を意味する場合もあれば, スキーム論的な逆像 $X \times_Y Z$ を考える必要がある場合もある (後者の閉点がなす空間の被約化が前者).

例えば, $\varphi : \mathbb{A}^1(k) \to \mathbb{A}^1(k)$ $(\varphi(x) = x^2)$ において, 集合としては 0 の逆像は $\varphi^{-1}(0) = \{0\}$ であるが, スキーム論的ファイバーは, $0 \in \mathbb{A}^1(k)$ に台をもつ $\operatorname{Spec} k[X] \otimes_{k[X^2]} k[X^2]/(X^2) = \operatorname{Spec} k[X]/(X^2)$ となり, 被約ではない. 問題によっては, この形のまま考えなければならない. 例えば, $\mathbb{A}^1(k)$ を加法群 $\mathbb{G}_a$ と見なすと, $\operatorname{char} k = 2$ のとき φ は準同型で, 抽象群としての核は $\operatorname{Ker} \varphi = \varphi^{-1}(0) = 0$ であるが, 代数群としての同型射を与えているわけではない. このことから, 核は自明でない部分群スキーム $\operatorname{Spec} k[X]/X^2$ と考えるのが妥当になる.

A.2.3 接線と導分，接錐

X を代数閉体 k 上の代数多様体とするとき，点 $x \in X$ における接線およびその全体がなす接空間を考えよう．

まず，X がアフィン空間 $\mathbb{A}^n(k)$ の中で，イデアル $I = (f_1, \ldots, f_r)$ $(f_j \in k[T] := k[T_1, \ldots, T_n])$ で定義されているアフィン多様体 $V(I)$ の場合を考える．点 $x = (x_i)_{1 \leq i \leq n} \in V(I) \subset \mathbb{A}^n(k)$ を通る方向 $v = (v_i) \in k^n$ の直線 $l_v : x + tv$ $(t \in k)$ と，$f \in k[T]$ の零点 $f(x) = 0$ の交わりは展開

$$f(x+tv) = f(x) + t\sum_{i=1}^n v_i (\partial_i f)(x) + O(t^2) \quad (\partial_i f = \frac{\partial f}{\partial T_i})$$

より，1次の項について $\sum_{i=1}^n v_i(\partial_i f)(x) = 0$ のとき重根をもつ ($\Leftrightarrow l_v$ と $f = 0$ は x で接する)．従って，l_v は生成元 $f_j \in I$ すべてに対して $(\partial_v f_j)(x) = 0$ をみたすとき，$x \in V(I)$ における接線になっている ($\partial_v := \sum_{i=1}^n v_i \partial_i$ は l_v 方向の導分 (ベクトル場))．なお，$g \in k[T]$ に対して，$\partial_v(g f_j)(x) = (\partial_v g)(x) f_j(x) + g(x)(\partial_v f_j)(x) = 0$ ゆえ，$(\partial_v f)(x) = 0$ $(f \in I, x \in V(I))$ もみたす．

$\widetilde{\mathfrak{m}}_x = (T_1 - x_1, \ldots, T_n - x_n)$ を $x \in \mathbb{A}^n(k)$ に対する極大イデアルとし，$\mathfrak{m}_x := \widetilde{\mathfrak{m}}_x / I$ を $x \in V(I)$ に対する $k[V(I)] = k[T]/I$ $(I = \sqrt{I}$ とする$)$ の極大イデアルとすると，k 線型写像 $\partial_v : \widetilde{\mathfrak{m}}_x \to k$ $(f \mapsto (\partial_v f)(x))$ $(f \in \widetilde{\mathfrak{m}}_x)$ は，k 線型写像 $\partial_v \in \mathrm{Hom}_k(\mathfrak{m}_x, k)$ を与えるが，∂_v は導分だから $\partial_v \mathfrak{m}_x^2 = 0$ となり，k ベクトル空間 $\mathrm{Hom}_k(\mathfrak{m}_x/\mathfrak{m}_x^2, k)$ の元を与える．

従って，一般に k 上の多様体 X の (閉) 点 $x \in X$ に対して，x における極大イデアルを $\mathfrak{m}_x \subset \mathcal{O}_{X,x}$ とするとき，k ベクトル空間 $T_x X := \mathrm{Hom}_k(\mathfrak{m}_x/\mathfrak{m}_x^2, k) = (\mathfrak{m}_x/\mathfrak{m}_x^2)^*$ を x における X の (**Zariski**) 接空間 (tangent space) と定義する．

以上，"接線" という概念は "それに沿って微分する" という概念に置き換わっていることに注意しておこう．

逆に，接空間の元 $\theta \in T_x X$ は $f \in \mathcal{O}_{X,x}$ に対して $f - f(x) \in \mathfrak{m}_x$ ゆえ，$\partial(f) = \theta(f - f(x))$ とおくことによって，k 上の導分を与えることに注意しておく．すなわち，$\partial(fg) = \partial(f)g(x) + f(x)\partial(g)$ が成り立つ．まず，

$$\partial(fg) = \theta(fg - f(x)g(x)) = \theta(f(g - fg(x) + fg(x) - f(x)g(x))$$

$$= \theta(f(g - g(x))) + \theta((f - f(x))g(x)) = \theta(f(g - g(x))) + \partial(f)g(x)$$

ところが，$\theta \mathfrak{m}_x^2 = 0$ ゆえ，$\theta((f - f(x))(g - g(x))) = 0$．左辺を展開してまとめると，$\theta(f(g - g(x)) - f(x)\theta(g - g(x))) = 0$ となり，これから $\theta(f(g - g(x))) = f(x)\theta(g - g(x)) = f(x)\partial(g)$ を得て ∂ が x における導分を与えていることが分かる．

次に，特異点の様子を見るために接錐を導入しよう．

例． $f(x, y) \in k[x, y]$ を $f(0, 0) = 0$ なる既約多項式とし，$C \subset \mathbb{A}^2(k)$ を $f(x, y) = 0$ で定義される平面曲線とするとき，原点 $\boldsymbol{o} = (0, 0) \in C$ における接空間 $T_{\boldsymbol{o}}C$ は，$(\partial_x f(0, 0))v + (\partial_y f(0, 0))u = 0$ で定義される k^2 の部分ベクトル空間である．すなわち，$f(x, y) = f_1(x, y) + f_2(x, y) + \cdots$ ($f_r(x, y)$ は斉 r 次の項) とすると，$f_1(x, y) = (\partial_x f(0, 0))x + (\partial_y f(0, 0))y$ ゆえ，1 次の項 $f_1(v, u) = 0$ で定義される．

従って，$f_1 \neq 0$ ならば，$T_{\boldsymbol{o}}C$ は 1 次元（直線）で，$f_1 = 0$ ならば 2 次元 $T_{\boldsymbol{o}}C = k^2$ である．

$\dim_k T_{\boldsymbol{o}}C = 2$ の場合は，原点において多項式は $f(x, y) = f_r(x, y) + O(r + 1)$, すなわち，最小次数の項が 2 次以上 ($r \geq 2$) となり，$f_r(x, y) = \prod_i l_i(x, y)^{r_i}$ ($\sum_i r_i = r$, $l_i(x, y) = a_i x + b_i y$) ($l_i$ は 1 次式) と分解するから，原点を通る直線の集合 $\bigcup_i \{(v, u) \mid l_i(v, u) = 0 \ (r_i \text{重})\}$ が得られる．

これは次の例で見るように Zariski 接空間より精密な情報を与える接線の集合である．

(イ) $f(x,y) = x^2 - y^2 + x^3$, $f_2(x,y) = x^2 - y^2 = (x-y)(x+y)$
$y = \pm x$ (2本, $\mathrm{char}\, k = 2$ のときは 2 重線) (結節点)

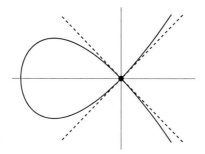

(ロ) $f(x,y) = y^2 - x^3$, $f_2(x,y) = y^2$
$y^2 = 0$ (x 軸 2 重線) (尖点)

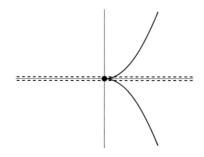

このような，接線の集合が定義する多様体（本当は上の (ロ)2 重線のようなスキーム）を接錐という．

一般には次のように定義される．アフィン多様体 $V = V(I)$, $I \subset k[T] = k[T_1, \ldots, T_n]$ は根基イデアルで，原点 o を通るとする ($I \subset \tilde{\mathfrak{m}}_o = (T_1, \ldots, T_n)$). I に対して，$I_* := \{f_* \in k[T] \mid f_* \text{は} f \in I \text{の最小次数の項}\}$ とおくと，I_* は $k[T]$ の斉次イデアルである ($f(o) = 0$ ($f \in I$) に注意). こうして得られる k 上のアフィン・スキーム $\mathrm{Spec}\, k[T]/I_*$ を V の o における**接錐** (tangent cone) という．

例 (イ), (ロ) は o における C の接錐である．さらに，

(ハ) $I = (f(x,y,z) = x^2 - y^2 - z^2)$ に対して $V(I)$ は円錐であるが，$I_* = (f = f_*)$ ゆえ，接錐はこの円錐自身である．

アフィン空間に埋め込まれた形ではなく，内在的（intrinsic）に定義すると次のようになる．

定義．（閉）点 $x \in X$ における局所環と極大イデアルを $\mathcal{O}_x \supset \mathfrak{m}_x$ ($\mathcal{O}_x/\mathfrak{m}_x \simeq k$) とするとき，$\mathfrak{m}_x$ による $\mathcal{O}_x$ の次数化を $\operatorname{gr}\mathcal{O}_x := \sum_{i=0}^{\infty} \mathfrak{m}_x^i/\mathfrak{m}_x^{i+1}$ とする．このとき，アフィン・スキーム $\operatorname{Cone}_x(X) := \operatorname{Spec}(\operatorname{gr}\mathcal{O}_x)$ を x における X の**接錐**という．

さて，原点 o を通るアフィン多様体 $V = V(I)$ ($I = \sqrt{I} \subset \tilde{\mathfrak{m}}_o = (T_1, \ldots, T_n) \subset k[T]$) の原点における Zariski 接空間 $T_o V$ は I の 1 次の項が生成するイデアルを $I_0 := \{f_1 \in \sum_{i=1}^{n} k X_i \mid f_1$ は $f \in I$ の 1 次の項 $\}$ とおくと，アフィン空間としては $T_o V = \operatorname{Spec} k[T]/I_0$ と表せる．

実際，o における極大イデアルは $\mathfrak{m}_o = \tilde{\mathfrak{m}}_o / I \subset k[T]/I = k[V]$ であり，

$$\mathfrak{m}_o/\mathfrak{m}_o^2 \simeq (\tilde{\mathfrak{m}}_o/I)/(\tilde{\mathfrak{m}}_o^2 + I)$$
$$= \tilde{\mathfrak{m}}_o/(\tilde{\mathfrak{m}}_o^2 + I)$$
$$= \tilde{\mathfrak{m}}_o/(\tilde{\mathfrak{m}}_o^2 + I_0)$$

ところが，$\mathfrak{m}_o/\mathfrak{m}_o^2$ が生成する k 上の対称代数について，$\operatorname{Sym}_k(\mathfrak{m}_o/\mathfrak{m}_o^2) \simeq k[T_i \bmod I_0 \mid 1 \leq i \leq n] \simeq k[T]/I_0$ ゆえ，Spec をとると双対空間について，$T_o V = (\mathfrak{m}_o/\mathfrak{m}_o^2)^* \simeq \operatorname{Spec} k[T]/I_0$ が成り立つ．

さらに一般に，（閉）点 $x \in X$ に対して，接錐を定義した k 代数 $\operatorname{gr}\mathcal{O}_x = \sum_{i=0}^{\infty} \mathfrak{m}_x^i/\mathfrak{m}_x^{i+1}$ との関連をみると，自然な全準同型 $\operatorname{Sym}(\mathfrak{m}_x/\mathfrak{m}_x^2) \twoheadrightarrow \operatorname{gr}\mathcal{O}_x$ があるから，Spec をとって $T_x X \supset \operatorname{Cone}_x(X)$ ($x \in X$ における接錐）という包含関係がある（または，関係 $I_0 \subset I_*$ から $T_o = \operatorname{Spec} k[T]/I_0 \supset \operatorname{Spec} k[T]/I_* = \operatorname{Cone}_o V$）．これらの関係から，接空間 T_x は（スキームとしての）接錐 Cone_x の線型閉包（スキーム Cone_x を含む最小のベクトル空間）と見なせる（前の例（イ）（ロ）（ハ）を参照）．

A.2.4　次元と特異性

位相空間 X が既約であるとは，閉集合の和 $X = X_1 \cup X_2$ と書いたとき，どちらか一方が X に等しい（自明でない和に書けない）ということであった．X

中の既約な閉集合の $n+1$ 個の包含列 $\emptyset \neq X_0 \subsetneq X_1 \subsetneq \cdots \subsetneq X_n$ について，この長さを n という．X が含む既約な閉集合の列の最大の長さを X の **Krull 次元**という（勿論，一般には有限とは限らない）．

可換環 A のスペクトル $\operatorname{Spec} A$ の既約な閉集合は A の素イデアルと 1 対 1 に対応するから，$\operatorname{Spec} A$ の Krull 次元は A が含む最大の長さをもつ素イデアルの包含列 $\mathfrak{p}_0 \subsetneq \mathfrak{p}_1 \subsetneq \cdots \subsetneq \mathfrak{p}_n$ の長さに等しい（環 A の Krull 次元という）．

A が Noether 環であっても，Krull 次元は有限とは限らないが，Noether 局所環は有限次元である（[堀; p.128, 系 7.10]）．古典的代数多様体にとって次の定理は基本的である．

定理 A.2.4.1 ([堀; 定理 7.23])．A を体 k 上の有限生成な整域とすると，

$$\dim A = \dim A_\mathfrak{m} = \operatorname{trans.deg}_k F(A) \quad (\mathfrak{m} \in \operatorname{Specm} A)$$

ただし，$\dim$ は Krull 次元，$A_\mathfrak{m}$ は極大イデアル $\mathfrak{m}$ に関する局所化，最後の項は A の商体 $F(A)$ の k 上の超越次数である．□

定理 A.2.4.2 ([堀; 定理 7.6])．A を Noether 局所環，$\mathfrak{m}$ をその極大イデアルとすると，

$$\sqrt{(x_1, x_2, \ldots, x_n)} = \mathfrak{m} \quad (x_i \in \mathfrak{m})$$

となる最小の n が A の Krull 次元 $\dim A$ に等しい．□

これより，局所環の極大イデアルの生成元の個数は Krull 次元より大きいか等しい．$\dim A = n$ とするとき，$\mathfrak{m}$ に丁度 n 個の生成元がとれるとき，すなわち，$\mathfrak{m} = (x_1, x_2, \ldots, x_n)$ となる $x_i \in \mathfrak{m}$ が存在するとき，A を**正則（regular）局所環**という（微分可能多様体などの局所座標系にあたる）．

さて，代数的閉体 k 上の代数多様体 X に戻ろう．X が既約ならば，X の稠密なアフィン開集合 V を 1 つとれば，その座標環 $A = k[V]$ について，定理 A.2.4.1 より，$\dim X = \dim V = \dim k[V] = \operatorname{trans.deg}_k k(X)$（ただし，$\dim X$ は X の Krull 次元，$k(X) = F(k[V])$ は X の関数体で，V の取り方によらぬ）となり，（閉）点 $x \in X$ における局所環 $\mathcal{O}_{X,x}$ は適当な $x \in V \subset X$ により，$\mathcal{O}_{V,x} = k[V]_{\mathfrak{m}_x}$ となり，$\dim \mathcal{O}_{X,x} = \dim X$（$\forall x \in X$）である．

一般に既約とは限らぬ多様体の場合，既約分解を $X = \bigcup_{i=1}^{l} X_i$（$X_i$ は既約な閉集合で，相異なる $i \neq j$ について，X_i と X_j は包含関係がない）とするとき，$\sup(\dim X_i)$ が $\dim X$ に等しい．$\dim X_i$ がすべて等しいとき，X は純 (pure) 次元 $\dim X$ であるという．X_i を既約成分といい，いろいろな議論は既約成分のそれに帰着できることが多い．

定義. （既約とは限らない）代数多様体 X の（閉）点 $x \in X$ の局所環が正則のとき，x を非特異点（non-singular point）といい，そうでないとき特異点（singular point）という．

後で示すように，非特異点全体の集合は開集合をなすので，また，X は点 x で滑らかともいい，すべての点が非特異なとき，非特異多様体，または滑らかな多様体という．

注意. 実は"正則"という概念と"滑らか"という概念は区別されるもので，前者は絶対的，後者は相対的（射に対する概念）というべきか．代数閉体上の多様体については両者が一致するというのが一般的な定理である．

接錐および接空間と特異性については，次が重要である．

定理 A.2.4.3 (RedBook[III, § 3, (V), Cor.]). X を n 次元既約多様体とすると，（閉）点 $x \in X$ の接錐 $\mathrm{Cone}_x X$ は純 n 次元である（スキームに対しても，既約成分の最大 Krull 次元とする）．とくに，接空間については，$\dim_k T_x \geq \dim X$. □

$\mathrm{gr}_{\mathfrak{m}_x} \mathcal{O}_{X,x}$ に対する射影スキーム（次数環の斉次素イデアルから構成するスキーム）が $x \in X$ におけるブロー・アップのファイバー（$n-1$ 次元）となっている構成から分かる．

この系として，次が分かる．図形的なイメージが湧くであろう．

命題 A.2.4.4. 代数多様体の（閉）点 $x \in X$ について，

$$x \text{ が非特異} \iff T_x X = \mathrm{Cone}_x X \iff \dim_k T_x X = \dim X.$$

なお，この同値性は"非特異性"の定義としても働く．

例. 前節の例 (イ)(ロ)(ハ) で原点 o はすべて特異点である.

コメント. 直接, 一部を証明する. $n = \dim_k T_x X$ とする. $x_1, \ldots, x_n$ を $\mathfrak{m}_x/\mathfrak{m}_x^2 = \sum_{i=1}^n k\bar{x}_i$ ($\bar{x}_i = x_i \bmod \mathfrak{m}_x^2$) ととると, 中山の補題から, $(x_1, \ldots, x_n) = \mathfrak{m}_x$. 従って, $n = \dim_k T_x X = \dim X \iff \mathfrak{m}_x$ に $\dim X$ 個の生成元がとれる.

命題 A.2.4.5. アフィン多様体 $V \subset \mathbb{A}^n(k)$ の定義イデアルを $I = \sqrt{I} = (f_1, \ldots, f_r) \subset k[T]$ とする.

(1) 点 $x = (x_1, \ldots, x_n) \in V$ に対して, $f \in k[T]$ の 1 次の項は $\sum_{i=0}^n \frac{\partial f}{\partial T_i}(x)(T_i - x_i)$ であり, 接空間 $T_x V \subset k^n$ の定義式は $\sum_{i=0}^n \frac{\partial f_j}{\partial T_i}(x) T_i = 0$ $(1 \leq j \leq n)$ である.

(2) (Jacobian 判定法) 点 $x \in V$ について, x における V の次元 (x を含む既約成分の最大次元) を m とすると,
$$\mathrm{rank}\left(\frac{\partial f_j}{\partial T_i}(x)\right) \leq n - m$$
で, x が非特異であるためには, 上で等号が成り立つことが必要十分である.

証明. 定理 A.2.4.4 と (1) から. □

A.2.5 微分

前節で, 接空間を閉点の極大イデアル $\mathfrak{m}$ から定義される k ベクトル空間 $\mathfrak{m}/\mathfrak{m}^2$ の双対として定義した. これを点の近傍に拡げるために, 微分加群を定義しよう. 一般には, スキームで相対的に定義されるもので, 局所的には環上の代数に対して考えられる.

いま, 可換環 A を環 C 上の代数, すなわち, 環準同型 $C \to A$ が与えられているものとする. このとき, A 加群 $\Omega_{A/C}$ を以下をみたすものとして定義する.

C 加群としての準同型 $d: A \to \Omega_{A/C}$ が与えられていて,

(i) $d(x+y) = dx + dy$ $(x, y \in A)$

(ii) $d(xy) = y\,dx + x\,dy$

(iii) $dc = 0$ $(c \in C)$ (すなわち, $d1 = 0$)

をみたす "最大" のものとする.

（存在）記号 dx $(x \in A)$ で生成される自由 A 加群 $\sum_{x \in A} A\,dx$ を関係 (i)(ii)(iii) で剰余した A 加群をとればよい．

（普遍性）A 加群 M に対し，C 導分 (derivation) のなす A 加群を
$$\mathrm{Der}_{A/C}(A, M) := \{\partial \in \mathrm{Hom}_C(A, M) \mid \partial(xy) = x\,\partial y + y\,\partial x \ (x, y \in A)\}$$
とおくと，
$$\mathrm{Hom}_A(\Omega_{A/C}, M) \xrightarrow{\sim} \mathrm{Der}_{A/C}(A, M) \quad (\varphi \mapsto \varphi \circ d),$$
あるいは，

$$\begin{array}{ccc} A & \xrightarrow{\partial} & M \\ {\scriptstyle d}\downarrow & \nearrow{\scriptstyle \varphi} & \\ \Omega_{A/C} & & \end{array}$$

すなわち，$d: A \to \Omega_{A/C}$ が普遍 C 導分である．（$\Omega_{A/C}$ を A の C 上の **Kähler 微分** (differential) の加群という．）

命題 A.2.5.1（別の構成）．上と同じ設定で，$\delta: A \otimes_C A \to A$ $(x \otimes y \mapsto xy)$ とすると，$I = \mathrm{Ker}\,\delta$ は $A \otimes_C A$ 部分加群（イデアル）で，I/I^2 は $(A \otimes_C A)/I$ 加群であるが，$(A \otimes_C A)/I \xrightarrow{\sim} A$ より，A 加群と見なせる．$d: A \to I/I^2$ $(dx = x \otimes 1 - 1 \otimes x)$ と定義すると，A 加群としての同型 $I/I^2 \xrightarrow{\sim} \Omega_{A/C}$ を得る．

略証．
$$\begin{aligned} d(xy) &= (xy) \otimes 1 - 1 \otimes (xy) \\ &= (xy) \otimes 1 - x \otimes y + x \otimes y - 1 \otimes (xy) \\ &= (x \otimes 1)(y \otimes 1 - 1 \otimes y) + (x \otimes 1 - 1 \otimes x)(1 \otimes y) \\ &= (x \otimes 1)(d\,y) + (d\,x)(1 \otimes y) \\ &\equiv x(d\,y) + y(d\,x) \mod I^2 \end{aligned}$$
$\square$

例． (1) 多項式環 $A = C[T_1, \ldots, T_n]$ に対しては，階数 n の自由加群 $\Omega_{A/C} =$

$\bigoplus_{i=0}^n A\, dT_i$ で, $df = \frac{\partial f}{\partial T_i} dT_i$ ($f \in A$).

さらに, $B := A/(f_1, \ldots, f_r)$ とすると, $\Omega_{B/C} = \Omega_{A/C}/(\sum_{j=0}^r A\, df_j)$.

(2) $A = k[X,Y]/(XY)$ とすると, $\Omega_{A/k} = (k[X,Y]dX + k[X,Y]dY)/(Y\,dX + X\,dY)$.

(3) 微分加群は体の拡大においても, 分離性の判定に重要である. K/k を体の拡大とする. K が k 上分離超越基 $x_1, \ldots, x_n$ によって分離的に (separably) 生成されている ($\overset{\text{定義}}{\iff}$ $K/k(x_1, \ldots, x_n)$ が分離的代数拡大) ための必要十分条件は $\Omega_{K/k} = \bigoplus_{i=1}^n K\, dx_i$ ($\{dx_i\}$ が K 上 1 次独立) であることである (このとき, $n = \text{trans.deg}_k K$). またこの条件は, k 導分 ∂ が $\partial f_i = 0$ ($\forall i$) ならば $\partial = 0$ ということと同値である ([堀], RedBook).

(4) char $k = p > 0$, $K = k(x)$ ($x \notin k$, $x^p = a \in k$) とすると, (1) より, $f(x) = x^p - a$ について, $df = 0$ ゆえ, $\Omega_{K/k} = K(dx)$ (K 上 1 次元).

よって, K/k は非分離的代数拡大である.

相対スキーム上の準連接層を得る

$\Omega_{A/C}$ は任意の C 代数 A に対して構成されている A 加群であるから, アフィン・スキーム $\text{Spec}\, A \to \text{Spec}\, C$ に対して, $\text{Spec}\, A$ 上の準連接層 $\widetilde{\Omega}_{A/C}$ が得られる. 我々が普通扱う A が Noether 環 C 上の有限生成代数の場合, これは連接層になる.

命題 A.2.5.1 の構成にかんがみて, 一般に Y 上分離的なスキーム X に対して, 直接 Kähler 微分の層 $\Omega_{X/Y}$ が定義できる. (注意：ここでいう "分離的" とは Hausdorff 分離性 (separated over Y) のことで, 例 (3)(4) の分離拡大とは関係がない.)

$X \to Y$ を分離射, 閉埋め込みを $\Delta : X \hookrightarrow X \times_Y X$ とする. 閉部分スキーム $\Delta(X) \subset X \times_Y X$ の定義イデアルを $\mathcal{I} \subset \mathcal{O}_{X \times_Y X}$ とすると, $\mathcal{O}_{X \times_Y X} \overset{\sim}{\to} \mathcal{O}_X$ で, 準連接層 $\mathcal{I}/\mathcal{I}^2$ を Δ で X 上に引き戻して, X 上の準連接層 $\Omega_{X/Y} = \Delta^*(\mathcal{I}/\mathcal{I}^2)$ ($\mathcal{O}_X \simeq \mathcal{O}_{X \times_Y X}/\mathcal{I}$ 加群の層) を得る. これを X/Y の (**Kähler**) 微分の層という.

層の構成の仕方より, $X \to Y$ がアフィン・スキームのときは $\Omega_{\text{Spec}\, A/\text{Spec}\, C} \simeq \widetilde{\Omega}_{A/C}$ となっていることは命題 A.2.5.1 から明らかであろう.

以下，X は代数閉体 k 上の代数多様体とする．このとき次の事柄に注意しておこう．

定理 A.2.5.2 (RedBook[III, §4, Th.3]). （閉）点 $x \in X$ に対して，$\mathcal{O}_x = \mathcal{O}_{X,x}$ をその局所環，$\mathfrak{m}_x$ をその極大イデアルとすると，次の k 上のベクトル空間はすべて自然に同型である．

(1) $T_x = \operatorname{Hom}_k(\mathfrak{m}_x/\mathfrak{m}_x^2, k)$ （Zariski 接空間）
(2) $\operatorname{Der}_{\mathcal{O}_x/k}(\mathcal{O}_x, \kappa(x))$, ただし，$\kappa(x) := \mathcal{O}_x/\mathfrak{m}_x \xrightarrow{\sim} k$ （$\mathcal{O}_x$ 加群として）．
(3) $\operatorname{Hom}_{\mathcal{O}_x}((\Omega_{X/k})_x, \kappa(x))$
(4) $k[\epsilon] := k + k\epsilon$ ($\epsilon^2 = 0$) とするとき，$\operatorname{Hom}_{k\text{代数}}(\mathcal{O}_x, k[\epsilon]) (\simeq \operatorname{Hom}_{(\mathrm{Sch})/k}(\operatorname{Spec} k[\epsilon], \operatorname{Spec} \mathcal{O}_x))$.

系 A.2.5.3. $\mathfrak{m}_x/\mathfrak{m}_x^2 \xrightarrow{\sim} (\Omega_{X/k})_x \otimes_{\mathcal{O}_x} \kappa(x)$ ($\mathfrak{m}_x \ni f \mapsto (df)(x)$). 右辺を $\Omega(x)$ と記して，層 $\Omega_{X/k}$ の幾何学的茎 (geometric stalk) という．

略証． Kähler 微分の加群の普遍性と導分との対応から容易に分かる．(4) については，$\varphi(f) = f(x) + \partial(f)\epsilon$ ($\partial(f) \in k$, $f \in \mathcal{O}_x$) とすると，

$$\varphi(fg) = f(x)g(x) + \partial(fg)\epsilon, \quad (k \text{ 代数の準同型})$$
$$\varphi(fg) = \varphi(f)\varphi(g) = (f(x) + \partial(f)\epsilon)(g(x) + \partial(g)\epsilon)$$
$$= f(x)g(x) + (g(x)\partial(f) + f(x)\partial(g))\epsilon$$

となり，φ に対する ∂ が x における導分を与えている． $\square$

コメント． X 上の微分の連接層 $\Omega_{X/k}$ の幾何学的茎が $\mathfrak{m}_x/\mathfrak{m}_x^2$ であり，接層 $\Theta_{X/k} := \mathcal{H}om_{\mathcal{O}_X}(\Omega_{X/k}, \mathcal{O}_X)$ ($\Omega_{X/k}$ の双対層) の幾何学的茎が接空間 $T_x = \operatorname{Hom}_k(\mathfrak{m}_x/\mathfrak{m}_x^2, k)$ に同型である．(4) より T_x は接束の（空間）$TX := \operatorname{Hom}_{(\mathrm{Sch})/k}(\operatorname{Spec} k[\epsilon], X)$ （この X は k スキームとしての X) の $x \in X$ 上のファイバーである．($T_x = \{\varphi : \operatorname{Spec} k[\epsilon] \to X \mid \varphi(\operatorname{Spec} k) = x\}$.)

なお，微分可能多様体論では，$TX \to X$ の切断を導分（ベクトル場）と定義し，余接束 $T^*X = \bigcup_{x \in X} \Omega(x)$ の切断を微分形式とした．非特異代数多様体の場合も同様である．

微分の層と滑らかさ

さて，k 上の代数多様体 X において，スキームとしての（閉とは限らぬ）点 $x \in X$ に対し，系 A.2.5.3 と同様に微分層の茎 $\Omega(x) = (\Omega_{X/k})_x \otimes_{\mathcal{O}_x} \kappa(x)$（注意：剰余体 $\kappa(x) = \mathcal{O}_x/\mathfrak{m}_x$ は基礎体 k とは限らぬ；x が閉点 $\iff \kappa(x) \simeq k$）を定義し，$d(x) := \dim_{\kappa(x)} \Omega(x)$ とおく（X の x における埋め込み次元（embedding dimension）という）．これに関して，中山の補題の層版である次は有用である．

定理 A.2.5.4（RedBook[III, §3, Souped-up version II]）．Noether スキーム X 上の連接層 F に対して，$d(x) = \dim_{\kappa(x)} F_x \otimes_{\mathcal{O}_x} \kappa(x)$ とおくと，d は X 上の上半連続関数，すなわち，任意の r に対して $\{x \in X \mid d(x) \leq r\}$ は X の開集合である．さらに，X が被約ならば，d が x の近傍で定数であることと，F がそこで $\mathcal{O}_X$ 局所自由であることが同値である． □

この定理を我々の X 上の微分層 $\Omega_{X/k}$ に適用すると次を得る．

定理 A.2.5.5. X を既約な n 次元代数多様体とすると，X は次をみたす稠密な開集合 X_{reg} を含む．微分の連接層 $\Omega_{X/k}$ は X_{reg} 上で階数 n の $\mathcal{O}_{X_{\text{reg}}}$ 局所自由加群の層である．さらに，X_{reg} は X の非特異点全体のなす部分集合で，従って滑らかな多様体である．

略証． X の生成点 x_0（閉包が $\overline{\{x_0\}} = X$ となるスキームの点，既約ゆえ唯1つ存在する）について，$\mathcal{O}_{X,x_0} \simeq k(X)$（$X$ の関数体）であり，これは次数 n の k 上分離超越拡大ゆえ，Ω_{X,x_0} は n 次元 k ベクトル空間である．従って，$X_{\text{reg}} := \{x \in X \mid d(x) \leq n\}$ は x_0 を含む稠密な開集合で，X_{reg} 上で $\Omega_{x/k}$ は階数 n の局所自由層である．X_{reg} の閉点がなす多様体も同じ記号で書くと，X_{reg} の（閉）点 x について $\dim_k \mathfrak{m}_x/\mathfrak{m}_x^2 = n$ ゆえ，x は非特異点であり，定理の性質をみたす． □

コメント． 一般の多様体では，既約成分ごとに考えよ（それらの交点は除く）．また，次のことを確認しておく．

$$X_{\text{reg}} = \{x \in X \mid \Omega_{x/k} \text{ が } x \text{ の近傍で } \mathcal{O}_X \text{ 自由加群}\}.$$

注意．一般に，局所環 $\mathcal{O} \supset \mathfrak{m}$ が正則であるとは，$\mathfrak{m} = (x_1, \ldots, x_n)$ ($n = \dim \mathcal{O} = \dim \mathfrak{m}/\mathfrak{m}^2$) と生成元がとれるときをいった．

"正則局所環は一意分解環である"（Auslander-Buchsbaum）は有名な定理である．

体 k が代数的閉体でないとき，k 上の正則局所環 $\mathcal{O}$ に対して拡大 $\mathcal{O} \otimes_k \bar{k}$（$\bar{k}$ は代数的閉包）は必ずしも正則になるとは限らない（自明でない非分離拡大 K/k が反例である）．

A.3 射の局所的性質，平坦性，滑らかさなど

A.3.1 平坦性

古典代数幾何では取り出されなかった重要な性質に，平坦性（flatness）がある．スキーム論的に自然な概念であるが，多様体の場合でも便利で有用な考え方であるのでここで導入しよう．

定義は次のように純代数的である．環 A 上の加群 M が平坦（flat）であるとは，任意の A 加群の単準同型 $N_1 \hookrightarrow N_2$ に対して，そのテンソル積 $N_1 \otimes_A M \to N_2 \otimes_A M$ もまた単射になるときをいう（環が複数出てくる状況では A 平坦ともいう）．

全準同型 $N_2 \to N_3$ に対しては，無条件に $N_2 \otimes_A M \to N_3 \otimes_A M$（全射）であるので，$M$ が平坦であることは，任意の完全列 $N_1 \to N_2 \to N_3$ に対して，$N_1 \otimes_A M \to N_2 \otimes_A M \to N_3 \otimes_A M$ がまた完全列であるときともいえる．これはまた任意の短完全列 $0 \to N_1 \to N_2 \to N_3 \to 0$ に対して，$0 \to N_1 \otimes_A M \to N_2 \otimes_A M \to N_3 \otimes_A M \to 0$ がまた短完全列になるときであるともいえる（このことは，$\star \otimes_A M$ が完全関手であるともいわれる）．

さらに，任意の A 加群の列 $(N_*) : N_1 \to N_2 \to N_3$ に対して，テンソル積 $(N_* \otimes_A M) : N_1 \otimes_A M \to N_2 \otimes_A M \to N_3 \otimes_A M$ を考えるとき，(N_*) が完全列であることと $(N_* \otimes_A M)$ が完全列であることが同値なとき，M は忠実平坦（faithfully flat）であるという．

次の性質は，比較的容易に分かる（[堀]，[松村]，RedBook）．

命題 A.3.1.1. 次は同値である.

(i) M は平坦 A 加群である.

(ii) $\sum_i a_i m_i = 0$ ($a_i \in A, m_i \in M$) ならば, $\sum_i a_i b_{ij} = 0$ かつ $m_i = \sum_j b_{ij} m'_j$ となる $b_{ij} \in A, m'_j \in M$ がある.

(iii) A の任意の有限生成イデアル I に対して, 同型 $I \otimes_A M \xrightarrow{\sim} IM$ が成立する.

(iv) 任意の A 加群 N に対して, $\mathrm{Tor}_1^A(M, N) = 0$.

(v) A の任意の有限生成イデアル I に対して, $\mathrm{Tor}_1^A(M, A/I) = 0$.
□

(関手 Tor については, 前掲書参照.)

さらに, 本書で全部必要というわけではないが, 基本的な性質として次を述べておく (前掲書など参照).

命題 A.3.1.2.

(1) A 代数 B に対して, M が A 平坦ならば $M \otimes_A B$ は B 平坦.

(2) 平坦 A 加群 M と A の乗法系 S に対して, 局所化 $S^{-1}M \simeq M \otimes_A S^{-1}A$ は $S^{-1}A$ 平坦.

(3) A 加群 M に対して,

$$M \text{ が } A \text{ 平坦} \iff M_\mathfrak{p} \text{ が } A_\mathfrak{p} \text{ 平坦} \quad (\forall \mathfrak{p} \in \mathrm{Spec}\, A).$$

(4) A 代数 B と, B 加群 M' について,

$$M' \text{ が } B \text{ 平坦} \iff M'_\mathfrak{P} \text{ が } A_{\mathfrak{P} \cap A} \text{ 平坦} \quad (\forall \mathfrak{P} \in \mathrm{Spec}\, B).$$

(5) 射影加群は平坦.

(6) 局所環 A 上の有限生成加群 M については, 自由, 射影, 平坦という性質はすべて同値である.

(7) 整域 A 上の平坦加群は捩れ元をもたない (torsion-free). 逆に, A が付値環のとき, 捩れ元をもたなければ平坦である.

(8) B を A 代数, M' を B 加群とする. 元 $f \in B$ について, A の任意の極大イデアル $\mathfrak{m} \in \mathrm{Specm}\, A$ に対して引き起こす射

$$M'/\mathfrak{m}M' \xrightarrow{f} M'/\mathfrak{m}M'$$

が単射であるとする．このとき，M' が A 平坦ならば，$M'/\mathfrak{m}M'$ も A 平坦である．

(9) ([堀；定理 4.20]) A 代数 B が A 平坦ならば，下降定理（going-down theorem）が成り立つ．すなわち，Spec A 中の $\mathfrak{p} \subset \mathfrak{p}'$ と，$\mathfrak{p}'$ の上に $\mathfrak{P}' \in$ Spec B ($\mathfrak{P}' \cap A = \mathfrak{p}'$) があれば，$\mathfrak{p}$ の上に $\mathfrak{P} \in$ Spec B, $\mathfrak{P} \subset \mathfrak{P}'$ となるものがある．

なお，Noether 環 A 上有限生成な A 代数 B において，下降定理が成り立てば，Spec $B \to$ Spec A は普遍開写像である（逆は，一般に成立する）．

(10) ([堀；系 6.17]) Noether 環 A のイデアル I についての I 進完備化 $\widehat{A} := \varprojlim_n A/I^n$ は A 平坦な Noether 環である．（Serre の [GAGA] に進展する．）□

環と加群についての事項をスキームに移せば次のようになる．

定義． $f : X \to Y$ をスキームの射として，$\mathcal{F}$ を X 上の $\mathcal{O}_X$ 準連接層とする．このとき，$\mathcal{F}$ が $\mathcal{O}_Y$（または f）平坦であるとは，任意の $x \in X$ において，茎 $\mathcal{F}_x$ が $\mathcal{O}_{Y,f(x)}$ 平坦であるときをいう（$\iff f_*\mathcal{F}$ が $\mathcal{O}_Y$ 平坦）．とくに，$\mathcal{O}_X$ が $\mathcal{O}_Y$ 平坦のとき，f を平坦（射）という．さらに，f が全射のとき，忠実平坦という．

コメント． 局所的性質であるから，$X \supset$ Spec B, $Y \supset$ Spec A, $A \to B$ と選べば，$\mathcal{F} = \widetilde{M}$（$M$ は B 加群）とするとき，$\mathcal{F}$ が $\mathcal{O}_Y$ 平坦とは，M が A 平坦のことである．とくに，f が平坦とは，B が A 平坦加群のときである．

さらに，上命題 (6) より，X が局所 Noether スキームで，$\mathcal{F}$ が $\mathcal{O}_X$ 連接のとき，

$$\mathcal{F} \text{ が } \mathcal{O}_X \text{ 平坦} \iff \mathcal{F} \text{ が } \mathcal{O}_X \text{ 局所自由}$$

である．

A.3.2　ファイバーの次元，構成的集合，一般平坦性

我々は本文で次の定理を用いた．ここで，代数的多様体の間の射 $\varphi: X \to Y$ が支配的（dominant）とは，像 $\varphi(X)$ が Y の中で稠密なときをいう．

定理 A.3.2.1. $\varphi: X \to Y$ を既約な多様体の支配的な射とし，$r = \dim X - \dim Y$ とおく．このとき，次が成立する．

(1) W を Y の既約な閉集合とし，Z を W の逆像 $\varphi^{-1}(W)$ の既約成分で，$\varphi: Z \to W$ が支配的（$\overline{\varphi(Z)} = W$）となるものとすると，

$$\dim Z \geq \dim W + r.$$

とくに，Z が点 $y \in Y$ のファイバー $\varphi^{-1}(y)$ の既約成分ならば，$\dim Z \geq r$．

(2) φ の像に含まれる Y の空でない開集合（よって稠密）U（$U \subset \varphi(X)$）で，次の性質をもつものが存在する：

$W \cap U \neq \emptyset$ なる Y の既約集合と，$\varphi^{-1}(W)$ の既約成分 Z で $Z \cap \varphi^{-1}(U) \neq \emptyset$ なるものに対して，等号

$$\dim Z = \dim W + r$$

が成立する．

とくに，点 $y \in \varphi^{-1}(U)$ のファイバー $\varphi^{-1}(y)$ の既約成分は常に r 次元である（すなわち，純 r 次元）．

さらに，$r = 0$（$\Leftrightarrow \dim X = \dim Y$）のとき，$y \in U$ に関して $\#\varphi^{-1}(y) = [k(X) : k(Y)]_s$（関数体の拡大 $k(X)/k(Y)$ の分離次数）とできる．□

RedBook[I, §8] では，古典論の範囲で直接これを証明してあり，本文のためにはそれで十分であるが，代数幾何の使用に発展性をもたせるためにここでは前節に導入した平坦性に注目して分析してみる．

その前に，これもスキームに一般化できるのであるが，代数群の基礎の出発点で頻用する構成的集合についての Chevalley の定理を導いておこう．

一般に，Noether 空間（でなくても定義できるが，やや煩雑）の中で，局所閉部分集合（閉と開の交わり）の有限和になるものを**構成的**（constructible）という．

命題 A.3.2.2 (Chevalley). 代数多様体の射 $\varphi: X \to Y$ において，X の構成的部分集合の像は Y においても構成的である．とくに，全像 $\mathrm{Im}\,\varphi$ は Y で構成的である．

証明（定理 A.3.2.1 を用いる）．前者は後者から導かれる（和の各々の成分で考えよ）から，後者を示せばよい．さらに，X, Y は共に既約としてよい．$\dim Y$ についての帰納法を用いる．$Y' = \overline{\varphi(X)} \subset Y$ とおくとき，$Y' = Y$（すなわち，φ は支配的）と仮定してよい．このとき，前定理 (2) より，Y で開稠密な $U \subset \varphi(X)$ が存在し，$Y \setminus U$ の既約成分の次元はすべて $\dim Y$ より小さいから，その上に φ の像は帰納法の仮定から構成的である．$\mathrm{Im}\,\varphi$ は U とそれらの和として表され，再び構成的になる． □

コメント．さらに，支配射 φ について，ファイバーの次元が上半連続であることも示される．

例．$\varphi: \mathbb{A}^2 \to \mathbb{A}^2$ ($\varphi(x,y) = (x, xy)$) の像は $(\mathbb{A}^2 \setminus \{x=0\}) \cup \{(0,0)\}$ で構成的であるが，部分多様体（局所閉）ではない．

さて，平坦性のもつ幾何学的性質の重要性は，定理 A.3.2.1 (2) におけるような U 上でファイバーの次元が一定である，ということにある．それを示す環論の定理を次に示す．

まず，A の素イデアル $\mathfrak{p}$ の高さ（height）を $\mathfrak{p}$ が含む最長の素イデアルの減少列の長さと定義し，$\mathrm{ht}\,\mathfrak{p}$ と書く．すなわち，$\mathfrak{p} = \mathfrak{p}_0 \supsetneq \mathfrak{p}_1 \supsetneq \cdots \supsetneq \mathfrak{p}_n$ が最長のとき，$\mathrm{ht}\,\mathfrak{p} = n$ である．A の $\mathfrak{p}$ における局所化を $A_\mathfrak{p}$ とすると $\mathrm{ht}\,\mathfrak{p} = \dim A_\mathfrak{p}$ であることに注意しておく．

定理 A.3.2.3 ([松村; p.140, 定理 15.1])．$A \to B$ を Noether 環の準同型，$\mathfrak{P} \in \mathrm{Spec}\,B$，$\mathfrak{p} = \mathfrak{P} \cap A \in \mathrm{Spec}\,A$ とすると，

(1) $\mathrm{ht}\,\mathfrak{P} \leq \mathrm{ht}\,\mathfrak{p} + \dim B_\mathfrak{P}/\mathfrak{p} B_\mathfrak{P}$．

(2) $A \to B$ について下降定理が成り立てば（B が A 平坦ならばよい），(1) において等号が成立する．

証明．議論のキーポイントなので，証明しておこう．局所化 $A_\mathfrak{p} \to B_\mathfrak{P}$

において考えればよい.すなわち, $A \to B$ は Noether 局所環の局所射で, $\mathfrak{p}$ は極大, $\mathfrak{p}B \subset \mathfrak{P} \in \operatorname{Spec m} B$ としてよい. このとき, (1) は $r := \dim A$, $s := \dim B/\mathfrak{p}B$ とおいて, $\dim B \leq r + s$ を示せばよい. $x_1, \ldots, x_r$ を A のパラメーター系 ($\sqrt{\sum_{i=1}^{r} Ax_i} = \mathfrak{p}$), $y_1, \ldots, y_s$ を $B/\mathfrak{p}B$ のそれ ($\sqrt{\sum_{j=1}^{s} By_j/\mathfrak{p}B} = \mathfrak{P}/\mathfrak{p}B$) となるようにとる. このとき, 十分大きい $N, M \gg 0$ に対して $\mathfrak{p}^N \subset \sum_{i=1}^{r} Ax_i$, $\mathfrak{P}^M \subset \mathfrak{p}B + \sum_{j=1}^{s} By_j$ となるから, $\mathfrak{P}^{NM} \subset \sum_{i=1}^{r} Bx_i + \sum_{j=1}^{s} By_j$ となり, $\dim B \leq r + s$ を得る.

次に (2) を示す. $s = \dim B/\mathfrak{p}B$ より $\mathfrak{P} = \mathfrak{P}_0 \supsetneq \mathfrak{P}_1 \supsetneq \cdots \supsetneq \mathfrak{P}_s \supset \mathfrak{p}B$ を, $\operatorname{Spec} B$ における $\mathfrak{p}B$ を含む素イデアルの最長列とする. ここで $\mathfrak{P}_i \cap A = \mathfrak{p}$ $(0 \leq i \leq s)$ である. ところで, $r = \dim A$ ゆえ, $\mathfrak{p} = \mathfrak{p}_0 \supsetneq \mathfrak{p}_1 \supsetneq \cdots \supsetneq \mathfrak{p}_r$ を $\operatorname{Spec} A$ の減少列とすると, 下降定理から, $\operatorname{Spec} B$ の減少列 $\mathfrak{P}_s \supsetneq \mathfrak{P}_{s+1} \supsetneq \cdots \supsetneq \mathfrak{P}_{s+r}$ ($\mathfrak{P}_{s+i} \cap A = \mathfrak{p}_i$) がとれて, $\dim B \geq r + s$ を得る. よって, このとき (1) から $\dim B = r + s$. $\square$

アフィン・スキームの次元について言い直すと, $A \to B$ に対応する射を $\varphi: \operatorname{Spec} B \to \operatorname{Spec} A$ と書くとき, $\dim B_{\mathfrak{P}} \leq \dim A_{\mathfrak{p}} + \dim B_{\mathfrak{P}} \otimes_{A_{\mathfrak{p}}} \kappa(\mathfrak{p})$ ($\varphi(\mathfrak{P}) = \mathfrak{p}$, $\kappa(\mathfrak{p}) := A_{\mathfrak{p}}/\mathfrak{p}A_{\mathfrak{p}}$ は $\mathfrak{p}$ の剰余体) となる.

さらに, φ が局所化に引き起こす射を $\varphi_{\mathfrak{P}}$ とすると, 次の可換図式を得る.

$$\begin{array}{ccc} \operatorname{Spec} B_{\mathfrak{P}} & \xrightarrow{\varphi_{\mathfrak{P}}} & \operatorname{Spec} A_{\mathfrak{p}} \\ \downarrow & & \downarrow \\ \operatorname{Spec} B & \xrightarrow{\varphi} & \operatorname{Spec} A. \end{array}$$

ここで, $\operatorname{Spec} A_{\mathfrak{p}}$ の閉点 $[\mathfrak{p}] = \mathfrak{p}A_{\mathfrak{p}}$ の $\varphi_{\mathfrak{P}}$ によるファイバーが $\varphi_{\mathfrak{P}}^{-1}([\mathfrak{p}]) = \operatorname{Spec} B_{\mathfrak{P}} \otimes_{A_{\mathfrak{p}}} \kappa(\mathfrak{p})$ ゆえ, $\dim \varphi_{\mathfrak{P}}^{-1}([\mathfrak{p}]) \geq \dim B_{\mathfrak{P}} - \dim A_{\mathfrak{p}}$. $V(\mathfrak{p}) := \overline{\{\mathfrak{p}\}} \subset \operatorname{Spec} A$ ($\mathfrak{p}$ が定義する既約集合) とおくと, $\operatorname{ht} \mathfrak{p} = \dim A_{\mathfrak{p}} = \dim A - \dim V(\mathfrak{p})$ ($= \operatorname{codim} V(\mathfrak{p})$) を得る. これらをかんがみて, 多様体の場合, 定理 A.3.2.1 にあてはめる. すなわち, 既約多様体 X, Y をアフィン多様体として, 支配射 $\varphi: \operatorname{Spec} k[X] \to \operatorname{Spec} k[Y]$ ($k[Y] = A \hookrightarrow B = k[X]$ は k 上の有限生成整域) とすると, 定理 A.3.2.1 の (1) が定理 A.3.2.3 の (1) の不等式から導かれる. さらに, 定理 A.3.2.3 (2) より, B が A 平坦 ($\stackrel{定義}{\Longleftrightarrow} \varphi: X \to Y$ が平

坦) のとき，ファイバーの次元についての等号が得られる．

注意． 定理 A.3.2.3 を多様体に適用する際，とくに $\mathfrak{P} = \mathfrak{M}_x \in \operatorname{Specm} k[X]$ とすると，$\mathfrak{M}_x \cap k[Y] = \mathfrak{m}_y \in \operatorname{Specm} k[Y]$ $(\varphi(x) = y)$ も極大イデアルだから，$r = \dim X - \dim Y = \dim k[X]_{\mathfrak{M}_x} - \dim k[Y]_{\mathfrak{m}_y} \leq \dim \varphi_{\mathfrak{M}_x}^{-1}(y) = \dim k[X]_{\mathfrak{M}_x}/\mathfrak{m}_y k[X]_{\mathfrak{M}_x}$ (x を含む $\varphi^{-1}(y)$ の既約成分の次元) となっている.

さて，定理 A.3.2.1 (2) は，$\varphi : X \to Y$ において，Y の稠密開集合 U で，$\varphi|\varphi^{-1}(U) : \varphi^{-1}(U) \to U$ が平坦射になるものがとれることをいえばよい．これを保証するのが次の **一般平坦性定理**（generic flatness theorem）である．

定理 A.3.2.4（一般平坦性 [Ma; p. 156, 22A, Lemma 1], [永宮丸; 定理 1.5.9]）．A を Noether 整域，B を有限生成 A 代数，M を有限生成 B 加群とすると，A の元 $f \neq 0$ で，$M_f := M \otimes_A A_f$ が $A_f := A[f^{-1}]$ 上自由になるものが存在する．

系 A.3.2.5（[Ma; Th. 52]）．上の設定で，$A \hookrightarrow B$(単射) とすると，$A \ni f \neq 0$ で，$B_f = B \otimes_A A_f$ が 0 でない A_f 自由加群になるようにとれる.

言い換えると，$\varphi : \operatorname{Spec} B \to \operatorname{Spec} A$ において，空でない稠密開集合 $U = D(f) := \operatorname{Spec} A_f \subset \operatorname{Spec} A$ で，$\varphi|\varphi^{-1}(U) : \varphi^{-1}(U) = \operatorname{Spec} B_f \to \operatorname{Spec} A_f = U$ が U 上忠実平坦になるようなものがとれる．

とくに，$\dim \varphi^{-1}(x) = \dim B - \dim A$ $(x \in U)$．□

系 A.3.2.6（[Ma; Th. 53]）．定理の設定の下，$U = \{\mathfrak{p} \in \operatorname{Spec} B \mid M_{\mathfrak{p}}$ は A 平坦$\}$ は $\operatorname{Spec} B$ の開集合である．□

参考のため命題 A.3.2.2 のスキーム・バージョンを挙げておく．

命題（スキームでの Chevalley の定理 [Ma; 6E, Th. 6]）．Noether 環 A と有限生成 A 代数 B について，$\varphi : \operatorname{Spec} B \to \operatorname{Spec} A$ において，構成的集合の φ による像は構成的である．□

定理 A.3.2.4 の証明． $A = B$ のときは次のように容易に示せる．Noether 環上の有限生成加群の素因子の理論により（堀田 [堀; §3.3 §3.4] など），M は真部分加

群の有限列 $0 = M_0 \subset M_1 \subset \cdots \subset M_n$ で，$M_i/M_{i-1} \simeq A/\mathfrak{p}_i$ ($\mathfrak{p}_i \in \operatorname{Spec} A$) をもつ．$\mathfrak{p}_i \neq 0$ のとき，$0 \neq f_i \in \mathfrak{p}_i$，$\mathfrak{p}_i = 0$ のとき，$f_i = 1$ を選んで，$f = \prod_i f_i (\neq 0)$ とおくと，$(M_i)_{f_i}/(M_{i-1})_{f_i} = (M_i/M_{i-1})_{f_i} = 0$ ($\mathfrak{p}_i \neq 0$) または，$\simeq A$ ゆえ，$M_i/M_{i-1} \simeq A/\mathfrak{p}_i$ ($\mathfrak{p}_i \neq 0$) のところは $0 \subset \cdots \subset (M_{i-1})_f = (M_i)_f \subset \cdots \subset M_f$ となって，$M_f \simeq (A_f)^r$ (上の列で $(M_{i-1})_f \subsetneq (M_i)_f$ となる部分で部分商が A_f に同型になっているから).

一般の場合，同様の議論を B に適用して，まず真部分列 $0 = M_0 \subset M_1 \subset \cdots \subset M_l$ で $M_i/M_{i-1} \simeq B/\mathfrak{p}_i$ ($\mathfrak{p}_i \in \operatorname{Spec} B$) をとる．自由加群の自由加群による拡大はまた自由であるから，$\mathfrak{p}_i$ が極小でなければ $(M_i/M_{i-1})_{f_i} \simeq (B/\mathfrak{p}_i)_{f_i} = 0$ なるような $f_i \neq 0$ がとれる．

従って，$M = B$ かつ B は整域と仮定してよい．$A \to B$ が単射でなければ，$0 \neq f \in A$ を射の核からとれば $B_f = 0$ ゆえ，さらに $A \subset B$ と仮定してよい．$K = F(A)$ を A の商体とすると，

$$\begin{array}{ccc} A & \subset & B \\ \cap & & \cap \\ K & \subset & BK = B \otimes_A K (\subset F(B)) \end{array}$$

で，$A \subset B$, $K \subset BK$ は有限生成ゆえ $n = \dim BK = \operatorname{trans.deg}_K BK (< \infty)$ とおく．

ここで n に関する帰納法を用いる．$n = 0$ のときは最初の議論から正しい．Noether 正規化定理より，$y := (y_1, \ldots, y_n)$ なる K 上代数的に独立な元で，BK が $K[y]$ 上整なものがとれる ($y_i \in B$ としてよい)．B は A 上有限生成ゆえ，$A \ni g \neq 0$ なる元で $B_g = B \otimes_A A_g$ は $A_g[y]$ 上整 (有限) なものがとれる．

従って始めから B は $C = A[y]$ 上有限 (加群) としてよい．$b_1, \ldots, b_m \in B$ を C 上極大な 1 次独立な元とすると，完全列

$$0 \to C^m \longrightarrow B \longrightarrow B' \to 0$$

で，B' は有限捩れ C 加群，すなわち，B' はある $\operatorname{Spec} C \ni \mathfrak{p} \neq 0$ に対して $C/\mathfrak{p}$ 加群としてよく，このとき $\dim(C/\mathfrak{p} \otimes K) < n$ となる．従って，帰納法の仮定から，B' に対して $A \ni f \neq 0$ で，B'_f が A_f 自由なるものがある．C_f^m はもちろん A_f 自由ゆえ ($C_f = A_f[y]$ で A_f は A 上平坦だから完全関手)，B_f も A_f

自由である. □

コメント. すでに注意したように，以上の一般平坦性（とくに系 A.3.2.5）より，多様体の場合の定理 A.3.2.2 (2) が導かれた．もう 1 つ系として次を述べておこう（$A = B$ の場合）．

系 A.3.2.7. X を既約な被約 Noether スキーム，F を X 上の $\mathcal{O}_X$ 連接層とする．このとき，X の開集合 U で，$F|U$ が $\mathcal{O}_U$ 自由なものが存在する．

とくに，$x_0 \in X$ を生成点とし，$F_{x_0} \neq 0$（関数体 $\mathcal{O}_{x_0} = \kappa(x_0)$ 上のベクトル空間）ならば，$x_0 \in U \neq \emptyset$ 上で $F|U \neq 0$ ととれる． □

コメント. 最後に，適当な条件の下，ファイバー次元の一定性から逆に平坦性が導かれることに注意しておく．

定理（[松村; 定理 23.1]）．Noether 性を仮定して，A が正則局所環，B が A 上の Cohen-Macaulay 局所環とするとき，$\dim B = \dim A + \dim B/\mathfrak{m}B$（$\mathfrak{m} \in \mathrm{Specm}\, A$）が成り立つことと，$B$ が A 平坦であることは同値である．

系. $\varphi : X \to Y$ を既約な体 k 上有限型スキームの k 上の射とする．Y が正則，X が Cohen-Macaulay スキーム（$\overset{\text{定義}}{\iff}$ すべての点での局所環が Cohen-Macaulay（実は閉点のみでよい））ならば，任意の $y \in Y$ に対して $\dim \varphi^{-1}(y) = \dim X - \dim Y$（または $\varphi^{-1} = \emptyset$）であることと，φ が平坦射であることは同値である． □

A.3.3　エタール射と滑らかな射

I. エタール射

微分可能（または解析的）多様体における局所同型写像の類似をスキーム（または代数多様体）で考えたものがエタール射である．

微分可能写像 $f : \mathbb{R}^{n+m} \to \mathbb{R}^n$, $f = (f_1, f_2, \ldots, f_n)$ において，

$$\det\left(\frac{\partial f_i}{\partial x_j}\right)_{1 \leq i,j \leq n}(x) \neq 0 \quad (x = (x_1, \ldots, x_{n+m}))$$

ならば，陰関数定理により，x の近傍で

$$f^{-1}(0) \longrightarrow \mathbb{R}^m \quad (x \longmapsto (x_{n+1}, \ldots, x_{n+m}))$$

は局所同型になる．代数的な場合は，Zariski 位相においては局所同型とはいえないが，類似の性質をみたすことが見てとれる．

まずモデルとして，環 A 上の代数 $B := A[X_1,\ldots,X_n]/(f_1,\ldots,f_n)$ をとり，点 $x = [\mathfrak{p}_x] \in \operatorname{Spec} B$ において，射 $\varphi : \operatorname{Spec} B \to \operatorname{Spec} A$ が

$$\det\left(\frac{\partial f_i}{\partial X_j}\right)(x) \neq 0$$

（ただし，$g \in B$ に対して，$g(x) := g \bmod \mathfrak{p}_x \in \kappa(x) = B_{\mathfrak{p}_x}/\mathfrak{p}_x B_{\mathfrak{p}_x}$ と定義した）をみたすとき，φ は x でエタール（etale）という．一般には，局所的にこのモデルに従っているときをいう．すなわち，スキームの有限型の分離射 $\varphi : X \to Y$ が $x \in X$ においてエタールであるとは，$x \in U$（X の開集合）と V（Y の開集合）があって，

$$\begin{array}{ccc} U & \xrightarrow{\subset} & \operatorname{Spec} A[X_1,\ldots,X_n]/(f_1,\ldots,f_n) \\ \varphi|U \downarrow & & \downarrow \psi \\ V & \xrightarrow{\subset} & \operatorname{Spec} A \end{array}$$

（横矢印は共に開埋め込み）となり，ψ は上のモデルのように，x でエタールになるときをいう．

X のすべての点でエタールになるとき，φ をエタール射といい，X は Y 上のエタール・スキームという．

エタール射は，微分加群（層）の言葉で表せる．B を上のような A 代数とするとき，

$$\Omega_{B/A} = \left(\sum_{i=1}^n B\, dX_i\right) \Bigg/ \left(\sum_{j=1}^n \left(\frac{\partial f_i}{\partial X_j}\right) dX_j\right)_{1 \leq i \leq n}$$

で，行列 $\left(\frac{\partial f_i}{\partial X_j}\right)_{1 \leq i,j \leq n}$ が可逆であることは，その行列式が B の単元であることだから，$\operatorname{Spec} B \to \operatorname{Spec} A$ がエタール射であるとは $\Omega_{B/A} = 0$ のことである．従って，$X \to Y$ がエタール射であることは，$\Omega_{X/Y} = 0$（局所的に層化 $\widetilde{\Omega}_{B/A}$ に同型）と同値である．

エタール射という性質は底変換で保たれる．さらに次のことに注意しておこう．

(1) 体 k 上の有限型スキーム X が k 上エタール
$\iff X = \bigcup_i \operatorname{Spec} K_i$ (K_i/k 分離的代数拡大).
(∵) K/k が分離的代数拡大 $\iff \Omega_{K/k} = 0$.

(2) $\varphi : X \to Y$ がエタール射 $\implies$ ファイバー $\varphi^{-1}(y)$ は $\kappa(y)$ 上 (1) の形の点スキーム.

(3) (2) で X, Y 共に代数的閉体 k 上の多様体, φ は支配的とすると, 関数体について $k(X)/k(Y)$ は分離的代数拡大.

次の定理に注目しよう.

定理 A.3.3.1. $\varphi : X \to Y$ を Noether スキームの有限型分離射とする. $x \in X, y = \varphi(x)$ の剰余体に関して $\kappa(y) \xrightarrow{\sim} \kappa(x)$ (同型) とする. このとき, φ が x でエタールであることと, $\widehat{\varphi_x}^* : \widehat{\mathcal{O}}_{Y,y} \xrightarrow{\sim} \widehat{\mathcal{O}}_{X,x}$, すなわち, φ が局所環の完備化の同型を引き起こすことが同値である.

□ Hensel の補題から.

コメント. これにより, エタール射が "解析的局所同型" の類似であることが分かるだろう.

系 A.3.3.2.

(1) $\varphi : X \to Y$ を k 上有限型スキームの分離射とすると,

φ がエタール射 $\iff \widehat{\varphi_x}^* : \widehat{\mathcal{O}}_{Y,\varphi(x)} \xrightarrow{\sim} \widehat{\mathcal{O}}_{X,x}$ (任意の閉点 $x \in X$)

で, 接錐および接空間の同型

$$\operatorname{Cone}_x X \xrightarrow{\sim} \operatorname{Cone}_{\varphi(x)} Y, \quad d\varphi_x : T_x X \xrightarrow{\sim} T_{\varphi(x)} Y$$

を引き起こす.

(2) $\varphi : X \to Y$ を代数的閉体 k 上の滑らかな多様体の間の射とすると, 次は同値である.

(i) φ がエタール.

(ii) すべての (スキーム論的) ファイバー $\varphi^{-1}(y)$ は被約な点スキーム.

(iii) $d\varphi_x : T_x \xrightarrow{\sim} T_{\varphi(x)}$ は同型 ($x \in X$).

(3) (もう少し一般に) $\varphi : X \to Y$ をスキームの有限型の射とする. このと

き，φ がエタールであることと，φ は平坦で，すべての幾何学的ファイバーが被約点であることが同値である．

II. 滑らかな射

エタール射においては，ファイバー次元が0であるが，これを一般化した概念として滑らかな射がある．これは微分可能な多様体での"沈み込み (submersion)"写像の類似である．

エタールの場合と同様に，まずモデルとなる射を考える．環 A 上の代数 $B = A[X_1, \ldots, X_{n+r}]/(f_1, \ldots, f_n)$ を考える．$\varphi : \operatorname{Spec} B \to \operatorname{Spec} A$ が $x \in \operatorname{Spec} B$ において滑らか（smooth（英），lisse（仏））であるとは，
$$\operatorname{rank}\left(\frac{\partial f_i}{\partial X_j}(x)\right) = n$$
のときをいう（相対次元 r）．

一般のスキームの有限型の分離射 $\varphi : X \to Y$ については，エタール射の定義と同様に，開集合 $x \in U \subset X, V \subset Y$ で，

$$\begin{array}{ccc} U & \xrightarrow{\subset} & \operatorname{Spec} B \\ \varphi|U \downarrow & & \downarrow \psi \\ V & \xrightarrow{\subset} & \operatorname{Spec} A \end{array}$$

（横矢印は共に開埋め込み）となり，ψ は $x \in \operatorname{Spec} B$ で滑らかになるとき，φ は $x \in X$ で滑らかという．

エタール射の概念を用いるともっと簡単に，

$$\begin{array}{ccc} U & \xrightarrow{\psi} & \mathbb{A}_V^r = \mathbb{A}^r \times V \\ & \varphi|U \searrow & \downarrow \operatorname{pr}_V \\ & & V \end{array}$$

で ψ が x でエタールになるようにできる，ともいえる．

これは，微分可能多様体における"滑らかな多様体との直積に局所的に同型"というイメージをそのまま生かしている定義である．

重要な定理を 2 つ挙げておく.

定理 A.3.3.3. 有限型の射 $\varphi: X \to Y$ について, φ が相対次元 r の滑らかな射であることと, φ が平坦で, かつ, すべての幾何学的ファイバーが r 次元の非特異（滑らかな）代数多様体であることが同値である. □

滑らかな多様体どうしの射で考えると, 正に "沈み込み" と同じ性質になる. 本文で関係するのは主にこの形の性質である.

定理 A.3.3.4 ([Ha; p. 270, III, §10, Prop. 10.4])**.** $\varphi: X \to Y$ を代数的閉体 k 上の滑らかな既約多様体の支配射, $r = \dim X - \dim Y$ とすると, 次は同値：

(i) φ は相対次元 r の滑らかな射.

(ii) $\Omega_{X/Y}$ は X 上の階数 r の局所自由連接層.

(iii) すべての（閉）点 $x \in X$ で, φ の微分写像 $d\varphi_x : T_x X \to T_y Y$ $(y = \varphi(x))$ は全射.

（証明に代えて説明）. 局所環の射 $\varphi_x^* : \mathcal{O}_{Y,y} \to \mathcal{O}_{X,x}$ を見る. $d\varphi_x$ が全射 $\iff$ $d\varphi_x^* : \mathfrak{m}_y/\mathfrak{m}_y^2 \hookrightarrow \mathfrak{m}_x/\mathfrak{m}_x^2$ ($\mathfrak{m}_y \cap \mathfrak{m}_x^2 = \mathfrak{m}_y^2$) が単射 ($\mathfrak{m}_x \subset \mathcal{O}_{X,x}, \mathfrak{m}_y \subset \mathcal{O}_{Y,y}$ はそれぞれの極大イデアル). $\dim X = d$, $\dim Y = d - r$ とおき, $\mathcal{O}_{Y,y}$ の正則性からパラメーター系 $\mathfrak{m}_y = (t_{r+1}, \ldots, t_d)$ を選んでおく. これらは, $\bmod \mathfrak{m}_y^2$ で k 上 1 次独立ゆえ, $d\varphi_x^*$ の単射性から, $\mathfrak{m}_x$ に $t_1, \ldots, t_r$ を追加して, $\mathfrak{m}_x/\mathfrak{m}_y$ で $\bar{t}_1, \ldots, \bar{t}_r$ が k 上 1 次独立になるようにできる. このとき, $\bar{t}_1, \ldots, \bar{t}_r, \ldots, \bar{t}_d$ は $\mathfrak{m}_x/\mathfrak{m}_x^2$ で 1 次独立ゆえ, 中山の補題より $\mathfrak{m}_x = (t_1, \ldots, t_d)$ はパラメーター系をなす. そこで完備化をとると, $\widehat{\mathcal{O}}_{X,x} = k[[t_1, \ldots, t_r, \ldots, t_d]]$, $\widehat{\mathcal{O}}_{Y,y} = k[[t_{r+1}, \ldots, t_d]]$ (k 上の形式的冪級数環) となり, $\widehat{\mathcal{O}}_{X,x} = \widehat{\mathcal{O}}_{Y,y}[[t_1, \ldots, t_r]]$ とも書ける ($\widehat{\mathcal{O}}_{X,x}$ は $\widehat{\mathcal{O}}_{Y,y}$ 上正則ともいう）.

ここで, 点 $y \in Y$ の幾何学的ファイバー $\varphi^{-1}(y)$ の $x \in \varphi^{-1}(y)$ における局所環は $\mathcal{O}_{\varphi^{-1}(y),x} \simeq \mathcal{O}_{X,x} \otimes_{\mathcal{O}_{Y,y}} \kappa(y)$ ($\kappa(y) = \mathcal{O}_{Y,y}/\mathfrak{m}_y \simeq k$) だから, その完備化は

$$\widehat{\mathcal{O}}_{\varphi^{-1}(y),x} \simeq \widehat{\mathcal{O}}_{X,x} \otimes_{\widehat{\mathcal{O}}_{Y,y}} \kappa(y) \simeq \widehat{\mathcal{O}}_{X,x}/\mathfrak{m}_y \widehat{\mathcal{O}}_{Y,y}$$

$$\simeq k[[t_1,\ldots,t_r,\ldots,t_d]]/(t_{r+1},\cdots,t_d) \simeq k[[t_1,\ldots,t_r]]$$

で，これは r 次元の正則局所環である．

局所環 $\mathcal{O}$ においては，完備化 $\widehat{\mathcal{O}}$ は $\mathcal{O}$ 上忠実平坦で，$\mathcal{O}$ と $\widehat{\mathcal{O}}$ の正則性は同値であるから，定理の本質的部分はこれで解明される． □

A.4 Zariski の主定理を巡って

A.4.1 正規多様体

環準同型 $\phi: A \to B$ が与えられている，すなわち，B は A 代数とする．ϕ が単射でなくとも $a \in A$ の像 $\phi(a) \in B$ を a と書いて同一視する習慣に従う．

B の元 x がモニックな A 係数の多項式の根であるとき，すなわち，

$$x^n + a_{n-1}x^{n-1} + \cdots + a_0 = 0$$

をみたす $a_i \in A$ $(0 \leq i \leq n-1)$ が存在するとき，x を A 上整（integral over A）であるという．$\mathbb{Z} \subset \mathbb{C}$ について，$\mathbb{Z}$ 上整な複素数 $x \in \mathbb{C}$ は代数的整数とよばれた．以下のことは，適当な参考書（[堀] など）を参照のこと．

A 代数 B について，次は同値であることに注意しておく．

(i) $x \in B$ は A 上整．

(ii) $x \in B$ が A 上生成する部分環 $A[x]$ は A 加群として有限生成．

(iii) $A[x]$ は有限生成 A 加群 $C(\subset B)$ に含まれる．

A 代数 B が A 加群として有限生成のとき，B は A 上有限（finite over A）（B は A の有限拡大）であるという．B のすべての元が A 上整であるとき，B は A 上整（B は A の整拡大）であるという．とくに有限拡大は整拡大である．

A 代数 B について，$\overline{A}$ を A 上整なる B の元全体のなす集合とすると，$\overline{A}$ は B の部分環をなし，A の整拡大である．$\overline{A}$ を B における A の整閉包（integral closure）という．

環の拡大の言葉は，そのままスキームの射にも用いられる．スキームの射 $\varphi: X \to Y$ について，Y の任意のアフィン開集合 U に対して，$\varphi^{-1}(U)(\subset X)$ がアフィン・スキームになるとき，φ をアフィン射といった．アフィン射 φ につい

て，任意のアフィン開集合 $\operatorname{Spec} A \subset Y$ に対して，$\varphi^{-1}(\operatorname{Spec} A) = \operatorname{Spec} B \subset X$ で，B が A の有限拡大のとき φ を有限射といったが，整拡大のとき**整射**という．

さて，環に戻って，整域 A が A の商体 $F(A)$ における整閉包 $\overline{A}$ に等しいとき，すなわち，商体 $F(A)$ の任意の A 上整な元が A に属するとき，A を**正規** (normal) **整域**という．

一意分解整域が正規であることは容易に確かめられる．

正規整域の局所化もまた正規である．次のことに注意しておこう．

命題 A.4.1.1. 整域 A について次は同値である．
(i) A は正規．
(ii) 任意の $\mathfrak{p} \in \operatorname{Spec} A$ に対して，$A_\mathfrak{p}$ は正規．
(iii) 任意の極大イデアル $\mathfrak{m} \in \operatorname{Specm} A$ に対して，$A_\mathfrak{m}$ は正規．
($A \subset A_\mathfrak{p} \subset F(A)$ において，$A = \bigcap_{\mathfrak{p} \in \operatorname{Spec} A} A_\mathfrak{p} = \bigcap_{\mathfrak{m} \in \operatorname{Specm} A} A_\mathfrak{m}$ に注意．)

例． 次元 1 の正規 Noether 整域 A を Dedekind 整域という．このとき，$0 \neq \mathfrak{p} \in \operatorname{Spec} A = \operatorname{Specm} A$ について，$A_\mathfrak{p}$ は離散付値環 (discrete valuation ring)，すなわち，次元 1 の正則局所環である (PID になる)．

定義． 任意の点の局所環が正規であるようなスキームを正規 (normal) スキームという．とくに，多様体のとき**正規多様体**という．すべての閉点の局所環が正規であれば，正規スキームである．

例． 代数曲線（次元 1 の多様体）の場合，局所環について"正規 $\iff$ 正則"だから，正規曲線は非特異曲線ということと同値である．

一般の正規多様体の場合，特異点のなす閉部分多様体 (singular locus) は余次元 2 以上である（余次元 1 の局所環は正規性より正則になる）．

古典代数幾何において，正規性が注目される一つの理由は，いわゆる Zariski の主定理に関係するからである．

代数群の基礎理論では，商空間の構成にこの定理を用いるので次に解説する．

A.4.2　Zariski の主定理

Zariski の主定理 (Zariski's Main Theorem, ZMT) とよばれる定理群があって，これらは一見無関係にも見える形をしている．後にそれらについても触れるが，まず，我々が用いるのはその原型になるもので，次の定理である．

定理 A.4.2.1（ZMT 原形）．既約な代数多様体の双有理射 $\varphi: X \to Y$ において，Y が正規で，φ のファイバーがすべて有限個の点（準有限射）ならば，φ は開埋め込みである．すなわち，$\varphi(X)$ は Y の開集合で，$\varphi: X \xrightarrow{\sim} \varphi(X)$ は多様体の同型である．

とくに，φ が全単射ならば，φ は多様体の同型を与える．□

ここで，双有理射 (birational morphism) の定義を思い出しておこう．2 つの既約多様体の間の有理"写像" $\varphi: X \to Y$ とは，φ は X 全体で定義されてなくてもよく，ある稠密開集合 $U \subset X$ があって，$\varphi: U \to Y$ が多様体の射になっているときをいう．"逆"有理写像 $\psi: Y \to X$ があって，$\psi \circ \varphi$ および $\varphi \circ \psi$ がそれぞれ X および Y のある稠密開集合の上で恒等射になるとき，φ および ψ を双有理写像という．とくに φ が多様体の射（定義域が X 全体）になっているならば，双有理射という．従って，φ が双有理射ならば，X にある稠密開集合 U がとれて，$\varphi|U: U \xrightarrow{\sim} \varphi(U)$（$Y$ の稠密開集合）が同型射になることを意味する．このことは，φ が関数体の同型 $\varphi^*: k(Y) \xrightarrow{\sim} k(X)$ を引き起こすことを意味する．

注意．（反例 1）$\mathbb{A}^1 \to C = \{(x, y) \in \mathbb{A}^2 \mid y^2 = x^3\}$ $(t \mapsto (t^2, t^3))$ は全単射な双有理射であるが，同型ではない．C は尖点 $(0, 0)$ を特異点にもつ非正規曲線．

（反例 2）警告 Wa.5.1.1 および反例 A.CEx.1.4.1 (1) に挙げた $\varphi: \mathbb{A}^1 \to Y \subset \mathbb{P}^2$ は全単射な双有理射であったが，同型射ではない．

なお，5.1 節の同じ場所に挙げた命題も参照されたい．

さて，ZMT 原形には様々な証明法があり，後でそれらのいくつかを解説するが，我々は本文では「Y が非特異」という条件が強い場合しか用いない．その場合，比較的素朴ないわゆる"足が地に着いた"証明があり，それ自身も具体

的で興味深い形をしているので紹介しておこう.

まず,正則局所環について次の有名な定理がある.

定理 A.4.2.2（Auslander-Buchsbaum）. 正則局所環は一意分解整域（UFD）である. □

一般の場合,ホモロジー次元を用いる証明が多くの参考書に紹介されている（[松村], [Ma] 他）.（また,前にも述べたように UFD ならば正規であることは容易に分かるので,この定理により,滑らかな多様体は正規である.）

我々が問題にする場合,すなわち,体 k 上の有限生成局所環 A の場合には,素朴な証明がある.まず,正則局所環 A の剰余体が k ならば,その完備化 $\widehat{A}$ は k 上の形式的冪級数環 $k[[X_1, \ldots, X_n]]$ ($n = \dim A$) に同型であり（[堀；例 7.22] など）,冪級数環については Weierstrass の予備定理が成立することから,UFD であることが示される（Zariski-Samuel "Commutative Algebra" Vol.II や多変数関数論の本）. $\widehat{A}$ は A 上平坦であることを用いると,$\widehat{A}$ が UFD であることから,A が UFD であることが導かれる（上記参考書など）.

そこで,正則局所環が UFD であることをふまえると,次の定理が我々が使用する滑らかな場合の ZMT を与えている.

定理 A.4.2.3（UFD の場合の強化 ZMT, RedBook[III, §9, p.210, Prop.1]）. 既約多様体の双有理射 $\varphi : X \to Y$ において,Y が UFD（$\iff Y$ のすべての閉点の局所環が UFD）ならば,Y の稠密開集合 U で次をみたすものが存在する：$\varphi^{-1}(U) \xrightarrow{\sim} U$ は同型で,E を $X \setminus \varphi^{-1}(U)$ の既約成分とすると,E は余次元 1 で,$\dim \overline{\varphi(E)} \leq \dim X - 2$,すなわち,$y \in Y \setminus U$ に対して,ファイバー $\varphi^{-1}(y)$ の既約成分の次元は 1 以上である.

系 A.4.2.4. 既約多様体の双有理射 $\varphi : X \to Y$ が準有限で Y が UFD ならば,φ は開埋め込みである.とくに,φ が全単射ならば同型である.

折角だから定理 A.4.2.3 の証明を RedBook から引く.

$$U := \{ y \in Y \mid y \in V \text{ となる下の } (\star) \text{ をみたす } Y \text{ の開集合がある} \}$$

$$(\star) \quad \varphi|\varphi^{-1}(V) : \varphi^{-1}(V) \xrightarrow{\sim} V \text{ は同型}$$

とおくと，φ は双有理射であるから，$U \neq \emptyset$ でさらに，$(\star)$ の V を U とおいて成立する．

そこで，$\varphi^{-1}(U)$ の補集合 $X \setminus \varphi^{-1}(U)$ が"例外的集合"すなわち，定理の後半部分の性質をみたすことを示せばよい．

双有理射 $\varphi : X \to Y$, $\varphi(x) = y$ は体同型 $\varphi^* : k(Y) \xrightarrow{\sim} k(X)$ を引き起こすから，これを同一視すると，局所環の単射 $\mathcal{O}_y \subset \mathcal{O}_x$ を与えている．ここで 2 つの場合が起こる．

(A) $\mathcal{O}_y = \mathcal{O}_x$ かまたは，(B) $\mathcal{O}_y \subsetneq \mathcal{O}_x$.

(A) $\Longrightarrow y \in U$, (B) $\Longrightarrow y \notin U$（すなわち，"例外的"）を示せばよい．

場合 (A) のとき：$x \in W \subset X$, $y \in V \subset Y$ をアフィン近傍で，$\varphi(W) \subset V$ となるようにとり，

$$R := k[V] = \mathcal{O}_Y(V), \ S := k[W] = \mathcal{O}_X(W)$$

$$\varphi^* : R \hookrightarrow S, \ R_{\mathfrak{m}_y} (= \mathcal{O}_y) = S_{\mathfrak{m}_x} (= \mathcal{O}_x)$$

とおき，これらをすべて関数体 $k(Y) = k(X)$ の部分環と見なす．

$R \subset S \subset S_{\mathfrak{m}_x} = R_{\mathfrak{m}_y}$ より，とくに，$S = R[x_1, \cdots, x_l]$, $x_1, \ldots, x_l \in R_{\mathfrak{m}_y}$; すなわち, $x_i = x'_i/g$ $(x'_i \in R, g \in R \setminus \mathfrak{m}_y)$ と書けるから，$R_g = S_g (:= S[g^{-1}])$. すなわち，

$$W_g \xrightarrow{\sim} V_g (:= \{v \in V \mid g(v) \neq 0\}).$$

これを新たに，$W = W_g$, $V = V_g$ と書く．このとき，$W \subset \varphi^{-1}(V)$ であるが，$W \neq \varphi^{-1}(V)$ と仮定すると，次のようになる．

$z \in \varphi^{-1}(V) \setminus W$, $\varphi(z) = y \in V$ とする．$\varphi(W) = V$ ゆえ，$\varphi(w) = y$ なる元 $w \in W$ が唯 1 つある．このとき，$\mathcal{O}_{X,z} \supset \mathcal{O}_{Y,y} = \mathcal{O}_{X,w}$ が成り立つ（局所射で，$k(Y) = k(X)$ の中で同一視）．ところが，$z \neq w$, $\mathcal{O}_z \supset \mathcal{O}_w$ は X の Hausdorff 分離性（多様体の公理）に反する．ゆえに，$W = \varphi^{-1}(V)$ でなければならず，これは $y \in U$ を意味する．

場合 (B) のとき：$\mathcal{O}_y \subsetneq \mathcal{O}_x$ とする．$\mathcal{O}_y$ は UFD ゆえ，$s \in \mathcal{O}_x \setminus \mathcal{O}_y$ を $s = t_1/t_2$ $(t_1, t_2 \in \mathcal{O}_y$ は互いに素な元，商体 $k(Y) = k(X)$ の中での既約表示)．ただし，$x \in W, y \in V$ をそれぞれのアフィン近傍で，$\varphi(W) \subset V$, $t_i \in$

$\Gamma(V, \mathcal{O}_Y)$, $s \in \Gamma(W, \mathcal{O}_X)$ となるようにとっておく. $V_i := V(t_i = 0)$ $(i = 1, 2)$ は純 $n-1$ 次元で $(n = \dim X = \dim Y)$, t_1, t_2 は互いに素であるから, V_1 と V_2 は y を通る共通の既約成分はもたない. よって必要ならば V を小さくすることにより, V_1 と V_2 が共通成分をもたないと仮定してよい. よって, $V_1 \cap V_2$ は純 $n-2$ 次元.

また, $W_2 := W(t_2 = 0) := W(t_2 \circ \varphi = 0)$ も純 $n-1$ 次元, W で $t_1 = st_2$ ゆえ, $W_2 \subset W(t_1 = 0) (:= W_1)$. よって, $\varphi(W_2) \subset V_1 \cap V_2$ (これは $n-2$ 次元). W_2 は純 $n-1$ 次元ゆえ, $\varphi: W_2 \to V_1 \cap V_2$ において W_2 の成分は真に低次元の Y の成分に落ちる.

従って, $\varphi^{-1}(\varphi(x))$ の x を通る成分はすべて 1 次元以上で, $W_2 \subset X \setminus \varphi^{-1}(U)$. このことから, $X \setminus \varphi^{-1}(U)$ は例外的であることが導かれる. □

A.4.3 上から目線の ZMT

本文では使わないが行き掛り上, Grothendieck による ZMT の定式化を紹介して終わる. 主として, EGA III による (RedBook[III, §9] にも短評がある). (著者自身この定式化を知るまで, ZMT の意味を理解できなかったからである, 垂れ流しお許し乞う.)

まず, 有名な有限性定理 (Le théorème de finitude).

定理 A.4.3.1 ([EGA III, p.116, Th.3.2.1]). $\varphi: X \to Y$ を局所 Noether スキーム Y への固有射とするとき, X 上の連接層 F の直像 $R^i\varphi_*F$ は Y 上の連接層である. □

複素解析空間の場合は Grauert の定理である.

この定理をふまえて次が示される.

定理 A.4.3.2 (Zariski の連結性定理, Stein 分解 [EGA III, pp.130-131, Th.4.3.1 & Cor's], [永宮丸: p.142, 定理 2.3.12]). $\varphi: X \to Y$ を局所 Noether スキーム Y への固有射とすると, $\varphi_*\mathcal{O}_X$ は $\mathcal{O}_Y$ 連接代数 (の層) ゆえ, $X \xrightarrow{\varphi'} Y' := \operatorname{Spec} \varphi_*\mathcal{O}_X \xrightarrow{\psi} Y$ と分解し ($\varphi = \psi \circ \varphi'$, $\varphi'_*\mathcal{O}_X = \mathcal{O}_{Y'}$), 次が成り立つ.

(1) φ' のファイバーは空でない連結スキーム.

(2) ψ は有限射で，$\varphi^{-1}(y)$ の連結成分と有限集合 $\psi^{-1}(y)$ は 1 対 1 に対応する．□

コメント．局所 Noether スキーム Y 上に，$\mathcal{O}_Y$ 代数の準連接層 $\mathcal{A}$ が与えられたとき，Y 上のアフィン・スキーム $\psi : \operatorname{Spec} \mathcal{A} \to Y$ が定義できる（ψ がアフィン射）．

すなわち，Y のアフィン開集合 $U = \operatorname{Spec} B \subset Y$ 上では $\mathcal{O}_Y$ 代数 $\mathcal{A}$ はある有限生成 B 代数 A ($B \to A$) の層化 $\widetilde{A} (\simeq \mathcal{A}|U)$ と表せる．そこで，$V = \operatorname{Spec} A = (\operatorname{Spec} \mathcal{A})|V \xrightarrow{\psi|V} U$ と定義し，Y のアフィン被覆 $\{U \subset Y\}$ に従って貼り合わせたものが Y 上のスキーム $\operatorname{Spec} \mathcal{A}$ である．

とくに，$\mathcal{A}$ が $\mathcal{O}_Y$ 連接層ならば，A は有限生成 B 加群となり，$\operatorname{Spec} \mathcal{A} \to Y$ は有限射となる．

関連して，次のことに注意しておく．

命題 A.4.3.3．局所 Noether スキーム Y 上のスキーム $\varphi : X \to Y$ について次は同値である．

(i) φ は有限射．
(ii) φ はアフィンかつ固有射．
(iii) φ は準有限かつ固有射．
□

次が ZMT の Grothendieck による定式化である．

定理 A.4.3.4 («Main theorem» de Zariski [EGA III, p.136, Th.4.4.3])．局所 Noether スキーム Y 上の準射影射 $\varphi : X \to Y$ について，$X' := \{x \in X \mid x \text{ はファイバー } \varphi^{-1}(\varphi(x)) \text{ で孤立点}\}$ とおくと，X' は X の開集合で，Y 上有限な $Y' \to Y$ が存在して $X' \hookrightarrow Y'$ は開埋め込みとなる（Y 上のスキームとして）．□

命題 A.4.3.3 にかんがみて，定理は簡明に次のようにいえる．

系 A.4.3.5 ([ibid.,Cor.4.4.5])．局所 Noether スキーム Y 上の準有限分離

射 $\varphi: X \to Y$ に対して，Y 上有限な $Y' \to Y$ で $X \hookrightarrow Y'$ が Y 上の開埋め込みとなるものが存在する．

□

さらに，Noether 性の仮定を落とすこともできる．

定理 A.4.3.6 ([EGA IV,P.3(no28),Th.8.12.6])．準コンパクト，準分離的スキーム Y 上の準有限，分離的，有限表示な射 $\varphi: X \to Y$ に対して，Y 上有限な $Y' \to Y$ で $X \hookrightarrow Y'$ が Y 上の開埋め込みとなるものが存在する． □

別の文脈であるが，よく使われる類似の定理に次の永田の"コンパクト化"がある．

定理 A.4.3.7 ([永宮丸;p.147, 定理 2.4.1])．X, Y が被約かつ既約な Noether スキーム，$\varphi: X \to Y$ が有限型分離的ならば，固有射 $\psi: Y' \to Y$ と，Y 上の開埋め込み $X \hookrightarrow Y'$ が存在する．

コメント．φ が準射影的ならば，定義により $\psi: Y' \to Y$ は射影射にとれる．例えば，X を準射影多様体，$i: X \hookrightarrow \mathbb{P}^N$ を埋め込みとすると，φ は $\tilde{\varphi}: X \hookrightarrow Y \times \mathbb{P}^N$ ($\tilde{\varphi}(x) = (\varphi(x), i(x))$) によって $X \xrightarrow{\tilde{\varphi}} \operatorname{Im} \tilde{\varphi} \subset \overline{\operatorname{Im} \tilde{\varphi}} \xrightarrow{\psi} Y$ ($\psi := \operatorname{pr}_Y | \overline{\operatorname{Im} \tilde{\varphi}}$) と分解し，$\psi$ は射影射（ゆえに固有射）である．

Stein 分解＋永田コンパクト化 $\Longrightarrow$ ZMT

ここで，著者なりの解説をしておく．

X, Y を定理 A.4.3.6 をみたすスキーム，$\varphi: X \to Y$ を準有限射とする．Y 上のコンパクト化 $X \xhookrightarrow{i} \overline{X} \xrightarrow{\psi'} Y$ (ψ' は固有射（または射影射））をとる．$\psi': X \to Y$ に Stein 分解 A.4.3.2 を適用して，

$$\overline{X} \xrightarrow{\eta} Y' \xrightarrow{\psi} Y \quad (\psi \circ \eta = \psi'),$$

$$Y' = \operatorname{Spec} \psi'_* \mathcal{O}_{\overline{X}} \quad (\eta \text{ のファイバーは連結，} \psi \text{ は有限射})$$

なるものがとれる．

ここで，$X \xhookrightarrow{i} \overline{X} \xrightarrow{\eta} Y'$ において，$\eta \circ i : X \to Y'$ が開埋め込みならば，ZMT の要求をみたす．そこで，定理 A.4.3.4 の前半の主張である次のことを用いる．

命題（[EGA III,Prop.4.4.1]）．準射影射 $\phi : Z \to Y$ に対し，$U := \{x \in Z \mid x \text{ は } \phi^{-1}(\phi(x)) \text{ で孤立点}\}$ は Z で開集合である． □

$Z = \overline{X} \xrightarrow{\eta} Y' \xrightarrow{\psi} Y$ ($\phi = \psi \circ \eta$) にこの命題を適用すると，$X \subset U \subset Z = \overline{X} \xrightarrow{\eta} Y'$ において $X \hookrightarrow Y'$ は開埋め込みとなる． □

Grothendieck の ZMT(A.4.3.4) $\Longrightarrow$ **ZMT 原形 (A.4.2.1)**

$\varphi : X \to Y$ を A.4.2.1 の設定どおりとする．すべて既約多様体であるから，関数体において

$$\begin{array}{ccc} k(Y) & \stackrel{\varphi^*}{=} & k(X) \\ \cup & & \cup \\ \mathcal{O}_{Y,y} & \stackrel{\varphi_x^*}{\hookrightarrow} & \mathcal{O}_{X,x} \end{array}$$

なる包含関係がある（双有理性から，φ^* は同型）．Grothendieck の ZMT より，$X \xhookrightarrow{i} Y' \xrightarrow{\psi} Y$ (i は開埋め込み，ψ は有限射) にとっておくと，関数体については $k(Y) \xrightarrow{\psi^*} k(Y') \xrightarrow{i^*} k(X)$ において，X は Y' の開集合ゆえ i^* は同型，また双有理性から $i^* \circ \psi^*$ は同型ゆえ，ψ^* も同型．

いま，$\psi(y') = y$ とすると，

$$\begin{array}{ccc} k(Y) & \stackrel{\psi^*}{=} & k(Y') \\ \cup & & \cup \\ \mathcal{O}_{Y,y} & \stackrel{\psi_{y'}^*}{\to} & \mathcal{O}_{X,y'} \end{array}$$

において，準有限性から $\psi_{y'}^*$ は整（有限）拡大である．ところが，Y は正規だから，局所環 $\mathcal{O}_{Y,y}$ はすべて正規整域，すなわち，商体の中で整閉であり $\psi_{y'}^*$ はすべて同型で，$\psi^{-1}(y) = y'$．よって，$y = \varphi(x)$ ならば，$y' = i(x) \in Y'$ として，$\mathcal{O}_{Y,y} \xrightarrow{\sim} \mathcal{O}_{Y',y'} \xrightarrow{\sim} \mathcal{O}_{X,x}$ ($\forall x \in X$) となり，$\psi \circ i : X \to Y$ も開埋め込みになる． □

注意. または, $\psi: Y' \to Y$ において, Y をアフィンととると, $k[Y] \subset k[Y'] \subset k(Y') = k(Y)$ で, 有限射であることから $k[Y']$ は $k[Y]$ の整拡大であり, 正規性から $k[Y] = k[Y']$, ゆえに $Y = Y'$ としてよい.

ZMT 原形は, 幾何学的には, 正規多様体あるいは正規点の局所的性質としても記述できることを注意してこの節を終わろう (RedBook[III,§9] 参照).

(位相形；単分岐性). x を複素代数多様体の正規特異点, $(x \in) S$ をその特異点のなす閉部分多様体とする. このとき, x の複素多様体としての開近傍系 $\{U_i\}_i$ (古典位相) で, $U_i \setminus (U_i \cap S) =: (U_i)_{\mathrm{reg}}$ がすべて連結になるようなものがとれる.

(解析 (冪級数) 形). 代数閉体 k 上の多様体 X の正規点 x の局所環の完備化 $\widehat{\mathcal{O}}_{X,x}$ は整域である. すなわち, k 上の正規局所環の完備化は整域である (解析的既約性).

付録 B 抽象的ルート系

ここでは，有限ルート系についての基本的な事柄をまとめておく．任意の Lie 環論の 1 冊を参照されたい．例えば，松島 [松島 1], 岩堀 [岩], 谷崎 [谷], Serre[Se1], Humphreys[Hu2], Jacobson[Jac], Helgason[He] など．

B.1 ルート系

V を有限次元実ベクトル空間とする．$s \in GL(V)$ が $0 \neq \alpha \in V$ の対称変換であるとは，$s(\alpha) = -\alpha$ で固定点 $V^s := \{v \in V \mid s(v) = v\}$ ($= H$ とおく) は V の超平面になるときをいう．従ってこのとき，$V = \mathbb{R}\alpha \oplus H$ で，$s = (-1)|\mathbb{R}\alpha \oplus 1|H$ (α と H によって s は一意的に決まる)．すなわち，$\alpha^\vee \in V^\vee$ (V の双対空間) を $(\alpha^\vee)^\perp = H$, $\langle \alpha^\vee, \alpha \rangle = 2$ ととると，$s(x) = x - \langle \alpha^\vee, x \rangle \alpha$ ($x \in V$) ($s = 1 - \alpha^\vee \otimes \alpha \in V^\vee \otimes V \simeq \operatorname{End} V$).

補題 B.1.1. R を V の有限部分集合で $V = \mathbb{R}R$ とするとき，$\alpha \in V$ の対称変換で R を保つものは高々 1 つしかない．

証明. s, s' を α の対称変換とし，$t = ss'$ とおくと，$tR = R$, $t(\alpha) = \alpha$, $t = \operatorname{Id}_{(V/\mathbb{R}\alpha)}$. よって，$t$ の固有値は 1 で，t は V の生成元である有限集合 R の置換を与えるから，有限位数．従って，t は半単純で，固有値 1 より $t = \operatorname{Id}_V$. ゆえに，$ss' = 1$, s, s' は位数 2 ゆえ $s = s'$. □

定義. 有限次元実ベクトル空間 V の部分集合 R が次の条件をみたすとき，ルート系 (root system) といい，R の元をルート (root) という．

(RS1) $0 \notin R$, $\#R < \infty$, $V = \mathbb{R}R$.

(RS2) $\alpha \in R$ に対し，α の対称変換 s_α で $s_\alpha R = R$ なるものが存在する．

(RS3) $\alpha, \beta \in R$ に対して，$s_\alpha \beta - \beta \in \mathbb{Z}\alpha$．

補題 B.1.1 より，(RS1) と (RS2) から，s_α は唯 1 つ決まる．さらに，唯 1 つの元 $\alpha^\vee \in V^\vee$ があって，$\langle \alpha^\vee, \alpha \rangle = 2$, $s_\alpha x = x - \langle \alpha^\vee, x \rangle \alpha$ と書ける．$\alpha^\vee$ を α の余（または双対）ルート (coroot or dual root) という．

このとき，(RS3) は次のようにも書ける．

(RS3′) $\alpha \in R$ に対して，$\alpha^\vee(R) \subset \mathbb{Z}$．

命題 B.1.2. $\alpha \in R \Longrightarrow -\alpha \in R$．さらに，$R \cap \mathbb{R}\alpha \subset \{\pm\alpha, \pm\frac{1}{2}\alpha\}$，または，$\{\pm\alpha, \pm 2\alpha\}$．

証明. $s_\alpha \alpha = -\alpha \in R$ (RS2)．次に，$c\alpha \in R$ $(0 < c < 1)$ とするとき，(RS3′) より $\langle \alpha^\vee, c\alpha \rangle = 2c \in \mathbb{Z}$．よって，$0 < c < 1$ ならば $c = \frac{1}{2}$．なお，α を短い方とすると，2 番目の可能性．□

ルート系 R について，$R \cap \mathbb{R}\alpha = \{\pm\alpha\}$ $(\alpha \in R)$ のとき，R は**被約** (reduced) という．

複素半単純 Lie 環，および代数閉体上の簡約代数群のルート系は被約である．被約でないルート系は，実 Lie 環など，代数閉体でない場合に現れる．

ルート系 R が与えられたとき，$W = W(R) := \langle s_\alpha \mid \alpha \in R \rangle$ を R の **Weyl 群**という．$W \triangleleft \operatorname{Aut} R \subset GL(V)$ ゆえ，$\operatorname{Aut} R$ が有限群で，W はその正規部分群である．

W は有限群だから，V に W 不変な正定値内積 $(\cdot \mid \cdot)$ を定義することができ，ユークリッド空間 $E := (V, (\cdot \mid \cdot))$ を得る．このとき，$W \subset O(E)$（直交群）となる．

この内積を用いて，双対空間 $V^\vee$ を E と

$$V^\vee \ni \xi \mapsto \tilde{\xi} \in E \quad (\langle \xi, x \rangle = (\tilde{\xi} \mid x) \ (x \in E))$$

によって同一視することができる．$s_\alpha \in O(E)$ は，この内積を使って

$$s_\alpha(x) = x - \frac{2(x \mid \alpha)}{\|\alpha\|^2}\alpha \quad (x \in E)$$

と書ける（$\|x\| = (x \mid x)^{1/2}$ は x の長さ）．すなわち，対称変換 s_α は超平面

$H_\alpha = \alpha^\perp = \{x \in E \mid (\alpha\,|\,x) = 0\}$ に関する**鏡映** (reflection) である．さらに，同一視 $V^\vee \xrightarrow{\sim} E$ において，

$$(\alpha^\vee)^{\tilde{}} = \frac{2\alpha}{\|\alpha\|^2} \, (\in E)$$

だから，以下 ˜ を略して直接 $\alpha^\vee = \frac{2\alpha}{\|\alpha\|^2}$ と書くことにする．よって，(RS3′) は $R \subset E$ と見なすとき，

(RS3″) $2\frac{(\alpha\,|\,\beta)}{\|\alpha\|^2} \in \mathbb{Z}$ $(\alpha, \beta \in R)$

とも書ける．

双対ルートの集合 $R^\vee := \{\alpha^\vee \mid \alpha \in R\} \subset V^\vee \xrightarrow{\sim} E$ も $\alpha^{\vee\vee} = \alpha$ によってルート系をなし，これを双対ルート系とよぶ．

2 個のルート

以下，ルート系 R はユークリッド空間 E を張るものとする．1 次独立な 2 個のルート $\alpha, \beta \in R$ に対し，$n(\beta, \alpha) := \langle \alpha^\vee, \beta \rangle = 2\frac{(\alpha\,|\,\beta)}{\|\alpha\|^2} \in \mathbb{Z}$ とおく（一般に非対称に注意）．$\angle \alpha\beta = \theta$ (α から β へ反時計回りの角) とおくと，$(\alpha\,|\,\beta) = \|\alpha\|\|\beta\|\cos\theta$ ゆえ，$n(\beta, \alpha) = 2\frac{\|\beta\|}{\|\alpha\|}\cos\theta$．よって，

$$n(\beta, \alpha)\, n(\alpha, \beta) = 4\cos^2\theta.$$

左辺は整数だから，右辺は 0, 1, 2, 3, 4 に等しく，2 つのルートは独立だから 4 ではなく，0 のときは，$\alpha \perp \beta$．そこで，$\|\beta\| \geq \|\alpha\|$ と仮定すると，0 以外のケースでは次の表のようになる．

$n(\alpha, \beta)$	$n(\beta, \alpha)$	θ	長さの比
1	1	$\pi/3$	$1 : 1$
-1	-1	$2\pi/3$	$1 : 1$
1	2	$\pi/4$	$\sqrt{2} : 1$
-1	-2	$3\pi/4$	$\sqrt{2} : 1$
1	3	$\pi/6$	$\sqrt{3} : 1$
-1	-3	$5\pi/6$	$\sqrt{3} : 1$

命題 B.1.3. $\alpha \notin \mathbb{R}\beta$ かつ α と β とは直交していないとする．このとき，$n(\beta, \alpha) > 0$ (θ が鋭角) ならば，$\alpha - \beta \in R$ ($\Leftrightarrow \beta - \alpha \in R$).

証明. 上の表より，このとき $n(\beta, \alpha) = 1$ または $n(\alpha, \beta) = 1$. $n(\beta, \alpha) = 1$ ならば，$\alpha - \beta = -(\beta - n(\beta, \alpha)\alpha) = -s_\alpha(\beta) \in R$. $n(\alpha, \beta) = 1$ ならば，$\alpha - \beta = \alpha - n(\alpha, \beta)\beta = s_\beta(\alpha) \in R$. □

例. $\dim E = \dim_{\mathbb{R}} R$ を R の階数（rank）という．階数 1 のルート系は命題 B.1.2 より $R = \{\pm\alpha\}$ または $\{\pm\alpha, \pm 2\alpha\}$ に限るが，階数 2 のものには次がある．

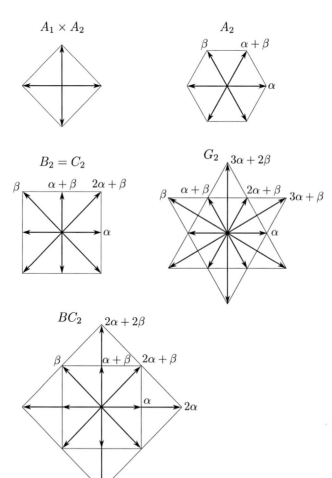

図 B.1

Weyl 群：

$W(A_1{}^2) = D_4$, $W(A_2) = D_6$, $W(B_2) = D_8$, $W(G_2) = D_{12}$

(D_{2n} は位数 $2n$ の 2 面体群)

B.2　正系とルートの基，Weyl の部屋

$\Pi \subset R$ が次をみたすとき，Π をルート系 R の基という：Π は $V(=E)$ の基で，
$$R \subset \pm \mathbb{N}\Pi = \left\{ \pm \sum_{\alpha \in \Pi} m_\alpha \alpha \mid m_\alpha \in \mathbb{N} := \{m \in \mathbb{Z} \mid m \geq 0\} \right\}.$$
$R^+ = R^+(\Pi) = \mathbb{N}\Pi \cap R$ を Π に対応する正のルート系 (positive root system) または正系という．

ルート系は必ず基をもつが，その証明のためにさらに言葉を準備する．

ルート $\alpha \in R$ に直交する E の超平面を $H_\alpha := \alpha^\perp = \{x \in E \mid (x \mid \alpha) = 0\}$ とおいて，それらを除いた開集合 $E \setminus \bigcup_{\alpha \in R} H_\alpha$ を考えるとき，その連結成分を (**Weyl** の) 部屋 ((Weyl) chamber) という．部屋は錘形で有限個からなる．1 つの部屋 $C \subset E$ に対して $\overline{C}$ をその閉包とし，$\overline{C} \cap H_\alpha$ の余次元が 1 (すなわち次元が $\dim E - 1 = \dim H_\alpha$) ならば，これを C の壁という．($\neq \emptyset$ でも余次元 1 とは限らぬ．)

例．(A_2) 型 $R = \{\pm\alpha, \pm\beta, \pm(\alpha+\beta)\}$ について，部屋は 6 個．$\alpha+\beta$ が属する部屋 C の壁は $H_\alpha \cap \overline{C}$, $H_\beta \cap \overline{C}$ の 2 個．$H_{\alpha+\beta} \cap \overline{C} = \{0\} \neq \emptyset$ は余次元 2．

定理 B.2.1. ルート系 R に関して，$C \subset E$ を 1 つの部屋とする．このとき，
$$R^+(C) := \{\alpha \in R \mid (\alpha \mid t) > 0 \ (t \in C)\},$$
$$\Pi(C) := \{\alpha \in R^+(C) \mid H_\alpha \cap \overline{C} \text{ が } C \text{ の壁}\}$$
とおくと，$\Pi(C)$ は R の基で，$R^+(C)$ は R の正系である．さらに，R の基はベクトル空間 $V = E$ の基でもあり，$\#\Pi(C) = \dim E$ はルート系 R の階数に等しい．

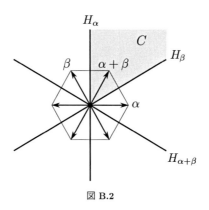

図 B.2

ここに,

$$\{\,\text{部屋}\,\} \xrightarrow{\sim} \{R \text{ の正系}\} \xrightarrow{\sim} \{R \text{ の基}\}, \quad (C \mapsto R^+(C) \mapsto \Pi(C))$$

は $1:1$ 対応をなす.

($\Pi(C) = \{\alpha \in R \mid H_\alpha \cap \overline{C}$ が C の壁で $(\alpha\,|\,t) > 0\ (t \in C)\}$, $H_\alpha = H_{-\alpha}$ に注意.)

証明. 部屋 C は連結ゆえ, 1 点 $t_0 \in C$ を固定しても, $R^+ = R^+(C) = \{\alpha \in R \mid (\alpha\,|\,t_0) > 0\}$ である. $R^- = -R^+$ とおくと, 明らかに, $R = R^+ \sqcup R^-$. ここで, ルート $\alpha \in R^+$ が R^+ に属する 2 つのルートの和に書けないとき α は単純であるということにする. $\Pi \subset R^+$ を単純ルートのなす部分集合とすると, $\Pi = \Pi(C)$ である. なぜなら, B.1 節で得た 2 つのルートに関する分類結果から, もし $\alpha = \beta + \gamma$ とすると, 超平面 H_α は C の壁を定義することにならず, β, γ に壁を定義する可能性を譲ることになるからである. 従って, 単純ルートの集合 Π が基をなすことを示せばよい. 証明は次のステップに分けて行う.

(1) $R^+ \subset \mathbb{N}\Pi$ なること. $I = \{\alpha \in R^+ \mid \alpha \notin \mathbb{N}\Pi\}$ とし, $I \neq \emptyset$ とする. $\alpha \in I$ を $(\alpha\,|\,t_0)$ が最小になるものとすると, $\alpha \notin \Pi$ より, $\alpha = \beta + \gamma\ (\beta, \gamma \in R^+)$. すると, $(\alpha\,|\,t_0) = (\beta\,|\,t_0) + (\gamma\,|\,t_0)$ となり, 右辺の 2 項は共に正. よって, $\beta, \gamma \notin I$. ゆえに, $\alpha = \beta + \gamma \in \mathbb{N}\Pi$ となり矛盾.

(2) $\alpha, \beta \in \Pi \Longrightarrow (\alpha\,|\,\beta) \leq 0$: 命題 B.1.3 より, $(\alpha\,|\,\beta) > 0$ ならば, どちらかは単純でないから成り立つ.

(3) 一般に，$t \in E$ に対し，$A \subset E$ が次をみたすとする：

(a) $(\alpha \,|\, t) > 0$ $(\forall \alpha \in A)$
(b) $(\alpha \,|\, \beta) \leq 0$ $(\alpha, \beta \in A)$

このとき，A は 1 次独立な元の集合である．

以下 (3)（鈍角をなすベクトルの集合が半空間にあるときは，独立である）の証明：

A の結合を正負を分けて $\lambda = \sum_\alpha a_\alpha \alpha = \sum_\beta b_\beta \beta$ と書く（$a_\alpha, b_\beta \geq 0$, 左右の α, β らは分離しているとする）．このとき，$\|\lambda\|^2 = \sum_{\alpha,\beta} a_\alpha b_\beta (\alpha \,|\, \beta)$ と書け，左辺は ≥ 0, 右辺は仮定 (b) から ≤ 0 ゆえ，$\lambda = 0$. (a) より，$0 = (\lambda \,|\, t) = \sum_\beta b_\beta (\beta \,|\, t) \Rightarrow b_\beta = 0 \Rightarrow a_\alpha = 0$, すなわち，$\alpha, \beta$ らは独立である．

(4) 上の (1), (2), (3) より Π は R および V の基をなす．さらに R の基は必ずこうして得られることも容易に示される． □

B.3 基によるルートの性質

$R \supset R^+ \supset \Pi$ をルート系，その正系，基（単純ルートの集合）とする．正系 R^+ が決められているとき，$R^- := -R^+$ と書き，記法 $\alpha \gtreqless 0 \overset{\text{定義}}{\Longleftrightarrow} \alpha \in R^\pm$ などを用いる．

命題 B.3.1. $\beta \in R^+$ は $\beta = \alpha_1 + \alpha_2 + \cdots + \alpha_i + \cdots + \alpha_k$ $(\alpha_j \in \Pi)$, $\alpha_1 + \alpha_2 + \cdots + \alpha_i \in R^+$ $(1 \leq \forall i \leq k)$ と書ける．
□

命題 B.3.2. R が被約ならば，単純鏡映 (simple reflection) s_α ($\overset{\text{定義}}{\Longleftrightarrow} \alpha \in \Pi$) に対して，$s_\alpha(R^+ \setminus \{\alpha\}) = R^+ \setminus \{\alpha\}$.

証明．$0 < \beta \neq \alpha \in \Pi$ とし，$\beta = \sum_{\gamma \in \Pi} m_\gamma \gamma$ $(m_\gamma > 0)$ と書く．被約ゆえ，$\beta \notin \mathbb{Q}\alpha$ だから，次のような γ がある：$m_\gamma > 0$ で，$s_\alpha \beta = \beta - n(\beta, \alpha)\alpha$ の展開の γ の係数は相変わらず $m_\gamma > 0$ のまま．よって，1 つでも正の係数があるから $s_\alpha \beta \in R^+$. □

系 B.3.3. $\rho := \frac{1}{2}\sum_{\beta \in R^+}\beta$ とおくと, $s_\alpha \rho = \rho - \alpha$ $(\forall \alpha \in \Pi)$. □

命題 B.3.4. R が被約ならば, $\Pi^\vee := \{\alpha^\vee \in R^\vee \mid \alpha \in \Pi\}$ は双対ルート系 $R^\vee$ の基になる.

証明. 内積による同一視 $V^\vee = E$ によって, $\Pi^\vee$ と Π に対応する部屋は同値な式
$$(\alpha^\vee \mid t) = \frac{2(\alpha \mid t)}{\|\alpha\|^2} > 0 \quad (\alpha \in \Pi, \alpha^\vee \in \Pi^\vee)$$
で定義されているから(正系 R^+, $R^{\vee +}$ についても同様). □

命題 B.3.5. $\alpha_1, \alpha_2, \ldots, \alpha_h \in \Pi$, $s_i = s_{\alpha_i}$ とおく. もし, $s_1 s_2 \cdots s_{h-1}(\alpha_h) < 0$ ならば, ある $1 \le j < h$ に対して, $s_1 s_2 \cdots s_h = s_1 s_2 \cdots s_{j-1} s_{j+1} \cdots s_{h-1}$ (項 s_j, s_h を抜く).

証明. $\beta_j = s_{i+1} \cdots s_{h-1} \alpha_h$ $(0 \le i \le h-2)$ とおく. ($\beta_{h-1} = \alpha_h > 0$, $\beta_0 = s_1 \cdots s_{h-1} \alpha_h < 0$.) $\beta_j > 0$ なる最小の $j > 0$ をとると, $s_j \beta_j = s_j s_{j+1} \cdots s_{h-1} \alpha_h = \beta_{j-1} < 0$. 命題 B.3.2 より, $\beta > 0$ で $s_\alpha \beta < 0$ なるものは $\beta = \alpha$ のみゆえ, $\alpha_j = \beta_j = s_{j+1} \cdots s_{h-1} \alpha_h$. ゆえに,
$$s_j = s_{\alpha_j} = s_{(s_{j+1} \cdots s_{h-1} \alpha_h)}$$
$$= (s_{j+1} \cdots s_{h-1}) s_h (s_{j+1} \cdots s_{h-1})^{-1}$$
これより, 次式の s_j に上式を代入すると,
$$s_1 s_2 \cdots s_{j-1} s_j s_{j+1} \cdots s_{h-1} s_h$$
$$= s_1 s_2 \cdots s_{j-1} (s_{j+1} \cdots s_{h-1}) s_h (s_{j+1} \cdots s_{h-1})^{-1} s_{j+1} \cdots s_{h-1} s_h$$
$$= s_1 s_2 \cdots s_{j-1} s_{j+1} \cdots s_{h-1} s_h^2$$
$$= s_1 s_2 \cdots s_{j-1} s_{j+1} \cdots s_{h-1}$$
□

Weyl 群 W とその生成系である単純鏡映のなす集合を $S := \{s_i = s_{\alpha_i} \mid \alpha_i \in \Pi\}$ とするとき, 元 $w \in W$ を $w = s_1 s_2 \cdots s_h$ $(s_i \in S)$ と表すことができるが, これが h 個未満の単純鏡映の積では表せないとき, この積表示を w の**最短表示**

(minimal (or reduced) expression) といい，$l(w) := h$ を w の長さ (length) という．最短表示は生成系 S の取り方によっており，また，一意的ではないことに注意しておく．

系 B.3.6. $w = s_1 s_2 \cdots s_h \in W$ を最短表示とすると，$w(\alpha_h) < 0$.
□

関係する命題に次がある：$w(\alpha_h) < 0$ ならば，$w = \cdots s_h$ となる最短表示がある（後述：定理 B.5.2 (4)）．

ここで，定理 B.2.1 の証明で最初に注意した次の事実の命題 B.3.2 を用いた別証明を与えておく．

命題 B.3.7. C を Weyl の部屋とし，$R^+(C) = \{\alpha \in R \mid (\alpha \mid t) > 0 \ (t \in C)\}$ を C が定める正系とする．$\Pi'(C)$ を $R^+(C)$ の単純ルートがなす部分集合とすると $\Pi'(C) = \Pi(C)$（定理 B.2.1 の記号）である．

証明． まず，C の壁を定義する $\Pi(C)$ は $C = \{x \in E \mid (x \mid \alpha) > 0 \ (\alpha \in K(C) \subset R^+)\}$ となる $K(C) \subset R^+$ のうち極小のものであることに注意しよう（壁は 1 つ外すと部屋は大きくなる）．$\Pi'(C)$ は上の $K(C)$ の性質をもつ（部屋 C を定義する）から，$\Pi'(C) \subset \Pi(C)$ を示せば，極小性から命題がいえる．

$\alpha_0 \in \Pi'(C)$ かつ $\alpha_0 \notin \Pi(C)$ なるルートがあるとする．命題 B.3.2 より $s_0 = s_{\alpha_0}$ と記すと，$s_0 R^+(C) = (R^+(C) \setminus \{\alpha_0\}) \cup \{-\alpha_0\}$ かつ $\Pi(C) \subset R^+(C) \setminus \{\alpha_0\}$．よって，$s_0 C = \{x \mid (x \mid \alpha) > 0 \ (\alpha \in \Pi(C))\} = C$．ところが，$s_0 R^+(C) = R^+(s_0 C) \neq R^+(C)$ より，$s_0 C \neq C$，これは矛盾．よって証明された． □

注意． 証明の中で定理 B.2.1 の正系 $R^+(C)$ に関する性質を用いているが，これは Π として $\Pi'(C)$ の性質を使っているので，上の証明は循環論法ではない．

B.4 Weyl 群と単純鏡映，部屋

R を被約ルート系，Π をその基，C を対応する部屋（$\Pi(C) = \Pi$）とする．

定理 B.4.1. (1) $t \in E$ を固定したとき，$(w(t) \mid \alpha) \geq 0 \ (\forall \alpha \in \Pi)$ となる $w \in W$ が存在する．

(2) Π' を他の基とすると，$w\Pi' = \Pi$ となる $w \in W$ が唯 1 つ存在する．

(3) 任意の $\beta \in R$ に対して，$w\beta \in \Pi$ となる $w \in W$ が存在する．

(4) $W = \langle s_\alpha \mid \alpha \in \Pi \rangle$．

証明． (4) の右辺を $W_\Pi := \langle s_\alpha \mid \alpha \in \Pi \rangle \subset W$ とおいて，先に W_Π について，(1)〜(3) の主張を示す．

(1) R^+ を Π に対応する正系，$\rho = \frac{1}{2} \sum_{\alpha \in R^+} \alpha$ とし，$w \in W_\Pi$ を $(w(t) \mid \rho)$ が最大になるように選ぶ．とくに，$(w(t) \mid \rho) \geq (s_\alpha w(t) \mid \rho) \ (\alpha \in \Pi)$．このとき系 B.3.3 より，(右辺) $= (w(t) \mid s_\alpha \rho) = (w(t) \mid \rho - \alpha) = (w(t) \mid \rho) - (w(t) \mid \alpha)$．ゆえに $(w(t) \mid \alpha) \geq 0$．

(2) $t_0' \in E$ を Π' に対する部屋の内点，$(t_0' \mid \alpha) > 0 \ (\alpha \in \Pi')$ となるようにとる．(1) により，$w \in W_\Pi$ を $(w(t_0') \mid \alpha) > 0 \ (\alpha \in \Pi)$ となるように選ぶと，$(t_0' \mid w^{-1}\alpha) > 0 \ (\alpha \in \Pi)$ ゆえ，$w^{-1}\Pi = \Pi'$，すなわち $\Pi = w\Pi'$．w の一意性は後述．

(3) $\beta \in R$ に対して，E の超平面 $H_\beta = \beta^\perp$ を定義する．$t' \in H_\beta$ を $t' \notin H_\gamma \ (\gamma \neq \pm\beta, \gamma \in R)$ となるように選べる（$\gamma \notin \mathbb{R}\beta$ は有限個）．t' の十分近くに t_0 を $(t_0 \mid \beta) = \epsilon > 0, |(t_0 \mid \gamma)| > \epsilon \ (\gamma \neq \pm\beta)$ をみたすように選んでおき，t_0 に対する基を Π_{t_0} とする．(2) より，$w \in W_\Pi, w\Pi_{t_0} = \Pi$ ととれば，$w\beta \in \Pi$．

(4) $W = W_\Pi$ なること．定義により $W = \langle s_\beta \mid \beta \in R \rangle$ ゆえ，任意の $\beta \in R$ に対し $s_\beta \in W_\Pi$ をいえばよい．(3) より，$\alpha = w\beta \in \Pi$ なる $w \in W_\Pi$ がある．ところが，$s_\alpha = s_{w\beta} = ws_\beta w^{-1}$ ゆえ $s_\beta = w^{-1} s_\alpha w \in W_\Pi$．

最後に，(2) の一意性：$w \in W, w\Pi = \Pi \Longrightarrow w = e$ なること．$w \neq e$ とし，$w = s_1 s_2 \cdots s_l \ (l \geq 1)$ を最短表示とする．このとき系 B.3.6 より，$\alpha_l \in \Pi$ に対し $w(\alpha_l) < 0$ となり矛盾． $\square$

系 B.4.2. (1) W は部屋の集合 $\mathcal{C}$ に単純推移的に働く，すなわち，$\mathcal{C}$ は W の主等質集合である．

(2) 2 つのルート $\alpha, \beta \in R$ が 1 次独立ならば，正系を固定したとき $w\alpha >$

$0, w\beta > 0$ となる $w \in W$ がある.

証明. (1) は定理 B.4.1 (2) より明らか.

(2) $\alpha \neq \pm\beta$ に注意しておく. 定理の (3) より, $\alpha' := w\alpha \in \Pi$ なる $w \in W$ をとる. $w\beta > 0$ なら済. $w\beta < 0$ のときは, 命題 B.3.2 より, $s_{\alpha'}\alpha' < 0, s_{\alpha'}w\beta < 0$ となるから, $w' = s_{\alpha'}w$ に対して, $w'\alpha < 0, w'\beta < 0$. $w_0 \in W$ で $w_0 R^+ = R^-$ なる元をとれば (定理の (2) より唯 1 つ存在する), $w_0 w' \in W$ が求める元である. $\square$

B.5 最短表示とルート

ルート系と基 $R \supset \Pi$ に対する正系 R^+ に関して, 負系を $R^- = -R^+$ と書き, Weyl 群の元 $w \in W$ に対して,

$$R(w) := \{\alpha \in R^+ \mid w\alpha \in R^-\} = R^+ \cap w^{-1} R^-$$

とおく. このとき, 次が成り立つ.

補題 B.5.1. (1) $R(s_\alpha) = \{\alpha\}$ $(\alpha \in \Pi)$,

(2) $\alpha \in \Pi$ に対し,

$$R(w s_\alpha) = \begin{cases} s_\alpha R(w) \cup \{\alpha\} & (w\alpha \in R^+ \text{のとき}) \\ s_\alpha(R(w) \setminus \{\alpha\}) & (w\alpha \in R^- \text{のとき}) \end{cases}.$$

証明. (1) は命題 B.3.2 である. (2) を示す. $\beta \in R(ws_\alpha) \iff \beta > 0, ws_\alpha \beta < 0$. $\beta \neq \alpha$ のとき, (1) より $s_\alpha \beta > 0$, ゆえに $ws_\alpha \beta < 0$ ならば, $s_\alpha \beta \in R(w)$, すなわち $\beta \in s_\alpha R(w)$. $\beta = \alpha$ のときは, $ws_\alpha \alpha \leqq 0 \iff w\alpha \geqq 0$ ゆえ主張が示された. $\square$

基 Π に対する単純鏡映がなす集合を $S \subset W = W_\Pi = \langle S \rangle$ とおく. $w = s_1 s_2 \cdots s_h$ $(s_i \in S)$ が S に関する最短表示であるとき, 列 $\boldsymbol{s} = (s_1, s_2, \ldots, s_h)$ のことも w の最短表示という. 勿論 w の長さは $l(w) = h$ である.

定理 B.5.2. (1) $s_i = s_{\alpha_i}$ $(\alpha_i \in \Pi)$ とおき，$\boldsymbol{s} = (s_1, s_2, \ldots, s_h)$ を w の 1 つの最短表示とすると，
$$R(w) = R^+ \cap w^{-1}R^- = \{\alpha_h, s_h\alpha_{h-1}, \ldots, s_h\cdots s_2\alpha_1\}.$$
(2) $l(w) = h = \#R(w)$.
(3) $\alpha \in \Pi$ について，
$$l(ws_\alpha) = \begin{cases} l(w) + 1 & (w\alpha \in R^+ \text{のとき}) \\ l(w) - 1 & (w\alpha \in R^- \text{のとき}) \end{cases}.$$
($s_\alpha w$ についても同じ．)

(4) $\alpha \in \Pi$, $w\alpha \in R^-$ ならば，s_α を最後の項とする w の最短表示 $w = \cdots s_\alpha$ がある．

(5) $w = s_1 s_2 \cdots s_h = s'_1 s'_2 \cdots s'_h$ を共に w の最短表示とすると，
$$s_1 s_2 \cdots s_{i-1} \widehat{s_i} s_{i+1} \cdots s_h = s'_1 s'_2 \cdots s'_{h-1}$$
となる $1 \le i \le h$ がある．ただし，$\widehat{s_i}$ は s_i を抜いた積で，両辺の長さは $l(w) - 1$ となる．

証明．(1) h についての帰納法．$h = 1$ のときは，補題 B.5.1 (1)．$w' = s_1 s_2 \cdots s_{h-1}$ とおくと，帰納法の仮定より，$R(w') = \{\alpha_{h-1}, s_{h-1}\alpha_{h-2}, \ldots, s_{h-1}\cdots s_2\alpha_1\}$．補題 B.5.1 (2) より，$w'\alpha_h > 0$ ならば，$R(w's_h) = s_h R(w') \cup \{\alpha_h\}$ となり成り立つ．

$w'\alpha_h < 0$ ならば，補題より $\alpha_h \in R(w')$，すなわち，$\alpha_h = s_{h-1}\cdots s_{i+1}\alpha_i$ なる i がある．このとき，$\sigma = s_{h-1}\cdots s_{i+1}$ とおくと，$s_h = s_{\alpha_h} = \sigma s_i \sigma^{-1}$ ゆえ，
$$w = w's_h = s_1 \cdots s_{h-1}\sigma s_i \sigma^{-1}$$
$$= (s_1 \cdots s_i)s_i \sigma^{-1} = s_1 \cdots s_{i-1} \widehat{s_i} s_{i+1} \cdots s_{h-1}$$
となり，$l(w) \le h - 2$ を意味している．これは $l(w) = h$ に矛盾しており，この場合はない．

(2) は (1) の $R(w)$ の元がすべて相異なることをいえばよい．w' を (1) と

同様として帰納法を用いて $R(w')$ のときは正しい. (1) の証明と同様にして, $w'\alpha_h < 0$ であるから, $\alpha_h \notin s_{\alpha_h} R(w')$ ($s_{\alpha_h}\alpha_h = -\alpha_h < 0$ に注意), よって主張がいえた.

(3) 補題 B.5.1 と (2) から明らか.

(4) $\alpha \in \Pi$, $w\alpha < 0$ とすると, 補題と (1) から $R(w) \ni \alpha = \sigma\alpha_i$ ($\sigma = s_h \cdots s_{i+1}$) なる i がある. このとき $s_\alpha = s_{\sigma\alpha_i} = \sigma s_{\alpha_i}\sigma^{-1}$. ゆえに,

$$ws_\alpha = s_1 \cdots s_h s_\alpha = s_1 \cdots s_h \sigma s_i \sigma^{-1}$$
$$= s_1 \cdots s_{i-1} \widehat{s_i} s_{i+1} \cdots s_h.$$

これは長さ $h-1$ で, ゆえに, $w = s_1 \cdots s_{i-1} \widehat{s_i} s_{i+1} \cdots s_h s_\alpha$ (長さ h) は最短表示を与える.

(5) $w = s_1 s_2 \cdots s_h = s'_1 s'_2 \cdots s'_h$ ゆえ, $w\alpha'_h < 0$. (4) の証明中の $w = s_1 \cdots s_h$ に適用して, $ws_{\alpha'_h} = s_1 \cdots s_{i-1} \widehat{s_i} s_{i+1} \cdots s_h$. これが $ws_{\alpha'_h} = s'_1 s'_2 \cdots s'_h s'_h = s'_1 s'_2 \cdots s'_{h-1}$ に等しく主張がいえる. □

2 つの正系 R_1^+ と R_2^+ について, $\#(R_1^+ \cap R_2^+) = d - 1$ が成り立つとき, **隣接** (adjacent) しているという. ($d := \#R^+ = \#R_i^+$ ($i = 1, 2$).)

系 B.5.3. R_1^+ と R_2^+ が隣接しているための必要十分条件は, R_1^+ に対応する単純ルート $\alpha \in \Pi_1 \subset R_1^+$ で $s_\alpha R_1^+ = R_2^+$ となるものがあることである.

証明. 2 つが隣接しているとする. 定理 B.4.1 より, $wR_1^+ = R_2^+$ なる $w \in W$ をとる. 定理 B.5.2 (2) より $l(w) = \#R_1(w) = \#(R_1^+ \cap w^{-1}R_1^-) = \#(wR_1^+ \cap R_1^-) = \#(R_2^+ \cap R_1^-) = 1$. 従って定理の (1) より, このとき $\alpha \in \Pi_1$ があって $w = s_\alpha$ となる. 逆は $R_2^+ = s_\alpha R_1^+ = (R_1^+ \setminus \{\alpha\}) \cup \{-\alpha\}$ から明らか. □

コメント. $R_i^+ \supset \Pi_i$ に対応する部屋を C_i とすると, $\alpha \in \Pi_1$ に対して $s_\alpha \Pi_1 = \Pi_2 \iff s_\alpha C_1 = C_2 \iff H_\alpha$ が $\overline{C_i}$ の壁を与える. 従って, 2 つの正系が隣接しているとは, 対応する部屋が壁を共有している (2 つの部屋が "隣接" している) ということである.

B.6　組紐関係式と Coxeter 系

$R \supset R^+ \supset \Pi$, $W = W_\Pi \supset S = S_\Pi = \{s_{\alpha_i} = s_i \mid \alpha_i \in \Pi\}$ を従前どおりとする．生成系 S は関係式

$$s_i^2 = e, \quad (s_i s_j)^{m(i,j)} = e$$

をみたす（$m(i,j)$ ($i \neq j$) は $s_i s_j$ の位数）．

一般に，群 W の生成系 S が上の関係式で表示されるとき，組 (W, S) は **Coxeter 系**であるという．

この節の目標は，Weyl 群 $W = \langle S \rangle$ がこの意味で Coxeter 系であることを証明することである．

記号の簡略化のため，$s, t \in S$ に対し st の位数を $m(s,t) = m(t,s)$ と書く．関係式 $(st)^{m(s,t)} = e$ を次の形に書くことを**組紐関係式表示**（braid relation）という（$s^2 = t^2 = e$ に注意）．

$$\underbrace{sts\cdots}_{m(s,t)} = \underbrace{tst\cdots}_{m(t,s)=m(s,t)}$$

組紐関係式	$m(s,t)$
$st = ts$	2
$sts = tst$	3
$stst = tsts$	4
$ststs = tstst$	5
$ststst = tststs$	6
$\vdots$	$\vdots$

ちなみに，Weyl 群では $m(s,t) = 2, 3, 4, 6$ の場合しか起こらない．一般の Coxeter 系では $m = \infty$ まである（有限群とは限らない）．また，包合関係式 $s^2 = t^2 = e, \ldots$ を取り消して，組紐関係式のみを考えた群を**組紐群**（braid group）という（無限群である）．

次の事実は Hecke 環を構成する際にも重要で，Coxeter 系の場合にも一般化

される（Bourbaki[Bou2; Ch IV, no1.5, Prop 5]）．

補題 B.6.1. $W \supset S$ を Weyl 群と単純鏡映の集合とする．乗法モノイド M への写像 $\mu: S \to M$ が S の元 $s \neq t$ に対し組紐関係式

$$\underbrace{\mu(s)\mu(t)\mu(s)\cdots}_{m(s,t)} = \underbrace{\mu(t)\mu(s)\mu(t)\cdots}_{m(t,s)=m(s,t)}$$

をみたすとする．このとき，$\boldsymbol{s} = (s_1, s_2, \ldots, s_h)$ を $w \in W$ の任意の最短表示とするとき，

$$\mu(w) = \mu(s_1)\mu(s_2)\cdots\mu(s_h) \in M$$

は $\boldsymbol{s}$ の取り方によらない，すなわち，well-defined である．

証明．$\boldsymbol{s}, \boldsymbol{s'} = (s'_1, s'_2, \ldots, s'_h)$ を w の 2 つの最短表示とする．$h = l(w)$ についての帰納法を行う（$h > 1$ としてよい）．定理 B.5.2 (5) より，ある i に対して

$$s_1 s_2 \cdots s_{i-1} \widehat{s_i} s_{i+1} \cdots s_h = s'_1 s'_2 \cdots s'_{h-1}$$

となる（長さ $h-1$ の等式）．2 つの場合に分けて示す．

ケース (a) $i > 1$ のとき．$w = s'_1 s'_2 \cdots s'_{h-1} s'_h = s_1 s_2 \cdots s_{i-1} \widehat{s_i} s_{i+1} \cdots s_h s'_h$ より，$s_{i+1} \cdots s_h s'_h = s_{i-1} s_{i-2} \cdots s_1 w = s_i s_{i+1} \cdots s_h$．この長さは $h-(i-1) = h-i+1 < h$ ゆえ，帰納法の仮定から

$$\mu(s_i)\mu(s_{i+1})\cdots\mu(s_h) = \mu(s_{i+1})\cdots\mu(s_h)\mu(s'_h). \qquad (\star)$$

また $s_1 s_2 \cdots s_{i-1} \widehat{s_i} s_{i+1} \cdots s_h = s'_1 s'_2 \cdots s'_{h-1}$ ゆえ，帰納法の仮定から

$$\mu(s_1)\mu(s_2)\cdots\mu(s_{i-1})\widehat{\mu(s_i)}\mu(s_{i+1})\cdots\mu(s_h) = \mu(s'_1)\mu(s'_2)\cdots\mu(s'_{h-1}).$$

ゆえに，

$$\begin{aligned}
&\mu(s'_1)\mu(s'_2)\cdots\mu(s'_{h-1})\mu(s'_h) \\
=& \mu(s_1)\mu(s_2)\cdots\mu(s_{i-1})\widehat{\mu(s_i)}\mu(s_{i+1})\cdots\mu(s_h)\mu(s'_h) \\
=& \mu(s_1)\mu(s_2)\cdots\mu(s_{i-1})\mu(s_i)\mu(s_{i+1})\cdots\mu(s_h)
\end{aligned}$$

ここで，最後の等式は $(\star)$ を代入して得られた．これで $\mu(\boldsymbol{s'}) = \mu(\boldsymbol{s})$ がいえた．

ケース (b) $i=1$ のとき. $s_2\cdots s_h = s'_1\cdots s'_{h-1}$ ゆえ, $w = s'_1\cdots s'_{h-1}s'_h = s_2\cdots s_h s'_h$. s と s' を交換して見ても，やはり $i=1$ のとき（すなわち，ケース (a) に帰着しないとき), $w = s'_2\cdots s'_h s_h$. これは, $s = s_h, t = s'_h$ とおくと $w = \cdots st = \cdots ts$ の形をしている．この操作を続けて後尾が組紐関係式に達すれば，尻尾を切って帰納法に帰着する．組紐関係式に達する前にケース (a) に帰着すれば，そこで証明は終わる． □

コメント．群 W が位数 2 の元からなる生成系 S をもつとする．$w \in W$ の S による最短表示 $w = s_1\cdots s_h$ について, $l(sw) \le l(w) = h$ ならば, $ss_1\cdots s_{j-1} = s_1\cdots s_j$ なる $j \le h$ があるとき，**(E)** 交換条件 (condition d'échange) をみたすという．定理 B.5.2 より Weyl 群は (E) をみたす．[Bou2; Ch IV, no1.5, Prop 5] では，このような群と生成系について，一般に次を証明している．

命題．(W, S) は (E) をみたしているとする．S の元 $s \ne t$ に対して, $m(s,t)$ を st の位数とし，モノイドへの写像 $\mu: S \to M$ が組紐関係式をみたせば $(m \ne \infty$ のとき), $w \in W$ の任意の最短表示 $w = s_1\cdots s_h$ に対して, $\mu(w) = \mu(s_1)\cdots \mu(s_h)$ は一定である（最短表示の取り方によらない).

定理 **B.6.2.** 交換条件 (E) をみたす (W, S), とくに Weyl 群は Coxeter 系である．（逆も成り立つ.)

証明．$\widetilde{W}$ を $\widetilde{S} = \{\tilde{s}\}$ を生成系, $\tilde{s}^2 = e, (\tilde{s}\tilde{t})^{m(\tilde{s},\tilde{t})} = e$ を関係式とする群とする (Coxeter 系である). S は組紐関係式をみたす位数 2 の元からなる生成系であるから, $\pi: \widetilde{S} \to S \subset W$ $(\pi(\tilde{s}) = s)$ は全準同型 $\pi: \widetilde{W} \twoheadrightarrow W$ に拡張される．一方，補題 B.6.1（一般の場合は上の命題）によって, $w \in W$ の最短表示 $w = s_1\cdots s_h$ に対して, $\mu: S \to \widetilde{S}$ は $\mu(w) = \mu(s_1)\cdots \mu(s_h) \in \widetilde{W}$ に拡張され μ は π の逆を与える．すなわち, $\pi: \widetilde{W} \xrightarrow{\sim} W$ は同型である． □

B.7 Tits 系

本文 7.3 節で論じた Bruhat 分解は Tits 系とよばれる広いクラスの群に対

して成り立ち，様々な応用がある．参考書としては鈴木 [鈴], Bourbaki[Bou2; Ch IV, §2] などがあるが，ここにまとめておこう．

4つ組 (G, B, N, S) について，B, N は群 G の部分群，$T := N \cap B \triangleleft N$ で S は剰余群 $W := N/T$ の部分集合とする．これらが次の公理をみたすとき4つ組を **Tits系**，または **BN対** という．

(T1) $G = \langle B, N \rangle$.

(T2) S のすべての元は位数 2 で，$W = \langle S \rangle$.

(T3) $sBw \subset BwB \cup BswB$ $(s \in S, w \in W)$.

(T4) $sBs \not\subset B$ $(s \in S)$.

7.3 節で論じたように，連結簡約群とその Borel 部分群から Tits 系が得られたが，体上の"準分裂型"簡約群（例：有限体上の簡約群）などもっと広いクラスについても得られる．一般の Tits 系についても次が成り立つ．

(1) (Bruhat 分解) $G = BWB = \bigsqcup_{w \in W} C(w)$ $(C(w) := BwB)$.

(2) (W, S) は Coxeter 系をなし，$C(sw) = C(s)C(w) \Leftrightarrow l(sw) > l(w)$.

(3) $X \subset S, W_X := \langle X \rangle$ に対して，$G_X := BW_X B = \bigcup_{w \in W_X} C(w) \supset B$ は標準的放物型部分群の性質をもち，7.3 節と同様の議論ができる．

Tits 系は Chevalley の 1955 年の東北数学雑誌 [C2] での Chevalley 群の単純性の議論から生まれたといわれているが，その威力は次の定理群に結集している (Bourbaki[Bou2; Ch IV, 2.7, Th 5], 鈴木 [鈴]).

定理．記号は Tits 系の定義に従う．$Z := \bigcap_{g \in G} gBg^{-1}$, U を B の部分群で $G_1 = \langle gUg^{-1} \mid g \in G \rangle$ とおき，次を仮定する．

(i) $U \triangleleft B, B = UT$,

(ii) U は次の性質をみたす：任意の $V \triangleleft U, V \neq U$ に対して，$[U/V, U/V] \neq U/V$,

(iii) $G_1 = [G_1, G_1]$,

(iv) Coxeter 系 (W, S) は既約すなわち，2つの自明でない Coxeter 系の直積に分解しない．

このとき，$G_1 \subset N_G(H)$ なる部分群 H について，$H \subset Z$ または $G_1 \subset H$.

系. 上の定理の仮定で，$G_1/(G_1 \cap Z)$ は非可換単純群か，または自明な群である．

B.8 ルート系の分類

被約なルート系 R が $R = R_1 \sqcup R_2$ $(R_i \neq \emptyset)$ かつ $R_1 \perp R_2$ ($\Leftrightarrow \mathbb{R} R_1 \oplus \mathbb{R} R_2 = E$) となるとき，$R$ は可約といい，そうでないとき既約という（R_i はまたルート系である）．可約のとき，R の基 Π について，$\Pi_i = R_i \cap \Pi$ とおくと，これは R_i の基であり，Weyl 群について，$W_i := \{w \in W = W(R) \mid w|R_j = \mathrm{Id}_{R_j} \ (j \neq i)\}$ は W の正規部分群で，$W \ni w \mapsto w|R_i \in W(R_i) = W_i$ は同型 $W \xrightarrow{\sim} W_1 \times W_2$ を引き起こす．

ルート系は既約なルート系の直和に分解し，従って，その分類は既約なルート系の分類に帰着する．ルート系を R，Π をその基，W を Weyl 群とすると，$W = \langle S_\Pi \rangle$ で，$R = W\Pi$ ゆえ，R はその基 Π により定まり，既約なルート系を与える基を分類すれば，ルート系を分類することになる．

2つの単純ルート $\alpha, \beta \in \Pi$ に対しては，$(\alpha|\beta) \leq 0$（$\angle \alpha\beta$ は直角か鈍角）であったから，ルート系の基（"基本ルート系" ともいう）のグラフを

(i) $\alpha \perp \beta$ ならば， $\overset{\alpha}{\circ} \quad \overset{\beta}{\circ}$

(ii) $\angle \alpha\beta = 2\pi/3$ ならば， $\overset{\alpha}{\circ}\!\!-\!\!\!-\!\!\overset{\beta}{\circ}$

(iii) $\angle \alpha\beta = 3\pi/4, \|\alpha\| > \|\beta\|$ ならば, $\overset{\alpha}{\circ}\!\!\Rightarrow\!\!\overset{\beta}{\circ}$

(iv) $\angle \alpha\beta = 5\pi/6, \|\alpha\| > \|\beta\|$ ならば, $\overset{\alpha}{\circ}\!\!\Rrightarrow\!\!\overset{\beta}{\circ}$

と描くと，ルート系が既約であることと対応する基のグラフが連結であることが同値である．

既約な基のグラフ（**Dynkin 図形**（Dynkin diagram））は次に限ることが証明される（適当な数多の Lie 環の教科書（例えば [松島 1] 他）を参照されたい）．各頂点が基 Π に属する単純ルートを表している．

(A_l) ○———○———○- - - -○———○———○　　(頂点の数 $l \geq 1$)

(B_l) ○———○———○- - - -○———○⇒○　　(頂点の数 $l \geq 2$)

(C_l) ○———○———○- - - -○———○⇐○　　(頂点の数 $l \geq 3$)

(D_l) ○———○———○- - - -○———○〈○　　(頂点の数 $l \geq 4$)
　　　　　　　　　　　　　　　　　　　○

(E_6) ○———○———○———○———○
　　　　　　　　│
　　　　　　　　○

(E_7) ○———○———○———○———○———○
　　　　　　　　　│
　　　　　　　　　○

(E_8) ○———○———○———○———○———○———○
　　　　　　　　　│
　　　　　　　　　○

(F_4) ○———○⇒○———○

(G_2) ○⇛○

　Dynkin 図形と類似のものに **Coxeter** 図形がある．Coxeter 系 (W, S) を分類するもので次のように定義される．各生成元に対して頂点 ○ を対応させ，2つの生成元 $s \neq t$ について st の位数が $m \geq 2$ のとき，

$$\underset{s}{\circ} \overset{m}{\text{———}} \underset{t}{\circ}$$

と描く．ただし，$m = 2$ のときは頂点はつながず，$m = 3$ のときは数字 m は略する．さらに，Weyl 群の単純鏡映 s_α, s_β $(\alpha, \beta \in \Pi)$ の場合，$(B_2) = (C_2) : \angle \alpha\beta = 3\pi/4$ ならば，$m = m(\alpha, \beta) = 4$，$(G_2) : \angle \alpha\beta = 5\pi/6$ ならば，$m = m(\alpha, \beta) = 6$ である．これは，交換関係式 $s_\alpha s_\gamma = s_{s_\alpha \gamma} s_\alpha$ を繰り返し用いることによって示される．従って，Weyl 群 (W, S) の Coxeter 図形は Dynkin 図形の 2 本線のところを「1 本線の上に数字 4」を書き，3 本線のところ (G_2) を「1 本線の上に数字 6」を書いたグラフに修正したものが，対応する Coxeter 図形である．このとき，2 本線以上についている大きさを示す矢印は無視され，例えば $(B_l) = (C_l)$ となる（実際，この 2 つの Weyl 群は同型で

ある).

　Weyl 群（結晶群）以外に，既約な有限 Coxeter 系は次の 3 つの系列しかないことが証明されている（[Bou2; Ch VI, 4.1, Th 1]．ちなみに，無限群になるものは，双曲型を始めとして無数にある，[ibid.; Ch V, 演習] など）．

(H_3)　$\circ\!\!-\!\!\overset{5}{-}\!\!\circ\!\!-\!\!-\!\!-\!\!\circ$

(H_4)　$\circ\!\!-\!\!\overset{5}{-}\!\!\circ\!\!-\!\!-\!\!-\!\!\circ\!\!-\!\!-\!\!-\!\!\circ$

$(I_2(m))$　$\circ\!\!-\!\!\overset{m}{-}\!\!\circ$　　　　　　　（2面体群，$m = 5, m \geq 7$）

文献案内・参考文献

Lie 群・Lie 環論

今日の Lie 群論は，Chevalley[C1] を規範としている．和書でもすでに多くの優れた書物があり，定番としては，松島 [松島 2]，岩堀 [岩 1]，伊勢 [伊]，村上 [村]，杉浦 [杉]，小林・大島 [小大] などが勧められる．

洋書では，[C1] の他，Helgason[He] が微分幾何から始めて対称空間の詳しい構造，その上の調和解析まで，出版当時までのこの分野の成果が含まれた大著である．Bourbaki[Bou1] は p 進体など超距離体上の Lie 群論まで含めて論じた著書であるが，その精神に則った Serre の講義録 [Se2] も読みやすくおもしろい．Lie 環論については，上記 [岩 1] の第 II 部，[小大]，[He] などにも半単純 Lie 環の詳細が述べられているが，また Lie 環論独自の教科書 [松島 1]，谷崎 [谷]，[Bou2]，[C3]，Humphreys[Hu2]，Jacobson[Jac]，[Se1] もそれぞれの目的に応じて有用であろう．

硬い教科書ではないが，佐武 [佐 1]，[佐 2] も題名が示す如く Lie 群，Lie 環について基本からいくつかの話題まで，碩学によって語られた初学者にも近づきやすい入門書である．

代数群

まえがきでも述べたように，今日の規範は Chevalley セミナー [C4] であるが，これに従って，Borel [Bo2]，Springer[Sp1]，[Hu1] が定番の教科書であり，本書も各所でこれらの書物を参考にした．

"代数群" を題名にもつ和書は永田 [永] が既刊の唯一の基礎理論入門書であり，Abel 多様体にも触れてあるが，線型代数群についてはあまり深入りしていない．それを補充する和書を提出するのもいくらかの意味があるかと思ったのが

本書を書いた一つの動機である.

Steinberg[St1] は,題名から見ると特殊な話題の本に思えるかもしれないが,線型代数群の基礎から始めて,本書第 8 章で扱った共役類の幾何に至るまでを,所どころ証明は省きながらも明快に論じている.少ない予備知識でも読み進める名講義である.

代数群の基本から論ずるのではなく,直接 Lie 環論の詳細を足場にして簡約群をつくりあげてゆくいわゆる Chevalley 群の方法 ([C2] に始まる) については,和書では鈴木 [鈴] 第 3 章に詳しい.これは,Steinberg の講義録 [St2] を基にしてあると思われるが,実際に群をつくってしまうこの論法は現場で働くものにとっては一般論より有益かもしれない.なお,今では手に入り難いかもしれないが,岩堀 [岩 2] もこの話題についての名講義である.

新刊の太田・西山 [太西] は,複素数体上の代数群について基礎から論じてあり,任意標数の場合にも同じ論法が通用するところも多く,本書と重なる部分もある.さらに,古典群について共役類などのいろいろな具体的な結果の集大成になっており,これも現場にとっては有益であろう.

任意標数の代数群の話を押し進めてゆくと群スキームの話になるが,これについては [SGA3], Demazure-Gabriel[DG], Jantzen[Jan1] を始めとしてそれらに挙げてある文献があるが,初学者には読みやすいとはいえないかもしれない.

代数幾何・可換環論

数多の文献がある中に,ここに挙げたのは直接引用した最小限の著書のみである.

序文や本文でも触れたが,本書の基本部分である第 7 章までで必要とするのは,RedBook[Mu1] で取り上げられた事柄のみである.和書では,永田・宮西・丸山 [永宮丸],上野 [上] にはさらに進んだ事柄まで述べられており,対応する可換環論についても松村 [松村] は同様である.本書に必要な知識は Atiyah-Macdonald[AM],堀田 [堀],Matsumura[Ma] の前半あたりでほぼ十分であろう.

上で触れなかった文献(論文)は主に第 8 章の話題に関連したものである.

個々の説明は省く．本文該当箇所を参照されたい．

邦文

[伊] 伊勢幹夫：Lie 群論 I, 岩波講座基礎数学, 岩波書店, 1977.

[岩 1] 岩堀長慶：Lie 群論 I, II, 岩波講座現代応用数学, 岩波書店, 1957.

[岩 2] 岩堀長慶：Lie 環論と Chevalley 群（上），（下），東京大学数学教室セミナリー・ノート 12, 13, 1965.

[上] 上野健爾：代数幾何, 岩波書店, 2005.

[太西] 太田琢也，西山享：代数群と軌道, 数学の杜 3, 数学書房, 2015.

[城崎] 加藤信一，堀田良之：Springer 表現とその周辺, 第 5 回代数セミナー報告集 II, 1982.

[小大] 小林俊行，大島利雄：リー群論, 岩波書店, 2005.

[齋] 齋藤正彦：線型代数入門, 東京大学出版会, 1966.

[佐 1] 佐武一郎：線型代数学（「行列と行列式」改題），数学選書 1, 裳華房, 1958, 1974 改訂増補, 2015 新装版.

[佐 2] 佐武一郎：リー群の話, 日本評論社, 1982.

[佐 3] 佐武一郎：リー環の話, 日本評論社, 1987.

[庄] 庄司俊明：ドリーニュ・ルスティック指標を訪ねて——有限シュヴァレー群の表現論, "群論の進化", 185-334, 朝倉書店, 2004.

[杉] 杉浦光夫：リー群論, 共立出版, 2000.

[鈴] 鈴木通夫：有限単純群, 紀伊國屋数学叢書 28, 紀伊國屋書店, 1987.

[高] 高橋礼司：線型代数講義, 日本評論社, 2014.

[谷] 谷崎俊之：リー代数と量子群, 現代数学の潮流, 共立出版, 2002.

[永] 永田雅宜：代数群, 共立講座現代の数学 6（アーベル群・代数群），共立出版, 1969.

[永宮丸] 永田雅宜，宮西正宜，丸山正樹：抽象代数幾何学, 共立講座現代の数学 10, 共立出版, 1972.

[堀] 堀田良之：可換環と体, 岩波書店, 2006.

[松島 1] 松島与三：リー環論, 現代数学講座 15, 共立出版, 1956.

[松島 2] 松島与三：多様体入門, 数学選書 5, 裳華房, 1965.

[松村] 松村英之：可換環論, 共立講座現代の数学 4, 共立出版, 1980.

[村] 村上信吾：連続群論の基礎, 基礎数学シリーズ 20, 朝倉書店, 1973.

欧文

[AM] M.F. Atiyah, I.G. Macdonald: Introduction to Commutative Algebra, Addison-Wesley, 1969. (邦訳：新妻弘,「可換代数入門」, 共立出版, 2006.)

[BBD] A. A. Beilinson, J. Bernstein, P. Deligne: Faisceaux pervers, Astérisque 100 (1982), 5-171.

[BMR] R. Bezrukavnikov, I. Mirković, D. Rumynin: Localization of modules for a semisimple Lie algebra in prime characteristic, Annals of Math. 167 (2008), 945-991.

[BM] R. Bezrukavnikov, I. Mirković: Representations of semisimple Lie algebras in prime characteristic and the noncommutative Springer resolution, Annals of Math. 178 (2013), 835-919.

[Bo1] A. Borel: Groupes linéares algébriques, Annals of Math. 64 (1956), 20-82.

[Bo2] A. Borel: Linear Algebraic Groups, 2nd ed., GTM 126, Springer-Verlag, 1991.

[Bo3] A. Borel: Essays in the History of Lie Groups and Algebraic Groups, History of Math., vol. 21, AMS–LMS, 2001.

[Bou1] N. Bourbaki: Groupes et Algèbres de Lie, vol.1; Ch 1; vol. 2; Ch's 2,3, Herman, 1960. (邦訳：杉浦光夫,「リー群とリー環第1」;「リー群とリー環第2」, 東京図書, 1968；1973.)

[Bou2] N. Bourbaki: ———, vol.3; Ch's 4,5,6, Hermann, 1968. (邦訳：杉浦光夫,「リー群とリー環第3」, 東京図書, 1970.)

[C1] C. Chevalley: Theory of Lie Groups: I, Princeton U. Press, 1946. (邦訳：齋藤正彦,「リー群論」, ちくま学芸文庫, 筑摩書房, 2012.)

[C2] C. Chevalley: Sur certain groupes simples, Tôhoku Math. J. (東北数学雑誌) (2) 7 (1955), 44-66.

[C3] C. Chevalley:Théorie des Algèbres de Lie, Topologie des Groupes de Lie, Sém. "Sophus Lie", ENS 1954/55.

[C4] C. Chevalley: Séminaire sur la Classification des Groupes de Lie Algébriques, "Sém. Chevalley", ENS 1956/57/58. ("Classification des Groupes Algébriques Semi-Simple", Coll.Works vol.3, Springer-Verlag, 2005)

[C5] C. Chevalley: Certains schémas de groupes semi-simples, Sém Bourbaki

1960/61, Exp. 219.

[DG] M. Demazure, P. Gabriel: Groupes Algébriques I, Masson/North-Holland, 1970.

[SGA3] A. Grothendieck, M. Demazure: Séminaire de Géometrie algébrique III, Schémas en Groupes, LNM 151-153, Springer-Verlag, 1970.

[EGA] A. Grothendieck, J. Diuedonné: Eléments de Géometrie Algébrique, III, IV, PM IHES, 1963-1967.

[Ha] R. Hartshorne: Algebraic Geometry, GMT 52, Springer-Verlag, 1977.（邦訳：高橋宜能，松下大介，「代数幾何学 1, 2, 3」，丸善出版，2004-2005.）

[He] S. Helgason: Differential Geometry and Symmetric Spaces, Academic Press, 1962.

[Hi] H. Hiller: Geometry of Coxeter Groups, Pitman APP, 1982.

[HS] R. Hotta, T. A. Springer: A specialization theorem for certain Weyl group representations and an application to the Green polynomials of unitary groups, Invent. math. 41 (1977), 113-127.

[Ho1] R. Hotta: On Joseph's construction of Weyl group representations, Tôhoku Math. J. 36 (1984), 49-74.

[Ho2] R. Hotta: A local formula for Springer's representation, In: "Algebraic Groups and Related Topics", Adv. St. in Pure Math. 6, MSJ, 127-138, 1985.

[HTT] R. Hotta, K. Takeuchi, T. Tanisaki: D-modules, Perverse Sheaves, and Representation Theory, PM 236, Birkhäuser, 2008.

[Hu1] J. E. Humphreys: Linear Algebraic Groups, GMT 21, Springer-Verlag, 1981.

[Hu2] J. E. Humphreys: Introduction to Lie Algebras and Representation Theory, GMT 9, Springer-Verlag, 1972.

[Jac] N. Jacobson: Lie Algebras, Interscience Pub., 1962, Dover 1971.

[Jan1] J. C. Jantzen: Representations of Algebraic Groups (2nd ed), MSM 107, AMS, 2003.

[Jan2] J. C. Jantzen: Nilpotent orbits in representation theory; in: "Lie Theory, Lie Algebras and Representations", ed. J.-P. Anker, B. Orsted, PM 228, Birkhäuser, 1-211, 2004.

[Jan3] J. C. Jantzen: Representations of Lie algebras in positive characteristic, in: "Representation Theory of Algebraic Groups and Quantum Groups" Adv. St. in Pure Math. 40, MSJ, 175-218, 2004.

[KW] R. Kiehl, R. Weissauer: Weil Conjectures, Perverse Sheaves and l-adic Fourier Transform, Erg. der Math. und ihrer Grenz., 3. Folge vol. 42, Springer, 2001.

[K] B. Kostant: Groups over $\boldsymbol{Z}$, in: "Algebraic Groups and Discontinuous Subgroups", Proc. Symp. Pure Math. 9, AMS 1966.

[L1] G. Lusztig: Green polynomials and singularities of unipotent classes, Adv. in Math. 42 (1981), 169-178.

[L2] G. Luzstig: Introduction to Quantum Groups, PM 110, Birkhäuser, 1993.

[L3] G. Luzstig: Study of a $\boldsymbol{Z}$-form of the coordinate ring of a reductive group, J. Amer. Math. Soc. 22 (2009), 739-769.

[L4] G. Luzstig: On the finiteness of the number of unipotent classes, Invent. math. 34 (1976), 201-213.

[Ma] H. Matsumura: Commutative Algebra, Benjamin, 1970.

[Mu1], [RedBook] D. Mumford: The Red Book of Varieties and Schemes, LNM 1358, Springer-Verlag, 1988. （邦訳：前田博信,「代数幾何学講義」, 丸善出版, 2012.）

[Mu2] D. Mumford: Abelian Varieties, Oxford U. Press, 1970.

[P] C. Procesi: Lie Groups, an Approach through Invariants and Representations, UTX, Springer-Verlag, 2007.

[Sa] I. Satake: Classification Theory of Semi-simple Algebraic Groups, Lecture notes, U. of Chicago. 1967.

[Se1] J.-P. Serre: Algèbres de Lie Semi-simples Complexes, Benjamin, 1966. （英訳：Springer-Verlag, 2001.）

[Se2] J.-P. Serre: Lie Algebras and Lie Groups, Harvard lecture notes, Benjamin, 1965, LNM 1500, Springer-Verlag, 2005.

[Sh] T. Shoji: Geometry of orbits and Springer correspondence, Astérisque 168 (1988), 61-140.

[Sl1] P. Slodowy: Simple Singularities and Simple Algebraic Groups, LNM 815, Springer-Verlag, 1980.

[Sl2] P. Slodowy: Four Lectures on Simple Groups and Singularities, Com. Math. Inst. Rijksuniv. Utrecht, 1980.

[Spa1] N. Spaltenstein: The fixed point set of a unipotent transformation on the flag manifold, Proc. Kon. Ak. v. Wet. 79 (5) (1976), 452-456.

[Spa2] N. Spaltenstein: Classes Unipotentes et Sous-groupes de Borel, LNM 946, Springer-Verlag, 1982.

[Sp1] T. A. Springer: Linear Algbraic Groups (2nd ed), PM 9, Birkhäuser, 1998.

[Sp2] T. A. Springer: Trigonometric sums, Green functions of finite groups and representations of Weyl groups, Invent. math. 36 (1976), 137-207.

[Sp3] T. A. Springer: A construction of representations of Weyl groups, Invent. math. 44 (1978), 279-293.

[SS] T. A. Springer, R. Steinberg: Conjugacy classes, pp. 167-266, in: Algebraic Groups and Related Finite Groups, ed. A. Borel et al., LNM 131, Springer-Verlag, 1970.

[St1] R. Steinberg: Conjugacy Classes in Algebraic Groups, LNM 366, Springer-Verlag, 1974.

[St2] R. Steinberg: Lectures on Chevalley Groups, Yale U., 1968.

索　引

欧　文

Auslander-Buchsbaum の定理　270

Bezrukavnikov-Milković-Rumynin の定理
　　214
BN 対　293
Borel-Weil の定理　183
Borel の固定点定理　90
Borel 部分群　91
　　――（のなす）多様体　104
Bruhat 順序　158
Bruhat 分解　156
Bruhat 胞体　155
Burnside の補題　29

Cartan 部分群　101
Chevalley-Borel 実現　73
Chevalley 群　167
Chevalley の定理　257
Coxeter 系　153, 290
Coxeter 図形　295
crystalline 微分作用素環　214

Dedekind の補題　32
Dynkin 図形　294

(E) 交換条件　292

F 構造　3
F 射　5
F 上定義された
　　――代数群　6
　　――多様体　5
F 上定義されている　3

F 代数群　6
F 多様体　5
Frobenius 射　59
Frobenius 中心　211

G 軌道　15
G 多様体　15
G 同変　15
Galois 被覆　61
Grassmann 多様体　75, 78
Grothendieck の ZMT　273
Grothendieck の 4 角形　191
Grothendieck の同時特異点解消　194

Harish-Chandra 中心　213
Hilbert の零点定理
　　――（強形）　241
　　――（弱形）　235

Jordan 分解
　Lie 環の――　54
　アフィン代数群の――　24
　線型変換の――　22

Kähler 微分
　――の加群　250
　――の層　251
Kolchin の定理　31
Krull 次元　247

Lang 射　61
Levi 部分群　160
Levi 分解　160
Lie G　42
Lie-Kolchin の定理　29, 93

Lie 環　41
Lie 群　2
Lie 部分群　66
Lusztig の構成　204
Lusztig の定理　186
Lusztig 予想　214

Noether（的）　230
Noether 空間　230

p-Lie 環　56
p 作用　56
p 指標　212
p 射（ルート・データの）　164
Plücker 射　75

R 有理点集合　5

Schubert 多様体　157
Schubert 胞体　157
Slodowy の定理　202
Slodowy の薄片　203
Springer 対応　209
Springer の特異点解消　194
Springer の定理　200
Springer 表現　200
Springer ファイバー　177, 191
Steinberg の 3 つ組　194

Tits 系　293
Tits 公理　155

Weyl 群　108, 278
　　ルート・データの——　125

Zariski 位相　220
Zariski 接空間　243
Zariski の主定理（ZMT）　76, 269
Zariski の連結性定理　193, 272

あ 行

アフィン空間で舗装されている　179

アフィン射　230
アフィン・スキーム　225
アフィン代数群　19
アーベル多様体　10

一般旗多様体　162
一般平坦性定理　260

ウェイト　183
　　——格子　148

上三角
　　——群　10
　　——冪単群　10
埋め込み　229
　　——次元　253

エタール　263
　　——・スキーム　263

か 行

概型　226
階数
　　代数群の——　106
　　ルート系の——　280
開部分スキーム　229
下降定理　256
可約（ルート系が）　294
関数環　4, 241
環付空間　224
完備（多様体が）　233
完備性　87
簡約（可能）代数群　104

基
　　ルート系の——　127, 281
幾何学的茎　252
幾何学的に被約　5, 238
基本群　148
既約
　　位相空間が——　221
　　ルート系が——　294
逆像　224

──（スキーム論的な） 242
鏡映 279
局所 Noether（的） 230
極小延長 207
局所環付空間 223
局所準同型 225
局所的に有限型 229
局所的に有限表示 230
局所有限 23
極大トーラス 95, 97
　──の共役性 98

組紐関係式表示 290
組紐群 290
群スキーム 236

交叉コホモロジー複体 207
構成可能な層 206
剛性定理 35
構成的（空間が） 257
構成的部分集合 13
構造射 226
構造層 223
古典群のルート・データ 128
"古典的な意味での" k 上の代数多様体 239
固有射 233
根基 104
コンパクト実形 30

さ 行

最高ウェイト 183
最短表示 153, 285
座標環 241
作用する 15

指数写像 37, 65
支配的
　指標が── 182
　射が── 257
指標 32
　表現の── 182
指標群 32

射 11
　前層の── 223
射影空間 232
射影スキーム 233
斜交群 131
主開集合 221
主束 81
準コンパクト 221
準射影スキーム 233
順像 224
準分離的 231
準連接 225
商 75
商射 75
初等的（冪単群が） 40

随伴群 148
随伴作用 44
随伴表現 44
スキーム 226
スペクトル 220

整拡大 267
正規化群定理 102
正規スキーム 268
正規整域 268
正系 127, 281
制限 Lie 環 56
整射 268
正則関数環 4, 241
正則軌道 188
正則局所環 247
正則表現 19
正則元 188
正のルート系 127, 281
整閉包 267
接空間 243
接錐 245
線型代数群 3, 21
前層 222

層 222

層化　222
双対数　47
双対ルート　278
　　——系　279
　　——・データ　125
双有理射　269
存在定理　165

た行

対角化可能　22
　　——な群　31
対角群　10
対称変換　277
代数群　3
大胞体　157
多様体（スキーム論的な）　238
単位成分　11
単純（ルートが）　282
単純鏡映　153, 283
単純ルート　127
単連結群　148

忠実平坦　254
中心化群　51
中心的同種射　164
直像　224
直交群　130

点（スキームの）　234
展開環　209

等質空間　17
等質多様体　17
同種　163
同種定理　165
導来圏　205
トーラス　34
特異点　248
　　——解消　177

な行

長さ　153

Weyl 群の元の——　285
中山の補題　253
滑らか　248
　　射が——　72, 265
滑らかな　9

は行

旗多様体　93, 104
働く　15
半単純　22, 24
　　自己同型が——　84
半単純階数　112
半単純代数群　104

非特異　9
非特異点　248
微分の層　251
被約
　　環が——　4
　　ルート系が——　125, 278
被約化　241
被約包絡環　212
標準盤　181

ファイバー積　226
複素化　30
付随するファイバー束　81
部分スキーム　229
普遍射性質（商に関する）　72
不変写像　170, 185
普遍展開環　209
普遍包絡環　209
分割型　177
分離公理　17
分離的
　　——（separable）　17
　　既約な代数多様体の射が——
　　　（separable）　231
　　スキームの射が——（separated）　230
分離的に生成されている　251

平坦　254

閉部分スキーム 228
冪単 23, 24
冪単群 29
冪単根基 104
冪零 22
ベクトル群 36
部屋（Weyl の） 127, 281
偏屈層 206

包絡環 209

ま 行

モノドロミー表現 203

や 行

有限拡大 267
有限型 230
有限射 230
有限性定理 272

有限表示 230

余指標群 119
余ルート 120, 278

ら 行

両側表現 19
隣接（正系が） 289
隣接する（Borel 部分群が） 152

類関数 181
ルート 106, 277
ルート空間 106
ルート系 123, 277
ルート格子 144
ルート・データ 124
　——の同型 164
ルート部分群 143

著者略歴

堀田良之（ほった りょうし）

- 1941年 福岡県に生まれる
- 1967年 東京大学大学院理学系研究科修士課程修了
  東北大学理学部教授，岡山理科大学理学部教授を経て
- 現　在 東北大学名誉教授
  理学博士
- 主　著 代数入門 ── 群と加群（裳華房，1987）
  加群十話 ── 代数学入門（朝倉書店，1988）
  群論の進化（共著，朝倉書店，2004）
  可換環と体（岩波書店，2006）
  D-modules, Perverse Sheaves, and Representation Theory
  （共著，Birkhäuser, 2008）

朝倉数学大系 12
線型代数群の基礎

定価はカバーに表示

2016年 2月10日　初版第1刷
2022年12月25日　　　第3刷

著　者　堀　田　良　之
発行者　朝　倉　誠　造
発行所　株式会社 朝　倉　書　店

東京都新宿区新小川町 6-29
郵便番号　162-8707
電　話　03(3260)0141
ＦＡＸ　03(3260)0180
https://www.asakura.co.jp

〈検印省略〉

© 2016　〈無断複写・転載を禁ず〉　　　中央印刷・渡辺製本

ISBN 978-4-254-11832-2　C 3341　　Printed in Japan

JCOPY　〈出版者著作権管理機構 委託出版物〉

本書の無断複写は著作権法上での例外を除き禁じられています．複写される場合は，
そのつど事前に，出版者著作権管理機構（電話 03-5244-5088, FAX 03-5244-5089,
e-mail: info@jcopy.or.jp）の許諾を得てください．

好評の事典・辞典・ハンドブック

数学オリンピック事典	野口　廣 監修	B5判 864頁
コンピュータ代数ハンドブック	山本　慎ほか 訳	A5判 1040頁
和算の事典	山司勝則ほか 編	A5判 544頁
朝倉 数学ハンドブック［基礎編］	飯高　茂ほか 編	A5判 816頁
数学定数事典	一松　信 監訳	A5判 608頁
素数全書	和田秀男 監訳	A5判 640頁
数論＜未解決問題＞の事典	金光　滋 訳	A5判 448頁
数理統計学ハンドブック	豊田秀樹 監訳	A5判 784頁
統計データ科学事典	杉山高一ほか 編	B5判 788頁
統計分布ハンドブック（増補版）	蓑谷千凰彦 著	A5判 864頁
複雑系の事典	複雑系の事典編集委員会 編	A5判 448頁
医学統計学ハンドブック	宮原英夫ほか 編	A5判 720頁
応用数理計画ハンドブック	久保幹雄ほか 編	A5判 1376頁
医学統計学の事典	丹後俊郎ほか 編	A5判 472頁
現代物理数学ハンドブック	新井朝雄 著	A5判 736頁
図説ウェーブレット変換ハンドブック	新　誠一ほか 監訳	A5判 408頁
生産管理の事典	圓川隆夫ほか 編	B5判 752頁
サプライ・チェイン最適化ハンドブック	久保幹雄 著	B5判 520頁
計量経済学ハンドブック	蓑谷千凰彦ほか 編	A5判 1048頁
金融工学事典	木島正明ほか 編	A5判 1028頁
応用計量経済学ハンドブック	蓑谷千凰彦ほか 編	A5判 672頁

価格・概要等は小社ホームページをご覧ください．